高等数学

主　编　赵　冬　贺皖松　余国锋
副主编　丁　亮　耿道理　丁　李
　　　　王　安　徐　辉
参　编　董　慧　王　静　李甲地

中国石油大学出版社
CHINA UNIVERSITY OF PETROLEUM PRESS
山东·青岛

图书在版编目(CIP)数据

高等数学 / 赵冬,贺皖松,余国锋主编. -- 青岛 :
中国石油大学出版社, 2024.6. -- ISBN 978-7-5636
-8300-0

Ⅰ. O13

中国国家版本馆 CIP 数据核字第 2024YX8882 号

书　　名: 高等数学
GAODENG SHUXUE
主　　编: 赵　冬　贺皖松　余国锋

责任编辑: 张　杰　王　康(电话　0532—86983564)
责任校对: 李　明(电话　0532—86983561)
封面设计: 乐道视觉

出 版 者: 中国石油大学出版社
(地址:山东省青岛市黄岛区长江西路 66 号　邮编:266580)
网　　址: http://cbs.upc.edu.cn
电子邮箱: zhiyejiaoyu0532@163.com
排 版 者: 乐道视觉创意设计有限公司
印 刷 者: 泰安市成辉印刷有限公司
发 行 者: 中国石油大学出版社(电话　0532—86983437)
开　　本: 889 mm×1 194 mm　1/16
印　　张: 18
字　　数: 540 千字
版 印 次: 2024 年 6 月第 1 版　2024 年 6 月第 1 次印刷
书　　号: ISBN 978-7-5636-8300-0
定　　价: 49.80 元

前言

在当今高速发展的知识经济时代，高等职业教育肩负着培养高素质技能型人才的重要使命。而高等数学作为一门基础学科，在高等职业教育中占有举足轻重的地位。高等数学不仅是解决实际问题的有力工具，而且是培养学生逻辑思维、创新能力和科学素养的重要途径。对于高等职业院校的学生来说，掌握高等数学的知识和方法，将为他们在专业领域的学习和未来职业的发展打下坚实的基础。

在本教材的编写过程中，我们做了以下几个方面的努力：

1. 落实教材“立德树人”的根本任务。

为贯彻《关于加强和改进新形势下高校思想政治工作的意见》《高等学校课程思政建设指导纲要》，推进习近平新时代中国特色社会主义思想进教材、进课堂、进头脑，培育和践行社会主义核心价值观，落实党的二十大精神，本教材通过“思政小课堂”“素养园地”等栏目融入课程思政的相关内容，激励学生传承科学精神、笃行报国之志。

2. 强调将学生的数学理论知识学习与数学实践能力培养并举。

基于高等职业教育专科数学课程的思想性、基础性、应用性、职业性和发展性的特点，本教材在编写过程中，充分考虑了学生的实际情况，力求内容简洁明了、通俗易懂，通过丰富的实例和实际应用，帮助学生理解抽象的数学概念和原理。同时，我们还注重培养学生的自主学习能力和创新思维，设置了适量的数学实验与练习，引导学生积极思考、勇于探索。

3. 对接最新课程标准和要求，体现学科发展的新规范、新标准。

本教材依据最新的《高等职业教育专科数学课程标准》，明确高等职业教育数学的课程性质与任务，创设以核心素养为导向的课程目标，打造兼顾学生专业学习、职业发展、继续学习的课程结构，在为学生发展提供公共基础知识的同时，帮助学生开拓视野，促进专业学习，提升数学的应用意识及应用能力。

本教材依托安徽省高等学校省级质量工程项目“高水平教材——高等数学”（编号：2022gspjc060）进行编写。本教材在编写和出版过程中得到了淮北职业技术学院、亳州职业技术学院、安徽工商职业学院、桐城师范高等专科学校、阜阳职业技术学院及中国石油大学出版社等的相关领导和老师的大力支持与帮助，在此表示由衷的感谢！此外，在本教材的编写过程中参考了大量的文献和教材，并选用了其中的部分内容，在此向有关作者一并表示感谢。

限于编者水平，书中难免有疏漏和不当之处，敬请广大师生在使用过程中，不吝赐教，及时指出错误，提出修改完善的宝贵意见。

编　者

2024 年 3 月

目录

第一章

函数、极限与连续

随着数学思想的发展，函数的概念由模糊逐渐清晰．初等数学的研究对象大多是不变的量，而高等数学的主要研究对象是变化的量，即函数．高等数学的主要内容是微积分，微积分是以变量为研究对象，以极限方法为基本研究手段的数学学科．连续性是非常广泛的一类函数所具有的重要特性．本章首先复习函数的相关内容，继而学习如何利用极限思想研究函数，讨论函数的连续性．这些内容的学习与讨论，将为我们奠定学习高等数学的基础．

笔记

第一节　集合与函数

一、集合

1. 集合的概念

一般地，我们把具有某种特定性质的事物或对象的总体称为**集合**，组成集合的事物或对象称为该集合的**元素**．

通常用大写字母 $A,B,C,\cdots$ 表示集合，用小写字母 $a,b,c,\cdots$ 表示集合的元素．

如果 a 是集合 A 的元素，则表示为 $a\in A$，读作"a 属于 A"；如果 a 不是集合 A 的元素，则表示为 $a\notin A$，读作"a 不属于 A"．

一个集合，如果含有有限个元素，则称为有限集；如果含有无限个元素，则称为**无限集**；如果不含任何元素，则称为**空集**，记作 $\varnothing$．

构成集合的元素具有 3 个性质：确定性、互异性、无序性．

高等数学中常见的数集及其记法如下：

(1)全体非负整数组成的集合称为非负整数集(或自然数集)，记作 $\mathbf{N}$，即

$$\mathbf{N}=\{0,1,2,3,\cdots,n,\cdots\};$$

(2)所有正整数组成的集合称为正整数集，记作 $\mathbf{N}^+$，即

$$\mathbf{N}^+=\{1,2,3,\cdots,n,\cdots\};$$

(3)全体整数组成的集合称为整数集，记作 $\mathbf{Z}$，即

$$\mathbf{Z}=\{\cdots,-n,\cdots,-3,-2,-1,0,1,2,3,\cdots,n,\cdots\};$$

笔记

(4)全体有理数组成的集合称为有理数集，记作 **Q**，即

$$\mathbf{Q}=\left\{\frac{p}{q}\middle| p\in\mathbf{Z},q\in\mathbf{N}^{+},\text{且 } p \text{ 与 } q \text{ 互质}\right\};$$

(5)全体实数组成的集合称为实数集，记作 **R**.

2. 区间与邻域

在初等数学中，常见的实数集是区间. 设 $a,b\in\mathbf{R}$，且 $a<b$，则

(1)开区间 $(a,b)=\{x|a<x<b\}$；

(2)半开半闭区间 $[a,b)=\{x|a\leqslant x<b\}$，$(a,b]=\{x|a<x\leqslant b\}$；

(3)闭区间 $[a,b]=\{x|a\leqslant x\leqslant b\}$；

(4)无穷区间 $[a,+\infty)=\{x|x\geqslant a\}$，$(a,+\infty)=\{x|x>a\}$，$(-\infty,b]=\{x|x\leqslant b\}$，
$(-\infty,b)=\{x|x<b\}$，$(-\infty+\infty)=\{x|x\in\mathbf{R}\}$.

以上四类统称为区间，在数轴上的表示见图 1-1. 其中，(1)～(4)称为有限区间，(5)～(8)称为无限区间.

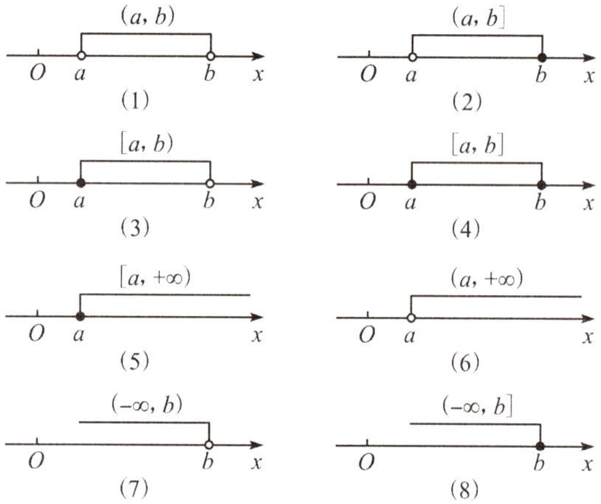

图 1-1

在微积分的概念中，有时需要考虑由某点 x_0 附近的所有点组成的集合，为此引入邻域的概念.

定义 1 设 δ 为某个正数，称开区间 $(x_0-\delta,x_0+\delta)$ 为点 x_0 的 δ 邻域，简称为点 x_0 的邻域，记作 $U(x_0,\delta)$，即

$$U(x_0,\delta)=\{x_0|x_0-\delta<x<x_0+\delta\}=\{x||x-x_0|<\delta\}.$$

在此，点 x_0 称为邻域的中心，δ 称为邻域的半径，图形如图 1-2 所示.

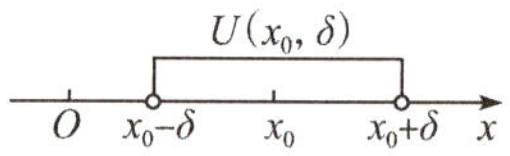

图 1-2

另外，点 x_0 的邻域去掉中心 x_0 后，称为点 x_0 的去心邻域，记作 $\overset{\circ}{U}(x_0,\delta)$，即

$$\overset{\circ}{U}(x_0,\delta)=\{x|0<|x-x_0|<\delta\},$$

图形如图 1-3 所示.

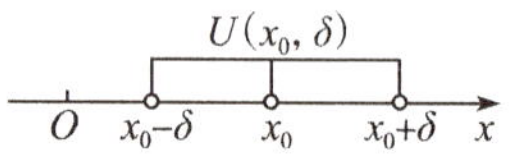

图 1-3

其中 $(x_0-\delta,x_0)$ 称为点 x_0 的左邻域，$(x_0,x_0+\delta)$ 称为点 x_0 的右邻域.

二、函数的概念

函数的重要意义

笔记

1. 函数的定义

定义 2　设 x,y 是两个变量，D 是给定的数集，如果对于每个 $x\in D$，通过对应法则 f，有唯一确定的 y 与之对应，则称 y 是 x 的**函数**，记作 $y=f(x)$. 其中 x 为自变量，y 为因变量，D 为定义域，全体的函数值 $f(x)$ 称为函数的值域，记作 R_f，即

$$R_f=\{y\,|\,y=f(x),x\in D\}.$$

关于函数概念的两点说明：

(1)函数 $y=f(x)$ 由两个因素完全确定：一个是它的定义域，另一个是它的对应关系. 也就是说，定义域相同且对应关系也相同的两个函数为同一函数，而自变量和因变量采用什么符号则无关紧要. 因此，函数 $y=f(x),x\in D$ 与函数 $v=f(u),u\in D$ 表示同一个函数.

(2)根据函数的定义，函数都存在定义域，但是通常并不明确指出函数的定义域，这时认为函数的定义域是自明的，即定义域是使函数有意义的实数的集合，称为**自然定义域**；在实际问题中函数的定义域是由问题的实际意义所确定的，称为**实际定义域**.

例 1　求函数 $y=\dfrac{1}{x}-\sqrt{1-x^2}$ 的定义域.

解　$\dfrac{1}{x}$ 的定义区间满足：$x\neq 0$；$\sqrt{1-x^2}$ 的定义区间满足：$1-x^2\geqslant 0$，解得 $-1\leqslant x\leqslant 1$.

这两个函数定义区间的公共部分是

$$-1\leqslant x<0 \text{ 或 } 0<x\leqslant 1.$$

所以，所求函数定义域为 $[-1,0)\cup(0,1]$.

例 2　判断下列各组函数是否相同.

(1) $f(x)=2\lg x,g(x)=\lg x^2$；

(2) $f(x)-\sqrt[3]{x^4-x^3},g(x)=x\sqrt[3]{x-1}$；

(3) $f(x)=x,g(x)=\sqrt{x^2}$.

解　(1) $f(x)=2\lg x$ 的定义域为 $x>0$，$g(x)=\lg x^2$ 的定义域为 $x\neq 0$. 两个函数定义域不同，所以 $f(x)$ 和 $g(x)$ 不相同.

(2) $f(x)$ 和 $g(x)$ 的定义域为一切实数. $f(x)=\sqrt[3]{x^4-x^3}=x\sqrt[3]{x-1}=g(x)$，所以 $f(x)$ 和 $g(x)$ 是相同函数.

(3) $f(x)=x,g(x)=\sqrt{x^2}=|x|$，故两者对应关系不一致，所以 $f(x)$ 和 $g(x)$ 不相同.

知识加油站

函数的表示法有表格法、图形法、解析法(公式法)三种. 常用的是图形法和公式法两种. 在此不再多做说明.

2. 常见的分段函数

在自变量的不同变化范围内，对应关系用不同数学式子来表示的函数称为**分段函数**，常见的分段函数有以下几种.

笔记

例 3　函数 $y=|x|=\begin{cases}-x, x<0,\\ x, x\geqslant 0\end{cases}$ 为**绝对值函数**，其图像如图 1-4 所示.

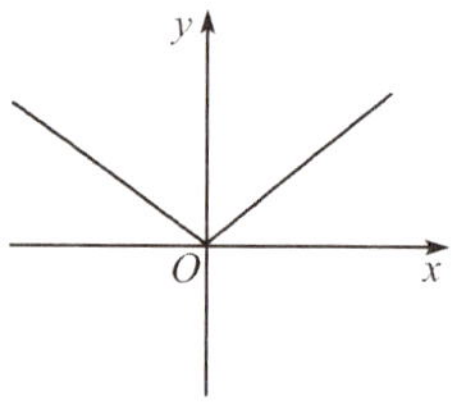

图 1-4

例 4　函数 $y=\operatorname{sgn} x=\begin{cases}-1, x<0,\\ 0, x=0,\\ 1, x>0\end{cases}$ 为**符号函数**，其图像如图 1-5 所示.

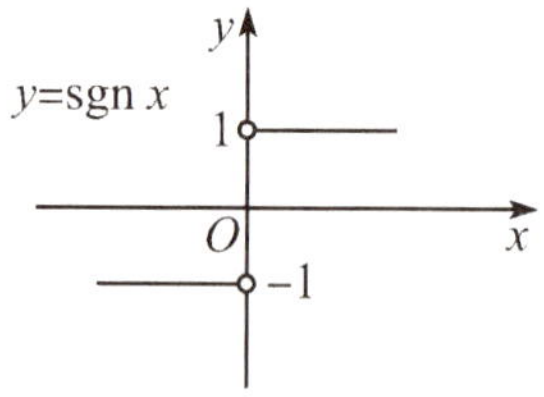

图 1-5

例 5　函数 $y=[x]$ 为**取整函数**，x 为任意实数，y 为不超过 x 的最大整数，其图像如图 1-6 所示.

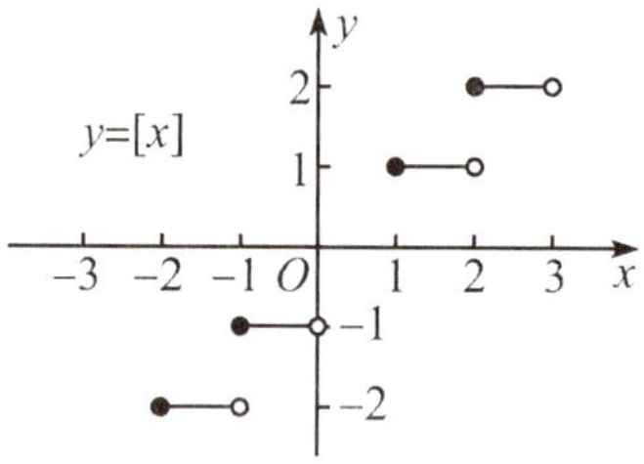

图 1-6

例 6　$D(x)=\begin{cases}1, x\in \mathbf{Q},\\ 0, x\in \mathbf{Q}^{C}\end{cases}$ 为**狄利克雷函数**.

例 7　某城市自来水收费实行阶梯水价，收费标准如表所示：

月用水量	不超过 12 吨部分	超过 12 吨不超过 18 吨的部分	超过 18 吨的部分
收费标准/(元·吨$^{-1}$)	2.00	2.50	3.00

请根据上述表格列出函数关系式，该城市某居民 10 月份的用水量为 30 吨，需要水费多少元？

解　设该城市某居民用水量为 x 吨时，应缴纳水费为 y 元，则函数关系式为

$$y=\begin{cases}2x, 0\leqslant x\leqslant 12,\\ 2.5x-6, 12<x\leqslant 18,\\ 3x-15, x>18.\end{cases}$$

该城市某居民应缴纳的水费为

$$y=3\times 30-15=75(\text{元})$$

笔记

思政小课堂

“阶梯水价”充分发挥市场、价格因素在水资源配置、水需求调节等方面的作用，拓展了水价上调的空间，增强了企业和居民的节水意识，避免了水资源的浪费. 同时，珍惜水资源、避免浪费是我们每个人都应该奉行的生活理念. .

知识加油站

需特别指出的是，在高等数学中还出现另一类函数关系，一个自变量 x 通过对应关系 f 有确定的 y 值与之对应，但这个 y 值不总是唯一. 这个对应关系并不符合函数的定义，习惯上我们称这样的对应关系确定了一个**多值函数**.

三、函数的性质

设函数 $y=f(x)$，定义域为 D，$I\subset D$.

1. 有界性

定义 3　若存在常数 $M>0$，使得对每一个 $x\in I$，有 $|f(x)|\leqslant M$，则称函数 $f(x)$ 在 I 上**有界**（图 1-7）.

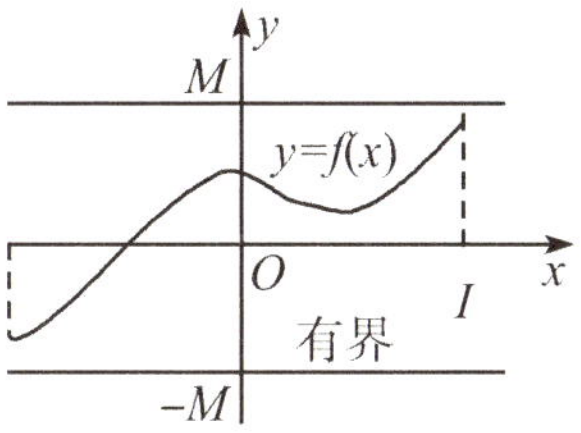

图 1-7

若对任意 $M>0$，总存在 $x_0\in I$，使 $|f(x_0)|>M$，则称函数 $f(x)$ 在 I 上无界.

例如，函数 $f(x)=\sin x$ 在 $(-\infty,+\infty)$ 上是有界的：$|\sin x|\leqslant 1$. 函数 $f(x)=\dfrac{1}{x}$ 在 $(0,1)$ 内无上界，在 $(1,2)$ 内有界.

2. 单调性

设函数 $y=f(x)$ 在区间 I 上有定义，x_1 及 x_2 为区间 I 上任意两点，且 $x_1<x_2$. 如果恒有 $f(x_1)<f(x_2)$，则称 $f(x)$ 在 I 上是**单调增加**的；如果恒有 $f(x_1)>f(x_2)$，则称 $f(x)$ 在 I 上是**单调减少**的. 单调增加和单调递减的函数统称为**单调函数**（图 1-8）.

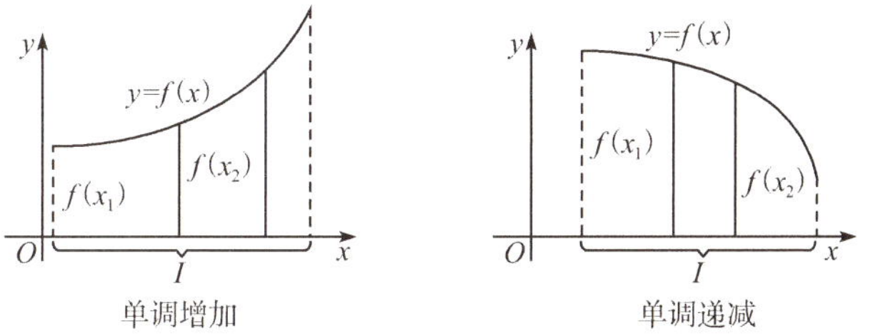

图 1-8

3. 奇偶性

设函数 $y=f(x)$ 的定义域 D 关于原点对称. 如果在 D 上有 $f(-x)=f(x)$，则称 $f(x)$ 为**偶函数**；如果在 D 上有 $f(-x)=-f(x)$，则称 $f(x)$ 为**奇函数**.

笔记

例如，函数 $f(x)=x^2$，由于 $f(-x)=(-x)^2=x^2=f(x)$，所以 $f(x)=x^2$ 是偶函数；又如，函数 $f(x)=x^3$，由于 $f(-x)=(-x^3)=-x^3=-f(x)$，所以 $f(x)=x^3$ 是奇函数. 如图 1-9 所示.

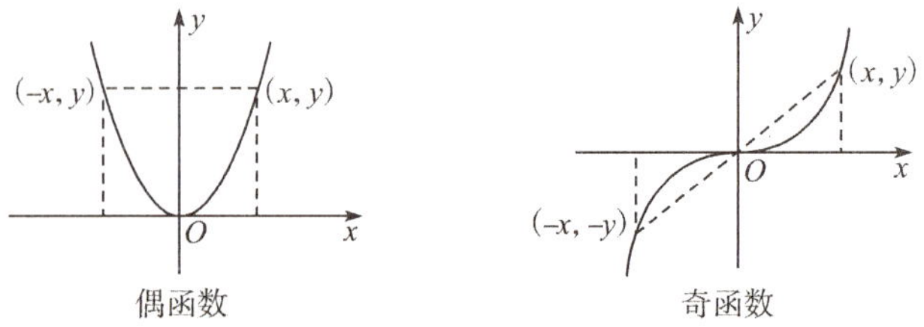

图 1-9

从函数图形上看，偶函数的图形关于 y 轴对称，奇函数的图形关于原点对称.

4. 周期性

设函数 $y=f(x)$ 的定义域为 D. 如果存在一个不为零的数 T，使得对于任一 $x\in D$ 有 $(x\pm T)\in D$，且 $f(x\pm T)=f(x)$，则称 $f(x)$ 为**周期函数**，T 称为 $f(x)$ 的一个周期. 如果在函数 $f(x)$ 的所有正周期中存在一个最小的正数，则我们称这个正数为 $f(x)$ 的**最小正周期**. 我们通常说的周期是指最小正周期.

例如，函数 $y=\sin x$ 和 $y=\cos x$ 是周期为 2π 的周期函数，函数 $y=\tan x$ 和 $y=\cot x$ 是周期为 π 的周期函数.

在此，需要指出的是某些周期函数不一定存在最小正周期.

例如，狄里克雷函数

$$D(x)=\begin{cases}1, x\in \mathbf{Q},\\ 0, x\in \mathbf{Q}^C.\end{cases}$$

当 $x\in \mathbf{Q}^C$ 时，对任意有理数 l，$x+l\in \mathbf{Q}^C$，必有 $D(x+l)=D(x)$，故任意有理数都是其周期，但它没有最小正周期.

四、反函数

在初等数学中的函数定义中，若函数 $f:D\to f(D)$ 为单射，若存在逆映射 $f^{-1}:f(D)\to D$，则称此对应法则 f^{-1} 为 f 的**反函数**.

习惯上，$y=f(x)$，$x\in D$ 的反函数记作

$$y=f^{-1}(x), x\in f(D).$$

例如，指数函数 $y=\mathrm{e}^x$，$x\in(-\infty,+\infty)$ 的反函数为 $y=\ln x$，$x\in(0,+\infty)$，其图像如图 1-10 所示.

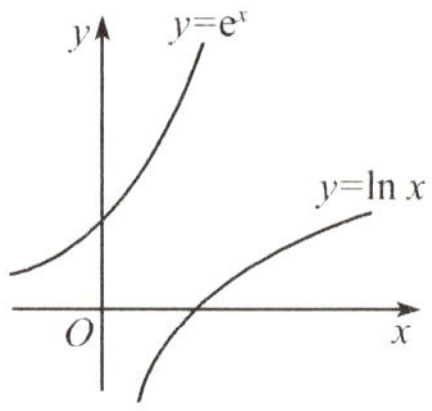

图 1-10

反函数的性质

(1) 函数 $y=f(x)$ 单调递增(减)，其反函数 $y=f^{-1}(x)$ 存在，且也单调递增(减).

(2) 函数 $y=f(x)$ 与其反函数 $y=f^{-1}(x)$ 的图形关于直线 $y=x$ 对称.

笔记

五、初等函数

在数学的发展过程中，形成了以下六类最简单最常用的函数，即

常数函数：$y=C$（C 是常数）.

幂函数：$y=x^\alpha$（α 是任意实数）.

指数函数：$y=a^x(a>0,a\neq 1.)$.

对数函数：$y=\log_a x(a>0,a\neq 1.)$.

三角函数：

$$y=\sin x, y=\cos x, y=\tan x,$$
$$y=\cot x, y=\sec x, y=\csc x.$$

反三角函数：

$$y=\arcsin x, y=\arccos x, y=\arctan x,$$
$$y=\operatorname{arccot} x, y=\operatorname{arcsec} x, y=\operatorname{arccsc} x.$$

这六类函数称为基本初等函数，现将它们的性质简述如下：

1. 常数函数

常数函数 $y=C$（C 是常数）的定义域是 $(-\infty,+\infty)$，图形是通过点 $(0,C)$ 且平行于 x 轴的直线，如图 1-11 所示.

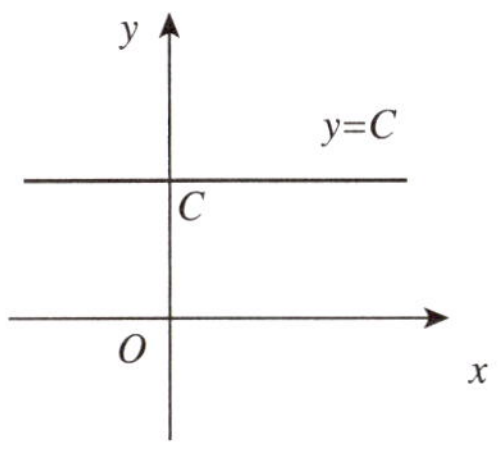

图 1-11

常数函数是有界函数，且是一个不存在最小正周期的周期函数，它既不是单调增加函数，又不是单调减少函数，特别地，当 $C=0$ 时，它还是奇函数.

2. 幂函数

幂函数 $y=x^\alpha$ 的定义域及其性质与 α 的取值有关，但任意 $\alpha\in\mathbf{R}$，x^α 在 $(0,+\infty)$ 内都有意义. 为了便于比较，只讨论 $x\geqslant 0$ 的情形，而 $x<0$ 的情形可根据函数的奇偶性确定.

当 $\alpha>0$ 时，函数的图像通过原点 $(0,0)$ 和点 $(1,1)$，在 $(0,+\infty)$ 内单调增加且无界；

当 $\alpha<0$ 时，图像不过原点，但仍过点 $(1,1)$，在 $(0,+\infty)$ 内单调减少、无界，曲线以坐标轴为渐近线. 图 1-12 中画出了 $\alpha=\pm 1,\alpha=2,\alpha=\dfrac{1}{3}$ 的情形.

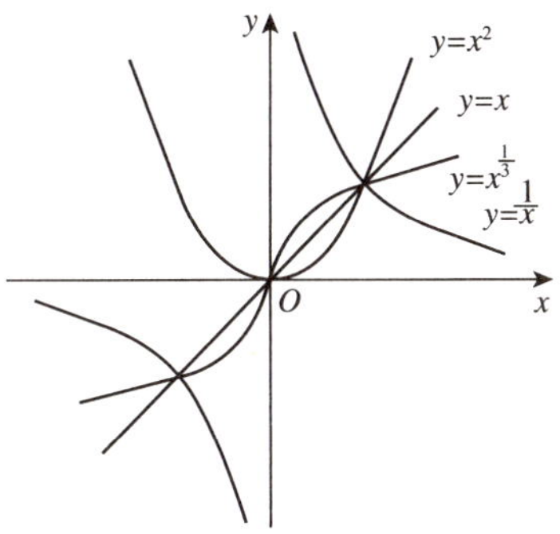

图 1-12

笔记

3. 指数函数

指数函数 $y=a^x(a>0,a\neq1)$，其定义域为 **R**，由于无论 x 取何值，总有 $a^x>0$ 且 $a^0=1$，所以它的图像全部在 x 轴上方，且通过点 $(0,1)$ 即它的值域是 $(0,+\infty)$.

当 $a>1$ 时，函数单调增加且无界，曲线以 x 轴负半轴为渐近线；

当 $0<a<1$ 时，函数单调减少且无界，曲线以 x 轴正半轴为渐近线，如图 1-13 所示.

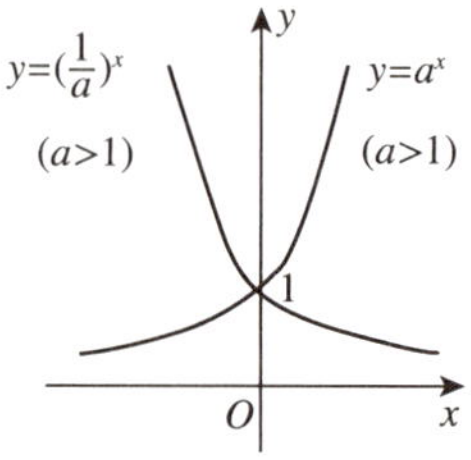

图 1-13

4. 对数函数

对数函数 $y=\log_a x(a>0,a\neq1)$，其定义域为 $(0,+\infty)$，图像全部在 y 轴右方，值域是 **R**. 无论 a 取何值，曲线都通过点 $(1,0)$.

当 $a>1$ 时，函数单调增加且无界，曲线以 y 轴负半轴为渐近线；

当 $0<a<1$ 时，函数单调减少且无界，曲线以 y 轴正半轴为渐近线，如图 1-14 所示.

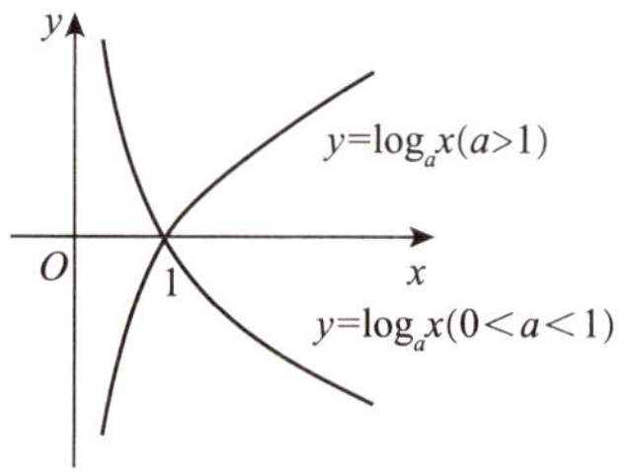

图 1-14

对数函数 $y=\log_a x$ 与指数函数 $y=a^x(a>0,a\neq1)$ 互为反函数，它们的图像关于直线 $y=x$ 对称.

5. 三角函数

(1) 正弦函数 $y=\sin x$. 其定义域为 **R**，值域为 $[-1,1]$，奇函数，以 2π 为周期，有界，如图 1-15 所示.

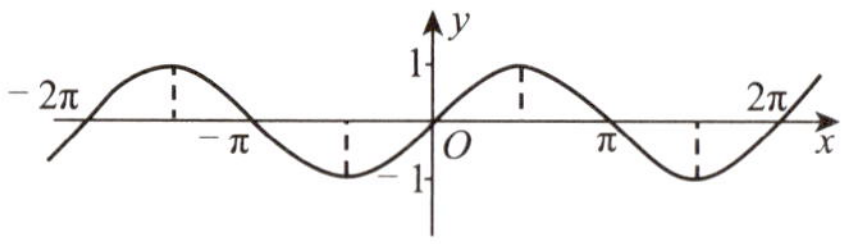

图 1-15

(2) 余弦函数 $y=\cos x$. 其定义域为 **R**，值域为 $[-1,1]$，偶函数，以 2π 为周期，有界，如图 1-16 所示.

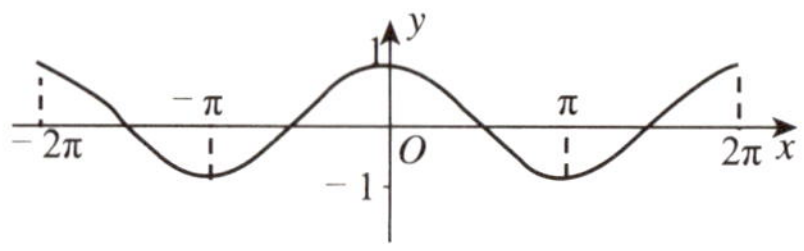

图 1-16

笔记

(3) 正切函数 $y=\tan x$. 其定义域为 $x\neq k\pi+\frac{\pi}{2}(k\in\mathbf{Z})$，值域为 $\mathbf{R}$，奇函数，以 π 为周期，在每一个周期内单调增加，以直线 $x=k\pi+\frac{\pi}{2}(k\in Z)$ 为渐近线，如图 1-17 所示.

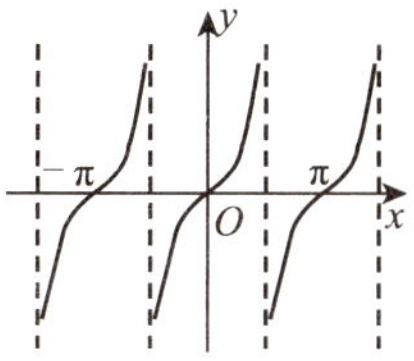

图 1-17

(4) 余切函数 $y=\cot x$. 其定义域为 $x\neq k\pi(k\in\mathbf{Z})$，值域为 $\mathbf{R}$，奇函数，以 π 为周期，在每一个周期内单调减少，以直线 $x=k\pi(k\in\mathbf{Z})$ 为渐近线，如图 1-18 所示.

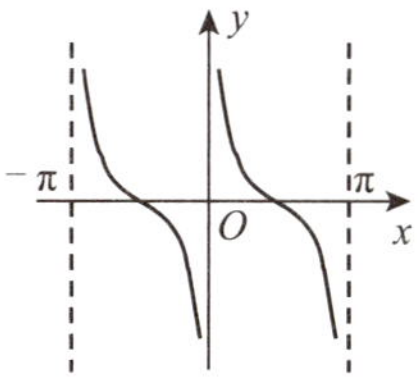

图 1-18

6. 反三角函数

常用的反三角函数有 4 个：

(1)反正弦函数 $y=\arcsin x$. 是正弦函数 $y=\sin x$ 在单调区间 $\left[-\frac{\pi}{2},\frac{\pi}{2}\right]$ 上的反函数，因此称作反正弦函数，其定义域是 $[-1,1]$，值域是 $\left[-\frac{\pi}{2},\frac{\pi}{2}\right]$，奇函数，单调增加，有界，如图 1-19 所示.

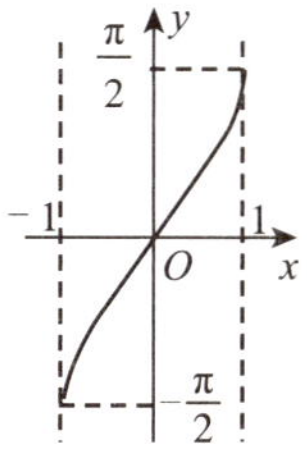

图 1-19

(2)反余弦函数 $y=\arccos x$. 是余弦函数 $y=\cos x$ 在单调区间 $[0,\pi]$ 上的反函数，因此称作反余弦函数，其定义域是 $[-1,1]$，值域是 $[0,\pi]$，单调减少，有界，如图 1-20 所示.

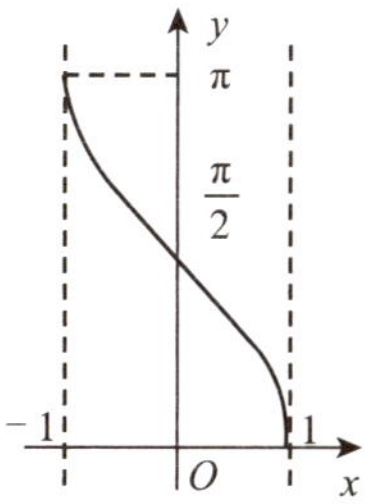

图 1-20

笔记

(3)反正切函数 $y=\arctan x$. 是正切函数 $y=\tan x$ 在单调区间 $\left(-\frac{\pi}{2},\frac{\pi}{2}\right)$ 内的反函数，因此称作反正切函数，其定义域是 **R**，值域是 $\left(-\frac{\pi}{2},\frac{\pi}{2}\right)$，奇函数，单调增加，有界，如图 1-21 所示.

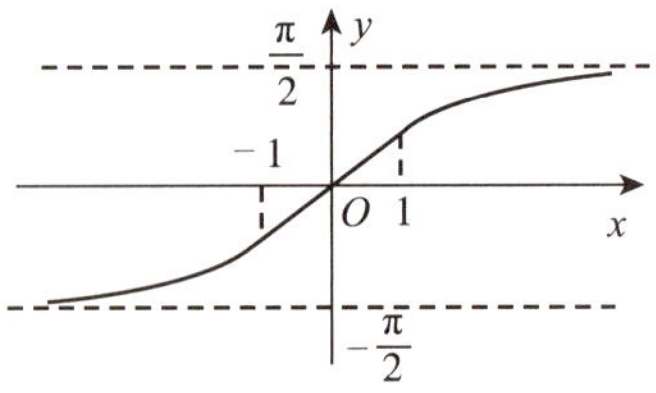

图 1-21

(4)反余切函数 $y=\operatorname{arccot} x$ 是余切函数 $y=\cot x$ 在单调区间 $(0,\pi)$ 内的反函数，因此称作反余切函数，其定义域是 **R**，值域是 $(0,\pi)$，单调减少，有界，如图 1-22 所示.

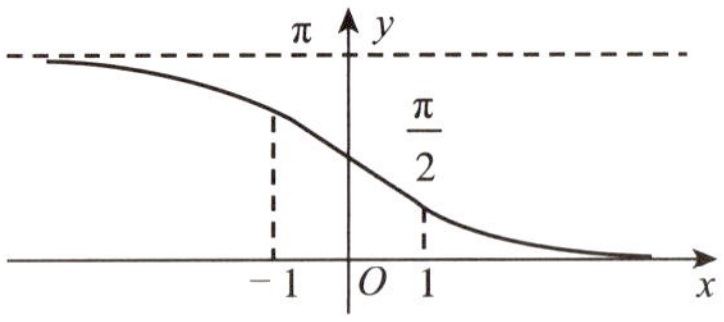

图 1-22

由基本初等函数经过有限次四则运算和有限次复合运算而产生的且能用一个数学式子表示的一切函数，通称为初等函数.

例如，$y=2x^2-1, y=\sin\frac{1}{x}, y=|x|=\sqrt{x^2}$ 等都是初等函数. 高等数学中讨论的函数绝大多数都是初等函数. 但狄里克雷函数、符号函数、取整函数等都不是初等函数.

六、复合函数

由两个或两个以上的函数用所谓“中间变量”传递的方法能生成新的函数称为复合函数. 例如函数

$$z=\ln y \text{ 与 } y=x-1$$

由“中间变量” y 的传递生成新函数

$$z=\ln(x-1).$$

在这里，z 是 y 的函数，又 y 是 x 的函数. 于是，通过中间变量 y 的传递得到 z 是 x 的函数. 为了使函数 $z=\ln y$ 有意义，必须要求 $y>0$，为了使函数 $y=x-1>0$，必须要求 $x>1$. 仅对函数 $y=x-1$ 来说，x 可取任意实数，但是，对生成的新函数 $z=\ln(x-1)$ 来说，必须要求 $x>1$.

定义 4 设函数 $y=f(u)$ 的定义域为 U，而 $u=\varphi(x)$ 的定义域为 $X, D=\{x\in X \mid \varphi(x)\in U\}$，则对任意的 $x\in D$，通过 $u=\varphi(x)$，变量 y 有确定的值 $f(u)$ 与之对应，于是得到一个以 x 为自变量 、y 为因变量的函数，该函数称为 $y=f(u)$ 和 $u=\varphi(x)$ 的复合函数. 记作 $y=f(\varphi(x))$，D 是它的定义域，u 称为中间变量.

如自由落体运动的物体，其动能 $E=\frac{1}{2}mv^2$，速度 $v=gt$，则它们的复合函数为 $E=\frac{1}{2}mg^2t^2$.

笔记

如函数 $z=\sqrt{y}$ 的定义域是区间 $[0,+\infty)$，函数 $y=(x-1)(2-x)$ 的定义域是 $\mathbf{R}$，为了使其生成复合函数，必须要求

$$y=(x-1)(2-x)\geqslant 0\text{，即 }1\leqslant x\leqslant 2.$$

于是，$\forall x\in[1,2]$，函数 $y=(x-1)(2-x)$ 与 $z=\sqrt{y}$ 生成了复合函数

$$z=\sqrt{(x-1)(2-x)}.$$

以上是两个函数生成的复合函数. 不难将复合函数概念推广到有限个函数生成的复合函数. 例如，3 个函数

$$u=\sqrt{z},z=\ln y,y=2x+3$$

生成的复合函数是

$$u=\sqrt{\ln(2x+3)},x\in[-1,+\infty).$$

不仅能将若干个"简单函数"生成为复合函数，而且还要善于将复合函数"分解"为若干个简单函数. 例如函数

$$y=\tan^5\sqrt[3]{\lg\arcsin x}$$

是由 5 个简单函数 $y=u^5,u=\tan v,v=\sqrt[3]{\omega},\omega=\lg t,t=\arcsin x$ 所生成的复合函数.

例 8　设函数 $f(x)=\begin{cases}1-x,x\geqslant 0,\\2-x,x<0,\end{cases}$ 求 $f(f(3))$.

解　$f(f(3))=f(1-3)=f(-2)=2-(-2)=4$.

例 9　设函数 $f(x)=x^3,\varphi(x)=\sin\sqrt{x}$，求 $f(\varphi(x)),\varphi(f(x))$.

解　由 $f(x),\varphi(x)$ 的表达式，

$$f(\varphi(x))=(\varphi(x))^3=\sin^3\sqrt{x};$$

$$\varphi(f(x))=\sin\sqrt{f(x)}=\sin(x^{\frac{3}{2}}).$$

例 10　已知 $y=\ln u,u=4-v^2,v=\cos x$，将 y 表示成 x 的函数.

解　$y=\ln(4-v^2)=\ln(4-\cos^2 x)$.

例 11　分别指出函数 $y=\sin 5x,y=\mathrm{e}^{\cos\frac{1}{x}}$ 是由哪些简单函数复合而成的.

解　$y=\sin 5x$ 是由 $y=\sin u,u=5x$ 复合而成的；

$y=\mathrm{e}^{\cos\frac{1}{x}}$ 是由 $y=\mathrm{e}^u,u=\cos v,v=\dfrac{1}{x}$ 复合而成的.

习题 1.1

1. 求下列函数的定义域.

(1) $y=\sqrt{2x+4}$；　(2) $y=\dfrac{1}{x-3}+\sqrt{16-x^2}$；

(3) $y=\ln\dfrac{x-x^2}{2}$；　(4) $y=\arcsin\dfrac{x-3}{4}$；

(5) $y=\dfrac{\sqrt{x^2-2x-15}}{|x+3|-3}$；　(6) $y=\dfrac{\ln(3-x)}{\sqrt{|x|-2}}$.

2. 下列各题中，函数 $f(x)$ 和 $g(x)$ 是否相同？为什么？

(1) $f(x)=\lg x^2,g(x)=2\lg x$；

笔记

(2) $f(x)=|x|, g(x)=\sqrt{x^2}$.

3. 已知 $f(x)$ 的定义域为 $[0,1]$，求下列函数的定义域.

(1) $f(x^2)$；　　(2) $f(\ln x)$.

4. 判断下列函数的奇偶性.

(1) $y=e^{x^2}\cdot\sin x$；　　(2) $y=\lg(x+\sqrt{x^2+1})$；

(3) $y=\dfrac{e^x+e^{-x}}{2}$；　　(4) $y=x(x^3+1)$.

5. 设 $f(x)=x^2, g(x)=2^x$. 求 $f(g(x)), g(f(x))$.

6. 下列函数是否具有奇偶性.

(1) $y=(1-x)^{\frac{2}{5}}(1+x)^{\frac{2}{5}}$；　　(2) $y=x(x-1)(x+1)$；

(3) $y=\lg(x+\sqrt{1+x^2})$；　　(4) $y=\dfrac{e^x+e^{-x}}{2}$.

7. 判断下列函数哪个是周期函数，若有最小正周期，并指出最小的正周期.

(1) $y=\cos(x-2)$；　　(2) $y=1+\sin(\pi x)$.

8. 指出下列函数在指定区间的反函数及其定义域.

(1) $y=\sqrt{1-x^2}, x\in[-1,0]$；

(2) $y=\ln(2x+1), x\in\left(-\dfrac{1}{2},+\infty\right)$.

9. 证明：若 $f(x)$ 与 $g(x)$ 都是奇函数，则 $f(g(x))$ 与 $g(f(x))$ 都是奇函数.

第二节　极限的概念与性质

数学中的极限思想是由求某些实际问题的精确解而产生的，极限方法非常有用，它是研究变量变化趋势的基本工具. 高等数学中的一系列基本概念，比如连续、导数、定积分、重积分、级数的收敛与发散等都是建立在极限理论的基础之上的. 本节将讨论数列极限和函数极限的概念与性质.

我国古代的极限思想

一、数列极限的概念

定义 1　按照一定顺序排列的可列个数

$$a_1, a_2, \cdots, a_n, \cdots$$

称为数列，记为 $\{a_n\}$，其中 a_n 叫作数列的**一般项或通项**.

例如

$$1, \frac{1}{2}, \frac{1}{3}, \cdots, \frac{1}{n}, \cdots;$$

$$1, -\frac{1}{2}, \frac{1}{3}, -\frac{1}{4}, \cdots, \frac{(-1)^{n-1}}{n}, \cdots;$$

$$\frac{1}{2}, \frac{2}{3}, \frac{3}{4}, \cdots, \frac{n}{n+1}, \cdots;$$

$$1, -1, 1, \cdots, (-1)^{n+1}, \cdots$$

都是数列，它们的一般项依次为 $\dfrac{1}{n}, \dfrac{(-1)^{n-1}}{n}, \dfrac{n}{n+1}, (-1)^{n+1}$.

笔记

我们可以看到，数列值 a_n 随着 n 变化而变化，因此可以把数列 $\{a_n\}$ 看作自变量为正整数 n 的函数，即

$$a_n=f(n),n\in\mathbf{N}^+.$$

当 n 无限增大时，数列 $\{a_n\}$ 的变化趋势就是数列的极限问题.

知识加油站

割圆术

设有一圆，首先记圆内接正 6 边形的面积为 A_1；内接正 12 边形的面积为 A_2；内接正 24 边形的面积为 A_3；依次进行下去，一般把内接正 $6\times2^{n-1}$ 边形的面积记为 A_n，可得一系列内接正多边形的面积：

$$A_1,A_2,A_3,\cdots,A_n,\cdots,$$

它们就构成一列有序数列. 可以发现，当内接正多边形的边数无限增加时，A_n 也无限接近某一确定的数值(圆的面积)，这个确定的数值在数学上被称为数列 $\{A_n\}$ 当 $n\to\infty$ 时的极限.

下面给出数列极限的直观定义：

定义 2　设 $\{a_n\}$ 是一数列，a 是一常数. 当 n 无限增大时(即 $n\to\infty$)，a_n 无限趋近于 a，则称 a 为数列 $\{a_n\}$ 当 $n\to\infty$ 时的**极限**(或称数列收敛于 a)，记作

$$\lim_{n\to\infty}a_n=a\text{ 或 }a_n\to a(n\to\infty).$$

此时，也称数列 $\{a_n\}$ 的极限存在；否则，称数列 $\{a_n\}$ 的极限不存在(或称数列发散).

根据定义，数列 $\left\{\dfrac{1}{n}\right\}$ 的极限是 0，记作 $\lim\limits_{n\to\infty}\dfrac{1}{n}=0$. 数列 $\{n^2\}$ 的变化趋势是无限增大，这时称数列 $\{n^2\}$ 的极限是无穷大，记作 $\lim\limits_{n\to\infty}n^2=\infty$，此时数列是发散的.

例 1　观察下列数列当 $n\to\infty$ 时的极限.

(1) $x_n=\dfrac{n}{n+1}$；　　(2) $x_n=\dfrac{1}{3^n}$；

(3) $x_n=2n+1$；　　(4) $x_n=(-1)^n$.

解　对于每一个数列，先将数列列出来，再根据极限的定义，观察数列当 $n\to\infty$ 时的变化趋势，可得

(1) $\dfrac{1}{2},\dfrac{2}{3},\dfrac{3}{4},\cdots,\dfrac{n}{n+1},\cdots$；$\lim\limits_{n\to\infty}\dfrac{n}{n+1}=1$；

(2) $\dfrac{1}{3},\dfrac{1}{3^2},\dfrac{1}{3^3},\cdots,\dfrac{1}{3^n},\cdots$；$\lim\limits_{n\to\infty}\dfrac{1}{3^n}=0$；

(3) $3,5,7,\cdots,2n+1,\cdots$；$\lim\limits_{n\to\infty}(2n+1)$ 不存在；

(4) $-1,1,-1,\cdots,(-1)^n,\cdots$；$\lim\limits_{n\to\infty}(-1)^n$ 不存在.

知识加油站

应当注意，在一个变量前加上记号“lim”，表示对这个变量进行取极限运算. 若变量的极限存在，则其所反映的就不再是这个变量本身而是它的极限，即变量无限接近的那个数. 例如，设 A 表示圆面积，S_n 表示圆内接正 n 边形的面积，当 n 较大时，总有 $S_n\approx A$，但 $\lim\limits_{n\to\infty}S_n$ 就不再是 S_n，而是它的极限——圆面积 A，所以它的表达式 $\lim\limits_{n\to\infty}S_n$ 不含任何近似成分.

笔记

二、收敛数列的性质

定理 1(极限的唯一性)　收敛数列的极限必唯一.

定理 2(收敛数列的有界性)　如果数列$\{a_n\}$收敛,那它一定有界. 即对于收敛数列$\{a_n\}$,必存在正数 M,对一切 $n\in\mathbf{N}^+$,有$|a_n|\leqslant M$.

定理 2 说明了收敛数列一定有界,反之不成立.

例如,数列$\{(-1)^n\}$有界,但是不收敛.

定理 3(收敛数列的保号性)　如果$\lim\limits_{n\to\infty}a_n=a$,且 $a>0$(或 $a<0$),那么存在正整数 N,当 $n>N$ 时,有 $a_n>0$(或 $a_n<0$).

推论　如果数列$\{a_n\}$从某项起有 $a_n\geqslant0$(或 $a_n\leqslant0$),且$\lim\limits_{n\to\infty}a_n=a$,那么 $a\geqslant0$(或 $a\leqslant0$).

定理 1 的证明　　定理 2 的证明　　定理 3 的证明

三、函数极限的概念

由于数列$\{a_n\}$可以看作是自变量为 n 的函数 $a_n=f(n)$,$n\in\mathbf{N}^+$. 所以数列的极限其实是一种特殊类型的函数极限,接下来我们把数列极限推广到一般函数的极限,即在自变量的某个变化过程中,讨论函数的变化趋势.

自变量的变化趋势不同,函数的极限也会不同. 下面主要介绍自变量的两种变化趋势下函数的极限.

1. 自变量 $x\to\infty$ 时函数的极限

引例 1　观察函数 $y=\dfrac{\sin x}{x}$当 $x\to\infty$时的变化趋势(图 1-23).

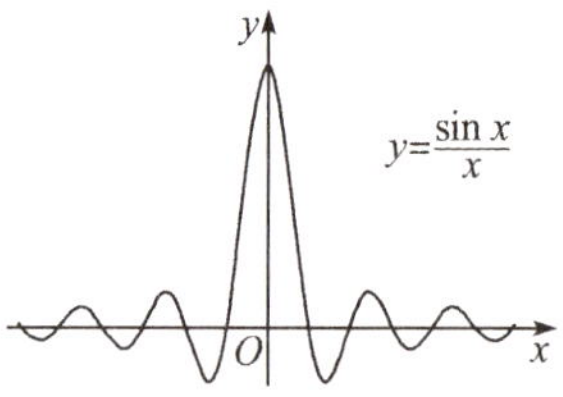

图 1-23

从图 1-23 可以看出,当 x 的绝对值无限增大时,函数$\dfrac{\sin x}{x}$无限接近于 0(确定的常数).

由此推得函数 $f(x)$在 $x\to\infty$时极限的直观定义:

定义 3　设 $f(x)$当$|x|$大于某一正数时有定义,当$|x|$无限增大时,若函数值 $f(x)$无限趋近于一个确定的常数 A,则称 A 为 $f(x)$当 $x\to\infty$时的极限. 记作

$$\lim_{x\to\infty}f(x)=A \text{ 或 } f(x)\to A\quad(x\to\infty).$$

引例中,$\lim\limits_{x\to\infty}\dfrac{\sin x}{x}=0$.

需要说明的是，这里的 $x\to\infty$ 指的是自变量 x 沿着 x 轴向正、负两个方向趋于无穷大. x 取正值且无限增大，记作 $x\to+\infty$，读作 x 趋于正无穷大；x 取负值且绝对值无限增大，记为 $x\to-\infty$，读作 x 趋于负无穷大. 即 $x\to\infty$ 同时包含 $x\to+\infty$ 和 $x\to-\infty$.

类比于数列极限的定义推得当 $x\to\infty$ 时函数 $f(x)$ 的极限的精确定义：

定义 4　设 $f(x)$ 当 $|x|$ 大于某一正数时有定义，如果存在常数 A，对任意给定的正数 ε，总存在正数 X，使得当 $|x|>X$，不等式

$$|f(x)-A|<\varepsilon$$

都成立，则称 A 是函数 $f(x)$ 在 $x\to\infty$ 时的极限，记作

$$\lim_{x\to\infty}f(x)=A.$$

对定义 4 的简单叙述：

$$\lim_{x\to\infty}f(x)=A\Leftrightarrow\forall\varepsilon>0,\exists X>0.\text{ 当 }|x|>X\text{ 时，有 }|f(x)-A|<\varepsilon.$$

结合定义 3 和定义 4，函数 $f(x)$ 在 $x\to\infty$ 时的极限存在的充要条件是：

$$\lim_{x\to\infty}f(x)=A\Leftrightarrow\lim_{x\to-\infty}f(x)=\lim_{x\to+\infty}f(x)=A.$$

例 2　证明 $\lim\limits_{x\to\infty}\dfrac{\sin x}{x}=0$.

证明　由于

$$|f(x)-A|=\left|\frac{\sin x}{x}-0\right|=\left|\frac{\sin x}{x}\right|\leqslant\frac{1}{|x|},$$

对 $\forall\varepsilon>0$，要使

$$|f(x)-A|<\varepsilon,$$

即 $\dfrac{1}{|x|}<\varepsilon$，$|x|>\dfrac{1}{\varepsilon}$. 取 $X=\dfrac{1}{\varepsilon}$，当时 $|x|>X$ 时，有 $|f(x)-A|<\varepsilon$，由极限的定义知

$$\lim_{x\to\infty}\frac{\sin x}{x}=0.$$

从几何上看，$\lim\limits_{x\to\infty}f(x)=A$ 表示当 $|x|>X$ 时，曲线 $y=f(x)$ 位于直线 $y=A-\varepsilon$ 和 $y=A+\varepsilon$ 之间（图 1-24）.

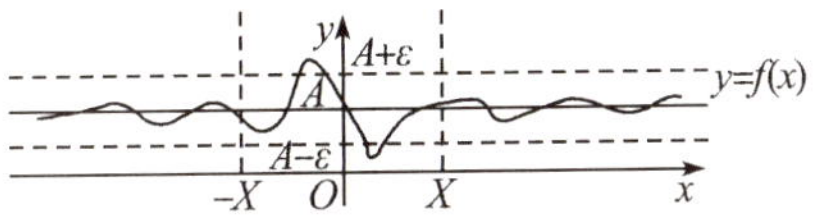

图 1-24

这时称直线 $y=A$ 为曲线 $y=f(x)$ 的水平渐近线.

例如，$\lim\limits_{x\to\infty}\dfrac{\sin x}{x}=0$，则 $y=0$ 是曲线 $y=\dfrac{\sin x}{x}$ 的水平渐近线.

2. 自变量 $x\to x_0$ 时函数的极限

引例 2　观察函数 $f(x)=x+1$ 和 $g(x)=\dfrac{x^2-1}{x-1}$ 在 $x\to1$ 时函数值的变化趋势（图 1-25）.

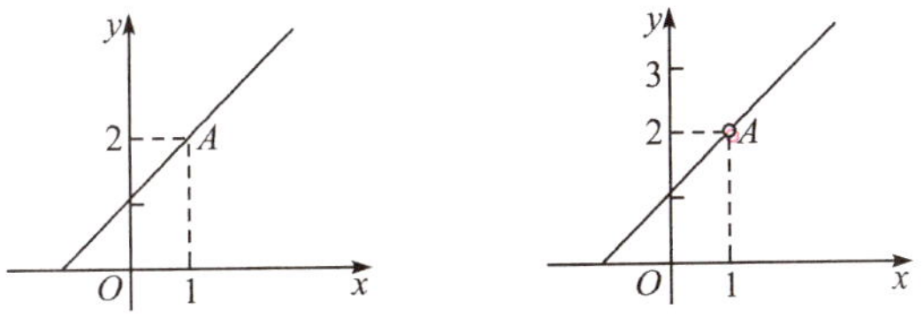

图 1-25

笔记

从图 1-25 中得出，函数 $f(x)=x+1$ 和 $g(x)=\dfrac{x^2-1}{x-1}$ 在 $x\to1$ 时函数值都无限接近于 2，则称 2 是函数 $f(x)=x+1$ 和 $g(x)=\dfrac{x^2-1}{x-1}$ 在 $x\to1$ 时的极限.

从上例中看出，虽然 $f(x)$ 和 $g(x)$ 在 $x=1$ 处都有极限，但 $g(x)$ 在 $x=1$ 处无定义. 这说明函数在一点处是否存在极限与它在该点处是否有定义无关. 因此，在后面的定义中假定函数 $f(x)$ 在 x_0 的某个去心邻域内有定义，函数 $f(x)$ 在 $x\to x_0$ 时函数极限的直观定义：

定义 5 函数 $f(x)$ 在 x_0 的某个去心邻域内有定义. 当 $x\to x_0$ 时，函数 $f(x)$ 的函数值无限趋近于确定的常数 A，称 A 为函数 $f(x)$ 在 $x\to x_0$ 时的极限，记作

$$\lim_{x\to x_0} f(x)=A \text{ 或 } f(x)\to A(x\to x_0).$$

在定义 5 中，函数 $f(x)$ 的函数值无限趋近于某个确定的常数 A，表示 $|f(x)-A|$ 能任意小，在此同样可以通过对于任意给定的正数 ε，$|f(x)-A|<\varepsilon$ 表示. 而 $x\to x_0$ 可以表示为 $0<|x-x_0|<\delta(\delta>0)$，$\delta$ 体现了 x 趋近 x_0 的程度. 由此得到函数 $f(x)$ 在 $x\to x_0$ 时函数极限的精确定义：

定义 6 函数 $f(x)$ 在 x_0 的某个去心邻域内有定义. 对于任意给定的正数 ε，总存在正数 δ，当 x 满足不等式 $0<|x-x_0|<\delta$ 时，函数 $f(x)$ 满足不等式

$$|f(x)-A|<\varepsilon,$$

称 A 为函数 $f(x)$ 在 $x\to x_0$ 时的极限. 记作

$$\lim_{x\to x_0} f(x)=A \text{ 或 } f(x)\to A \quad (x\to x_0).$$

定义 6 可简单表述为：

$$\lim_{x\to x_0} f(x)=A\Leftrightarrow \forall\varepsilon>0,\exists\delta>0,\text{当 } 0<|x-x_0|<\delta \text{ 时，有 } |f(x)-A|<\varepsilon.$$

函数 $f(x)$ 在 $x\to x_0$ 时极限为 A 的几何解释：

对 $\forall\varepsilon>0$，当 $x\in\mathring{U}(x_0,\delta)$ 时，曲线 $y=f(x)$ 位于直线 $y=A-\varepsilon$ 和 $y=A+\varepsilon$ 之间，如图 1-26 所示.

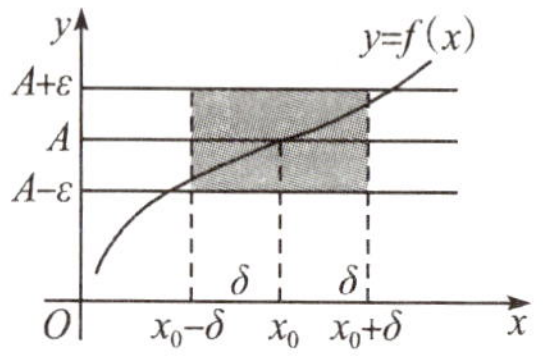

图 1-26

例 3 证明 $\lim\limits_{x\to x_0} C=C$，$C$ 为常数.

证明 由于

$$|f(x)-A|=|C-C|=0,$$

对 $\forall\varepsilon<0$，对 $\forall\delta>0$，当 $0<|x-x_0|<\delta$ 时，都有 $|f(x)-A|<\varepsilon$，故

$$\lim_{x\to x_0} C=C.$$

例 4 证明 $\lim\limits_{x\to1}\dfrac{x^2-1}{x-1}=2$.

证明 由于

$$|f(x)-A|=\left|\frac{x^2-1}{x-1}-2\right|=|x-1|,$$

笔记

对 $\forall\varepsilon>0$，要使 $|f(x)-A|<\varepsilon$，即 $|x-1|<\varepsilon$. 取 $\delta=\varepsilon$，当 $0<|x-x_0|<\delta$ 时，都有 $|f(x)-A|<\varepsilon$，故

$$\lim_{x\to 1}\frac{x^2-1}{x-1}=2.$$

在函数的极限中，$x\to x_0$ 既包含 x 从左侧向 x_0 靠近，又包含从右侧向 x_0 靠近. 因此，在求分段函数在分界点 x_0 处的极限时，由于在 x_0 处两侧函数解析式不同，只能分别讨论.

x 从左侧向 x_0 靠近的情形，记作 $x\to x_0^-$. x 从右侧向 x_0 靠近的情形，记作 $x\to x_0^+$.

在定义 6 中，若把去心邻域 $0<|x-x_0|<\delta$ 改为 $x_0-\delta<x<x_0$，则称 A 为函数 $f(x)$ 在 $x\to x_0$ 时的**左极限**. 记作

$$\lim_{x\to x_0^-}f(x)=A \text{ 或 } f(x_0^-)=A.$$

类似地，若把去心邻域 $0<|x-x_0|<\delta$ 改为 $x_0<x<x_0+\delta$，则称 A 为函数 $f(x)$ 在 $x\to x_0$ 时的**右极限**. 记作

$$\lim_{x\to x_0^+}f(x)=A \text{ 或 } f(x_0^+)=A.$$

我们把左极限和右极限统称为**单侧极限**.

根据 $f(x)$ 在 $x\to x_0$ 时极限的定义推出 $f(x)$ 在 $x\to x_0$ 时的极限存在的充要条件是左、右极限都存在并且相等，即

$$\lim_{x\to x_0}f(x)=A\Leftrightarrow \lim_{x\to x_0^-}f(x)=\lim_{x\to x_0^+}f(x)=A.$$

例 5　讨论函数

$$f(x)=\begin{cases}-x, x\leqslant 0,\\ 1+x, x>0\end{cases}$$

当 $x\to 0$ 时 $f(x)$ 极限不存在.

解　函数图形如图 1-27 所示.

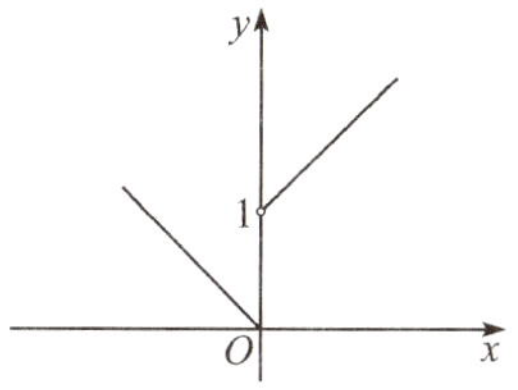

图 1-27

$f(x)$ 在 $x=0$ 处的左极限为

$$\lim_{x\to 0^-}f(x)=\lim_{x\to 0^-}(-x)=0;$$

右极限为

$$\lim_{x\to 0^+}f(x)=\lim_{x\to 0^+}(1+x)=1.$$

由于 $\lim\limits_{x\to 0^-}f(x)\neq\lim\limits_{x\to 0^+}f(x)$，故 $\lim\limits_{x\to 0}f(x)$ 不存在.

四、函数极限的性质

类比数列极限的性质，可以推得函数极限的性质. 由于函数极限自变量的变化趋势有不同的形式，下面仅以 $\lim\limits_{x\to x_0}f(x)$ 为代表讨论.

笔记

性质 1(唯一性) 若$\lim\limits_{x\to x_0}f(x)=A$,则极限值是唯一的.

性质 2(局部有界性) 若$\lim\limits_{x\to x_0}f(x)=A$,则存在常数 $M>0$ 及 $\delta>0$,当 $0<|x-x_0|<\delta$ 时,有 $|f(x)|\leqslant M$.

性质 3(局部保号性) 若$\lim\limits_{x\to x_0}f(x)=A$,且 $A>0$(或 $A<0$),则存在 $\delta>0$,当 $0<|x-x_0|<\delta$ 时,有 $f(x)>0$(或 $f(x)<0$).

性质 4(海涅定理) 设函数 $f(x)$在点 x_0 的某一去心邻域内有定义,则$\lim\limits_{x\to x_0}f(x)=A$ 的充要条件是对任何收敛于 x_0 的数列$\{x_n\}$($x_n\neq x_0,n\in\mathbf{N}^+$),都有$\lim\limits_{n\to\infty}f(x_n)=A$ 成立.

习题 1.2

1. 根据数列极限的定义,证明:

(1)$\lim\limits_{n\to\infty}\dfrac{1}{n^2}=0$;　　(2)$\lim\limits_{n\to\infty}\dfrac{2n+1}{3n+1}=\dfrac{2}{3}$;

(3)$\lim\limits_{n\to\infty}\dfrac{\sqrt{n^2+1}}{n}=1$;　　(4)$\lim\limits_{n\to\infty}\dfrac{\sin n}{n}=0$.

2. 设$\lim\limits_{n\to\infty}a_n=a$,求证$\lim\limits_{n\to\infty}|a_n|=|a|$.

3. 证明:数列$\left\{x_n=(-1)^n\cdot\dfrac{n+1}{n}\right\}$是发散的.

4. 根据函数极限的定义,证明:

(1) $\lim\limits_{x\to-2}\dfrac{x^2-4}{x+2}=-4$;　　(2)$\lim\limits_{x\to3}(2x-1)=5$.

5. 求下列函数在指定点处的左、右极限,并判断在该点处极限是否存在.

(1)$f(x)=\dfrac{|x|}{x}$,在 $x=0$ 处;　　(2)$f(x)=\begin{cases}\cos x, & x>0,\\ 1+x, & x<0,\end{cases}$在 $x=0$ 处.

6. 求函数 $f(x)=\dfrac{1-a^{\frac{1}{x}}}{1+a^{\frac{1}{x}}}(a>1)$当 $x\to0$ 时的左、右极限,并说明 $x\to0$ 时函数极限是否存在.

第三节　极限的运算法则

根据极限的定义来求极限是非常繁琐且困难的,本节将讨论极限的求法,主要内容是极限的四则运算、复合函数的极限运算法则,以及利用这些法则求某些特定函数的极限.由于函数极限自变量的变化趋势有不同的形式,下面仅以$\lim\limits_{x\to x_0}f(x)$为代表讨论.

一、极限的四则运算法则

定理 1 如果$\lim\limits_{x\to x_0}f(x)=A$,$\lim\limits_{x\to x_0}g(x)=B$,则

(1) $\lim\limits_{x\to x_0}[f(x)\pm g(x)]=A\pm B$;

(2) $\lim\limits_{x\to x_0}[f(x)\cdot g(x)]=A\cdot B$;

(3)若 $B\neq 0$,则 $\lim\limits_{x\to x_0}\dfrac{f(x)}{g(x)}=\dfrac{A}{B}$.

推论 1　$\lim[Cf(x)]=C\lim f(x)$(C 为常数).

推论 2　$\lim[f(x)]^n=[\lim f(x)]^n$($n$ 为正整数).

例 1　求 $\lim\limits_{x\to 2}(3x^2-x+5)$.

解　$\lim\limits_{x\to 2}(3x^2-x+5)=\lim\limits_{x\to 2}3x^2-\lim\limits_{x\to 2}x+\lim\limits_{x\to 2}5=3\lim\limits_{x\to 2}x^2-\lim\limits_{x\to 2}x+\lim\limits_{x\to 2}5=3\cdot 4-2+5=15$.

例 2　求 $\lim\limits_{x\to 1}\dfrac{x^2+2x+3}{x-2}$.

解　$\lim\limits_{x\to 1}\dfrac{x^2+2x+3}{x-2}=\dfrac{\lim\limits_{x\to 1}(x^2+2x+3)}{\lim\limits_{x\to 1}(x-2)}=\dfrac{\lim\limits_{x\to 1}x^2+2\lim\limits_{x\to 1}x+3}{\lim\limits_{x\to 1}x-2}=-6$.

注　在运用极限的四则运算的商运算时,分母的极限 $B\neq 0$.但有时分母的极限 $B=0$,这时就不能直接应用商运算了.

例 3　求 $\lim\limits_{x\to 1}\dfrac{x^2-2x+1}{x^2-1}$.

解　由于 $x\to 1$ 时,分子、分母的极限都为 0,记作 $\dfrac{0}{0}$ 型.分子分母有公因子 $x-1$,可约去公因子 $x-1$,所以

$$\lim_{x\to 1}\frac{x^2-2x+1}{x^2-1}=\lim_{x\to 1}\frac{(x-1)^2}{(x-1)(x+1)}=\lim_{x\to 1}\frac{x-1}{x+1}=\frac{0}{2}=0.$$

例 4　求 $\lim\limits_{x\to\infty}\dfrac{3x^2-2x+3}{2x^2+5x-7}$.

解　由于 $x\to\infty$ 时,分子、分母的极限都为 ∞,记作 $\dfrac{\infty}{\infty}$ 型.用 x^2 去除分子及分母,即

$$\lim_{x\to\infty}\frac{3x^2-2x+3}{2x^2+5x-7}=\lim_{x\to\infty}\frac{3-\frac{2}{x}+\frac{3}{x^2}}{2+\frac{5}{x}-\frac{7}{x^2}}=\frac{3}{2}.$$

例 5　求下列函数的极限.

(1) $\lim\limits_{x\to\infty}\dfrac{x^3+1}{5x^2+2x+7}$;　　(2) $\lim\limits_{x\to\infty}\dfrac{5x+3}{3x^2-x-1}$.

解　(1)用 x^3 去除分子及分母,得

$$\lim_{x\to\infty}\frac{x^3+1}{5x^2+2x+7}=\lim_{x\to\infty}\frac{1+\frac{1}{x^3}}{\frac{5}{x}+\frac{2}{x^2}+\frac{7}{x^3}}=\infty.$$

(2)用 x^2 去除分子及分母,得

$$\lim_{x\to\infty}\frac{5x+3}{3x^2-x-1}=\lim_{x\to\infty}\frac{\frac{5}{x}+\frac{3}{x^2}}{3-\frac{1}{x}-\frac{1}{x^2}}=0.$$

笔记

笔记

知识加油站

两个多项式函数相除的极限为：当 $a_0\neq0, b_0\neq0, m$ 和 n 为正整数，则

$$\lim_{x\to\infty}\frac{a_0x^n+a_1x^{n-1}+\cdots+a_n}{b_0x^m+b_1x^{m-1}+\cdots+b_m}=\begin{cases}\dfrac{a_0}{b_0}, n=m,\\ 0, n<m,\\ \infty, n>m.\end{cases}$$

例 6 求 $\lim\limits_{x\to1}\left(\dfrac{1}{1-x}-\dfrac{3}{1-x^3}\right)$.

解 这是 $\infty-\infty$ 型，可以先通分，再计算.

$$\lim_{x\to1}\left(\frac{1}{1-x}-\frac{3}{1-x^3}\right)=\lim_{x\to1}\frac{x^2+x-2}{(1-x)(1+x+x^2)}=\lim_{x\to1}\frac{(x+2)(x-1)}{(1-x)(1+x+x^2)}$$

$$=-\lim_{x\to1}\frac{x+2}{1+x+x^2}=-1.$$

例 7 求 $\lim\limits_{x\to+\infty}(\sqrt{x+1}-\sqrt{x})$.

解 这是 $\infty-\infty$ 型无理式，可以先进行有理化，再计算.

$$\lim_{x\to+\infty}(\sqrt{x+1}-\sqrt{x})=\lim_{x\to+\infty}\frac{1}{\sqrt{x+1}+\sqrt{x}}=0.$$

知识加油站

(1)只有各项极限都存在(对商，还要求分母的极限不为零)才能使用极限的四则运算法则.

(2)当所求极限呈现“$\dfrac{0}{0}$”“$\dfrac{\infty}{\infty}$”“$\infty-\infty$”等形式，不能直接应用极限法则时，必须先对原式进行恒等变形(约分、通分、有理化、变量代换、分子与分母同除以分子与分母的最高次幂)，然后利用极限法则求极限.

定理 2(数列极限的夹逼准则) 如果数列 $\{a_n\}$，$\{b_n\}$ 及 $\{c_n\}$ 满足下列条件：

(1) $b_n\leqslant a_n\leqslant c_n\,(n=1,2,\cdots)$；

(2) $\lim\limits_{n\to\infty}b_n=a$，$\lim\limits_{n\to\infty}c_n=a$.

则数列 $\{a_n\}$ 的极限存在，且 $\lim\limits_{n\to\infty}a_n=a$.

定理 3(函数极限的夹逼准则) 设 $f(x)$，$g(x)$，$h(x)$ 是三个函数，若存在 $\delta>0$，当 $0<|x-x_0|<\delta$ 时，有

$$g(x)\leqslant f(x)\leqslant h(x), \lim_{x\to x_0}g(x)=\lim_{x\to x_0}h(x)=A,$$

则

$$\lim_{x\to x_0}f(x)=A.$$

例 8 求证 $\lim\limits_{n\to\infty}\left[\dfrac{1}{n^2}+\dfrac{1}{(n+1)^2}+\cdots+\dfrac{1}{(n+n)^2}\right]=0$.

证明 由于

$$\frac{n+1}{(n+n)^2}\leqslant\frac{1}{n^2}+\frac{1}{(n+1)^2}+\cdots+\frac{1}{(n+n)^2}\leqslant\frac{n+1}{n^2},$$

而 $\lim\limits_{n\to\infty}\dfrac{n+1}{(n+n)^2}=0$，$\lim\limits_{n\to\infty}\dfrac{n+1}{n^2}=0$，由夹逼准则知，

笔记

$$\lim_{n\to\infty}\left[\frac{1}{n^2}+\frac{1}{(n+1)^2}+\cdots+\frac{1}{(n+n)^2}\right]=0.$$

如果数列$\{a_n\}$满足 $a_1\leqslant a_2\leqslant\cdots\leqslant a_n\leqslant a_{n+1}\leqslant\cdots$，则称数列$\{a_n\}$是**单调递增数列**；如果数列$\{a_n\}$满足 $a_1\geqslant a_2\geqslant\cdots a_n\geqslant a_{n+1}\geqslant\cdots$，则称数列$\{a_n\}$是**单调递减数列**.

单调递增数列和单调递减数列统称为单调数列.

二、两个重要极限

1. $\lim\limits_{x\to 0}\frac{\sin x}{x}=1$

作单位圆(图 1-28)，取圆心角$\angle AOB=x$，设 $0<x<\frac{\pi}{2}$，由图 1-28 可知，$\triangle AOB$ 的面积<扇形 AOB 的面积<$\triangle AOD$ 的面积，即

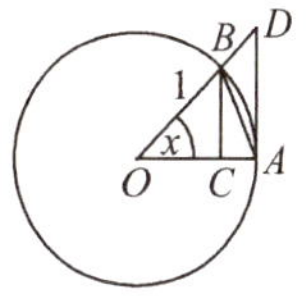

图 1-28

$$\frac{1}{2}\sin x<\frac{1}{2}x<\frac{1}{2}\tan x,$$

整理，得

$$\sin x<x<\tan x.$$

不等式两边同时除以 $\sin x$，取倒数，得

$$\cos x<\frac{\sin x}{x}<1.$$

当 x 取值范围换成区间$\left(-\frac{\pi}{2},0\right)$，不等式符号不改变.

当 $x\to 0$ 时，$\lim\limits_{x\to 0}\cos x=1$，由夹逼准则知

$$\lim_{x\to 0}\frac{\sin x}{x}=1.$$

知识加油站

在利用$\lim\limits_{x\to 0}\frac{\sin x}{x}=1$ 求函数的极限时，要注意使用条件：

(1)极限是$\frac{0}{0}$型；

(2)式中带有三角函数；

(3)$\lim\limits_{\Delta\to 0}\frac{\sin\Delta}{\Delta}=1$ 中 Δ 的变量一致，都趋向于 0.

例 11　求$\lim\limits_{x\to 0}\frac{\tan x}{x}$.

解　$\lim\limits_{x\to 0}\frac{\tan x}{x}=\lim\limits_{x\to 0}\left(\frac{\sin x}{x}\cdot\frac{1}{\cos x}\right)=\lim\limits_{x\to 0}\frac{\sin x}{x}\cdot\lim\limits_{x\to 0}\frac{1}{\cos x}=1\cdot 1=1.$

例 12　求$\lim\limits_{x\to 0}\frac{\sin 3x}{\sin 2x}$.

解　$\lim\limits_{x\to 0}\frac{\sin 3x}{\sin 2x}=\lim\limits_{x\to 0}\frac{\sin 3x}{3x}\cdot\frac{2x}{\sin 2x}\cdot\frac{3}{2}=\frac{3}{2}\lim\limits_{x\to 0}\frac{\sin 3x}{3x}\cdot\lim\limits_{x\to 0}\frac{1}{\frac{\sin 2x}{2x}}=\frac{3}{2}\cdot 1\cdot 1=\frac{3}{2}.$

笔记

例 13 求$\lim\limits_{x\to 0}\dfrac{1-\cos x}{x^2}$.

解 $\lim\limits_{x\to 0}\dfrac{1-\cos x}{x^2}=\lim\limits_{x\to 0}\dfrac{2\sin^2\dfrac{x}{2}}{x^2}=\dfrac{1}{2}\lim\limits_{x\to 0}\dfrac{\sin^2\dfrac{x}{2}}{\left(\dfrac{x}{2}\right)^2}=\dfrac{1}{2}\lim\limits_{x\to 0}\left(\dfrac{\sin\dfrac{x}{2}}{\dfrac{x}{2}}\right)^2=\dfrac{1}{2}\cdot 1^2=\dfrac{1}{2}$.

2. $\lim\limits_{x\to\infty}\left(1+\dfrac{1}{x}\right)^x=\mathrm{e}$

考虑 $x=n$(正整数)的情形. 记 $a_n=\left(1+\dfrac{1}{n}\right)^n$,下面证明$\{a_n\}$是单调有界数列.

由于

$$a_n=\left(1+\frac{1}{n}\right)^n=1+n\cdot\frac{1}{n}+\frac{n(n-1)}{2!}\cdot\left(\frac{1}{n}\right)^2+\frac{n(n-1)(n-2)}{3!}\cdot\left(\frac{1}{n}\right)^3+\cdots+\frac{n(n-1)(n-2)\cdots 1}{n!}\cdot\left(\frac{1}{n}\right)^n$$
$$=1+1+\frac{1}{2!}\left(1-\frac{1}{n}\right)+\frac{1}{3!}\left(1-\frac{1}{n}\right)\left(1-\frac{2}{n}\right)+\cdots+\frac{1}{n!}\left(1-\frac{1}{n}\right)\left(1-\frac{2}{n}\right)\cdots\left(1-\frac{n-1}{n}\right).$$

类似地,

$$a_{n+1}=\left(1+\frac{1}{n+1}\right)^{n+1}=1+1+\frac{1}{2!}\left(1-\frac{1}{n+1}\right)+\frac{1}{3!}\left(1-\frac{1}{n+1}\right)\left(1-\frac{2}{n+1}\right)+\cdots+\frac{1}{(n+1)!}\left(1-\frac{1}{n+1}\right)\left(1-\frac{2}{n+1}\right)\cdots\left(1-\frac{n}{n+1}\right).$$

比较 a_n 和 a_{n+1} 的展开式,除前两项外,a_n 的每一项都小于 a_{n+1} 的对应项,且 a_{n+1} 比 a_n 多了最后的正数项,所以 $a_n<a_{n+1}$,即$\{a_n\}$是单调递增数列.

由于

$$a_n=1+1+\frac{1}{2!}\left(1-\frac{1}{n}\right)+\frac{1}{3!}\left(1-\frac{1}{n}\right)\left(1-\frac{2}{n}\right)+\cdots+\frac{1}{n!}\left(1-\frac{1}{n}\right)\left(1-\frac{2}{n}\right)\cdots\left(1-\frac{n-1}{n}\right)$$
$$\leqslant 1+1+\frac{1}{2!}+\frac{1}{3!}+\cdots+\frac{1}{n!}\leqslant 1+1+\frac{1}{2\cdot 1}+\frac{1}{2\cdot 2\cdot 1}+\frac{1}{2\cdot 2\cdot 2\cdot 1}+\cdots+\frac{1}{2\cdot 2\cdots 2\cdot 1}$$
$$\leqslant 1+1+\frac{1}{2}+\frac{1}{2^2}+\frac{1}{2^3}\cdots+\cdots\frac{1}{2^{n-1}}=1+\frac{\left(1-\dfrac{1}{2}\right)^n}{1-\dfrac{1}{2}}<1+\frac{1}{1-\dfrac{1}{2}}=3.$$

即$\{a_n\}$是有界数列.

由极限存在准则知,当 $n\to\infty$时,$a_n=\left(1+\dfrac{1}{n}\right)^n$ 的极限存在,通常用字母 e 来表示,即

$$\lim_{n\to\infty}\left(1+\frac{1}{n}\right)^n=\mathrm{e}.$$

可以证明,当 x 取实数而趋向$+\infty$时(或$-\infty$),函数$\left(1+\dfrac{1}{x}\right)^x$ 的极限也存在,且等于 e. 故当 $x\to\infty$时,

$$\lim_{x\to\infty}\left(1+\frac{1}{x}\right)^x=\mathrm{e}.$$

笔记

令$\frac{1}{x}=t$，当$x\to\infty$时，$t\to 0$，上式可变为

$$\lim_{t\to 0}(1+t)^{\frac{1}{t}}=\mathrm{e},$$

故极限$\lim\limits_{x\to\infty}\left(1+\frac{1}{x}\right)^x=\mathrm{e}$的另一种形式是

$$\lim_{x\to 0}(1+x)^{\frac{1}{x}}=\mathrm{e}.$$

知识加油站

在利用$\lim\limits_{x\to\infty}\left(1+\frac{1}{x}\right)^x=\mathrm{e}$求函数极限时，要注意使用条件：

(1)极限是1^∞型；

(2)$\lim\limits_{\Delta\to\infty}\left(1+\frac{1}{\Delta}\right)^\Delta=\mathrm{e}$和$\lim\limits_{\Delta\to 0}(1+\Delta)^{\frac{1}{\Delta}}=\mathrm{e}$中$\Delta$的变量一致，且括号内$\frac{1}{\Delta}$与括号右上角处$\Delta$互为倒数.

例 14　求$\lim\limits_{x\to\infty}\left(1+\frac{2}{x}\right)^x$

解　$\lim\limits_{x\to\infty}\left(1+\frac{2}{x}\right)^x=\lim\limits_{x\to\infty}\left(1+\frac{2}{x}\right)^{\frac{x}{2}\cdot 2}=\lim\limits_{x\to\infty}\left[\left(1+\frac{2}{x}\right)^{\frac{x}{2}}\right]^2=\mathrm{e}^2.$

例 15　求$\lim\limits_{x\to\infty}(1-2x)^{\frac{1}{x}}$.

解　$\lim\limits_{x\to 0}(1-2x)^{\frac{1}{x}}=\lim\limits_{x\to 0}[1+(-2x)]^{\frac{1}{-2x}\cdot(-2)}=\lim\limits_{x\to\infty}\{[1+(-2x)]^{\frac{1}{-2x}}\}^{(-2)}=\mathrm{e}^{-2}.$

例 16　求$\lim\limits_{x\to\infty}\left(\frac{x-4}{x-3}\right)^x$.

解　$\lim\limits_{x\to\infty}\left(\frac{x-4}{x-3}\right)^x=\lim\limits_{x\to\infty}\left(1+\frac{-1}{x-3}\right)^x=\lim\limits_{x\to\infty}\left(1+\frac{-1}{x-3}\right)^{-(x-3)\cdot(-1)+3}$.

$$=\lim_{x\to\infty}\left[\left(1+\frac{-1}{x-3}\right)^{-(x-3)}\right]^{-1}\cdot\left(1+\frac{-1}{x-3}\right)^3=\mathrm{e}^{-1}\cdot 1=\mathrm{e}^{-1}.$$

习题 1.3

1. 求下列极限：

(1)$\lim\limits_{x\to 1}(2x^2+2x-3)$；　　(2)$\lim\limits_{x\to 1}\frac{x^2+1}{x-3}$；

(3)$\lim\limits_{x\to 1}\frac{x^3-3}{x-1}$；　　(4)$\lim\limits_{x\to\sqrt{2}}\frac{x^2-2}{x^4+2x^2-1}$；

(5)$\lim\limits_{x\to 3}\frac{x^2-9}{x^2-x-6}$；　　(6)$\lim\limits_{h\to 0}\frac{(x+h)^3-x^3}{h}$；

(7)$\lim\limits_{x\to\infty}\frac{2x^2-x}{3x^2+x+2}$；　　(8)$\lim\limits_{x\to+\infty}(\sqrt{x^2+1}-\sqrt{x^2-1})$；

(9)$\lim\limits_{x\to 3}\left(\frac{1}{x-3}-\frac{6}{x^2-9}\right)$；　　(10)$\lim\limits_{x\to 0}\frac{x^2}{1-\sqrt{1+x^2}}$；

笔记

(11) $\lim\limits_{n\to\infty}\dfrac{n(n+1)(n+2)}{2n^3}$；

(12) $\lim\limits_{x\to 0}x\csc x$；

(13) $\lim\limits_{x\to a}\dfrac{\sin x-\sin a}{x-a}$；

(14) $\lim\limits_{x\to 0}\left(\dfrac{2-x}{2}\right)^{\frac{2}{x}}$；

(15) $\lim\limits_{x\to\infty}\left(\dfrac{x-1}{x+1}\right)^{x}$；

(16) $\lim\limits_{x\to 0}(1+3x)^{\frac{2}{\sin x}}$.

2. 若 $\lim\limits_{x\to\infty}\left(\dfrac{x^2+1}{x+1}-ax-b\right)=0$，求常数 a,b 的值.

3. 已知 $\lim\limits_{x\to 1}f(x)$ 存在，且 $f(x)=x^2+3x+2\lim\limits_{x\to 1}f(x)$，求 $f(x)$.

4. 利用极限存在准则证明：

(1) $\lim\limits_{n\to\infty}\sqrt{1+\dfrac{1}{n}}=1$；

(2) $\lim\limits_{n\to\infty}\left(\dfrac{n}{n^2+1}+\dfrac{n}{n^2+2}+\cdots+\dfrac{n}{n^2+n}\right)=1$.

第四节　无穷小与无穷大

在研究函数的变化趋势时，经常会遇到两种特殊情形：一是函数的极限为零，二是函数的绝对值无限增大，即是本节讨论的无穷小和无穷大，下面我们来学习无穷小与无穷大的定义及性质，并将其应用于求极限.

一、无穷小

若 $\lim\limits_{x\to x_0}f(x)=0$ 时，则称函数 $f(x)$ 为 $x\to x_0$ 时的**无穷小**.

例如，$\lim\limits_{x\to 1}(x^2-1)=0$，则 x^2-1 是 $x\to 1$ 时的无穷小. $\lim\limits_{x\to\infty}\dfrac{1}{x}=0$，则 $\dfrac{1}{x}$ 是 $x\to\infty$ 时的无穷小.

在此需要指出的是：

(1) 无穷小不是很小的数，它表示当 $x\to x_0$ 时，$f(x)$ 的绝对值可以是任意小的函数.

(2) 在说一个函数是无穷小时，一定要指明自变量的变化趋势. 同一函数，在自变量的不同变化趋势下，极限不一定为 0.

(3) 0 是唯一的无穷小常数.

二、无穷大

函数 $f(x)$ 在 x_0 的某个去心邻域内有定义. 对于任意给定的正数 M，总存在正数 δ，当 x 满足不等式 $0<|x-x_0|<\delta$ 时，函数值 $f(x)$ 满足不等式

$$|f(x)|>M,$$

则称函数 $f(x)$ 为 $x\to x_0$ 时的**无穷大**.

按照函数极限的定义，当 $x\to x_0$ 时，无穷大的函数 $f(x)$ 极限是不存在的. 为了便于叙述函数的这一特性，习惯上称作函数的极限是无穷大，记作

$$\lim_{x\to x_0}f(x)=\infty.$$

若把定义中 $|f(x)|>M$ 改为 $f(x)>M$[或 $f(x)<-M$]，称函数极限为**正无穷大**

笔记

(或负无穷大),记作

$$\lim_{x\to x_0} f(x)=+\infty\left[\text{或}\lim_{x\to x_0} f(x)=-\infty\right].$$

在此,同样注意无穷大不是很大的数,不能和很大的数混为一谈.

例如,由于$\lim\limits_{x\to 0}\frac{1}{x}=\infty$,$\frac{1}{x}$为$x\to 0$时的无穷大,如图1-29所示.

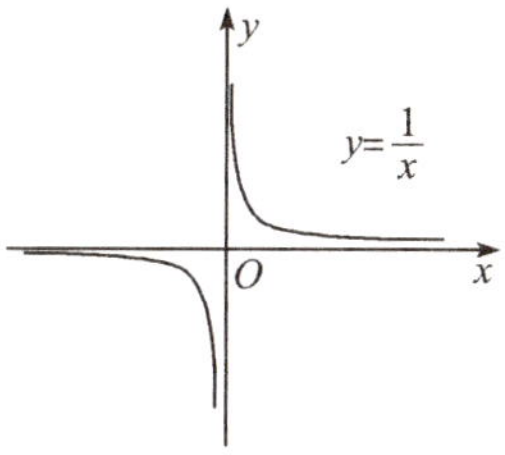

图1-29

从图形上看,当$x\to 0$时,曲线$y=\frac{1}{x}$无限接近于直线$x=0$.

一般地,若$\lim\limits_{x\to x_0} f(x)=\infty$,则直线$x=x_0$为曲线$y=f(x)$的铅直渐近线.

在上例中,$x=0$是曲线$y=\frac{1}{x}$的铅直渐近线.

对于自变量的同一变化过程中的无穷小,有下列性质.

性质1　$\lim\limits_{x\to x_0} f(x)=A$充要条件是$f(x)=A+\alpha$,其中$\alpha$为$x\to x_0$时的无穷小.

证明　$\lim\limits_{x\to x_0} f(x)=A \Leftrightarrow \forall \varepsilon>0,\exists \delta>0$,当$0<|x-x_0|<\delta$时,都有

$$|f(x)-A|<\varepsilon.$$

令$f(x)-A=\alpha$,则$|\alpha|<\varepsilon$,即$\lim\limits_{x\to x_0}\alpha=0$,说明$\alpha$为$x\to x_0$时的无穷小.

此时$f(x)=A+\alpha$.

性质2　在自变量的同一变化过程中,若$f(x)$为无穷大,则$\frac{1}{f(x)}$为无穷小;若$f(x)$为无穷小,且$f(x)\neq 0$,则$\frac{1}{f(x)}$为无穷大.

例如,由于$\lim\limits_{x\to 1}(x-1)=0$,则$\lim\limits_{x\to 1}\frac{1}{x-1}=\infty$.

性质3　有限个无穷小的和是无穷小.

性质4　有界函数与无穷小的乘积是无穷小.

例1　求极限$\lim\limits_{x\to 0} x\sin\frac{1}{x}$.

解　由于$\left|\sin\frac{1}{x}\right|\leqslant 1$,是有界函数,而$\lim\limits_{x\to 0}x=0$. 由性质4得$\lim\limits_{x\to 0}x\sin\frac{1}{x}=0$.

推论1　常数与无穷小的乘积是无穷小.

推论2　有限个无穷小的乘积是无穷小.

三、无穷小的比较

我们已经知道,两个无穷小的和、差、积仍是无穷小,但两个无穷小的商却会出现不同的情况. 例如,当$x\to 0$时,x,x^2,$3\sin x$都是无穷小,而极限

笔记

$$\lim_{x\to0}\frac{x^2}{x}=0,\lim_{x\to0}\frac{x}{x^2}=\infty,\lim_{x\to0}\frac{3\sin x}{x}=3.$$

上例中，在 $x\to0$ 时，三个函数都是无穷小，但比值的极限结果不同，这反映了不同的无穷小趋于 0 的速度“快慢”不同. 为此，我们有下面的定义.

定义 在 $x\to x_0$ 时，$\alpha(x)$ 和 $\beta(x)$ 为无穷小，

(1) 如果 $\lim\limits_{x\to x_0}\frac{\alpha(x)}{\beta(x)}=0$，则称 $\alpha(x)$ 是 $\beta(x)$ 的**高阶无穷小**，记作 $\alpha=o(\beta)$.

(2) 如果 $\lim\limits_{x\to x_0}\frac{\alpha(x)}{\beta(x)}=\infty$，则称 $\alpha(x)$ 是 $\beta(x)$ 的**低阶无穷小**.

(3) 如果 $\lim\limits_{x\to x_0}\frac{\alpha(x)}{\beta(x)}=C(C\neq0)$，则称 $\alpha(x)$ 与 $\beta(x)$ 为**同阶无穷小**.

(4) 如果 $\lim\limits_{x\to x_0}\frac{\alpha(x)}{\beta^k(x)}=C(C\neq0,k>0)$，则称 $\alpha(x)$ 是关于 $\beta(x)$ 的 **k 阶无穷小**.

(5) 如果 $\lim\limits_{x\to x_0}\frac{\alpha(x)}{\beta(x)}=1$，则称 $\alpha(x)$ 与 $\beta(x)$ 为**等价无穷小**，记作 $\alpha\sim\beta$.

显然，等价无穷小是同阶无穷小的特殊情形，即 $C=1$.

在上面的例子中，

由于 $\lim\limits_{x\to0}\frac{x^2}{x}=0$，则当 $x\to0$ 时，x^2 是 x 的高阶无穷小，记作 $x^2=o(x)$；

由于 $\lim\limits_{x\to0}\frac{x}{x^2}=\infty$，则当 $x\to0$ 时，x 是 x^2 的低阶无穷小；

由于 $\lim\limits_{x\to0}\frac{3\sin x}{x}=3$，则当 $x\to0$ 时，$3\sin x$ 是 x 的同阶无穷小；

由于 $\lim\limits_{x\to0}\frac{\sin x}{x}=1$，则当 $x\to0$ 时，$\sin x$ 是 x 的等价无穷小.

在此，列举出当 $x\to0$ 时，常见的等价无穷小有

$$\sin x\sim x;\tan x\sim x;1-\cos x\sim\frac{1}{2}x^2;\arcsin x\sim x;\arctan x\sim x;$$

$$e^x-1\sim x;\ln(1+x)\sim x;\sqrt[n]{1+x}-1\sim\frac{1}{n}x.$$

在上述几个无穷小的概念中，最常见的是等价无穷小，下面给出等价无穷小的性质：

定理 1 若 α,β 是自变量同一变化过程中的无穷小，则 $\alpha\sim\beta$ 的充要条件是 $\beta=\alpha+o(\alpha)$.

证明 以自变量 $x\to x_0$ 时的极限为例.

必要性 设 $\alpha\sim\beta$，则

$$\lim_{x\to x_0}\frac{\beta-\alpha}{\alpha}=\lim_{x\to x_0}\left(\frac{\beta}{\alpha}-1\right)=\lim_{x\to x_0}\frac{\beta}{\alpha}-1=0,$$

故 $\beta-\alpha=o(\alpha)(x\to x_0)$，即 $\beta=\alpha+o(\alpha)$.

充分性 设 $\beta=\alpha+o(\alpha)$，则

$$\lim_{x\to x_0}\frac{\beta}{\alpha}=\lim_{x\to x_0}\frac{\alpha+o(\alpha)}{\alpha}=\lim_{x\to x_0}\left[1+\frac{o(\alpha)}{\alpha}\right]=1,$$

故 $\alpha\sim\beta(x\to x_0)$.

注 其他自变量的变化趋势下同上.

笔记

定理 2　若 α,β 是自变量同一变化过程中的无穷小，$\alpha\sim\alpha'$，$\beta\sim\beta'$，且 $\lim\limits_{x\to x_0}\dfrac{\beta'}{\alpha'}$ 存在，则

$$\lim\frac{\beta}{\alpha}=\lim\frac{\beta'}{\alpha'}.$$

证明　以自变量 $x\to x_0$ 时的极限为例.

$$\lim_{x\to x_0}\frac{\beta}{\alpha}=\lim_{x\to x_0}\left(\frac{\beta}{\beta'}\cdot\frac{\beta'}{\alpha'}\cdot\frac{\alpha'}{\alpha}\right)=\lim_{x\to x_0}\frac{\beta}{\beta'}\cdot\lim_{x\to x_0}\frac{\beta'}{\alpha'}\cdot\lim_{x\to x_0}\frac{\alpha'}{\alpha}=\lim_{x\to x_0}\frac{\beta'}{\alpha'}.$$

定理 2 表明，在求两个无穷小之比的极限时，分子或分母都可用等价无穷小来代替.

例 2　求 $\lim\limits_{x\to 0}\dfrac{1-\cos x}{x\sin x}$.

解　当 $x\to 0$ 时，$1-\cos x\sim\dfrac{1}{2}x^2$，$\sin x\sim x$ 则

$$\lim_{x\to 0}\frac{1-\cos x}{x\sin x}=\lim_{x\to 0}\frac{\frac{1}{2}x^2}{x^2}=\frac{1}{2}.$$

例 3　求 $\lim\limits_{x\to 0}\dfrac{\sqrt{1+x}-1}{e^x-1}$.

解　当 $x\to 0$ 时，$\sqrt{1+x}-1\sim\dfrac{1}{2}x$，$e^x-1\sim x$，则

$$\lim_{x\to 0}\frac{\sqrt{1+x}-1}{e^x-1}=\lim_{x\to 0}\frac{\frac{1}{2}x}{x}=\frac{1}{2}.$$

例 4　求 $\lim\limits_{x\to 0}\dfrac{\tan x-\sin x}{x^3}$.

解　（错误做法）当 $x\to 0$ 时，$\sin x\sim x$，$\tan x\sim x$. 则

$$\lim_{x\to 0}\frac{\tan x-\sin x}{x^3}=\lim_{x\to 0}\frac{x-x}{x^3}=0.$$

（正确做法）当 $x\to 0$ 时，$\tan x\sim x$，$1-\cos x\sim\dfrac{1}{2}x^2$. 则

$$\lim_{x\to 0}\frac{\tan x-\sin x}{x^3}=\lim_{x\to 0}\frac{\tan x(1-\cos x)}{x^3}=\lim_{x\to 0}\frac{x\cdot\frac{1}{2}x^2}{x^3}=\frac{1}{2}.$$

注　在代数和中各等价无穷小一般不能分别替换，在因式中可以用等价无穷小的替换.

习题 1.4

1. 指出下列函数在什么情况下是无穷小，什么情况下是无穷大.

(1) $f(x)=\dfrac{x+1}{x-1}$；(2) $f(x)=\ln x$；(3) $f(x)=\tan x$；(4) $f(x)=e^{\frac{1}{x}}$.

2. 若 $x\to 0$ 时，$\sin(ax^3)$ 与 $x^2\ln(1-x)$ 是等价无穷小，求 a 的值.

3. 利用等价无穷小代换求下列极限.

(1) $\lim\limits_{x\to 0}\dfrac{\arctan 3x}{\sin 3x}$；　　(2) $\lim\limits_{x\to 0}\dfrac{\cos 2x}{\tan 3x}$；

笔记

(3) $\lim\limits_{x\to 0}\dfrac{\sin x}{x^3+3x}$； (4) $\lim\limits_{x\to 0}\dfrac{\tan 3x-\sin x}{\sqrt[3]{1+x}-1}$；

(5) $\lim\limits_{x\to 0}\dfrac{\ln(1-3x)}{\arctan 2x}$； (6) $\lim\limits_{x\to 1}\dfrac{\arcsin (x-1)^2}{(x-1)\ln x}$；

(7) $\lim\limits_{x\to 0}\dfrac{e^{\sin 3x}-1}{\tan x}$； (8) $\lim\limits_{x\to 0}\dfrac{\sin x-\tan x}{(\sqrt[3]{x^2+1}-1)(\sqrt{1+\sin x}-1)}$.

4. 证明：当 $n\to\infty$时，$\sqrt{n+1}-\sqrt{n}$与$\dfrac{1}{\sqrt{n}}$是同阶无穷小.

5. 证明：当 $x\to 0$ 时，$\sec x-1\sim\dfrac{1}{2}x^2$.

第五节　函数的连续性

连续函数是高等数学中的主要研究对象，也是许多自然过程中数量变化的抽象，如自然界中气温的变化、河水的流动、植物的生长等，都是连续变化着的，这种现象在函数关系上的反映就是函数的连续性，从函数图形上看，函数中一点连续就是函数图形在这一点接连不断. 如图 1-30 所示，显然在 $x=x_0$处，函数 $y=f_1(x)$ 连续；如图 1-31 所示，显然在 $x=x_0$处，函数 $y=f_2(x)$ 不连续.

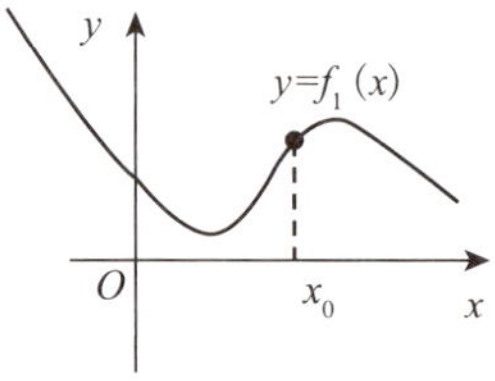

图 1-30

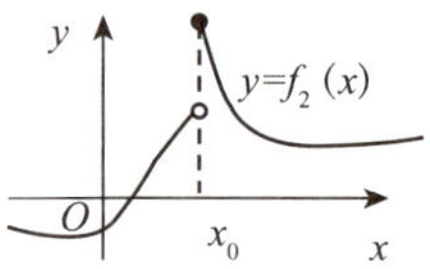

图 1-31

一、函数连续的概念

定义 1　设函数 $f(x)$ 在 x_0的某邻域内有定义，若 $\lim\limits_{x\to x_0}f(x)=f(x_0)$ 则称 $f(x)$ 在 $x=x_0$处连续，称 x_0是 $f(x)$ 的**连续点**.

函数 $f(x)$ 在 x_0连续，不仅 x_0属于函数 $f(x)$ 的定义域，且有极限. 因此函数$f(x)$在 x_0连续比函数 $f(x)$ 在 x_0存在极限有更高的要求.

此定义还可用增量的形式给出：

设函数 $f(x)$ 在 x_0的某一邻域 $U(x_0,\delta)$ 内有定义，$x\in U(x_0,\delta)$，当自变量从 x_0变到 x 时，差值 $x-x_0$称为自变量在点 x_0的增量，记作 Δx，即 $\Delta x=x-x_0$，对应的函数值之差 $f(x)-f(x_0)=f(x_0+\Delta x)-f(x_0)$ 称为函数 $f(x)$ 在点 x_0的增量，记为 Δy，即

$$\Delta y=f(x_0+\Delta x)-f(x_0)$$

从增量的概念可以看出 $x\to x_0$相当于 $\Delta x\to 0$，而 $f(x)\to f(x_0)$ 相当于 $\Delta y\to 0$. 因此，可用增量定义函数连续的概念.

定义 2　设函数 $f(x)$ 在点 x_0的某一邻域内有定义，则有

函数 $f(x)$在点 x_0连续 $\Leftrightarrow\lim\limits_{\Delta x\to 0}\Delta y=0$.

笔记

类似于左极限与右极限，可以定义函数的左连续与右连续.

如果

$$\lim_{x\to x_0^-} f(x)=f(x_0),$$

则称函数 $f(x)$ 在点 x_0 左连续；

如果

$$\lim_{x\to x_0^+} f(x)=f(x_0),$$

则称函数 $f(x)$ 在点 x_0 右连续.

显然，函数 $f(x)$ 在点 x_0 连续的充要条件是

$$\lim_{x\to x_0^-} f(x)=\lim_{x\to x_0^+} f(x)=f(x_0).$$

定义 3　如果函数 $f(x)$ 在区间 I 上每一点都连续，则称函数 $f(x)$ 在该区间 I 上连续. 区间 I 可以是开区间，也可以是闭区间；可以是有限区间，也可以是无限区间.

若 $I=[a,b]$，则 $f(x)$ 在 $[a,b]$ 上连续，包含：

(1) $f(x)$ 在 (a,b) 内每一点连续；

(2) $f(x)$ 在 $x=a$ 处右连续，在 $x=b$ 处左连续.

例 1　讨论函数 $y=|x|$ 在点 $x=0$ 处的连续性.

解

$$y=|x|=\begin{cases} x, x\geqslant 0, \\ -x, x<0, \end{cases}$$

$$f(0)=0,$$

$$\lim_{x\to 0^-} f(x)=\lim_{x\to 0^-}(-x)=0=f(0);$$

$$\lim_{x\to 0^+} f(x)=\lim_{x\to 0^+}(x)=0=f(0).$$

所以 $f(x)$ 在 $x=0$ 处连续，其函数图像如图 1-32 所示.

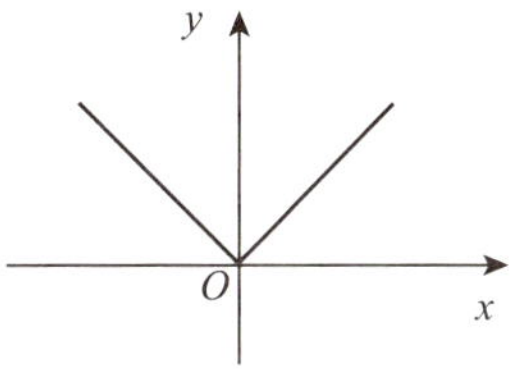

图 1-32

例 2　讨论函数 $f(x)=\sin x$ 在 $\mathbf{R}$ 上的连续性.

解　$\forall x\in\mathbf{R}$，有

$$\begin{aligned}\Delta y&=f(x+\Delta x)-f(x)=\sin(x+\Delta x)-\sin x\\&=2\sin\frac{\Delta x}{2}\cos\frac{2x+\Delta x}{2}.\end{aligned}$$

于是

$$\lim_{\Delta x\to 0}\Delta y=\lim_{\Delta x\to 0}\left(2\sin\frac{\Delta x}{2}\cos\frac{2x+\Delta x}{2}\right).$$

因为

$$\lim_{\Delta x\to 0}\sin\frac{\Delta x}{2}=0, \text{而} \cos\frac{2x+\Delta x}{2} \text{是有界变量},$$

笔记

所以

$$\lim_{\Delta x\to 0}\Delta y=0.$$

即 $y=\sin x$ 在点 x 处是连续的，由 x 的任意性，$y=\sin x$ 在 $\mathbf{R}$ 上连续.

同理，$f(x)=\cos x$ 在 $\mathbf{R}$ 上也连续.

例 3 讨论 $f(x)=\begin{cases}\dfrac{\sin x}{x},x\neq 0,\\ 0,x=0\end{cases}$ 在 $x=0$ 处的连续性.

解 $f(0)=0,\lim\limits_{x\to 0}f(x)=\lim\limits_{x\to 0}\dfrac{\sin x}{x}=1\neq f(0)$.

所以 $f(x)$ 在 $x=0$ 处不连续.

二、初等函数的连续性

1. 连续函数的运算

定理 1 若函数 $f(x),g(x)$ 在点 x_0 处连续，则

$$f(x)\pm g(x),f(x)\cdot g(x),\frac{f(x)}{g(x)}(g(x_0)\neq 0)\text{也在点}x_0\text{处连续}.$$

如：例 2 中，$y=\sin x,y=\cos x$ 在 $\mathbf{R}$ 上连续. 由定理 1 可知，$y=\tan x,y=\cot x$ 也在其定义域内连续.

定理 2 若函数 $y=f(x)$ 在某区间上严格单调且连续，则反函数 $x=\varphi(y)$ 在相应区间上也严格单调且连续.

如：$y=\sin x$ 在 $\left[-\dfrac{\pi}{2},\dfrac{\pi}{2}\right]$ 上严格单调且连续.

由定理 2 知，$y=\arcsin x$ 在 $[-1,1]$ 上也严格单调且连续. 同理 $y=\arccos x,y=\arctan x$，$y=\operatorname{arccot} x$ 在其定义域内连续.

用定义可以证明 $y=a^x(a>0,a\neq 1)$ 在 $\mathbf{R}$ 内连续，则由定理 2 知，$y=\log_a x$ 在 $(0,+\infty)$ 上连续.

定理 3(复合函数的连续性) 若函数 $y=f(u)$ 在点 $u=u_0$ 处连续，而 $u=\varphi(x)$ 在点 x_0 处连续，且 $u_0=\varphi(x_0)$ 则复合函数 $y=f(\varphi(x))$ 在 $x=x_0$ 处连续.

例如，$u=\sqrt{x}$ 在 $[0,+\infty)$ 上连续，$y=\sin u$ 在 $(-\infty,+\infty)$ 上连续，那么 $y=\sin\sqrt{x}$ 在 $[0,+\infty)$ 上连续，$y=x^a=e^{a\ln x}$，可以看成 $y=e^u,u=a\ln x$ 的复合，所以 $y=x^a(a\neq 0)$ 在其定义域内连续.

2. 初等函数的连续性

从上面讨论可知，基本初等函数在其定义域内连续，连续函数经四则运算及复合运算之后仍为连续函数，因此，所有初等函数在其定义区间内是连续的.

因为连续函数在某点处的极限就等于连续函数在该点处的函数值，所以求其极限就等价于求函数在该点处的函数值.

例 4 求 $\lim\limits_{x\to 0}\ln\cos x$.

解 $\lim\limits_{x\to 0}\ln\cos x=\ln\cos 0=0$.

三、函数的间断点

由定义可知，若 x_0 为函数 $f(x)$ 的连续点，则必同时满足下面三个条件：

笔记

(1)函数 $f(x)$ 在 x_0点有定义；

(2)函数 $f(x)$ 在 x_0点有极限；

(3) $\lim\limits_{x \to x_0} f(x)=f(x_0)$.

上述三条如有一条不满足，x_0就不是函数 $f(x)$ 的连续点. 函数的不连续点称为函数的间断点.

通常将间断点分为两类：如果函数 $f(x)$ 在 x_0的左、右极限都存在，称 x_0为函数 $f(x)$ 的第Ⅰ类间断点；否则，称为第Ⅱ类间断点. 第一类间断点中左、右极限相等的间断点称为可去间断点；左、右极限不相等的间断点称为跳跃间断点.

可去间断点，可通过补充（$f(x)$ 在 x_0无定义时）或改变函数 $f(x)$ 在 x_0的定义使函数 $f(x)$ 在 x_0变成连续，

例如，$f(x)=\begin{cases}\dfrac{\sin x}{x}, x\neq 0, \\ 0, x=0,\end{cases}$　$x=0$ 是它的可去间断点，只需改变函数在 $x=0$ 的定义，即

$$f(x)=\begin{cases}\dfrac{\sin x}{x}, x\neq 0, \\ 1, x=0.\end{cases}$$

此时 $f(x)$ 在 $x=0$ 处连续.

例如，$f(x)=\begin{cases}\dfrac{1}{x}, x>0; \\ 0, x\leqslant 0.\end{cases}$

由于 $\lim\limits_{x \to 0^+} f(x)=\lim\limits_{x \to 0^+}\dfrac{1}{x}=+\infty$, $\lim\limits_{x \to 0^-} f(x)=\lim\limits_{x \to 0^-} 0=0$,
所以，$x=0$ 是函数 $f(x)$ 的第Ⅱ类间断点.

例 5　讨论函数 $f(x)=\begin{cases}x^2, x\leqslant 0, \\ x+2, x>0\end{cases}$ 在 $x=0$ 的连续性.

解　因为 $\lim\limits_{x \to 0^-} f(x)=\lim\limits_{x \to 0^-} x^2=0$; $\lim\limits_{x \to 0^+} f(x)=\lim\limits_{x \to 0^+}(x+2)=2$,
函数 $f(x)$ 在 $x=0$ 处的左右极限存在，但不相等，所以 $x=0$ 是函数 $f(x)$ 的跳跃间断点.

四、闭区间上连续函数的性质

定义 1　设函数 $f(x)$ 在区间 I 上有定义，如果有 $x_0\in I$，使得对于任意 $x\in I$ 都满足

$$f(x)\leqslant f(x_0)\ (f(x)\geqslant f(x_0)),$$

则称 $f(x_0)$ 是函数 $f(x)$ 在区间 I 上的最大值（最小值）.

例如，函数 $y=\cos x+1$ 在区间 $(-\infty,+\infty)$ 上有最大值 2 和最小值 0，符号函数 $y=\operatorname{sgn} x$ 在区间 $(-\infty,+\infty)$ 上有最大值 1 与最小值 -1；在开区间 $(0,+\infty)$ 内符号函数 $y=\operatorname{sgn} x$ 的最大值和最小值都是 1. 函数 $y=x$ 在开区间 $(1,2)$ 内没有最大值与最小值.

下面给出闭区间上连续函数的两个重要性质，不做证明.

定理 4(最值定理)　如果函数 $f(x)$ 在闭区间 $[a,b]$ 上连续，则函数 $f(x)$ 在闭区

笔记

间 $[a,b]$ 上一定有最大值和最小值.

如图 1-33 所示，如果函数 $f(x)$ 在闭区间 $[a,b]$ 上连续，那么至少有一点 $\xi_1\in[a,b]$，使得 $f(\xi_1)$ 是函数 $f(x)$ 在闭区间 $[a,b]$ 上的最小值；至少有一点 $\xi_2\in[a,b]$使得 $f(\xi_2)$ 是函数 $f(x)$ 在闭区间 $[a,b]$ 上的最大值.

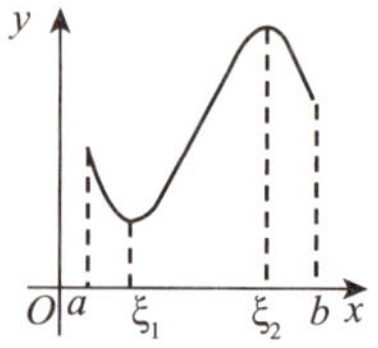

图 1-33

应当注意的是：

(1) 如果函数 $f(x)$ 在开区间上连续，或在闭区间内有间断点，那么函数 $f(x)$ 在该区间内不一定有最大值和最小值. 例如函数 $f(x)=x$ 在开区间 $(0,1)$ 内是连续的，但在 $(0,1)$ 内既没有最大值，又没有最小值. 又如函数

$$f(x)=\begin{cases}x+1,-1\leqslant x<0,\\0,x=0,\\x-1,0<x\leqslant 1\end{cases}$$

在闭区间 $[-1,1]$ 上有间断点 $x=0$，函数在 $[-1,1]$ 上既没有最大值，又没有最小值.

(2)定理的条件仅是充分条件，而不是必要条件. 例如函数 $f(x)=\sin x$ 在开区间 $(0,2\pi)$ 内连续，但它在 $x=\frac{\pi}{2}$ 处取得最大值 1，在 $x=\frac{3\pi}{2}$ 处取得最小值 -1. 又如函数

$$f(x)=\begin{cases}x,-1\leqslant x<0,\\1,x=0,\\x,0<x\leqslant 1\end{cases}$$

在闭区间 $[-1,1]$ 上有间断点 $x=0$，但它在 $x=-1$ 处取得最小值 -1，在 $x=0$ 和 $x=1$ 处取得最大值 1.

推论 如果函数 $f(x)$ 在闭区间 $[a,b]$ 上连续，则函数 $f(x)$ 在闭区间 $[a,b]$ 上一定有界.

证明 设函数 $f(x)$ 在闭区间 $[a,b]$ 上连续，由定理 4 知，$f(x)$ 在闭区间 $[a,b]$ 上一定可以取得最大值 M 和最小值 m，则对于任意 $x\in[a,b]$ 都有 $m\leqslant f(x)\leqslant M$.

取 $K=\max\{|m|,|M|\}$，则 $|f(x)|\leqslant K$，所以函数 $f(x)$ 在闭区间 $[a,b]$ 上一定有界.

定理 5(介值定理) 设函数 $f(x)$ 在闭区间 $[a,b]$ 上连续，且 $f(a)\neq f(b)$，则对介于 $f(a)$ 和 $f(b)$ 之间的任一实数 μ，在开区间 (a,b) 内至少存在一点 ξ，使得 $f(\xi)=\mu$.

从几何意义上看，介值定理表示：闭区间 $[a,b]$ 上的连续曲线 $y=f(x)$ 与直线 $y=\mu$ 至少有一个交点（图 1-34 中所示有三个交点).

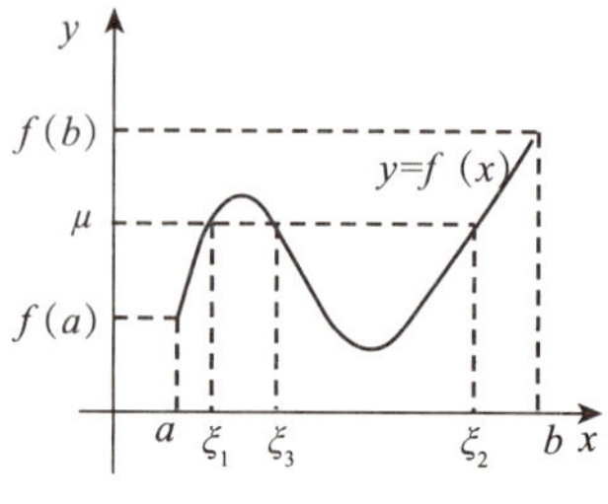

图 1-34

笔记

推论(根的存在定理)　设函数 $f(x)$ 在闭区间 $[a,b]$ 上连续，且 $f(a)$ 与 $f(b)$ 异号，即

$f(a)\cdot f(b)<0$，则在开区间 (a,b) 内至少存在一点 ξ，使得 $f(\xi)=0$.

证明　由于函数 $f(x)$ 在闭区间 $[a,b]$ 上连续，且 $f(a)\cdot f(b)<0$，取 $\mu=0$，$\mu=0$ 介于 $f(a)$ 和 $f(b)$ 之间，则由定理 5 知，在开区间 (a,b) 内至少存在一点 ξ，使得 $f(\xi)=0$.

例 6　证明方程 $x^3-8x+1=0$ 在区间 $(0,1)$ 内至少有一个根.

证明　设 $f(x)=x^3-8x+1$，则 $f(x)$ 在 $[0,1]$ 上连续，又 $f(0)=1>0$，$f(1)=-6<0$，由根的存在定理可知，在开区间 (a,b) 内至少存在一点 ξ，使得 $f(\xi)=0$，即方程 $x^3-8x+1=0$ 在区间 $(0,1)$ 内至少有一个根 ξ.

习题 1.5

1. 研究下列函数的连续性，并画出函数的图形：

(1) $f(x)=\begin{cases}x^2, 0\leqslant x\leqslant 1,\\ 2-x, 1<x\leqslant 2;\end{cases}$

(2) $f(x)=\begin{cases}x, & -1\leqslant x\leqslant 1,\\ 1, & x<-1 \text{ 或 } x>1.\end{cases}$

2. 指出下列函数的间断点，并指明是哪一类型间断点.

(1) $f(x)=\dfrac{1}{x^2-1}$；

(2) $f(x)=\begin{cases}x, x\neq 1,\\ \dfrac{1}{2}, x=1;\end{cases}$

(3) $f(x)=\dfrac{x^2-1}{x^2-3x+2}$.

3. 求下列极限：

(1) $\lim\limits_{x\to 0}\sqrt{x^2-2x+5}$；

(2) $\lim\limits_{x\to -2}\dfrac{e^x+1}{x}$；

(3) $\lim\limits_{x\to \frac{\pi}{9}}\ln(2\cos 3x)$.

本章小结

本章在理解函数概念的基础上，重点要掌握函数极限及其连续性的概念、极限的四则运算法则、两个重要极限及求函数极限的一些基本方法.

一、函数

(1)理解函数、反函数、初等函数、复合函数等概念.

笔记

(2)函数特性.

函数的基本特性有有界性、单调性、奇偶性、周期性,从这几个方面来讨论函数的性态.

二、极限

1. 极限的概念

(1)极限是个动态概念,要充分体会极限的无限运动渐进变化过程. 函数在自变量的某个变化过程中,是否有极限存在与函数在该点处是否有定义无关.

(2)根据自变量的变化趋势的不同,共有六种形式的极限定义(数列极限可看作是特殊函数的极限). 且有结论:

$$\lim_{x\to\infty}f(x)=A\Leftrightarrow\lim_{x\to+\infty}f(x)=\lim_{x\to-\infty}f(x)=A$$

$$\lim_{x\to x_0}f(x)=A\Leftrightarrow\lim_{x\to x_0^-}f(x)=\lim_{x\to x_0^+}f(x)=A$$

(3)两个重要极限:(1) $\lim\limits_{x\to x_0}\dfrac{\sin x}{x}=1\Leftrightarrow\lim\limits_{x\to\infty}\left(x\sin\dfrac{1}{x}\right)=1$;

(2) $\lim\limits_{x\to\infty}\left(1+\dfrac{1}{x}\right)^x=\mathrm{e}\Leftrightarrow\lim\limits_{x\to 0}(1+x)^{\frac{1}{x}}=\mathrm{e}$.

2. 极限的运算法则

设在自变量 x 的某一变化过程中,$\lim\limits_{x\to x_0}f(x)=A$,$\lim\limits_{x\to x_0}g(x)=B$,则

(1) $\lim\limits_{x\to x_0}[f(x)\pm g(x)]=\lim\limits_{x\to x_0}f(x)\pm\lim\limits_{x\to x_0}g(x)=A\pm B$.

(2) $\lim\limits_{x\to x_0}[f(x)\cdot g(x)]=\lim\limits_{x\to x_0}f(x)\cdot\lim\limits_{x\to x_0}g(x)=A\cdot B$.

(3) $\lim\limits_{x\to x_0}\dfrac{f(x)}{g(x)}=\dfrac{\lim\limits_{x\to x_0}f(x)}{\lim\limits_{x\to x_0}g(x)}=\dfrac{A}{B}(B\neq 0)$.

(4)(复合函数)若 $\lim\limits_{x\to x_0}\varphi(x)=u_0$,在 $U(x_0)$ 内 $\varphi(x)\neq u_0$,$\lim\limits_{u\to u_0}f(u)=A$,则

$$\lim_{x\to x_0}f(\varphi(x))=A.$$

3. 无穷大与无穷小

(1)无穷小的运算规则.

①有限个无穷小量的和、差、积仍为无穷小量;

② 若 $\lim\limits_{x\to x_0}f(x)=0$,$g(x)$ 是有界量,则 $\lim\limits_{x\to x_0}f(x)\cdot g(x)=0$.

(2)无穷小量的比较.

设在同一极限过程中,$\alpha(x)$,$\beta(x)$ 为无穷小量,

若 $\lim\limits_{x\to x_0}\dfrac{\alpha(x)}{\beta(x)}=0$,称 $\alpha(x)$ 是 $\beta(x)$ 的高阶无穷小量;

若 $\lim\limits_{x\to x_0}\dfrac{\alpha(x)}{\beta(x)}=\infty$,称 $\alpha(x)$ 是 $\beta(x)$ 的低阶无穷小量;

若 $\lim\limits_{x\to x_0}\dfrac{\alpha(x)}{\beta(x)}=C(C\neq 0)$,称 $\alpha(x)$ 是 $\beta(x)$ 的同阶无穷小量,特别地,若 $C=1$,即若 $\lim\limits_{x\to x_0}\dfrac{\alpha(x)}{\beta(x)}=1$,称 α 是 β 的等价无穷小量.

(3) 无穷大与无穷小的关系.

若 $\lim\limits_{x\to x_0} f(x)=\infty$，则 $\lim\limits_{x\to x_0}\dfrac{1}{f(x)}=0$.

笔记

4. 两个重要极限

(1) $\lim\limits_{x\to 0}\dfrac{\sin x}{x}=1$.

(2) $\lim\limits_{x\to 0}(1+x)^{\frac{1}{x}}=\lim\limits_{x\to\infty}\left(1+\dfrac{1}{x}\right)^{x}=\mathrm{e}$.

5. 计算函数极限的方法归纳

(1) 利用函数极限的定义.

(2) 利用极限的四则运算法则.

(3) 利用无穷小量与无穷大量的运算规则.

(4) 利用两个重要的极限公式.

(5) 利用初等函数的连续性.

关于极限的计算，就是将一些基本初等函数的极限以及两个重要极限等作为已知条件，运用极限的运算法则求函数的极限. 要注意的是法则成立的条件，当条件不满足时，就不能直接使用，常常需要对函数通过适当的恒等变形：如因式分解后约分、通分、变量代换、三角恒等变形，再利用有关方法计算极限.

三、函数的连续性

1. 函数连续的概念

如果 $\lim\limits_{\Delta x\to 0}\Delta y=0$ 或 $\lim\limits_{x\to x_0} f(x)=f(x_0)$，那么 $y=f(x)$ 在点 x_0 处连续.

2. 函数的间断点

$f(x)$ 在 x_0 处间断的三种情形：

(1) 在 x_0 处无定义；

(2) $\lim\limits_{x\to x_0} f(x)$ 不存在；

(3) 在 x_0 处有定义，且 $\lim\limits_{x\to x_0} f(x)$ 存在，但 $\lim\limits_{x\to x_0} f(x)\neq f(x_0)$.

3. 初等函数的连续性

一切初等函数在其有定义的区间内都连续.

在确定初等函数的连续区间时，只需考察函数的定义域. 对分段函数，由于每一段上都是初等函数的形式，因此只需考查函数在分段点处的连续性.

4. 闭区间上连续函数的性质

最大值和最小值定理、根的存在定理、介值定理.

数学实验一：用 MATLAB 求极限

在 MATLAB 命令中，用于求函数极限的函数是 limit，其具体格式为：

$\lim\limits_{n\to\infty} a_n$ 的 MATLAB 命令：L=limit(an,n,inf)；

笔记

$\lim\limits_{x\to+\infty} f(x)$的 MATLAB 命令：L=limit(f,x,inf)；

$\lim\limits_{x\to-\infty} f(x)$的 MATLAB 命令：L=limit(f,x,-inf)；

$\lim\limits_{x\to a} f(x)$的 MATLAB 命令：L=limit(f,x,a)；

$\lim\limits_{x\to a^+} f(x)$的 MATLAB 命令：L=limit(f,x,a,'right')；

$\lim\limits_{x\to a^-} f(x)$的 MATLAB 命令：L=limit(f,x,a,'left').

例 1　求极限$\lim\limits_{n\to\infty}\dfrac{1}{n}$.

解　在命令窗口输入代码：

```
syms n;
limit(1/n,n,inf);
```

输出结果：ans=

0.

例 2　求极限$\lim\limits_{x\to 2}\dfrac{x^3+2x^2}{(x-2)^2}$.

解　在命令窗口输入代码：

```
syms x;
limit((x^3+2*x^2)/(x-2)^2,x,2);
```

输出结果：ans=

inf.

例 3　计算$\lim\limits_{x\to+\infty}\arctan x$.

解　在命令窗口输入代码：

```
syms x;
limit(atan(x),x,inf);
```

输出结果：ans=

pi/2.

例 4　设$f(x)=\dfrac{|x|}{x}$，计算$\lim\limits_{x\to 0} f(x)$.

解　此函数为分段函数，在$x=0$处要讨论左、右极限.

在命令窗口输入代码：

```
Lleft=limit(abs(x)/x,x,0,'left');
```

输出结果：Lleft=-1.

```
Lright=limit(abs(x)/x,x,0,'right');
```

输出结果：Lright=1.

由于函数$f(x)$在$x=0$处左、右极限不相等，故$f(x)$在$x=0$处极限不存在.

复习题 1

1. 计算下列极限.

(1) $\lim\limits_{x\to 4}\dfrac{\sqrt{2x+1}-3}{\sqrt{x}-2}$；

笔记

(2) $\lim\limits_{x\to 1}\dfrac{\sin(x-1)}{x^2+x-2}$；

(3) $\lim\limits_{x\to +\infty}\left(\dfrac{x^2-1}{x^2+1}\right)^{x^2}$；

(4) $\lim\limits_{x\to 0}\dfrac{\sin x^3}{(\sin x)^3}$；

(5) $\lim\limits_{x\to 0}\dfrac{\sqrt{1+x}-\sqrt{1-x}}{\sin 3x}$；

(6) $\lim\limits_{x\to\infty}\dfrac{x+3}{x^2-x}(\sin x+2)$；

(7) $\lim\limits_{x\to 0}\dfrac{\ln(1+2x)}{\tan 5x}$；

(8) $\lim\limits_{x\to a}\dfrac{\sin x-\sin a}{x-a}$；

(9) $\lim\limits_{x\to 1}\dfrac{\sin \pi x}{4(x-1)}$.

2. 设 $f(x)=\begin{cases}\dfrac{\cos x}{x+2}, x\geqslant 0,\\ \dfrac{\sqrt{a}-\sqrt{a-x}}{x}, x<0,\end{cases}$ $(a>0)$，当 a 取何值时，$f(x)$ 在 $x=0$ 处连续.

3. 设 $\lim\limits_{x\to -1}\dfrac{x^3+ax^2-x+4}{x+1}=b$（常数），求 a,b.

4. 证明下列方程在 $(0,1)$ 之间均有一实根.

(1) $x^5+x^3=1$；(2) $e^{-x}=x$；(3) $\arctan x=1-x$.

5. 设 $f(x)$ 在 $[a,b]$ 上连续，且 $a<f(x)<b$，证明在 (a,b) 内至少有一点 ξ 使 $f(\xi)=\xi$.

素养园地

中国数学史上的“牛顿”——刘徽

刘徽（生于公元 250 年左右），魏晋时期山东人，是中国数学史上非常伟大的数学家，在世界数学史上，也占有杰出的地位. 他的杰作《九章算术注》和《海岛算经》是我国最宝贵的数学遗产.

《九章算术》约成书于东汉之初，反映的是中国先民在生产劳动、丈量土地和测量容积等实践活动中所创造的数学知识，包括方田、粟米、衰分、少广、商功、均输、盈不足、方程、勾股九章，是中国古代算法的基础，它含有上百个计算公式和 246 个应用问题，有完整的分数四则运算法则，比例和比例分配算法，若干面积、体积公式，开平方、开立方程序，方程术——线性方程组解法，正负数加减法则，解勾股形公式和简单的测望问题算法. 其中许多成就处于世界领先地位. 公元元年前年，盛极一时的古希腊数学走向衰微，《九章算术》的出现，标志着世界数学研究中心从地中海沿岸转到了中国，开创了东方以应用数学为中心占据世界数学舞台主导地位千余年的局面. 在编排上，《九章算术》或者先提出命题，后列出几个例题，或者先列出一个或几个例题，后提出命题. 然而它对所用的概念没有定义，对所有的命题没作任何推导证明，个别的公式尚有不精确或失误之处. 东汉以后的许多学者都研究过《九章算术》，但理论建树不大. 刘徽著

笔记

作的《九章算术注》，主要是给《九章算术》的命题作解释和逻辑证明，更正其中的个别错误公式，使后人在知其然的同时又知其所以然．有了刘徽的注释，《九章算术》才得以成为一部完美的古代数学教科书．

在《九章算术注》中，刘徽发展了中国古代“率”的思想和“出入相补”的原理．用“率”统一证明《九章算术》的大部分算法和大多数题目，用“出入相补”原理证明了勾股定理以及一些求面积和求体积公式．为了证明圆面积公式和计算圆周率，刘徽创立了“割圆术”，在刘徽之前人们曾试图证明它，但是不严格．刘徽提出的基于极限思想的“割圆术”，严谨地证明了圆面积公式．他还用无穷小分割的思想证明了一些锥体体积公式．在计算圆周率时，刘徽应用“割圆术”，从圆内接正六边形出发，依次计算出圆内接正 12 边形、正 24 边形、正 48 边形，直到圆内接正 192 边形的面积，然后使用现在称为的“外推法”，得到了圆周率的近似值 3.14，纠正了前人“周三径一”的说法．刘徽的割圆术是求圆周率的正确方法，它奠定了中国圆周率计算长期在世界上领先的基础．据说，祖冲之就是用刘徽的方法将圆周率的有效数字精确到 7 位．刘徽在割圆术中提出的“割之弥细，所失弥少，割之又割以至于不可割，则与圆合体而无所失矣”，这可视为中国古代极限观念的佳作．

在割圆过程中，要反复用到勾股定理和开平方．为了开平方，刘徽提出了求“微数”的思想，这与现今无理根的十进小数近似值完全相同．求微数保证了计算圆周率的精确性．同时，刘徽的微数也开创了十进小数的先河．他是世界上最早提出十进小数概念的人，并用十进小数来表示无理数的立方根．在代数方面，他正确地提出了正负数的概念及其加减运算的法则，改进了线性方程组的解法．

刘徽治学态度严肃，为后世树立了楷模．在求圆面积公式时，在当时计算工具很简陋的情况下，他开方即达 12 位有效数字．他在注释“方程”章节 18 题时，共用 1 500 余字，反复消元运算达 124 次，无一差错，答案正确无误，即使作为今天大学代数课答卷亦无逊色．刘徽注“九章算术”时年仅 30 岁．

《海岛算经》一书中，刘徽精心选编了九个测量问题，这些题目的创造性、复杂性和富有代表性，都在当时为西方所瞩目．

刘徽思维敏捷，方法灵活，既提倡推理又主张直观．他是我国最早明确主张用逻辑推理的方式来论证数学命题的人．

刘徽的一生是为数学刻苦探求的一生．他虽然地位低下，但人格高尚．他不是沽名钓誉的庸人，而是学而不厌的伟人，他给我们中华民族留下了宝贵的财产．

第二章

导数与微分

微分学是微积分学的重要组成部分，而导数和微分是微分学的核心内容.导数能反映函数相对于自变量的变化而变化的快慢程度；微分则能刻画当自变量有微小变化时，相应函数值的改变量.本章将从实际问题出发，引入导数与微分的概念，并讨论其计算方法.

笔记

第一节　导数的概念

一、引例

在历史上，导数的概念主要起源于两个著名的问题：一个是求平面曲线的切线斜率问题；另一个是求变速运动质点的瞬时速度问题.本节将从这两个经典引例的研究出发，从而归纳出导数的概念.

神奇的导数

1. 质点做变速直线运动的瞬时速度问题

现有一质点做变速直线运动，质点的运动路程 s 与运动时间 t 的函数关系式记为 $s=s(t)$，求在 t_0 时刻时质点的瞬时速度 $v(t_0)$ 为多少.

整体来说速度是变化的，但局部来说速度可以近似看成是不变的.设质点从时刻 t_0 改变到时刻 $t_0+\Delta t$，在时间增量 Δt 内，质点经过的路程为 $\Delta s=s(t_0+\Delta t)-s(t_0)$，在 Δt 时间内的平均速度为

$$\bar{v}=\frac{\Delta s}{\Delta t}=\frac{s(t_0+\Delta t)-s(t_0)}{\Delta t}.$$

当时间增量 $|\Delta t|$ 越小时，平均速度 $\bar{v}$ 越接近于时刻 t_0 的瞬时速度 $v(t_0)$，于是当 $\Delta t\to 0$ 时，$\bar{v}$ 的极限就是质点在时刻 t_0 时的瞬时速度 $v(t_0)$，即

$$v(t_0)=\lim_{\Delta t\to 0}\bar{v}=\lim_{\Delta t\to 0}\frac{\Delta s}{\Delta t}=\lim_{\Delta t\to 0}\frac{s(t_0+\Delta t)-s(t_0)}{\Delta t}.$$

2. 平面曲线的切线斜率问题

已知曲线 C：$y=f(x)$，求曲线 C 上点 $M_0(x_0,y_0)$ 处的切线斜率.

何为曲线的切线？用“与曲线只有一个交点的直线”作为平面曲线切线的定义是不

笔记

合适的.例如,对于抛物线 $y=x^2$,在原点 O 处两个坐标轴都符合上述定义,但只有 x 轴是该抛物线在原点处的切线.

欲求曲线 C 上点 $M_0(x_0,y_0)$ 的切线斜率,由切线为割线的极限位置,容易想到切线斜率应是割线斜率的极限.

如图 2-1 所示,取曲线 C 上另外一点 $M(x_0+\Delta x,y_0+\Delta y)$,则割线 M_0M 的斜率为

$$k_{M_0M}=\tan\varphi=\frac{\Delta y}{\Delta x}=\frac{f(x_0+\Delta x)-f(x_0)}{\Delta x}.$$

当点 M 沿曲线 C 趋于 M_0 时,即当 $\Delta x\to 0$ 时,M_0M 的极限位置就是曲线 C 在点 M_0 的切线 M_0T,此时割线的倾斜角 φ 趋于切线的倾斜角 α,故切线的斜率为

$$k=\lim_{\Delta x\to 0}\tan\varphi=\lim_{\Delta x\to 0}\frac{\Delta y}{\Delta x}=\lim_{\Delta x\to 0}\frac{f(x_0+\Delta x)-f(x_0)}{\Delta x}.$$

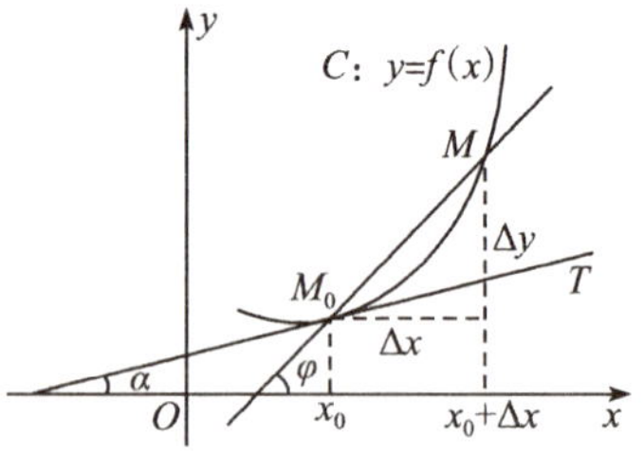

图 2-1

二、导数的概念

前面我们讨论了瞬时速度和切线斜率两个问题,虽然实际意义不同,但如果舍弃其实际背景,从数学角度看,却有着相同的数学形式,即当自变量的改变量趋于零时,求函数的改变量与自变量的改变量之比的极限.在自然科学、社会科学和经济领域中,许多问题都可以转化为上述极限形式进行研究,如电流强度、人口增长速度、国内生产总值的增长率、边际成本和边际利润等.因此,我们舍弃这些问题的实际意义,抽象出它们数量关系上的共同本质——导数.

1. 函数在一点处的导数

定义 1 设函数 $y=f(x)$ 在点 x_0 的某邻域 $U(x_0,\delta)$ 内有定义,自变量 x 在 x_0 处取得增量 Δx,且 $x_0+\Delta x\in U(x_0,\delta)$ 时,函数取得相应的增量 $\Delta y=f(x_0+\Delta x)-f(x_0)$,如果极限

$$\lim_{\Delta x\to 0}\frac{\Delta y}{\Delta x}=\lim_{\Delta x\to 0}\frac{f(x_0+\Delta x)-f(x_0)}{\Delta x}$$

存在,那么称**函数 $y=f(x)$ 在点 x_0 可导**,并称此极限值为函数 $y=f(x)$ 在点 x_0 的**导数**,记作 $f'(x_0)$,$y'|_{x=x_0}$,$\left.\frac{\mathrm{d}y}{\mathrm{d}x}\right|_{x=x_0}$,$\left.\frac{\mathrm{d}f(x)}{\mathrm{d}x}\right|_{x=x_0}$,即

$$f'(x_0)=\lim_{\Delta x\to 0}\frac{f(x_0+\Delta x)-f(x_0)}{\Delta x}.$$

注 (1)由导数的定义可得与其等价的定义形式

$$f'(x_0)=\lim_{x\to x_0}\frac{f(x)-f(x_0)}{x-x_0};$$

$$f'(x_0)=\lim_{h\to 0}\frac{f(x_0+h)-f(x_0)}{h}.$$

笔记

(2)若极限 $\lim\limits_{\Delta x\to 0}\dfrac{\Delta y}{\Delta x}$ 不存在，则称函数 $y=f(x)$ 在点 x_0 不可导. 特别地，若 $\lim\limits_{\Delta x\to 0}\dfrac{\Delta y}{\Delta x}=\infty$，也可称函数 $y=f(x)$ 在点 x_0 的导数为无穷大，此时 $y=f(x)$ 在点 x_0 的切线存在，它是垂直于 x 轴的直线 $x=x_0$.

例 1　设 $f(x)=\dfrac{1}{x}$，求 $f'(3)$.

解　根据导数的等价定义，可得

$$f'(3)=\lim_{x\to 3}\frac{f(x)-f(3)}{x-3}=\lim_{x\to 3}\frac{1}{x-3}\left(\frac{1}{x}-\frac{1}{3}\right)=\lim_{x\to 3}\frac{-1}{3x}=-\frac{1}{9}.$$

例 2　设 $f'(x_0)=-2$，求下列极限：

(1) $\lim\limits_{\Delta x\to 0}\dfrac{f(x_0+3\Delta x)-f(x_0)}{\Delta x}$；　　(2) $\lim\limits_{h\to 0}\dfrac{f(x_0+h)-f(x_0-h)}{h}$.

解

(1) $\lim\limits_{\Delta x\to 0}\dfrac{f(x_0+3\Delta x)-f(x_0)}{\Delta x}=3\lim\limits_{\Delta x\to 0}\dfrac{f(x_0+3\Delta x)-f(x_0)}{3\Delta x}=3f'(x_0)=-6.$

(2) $\lim\limits_{h\to 0}\dfrac{f(x_0+h)-f(x_0-h)}{h}=\lim\limits_{h\to 0}\dfrac{f(x_0+h)-f(x_0)+f(x_0)-f(x_0-h)}{h}$

$=\lim\limits_{h\to 0}\dfrac{f(x_0+h)-f(x_0)}{h}+\lim\limits_{h\to 0}\dfrac{f(x_0-h)-f(x_0)}{-h}=2f'(x_0)=-4.$

2. 单侧导数

由函数极限的定义可知，函数在一点处极限存在的充要条件是函数在该点的左、右极限都存在且相等. 导数是用极限来定义的，从而就有了下面的单侧导数定义及对应定理.

定义 2　设函数 $y=f(x)$ 在点 x_0 的某左邻域内有定义，当自变量 x 在点 x_0 左侧取得增量 Δx 时，如果极限 $\lim\limits_{\Delta x\to 0^-}\dfrac{f(x_0+\Delta x)-f(x_0)}{\Delta x}$ 或 $\lim\limits_{x\to x_0^-}\dfrac{f(x)-f(x_0)}{x-x_0}$ 存在，则称此极限值为 $y=f(x)$ 在点 x_0 的左导数，记为 $f'_-(x_0)$，即

$$f'_-(x_0)=\lim_{\Delta x\to 0^-}\frac{f(x_0+\Delta x)-f(x_0)}{\Delta x}=\lim_{x\to x_0^-}\frac{f(x)-f(x_0)}{x-x_0}.$$

同理，右导数为

$$f'_+(x_0)=\lim_{\Delta x\to 0^+}\frac{f(x_0+\Delta x)-f(x_0)}{\Delta x}=\lim_{x\to x_0^+}\frac{f(x)-f(x_0)}{x-x_0}.$$

由极限存在的充要条件可得函数 $y=f(x)$ 在点 x_0 可导的充要条件如下：

定理 1　函数 $y=f(x)$ 在点 x_0 可导的充要条件是左、右导数都存在且相等.

例 3　讨论函数 $f(x)=|x|$ 在点 $x=0$ 的可导性.

解　因为 $f(x)=\begin{cases}-x, x<0,\\ x, x\geqslant 0,\end{cases}$ 所以

$$f'_-(0)=\lim_{x\to 0^-}\frac{f(x)-f(0)}{x-0}=\lim_{x\to 0^-}\frac{-x}{x}=-1,$$

$$f'_+(0)=\lim_{x\to 0^+}\frac{f(x)-f(0)}{x-0}=\lim_{x\to 0^+}\frac{x}{x}=1,$$

$f'_-(0)\neq f'_+(0)$，因此 $f(x)=|x|$ 在点 $x=0$ 不可导.

3. 导函数

定义 3　(1)若函数 $y=f(x)$ 在区间 (a,b) 内每一点均可导，则称 $y=f(x)$ 在区间

笔记

(a,b)内可导；

(2)若函数 $y=f(x)$在区间(a,b)内可导，在区间左端点 a 的右导数 $f'_{+}(a)$和区间右端点 b 的左导数 $f'_{-}(b)$均存在，则称 $y=f(x)$在闭区间$[a,b]$上可导.

定义 4 若函数 $y=f(x)$在区间 I(可以是开区间、闭区间或半开半闭区间)上可导，且对于任意的 $x\in I$，都对应着一个导数值 $f'(x)$，其是自变量 x 的新函数，则称 $f'(x)$为 $y=f(x)$在区间 I 上的**导函数**，记作 $f'(x)$，y'，$\frac{\mathrm{d}f(x)}{\mathrm{d}x}$，$\frac{\mathrm{d}y}{\mathrm{d}x}$，即

$$f'(x)=\lim_{\Delta x\to 0}\frac{f(x+\Delta x)-f(x)}{\Delta x}\text{或 }f'(x)=\lim_{h\to 0}\frac{f(x+h)-f(x)}{h}.$$

知识加油站

(1)在导函数的定义式中，虽然 x 可以取区间 I 上的任意值，但在求极限的过程中，x 是常数，Δx 和 h 是变量.

(2)导函数也简称为导数，只要没有指明是特定点的导数时所说的导数都是指导函数. 显然函数 $f(x)$在点 x_0 处的导数 $f'(x_0)$就是导函数 $f'(x)$在点 x_0 处的函数值，即 $f'(x_0)=f'(x)\big|_{x=x_0}$.

下面利用导数的定义求一些简单函数的导数.

例 4 求常值函数 $f(x)=C$(C 为常数)的导数.

解 $f'(x)=\lim\limits_{\Delta x\to 0}\frac{f(x+\Delta x)-f(x)}{\Delta x}=\lim\limits_{\Delta x\to 0}\frac{C-C}{\Delta x}=0.$

即得常值函数的导数公式：

$$(C)'=0.$$

例 5 求正弦函数 $f(x)=\sin x$ 的导数.

解
$$f'(x)=\lim_{\Delta x\to 0}\frac{f(x+\Delta x)-f(x)}{\Delta x}=\lim_{\Delta x\to 0}\frac{\sin(x+\Delta x)-\sin x}{\Delta x}$$
$$=\lim_{\Delta x\to 0}\frac{2\sin\frac{\Delta x}{2}\cos\left(x+\frac{\Delta x}{2}\right)}{\Delta x}=\lim_{\Delta x\to 0}\frac{\sin\frac{\Delta x}{2}}{\frac{\Delta x}{2}}\cos\left(x+\frac{\Delta x}{2}\right)=\cos x.$$

即得正弦函数的导数公式：

$$(\sin x)'=\cos x.$$

注 类似可得余弦函数的导数公式：

$$(\cos x)'=-\sin x.$$

例 6 求指数函数 $f(x)=a^x(a>0,a\neq 1)$的导数.

解 $f'(x)=\lim\limits_{\Delta x\to 0}\frac{f(x+\Delta x)-f(x)}{\Delta x}=\lim\limits_{\Delta x\to 0}\frac{a^{x+\Delta x}-a^x}{\Delta x}=a^x\lim\limits_{\Delta x\to 0}\frac{a^{\Delta x}-1}{\Delta x}.$

由于当 $\Delta x\to 0$ 时，$a^{\Delta x}-1\sim\Delta x\ln a$，所以

$$f'(x)=a^x\lim_{\Delta x\to 0}\frac{\Delta x\ln a}{\Delta x}=a^x\ln a.$$

即得指数函数的导数公式：

$$(a^x)'=a^x\ln a.$$

特别地，

$$(\mathrm{e}^x)'=\mathrm{e}^x.$$

笔记

例 7　求对数函数 $f(x)=\log_a x(a>0,a\neq 1)$ 的导数.

解　$f'(x)=\lim\limits_{\Delta x\to 0}\dfrac{f(x+\Delta x)-f(x)}{\Delta x}=\lim\limits_{\Delta x\to 0}\dfrac{\log_a(x+\Delta x)-\log_a x}{\Delta x}=\lim\limits_{\Delta x\to 0}\dfrac{1}{\Delta x}\log_a\dfrac{x+\Delta x}{x}$

$$=\lim_{\Delta x\to 0}\frac{1}{x}\cdot\frac{x}{\Delta x}\log_a\left(1+\frac{\Delta x}{x}\right)=\frac{1}{x}\lim_{\Delta x\to 0}\log_a\left(1+\frac{\Delta x}{x}\right)^{\frac{x}{\Delta x}}=\frac{1}{x}\log_a e=\frac{1}{x\ln a}.$$

即得对数函数的导数公式：

$$(\log_a x)'=\frac{1}{x\ln a}.$$

特别地，

$$(\ln x)'=\frac{1}{x}.$$

例 8　求幂函数 $f(x)=x^\mu$ 的导数(μ 为常数).

解　$f'(x)=\lim\limits_{\Delta x\to 0}\dfrac{f(x+\Delta x)-f(x)}{\Delta x}=\lim\limits_{\Delta x\to 0}\dfrac{(x+\Delta x)^\mu-x^\mu}{\Delta x}=\lim\limits_{\Delta x\to 0}x^\mu\dfrac{\left(1+\dfrac{\Delta x}{x}\right)^\mu-1}{\Delta x}$

$(x\neq 0)$，因为当 $\Delta x\to 0$ 时，$\dfrac{\Delta x}{x}\to 0$，从而 $\left(1+\dfrac{\Delta x}{x}\right)^\mu-1\sim\mu\dfrac{\Delta x}{x}$，故

$$f'(x)=\lim_{\Delta x\to 0}x^\mu\cdot\frac{\mu\dfrac{\Delta x}{x}}{\Delta x}=\mu x^{\mu-1}.$$

即得幂函数的导数公式：

$$(x^\mu)'=\mu x^{\mu-1}.$$

三、导数的几何意义与物理意义

1. 导数的几何意义

函数 $f(x)$ 在点 x_0 可导时，导数 $f'(x_0)$ 在几何上表示曲线 $y=f(x)$ 在点 $(x_0, f(x_0))$ 处的切线斜率(图 2-1).

由此可得，曲线 $y=f(x)$ 在 $(x_0,f(x_0))$ 处的**切线方程**为

$$y-f(x_0)=f'(x_0)(x-x_0).$$

当 $f'(x_0)\neq 0$ 时，曲线 $y=f(x)$ 在 $(x_0,f(x_0))$ 处的**法线方程**为

$$y-f(x_0)=-\frac{1}{f'(x_0)}(x-x_0).$$

例 9　求函数 $y=x^2$ 在点(1,1)处的切线的斜率，并写出在该点的切线方程和法线方程.

解　根据导数的几何意义，函数 $y=x^2$ 在点(1,1)处的切线的斜率为

$$k=f'(x)\big|_{x=1}=2x\big|_{x=1}=2.$$

从而所求的切线方程为

$$y-1=2(x-1),$$

即

$$2x-y-1=0.$$

所求法线的斜率为

$$k_1=-\frac{1}{k}=-\frac{1}{2},$$

笔记

从而所求的法线的方程为

$$y-1=-\frac{1}{2}(x-1),$$

即

$$x+2y-3=0.$$

2. 导数的物理意义

位置函数 $s=s(t)$ 在点 t_0 的导数就是做变速直线运动的物体在时刻 t_0 的瞬时速度，即

$$s'(t_0)=v(t_0).$$

四、可导与连续的关系

定理 2 如果函数 $y=f(x)$ 在点 x_0 处可导，那么 $y=f(x)$ 在点 x_0 处连续.

证明 因为 $y=f(x)$ 在点 x_0 处可导，由导数的定义可知

$$f'(x_0)=\lim_{\Delta x\to 0}\frac{\Delta y}{\Delta x},$$

其中 $\Delta y=f(x_0+\Delta x)-f(x_0)$，所以

$$\lim_{\Delta x\to 0}\Delta y=\lim_{\Delta x\to 0}\left(\frac{\Delta y}{\Delta x}\cdot\Delta x\right)=\lim_{\Delta x\to 0}\frac{\Delta y}{\Delta x}\cdot\lim_{\Delta x\to 0}\Delta x=f'(x_0)\cdot 0=0.$$

根据连续的定义可知 $y=f(x)$ 在点 x_0 处连续.

注 (1)定理 2 的逆命题不成立，即连续函数未必可导.

(2)如果函数在某一点不连续，那么函数在该点一定不可导.

例 10 讨论函数 $f(x)=\begin{cases}x\sin\frac{1}{x}, x\neq 0,\\ 0, x=0\end{cases}$ 在点 $x=0$ 处的连续性与可导性.

解 因为

$$\lim_{x\to 0}f(x)=\lim_{x\to 0}x\cdot\sin\frac{1}{x}=0=f(0),$$

所以 $f(x)$ 在点 $x=0$ 处连续.

又因为

$$f'(0)=\lim_{x\to 0}\frac{f(x)-f(0)}{x-0}=\lim_{x\to 0}\frac{x\sin\frac{1}{x}}{x}=\lim_{x\to 0}\sin\frac{1}{x}$$

不存在，所以 $f(x)$ 在点 $x=0$ 处不可导.

例 11 讨论函数 $f(x)=\begin{cases}x^2, x<1,\\ 2x, x\geqslant 1\end{cases}$ 在点 $x=1$ 处的连续性与可导性.

解 因为

$$\lim_{x\to 1^-}f(x)=\lim_{x\to 1^-}x^2=1,$$
$$\lim_{x\to 1^+}f(x)=\lim_{x\to 1^+}2x=2,$$

所以 $f(x)$ 在点 $x=1$ 处不连续，从而 $f(x)$ 在点 $x=1$ 处不可导.

例 12 设函数 $f(x)=\begin{cases}e^x, x\leqslant 0,\\ x^2+ax+b, x>0\end{cases}$ 在点 $x=0$ 处可导，求 a,b.

解 由于 $f(x)$ 在点 $x=0$ 处可导，所以 $f(x)$ 在点 $x=0$ 处必连续，即

笔记

$$\lim_{x\to0^-}f(x)=\lim_{x\to0^+}f(x)=f(0).$$

因为

$$\lim_{x\to0^-}f(x)=\lim_{x\to0^-}e^x=1,$$

$$\lim_{x\to0^+}f(x)=\lim_{x\to0^+}(x^2+ax+b)=b,$$

$$f(0)=1,$$

所以可得 $b=1$.

又因为

$$f'_-(0)=\lim_{x\to0^-}\frac{f(x)-f(0)}{x-0}=\lim_{x\to0^-}\frac{e^x-1}{x}=1,$$

$$f'_+(0)=\lim_{x\to0^+}\frac{f(x)-f(0)}{x-0}=\lim_{x\to0^+}\frac{x^2+ax+1-1}{x}=a.$$

要使 $f(x)$ 在点 $x=0$ 处可导，则应有 $f'_-(0)=f'_+(0)$，即 $a=1$.

故如果 $f(x)$ 在点 $x=0$ 处可导，则有 $a=1,b=1$.

习题 2.1

1. 设函数 $f(x)$ 在 $x=0$ 处可导，求 $\lim\limits_{h\to0}\dfrac{f(2h)-f(-3h)}{h}$.

2. 设 $f'(x_0)$ 存在，求下列极限.

(1) $\lim\limits_{h\to0}\dfrac{f(x_0-h)-f(x_0)}{h}$;　　(2) $\lim\limits_{\Delta x\to0}\dfrac{f(x_0)-f(x_0+\Delta x)}{\Delta x}$.

3. 设函数 $f(x)$ 在点 $x=0$ 处可导，且 $f'(0)=1$，求 $\lim\limits_{x\to0}\dfrac{f(3x)-f(0)}{x}$.

4. 设函数 $f(x)$ 在点 $x=1$ 处连续，且 $\lim\limits_{x\to1}\dfrac{f(x)}{x-1}=2$，求 $f'(1)$.

5. 已知函数 $f(x)=\begin{cases}\sin x, x<0,\\ x, x\geqslant0,\end{cases}$ 求 $f'(x)$.

6. 设函数 $f(x)=\begin{cases}x^2, x\leqslant1,\\ ax+b, x>1\end{cases}$ 在 $x=1$ 处可导，求 a,b 的值.

第二节　函数的和、差、积、商求导法则

尽管导数的定义给出了求导数的具体方法，但是若对每一个函数都直接根据定义求其导数，工作量是非常大的. 因此有必要给出导数的运算法则，以简化导数的计算. 在下面这些求导法则中，我们只证明和的情形，其他情形留给读者思考.

一、函数和的求导法则

定理 1　设函数 $u=u(x),v=v(x)$ 都在点 x 可导，则函数 $u(x)+v(x)$ 也在点 x 可导，且

笔记

$$(u+v)'=u'+v'$$

证明 令 $f(x)=u(x)+v(x)$，则

$$\begin{aligned}f'(x)&=\lim_{\Delta x\to 0}\frac{f(x+\Delta x)-f(x)}{\Delta x}\\&=\lim_{\Delta x\to 0}\frac{[u(x+\Delta x)+v(x+\Delta x)]-[u(x)+v(x)]}{\Delta x}\\&=\lim_{\Delta x\to 0}\left[\frac{u(x+\Delta x)-u(x)}{\Delta x}+\frac{v(x+\Delta x)-v(x)}{\Delta x}\right]\\&=u'(x)+v'(x)\end{aligned}$$

这表示函数 $f(x)$ 在点 x 可导，且 $f'(x)=u'(x)+v'(x)$.

以上结果可简单地写成 $(u+v)'=u'+v'$.

这个法则可以推广到任意有限个可导函数相加的情形，例如

$$(u+v+w)'=u'+v'+w'.$$

例 1 设 $y=x^3+\sin x+7$，求 y'.

解 $y'=(x^3+\sin x+7)'=(x^3)'+(\sin x)'+(7)'=3x^2+\cos x$.

二、函数差的求导法则

定理 2 设函数 $u=u(x)$，$v=v(x)$ 都在点 x 可导，则函数 $u(x)-v(x)$ 也在点 x 可导，则

$$(u-v)'=u'-v'.$$

例 2 设 $y=\sqrt{x}-\log_3 x$，求 y'.

解 $y'=(\sqrt{x}-\log_3 x)'=(\sqrt{x})'-(\log_3 x)'=\dfrac{1}{2\sqrt{x}}-\dfrac{1}{x\ln 3}$.

三、函数积的求导法则

定理 3 设函数 $u=u(x)$，$v=v(x)$ 都在点 x 可导，则函数 $u(x)v(x)$ 也在点 x 可导，则

$$(uv)'=u'v+uv'.$$

特别地，如果 $v(x)=C$（C 为常数），则因 $(C)'=0$，故有 $(Cu)'=Cu'$，即常数因子可以提到求导记号外面去.

这个法则可以推广到任意有限个可导函数相乘的情形，例如

$$(uvw)'=u'vw+uv'w+uvw'.$$

例 3 设 $y=4\cos x$，求 y'.

解 $y'=(4\cos x)'=4(\cos x)'=-4\sin x$.

例 4 设 $y=x\sin x\ln x$，求 y'.

解

$$\begin{aligned}y'&=(x\sin x\ln x)'\\&=(x)'\sin x\ln x+x(\sin x)'\ln x+x\sin x(\ln x)'\\&=\sin x\ln x+x\cos x\ln x+\sin x.\end{aligned}$$

四、函数商的求导法则

定理 4 设函数 $u=u(x)$，$v=v(x)$ 都在点 x 可导，且 $v(x)\neq 0$，则函数 $\dfrac{u(x)}{v(x)}$ 也

笔记

在点 x 可导，则 $\left(\frac{u}{v}\right)'=\frac{u'v-uv'}{v^2}$，$v(x)\neq0$.

特别地，如果 $u(x)=1$，则因 $(1)'=0$，故有 $\left(\frac{1}{v}\right)'=-\frac{v'}{v^2}$.

例 5　设 $y=\frac{1}{\ln x}$，求 y'.

解　$y'=\left(\frac{1}{\ln x}\right)'=-\frac{(\ln x)'}{\ln^2 x}=-\frac{1}{x\ln^2 x}$.

例 6　设 $y=\frac{1+\sin x}{1+\cos x}$，求 y'.

解

$$\begin{aligned}y'&=\left(\frac{1+\sin x}{1+\cos x}\right)'\\&=\frac{(1+\sin x)'(1+\cos x)-(1+\sin x)(1+\cos x)'}{(1+\cos x)^2}\\&=\frac{\cos x(1+\cos x)-(1+\sin x)(-\sin x)}{(1+\cos x)^2}\\&=\frac{\cos x+\cos^2 x+\sin^2 x+\sin x}{(1+\cos x)^2}\\&=\frac{1+\cos x+\sin x}{(1+\cos x)^2}\end{aligned}$$

例 7　设 $y=\tan x$，求 y'.

解

$$\begin{aligned}y'=(\tan x)'&=\left(\frac{\sin x}{\cos x}\right)'\\&=\frac{(\sin x)'\cos x-\sin x(\cos x)'}{\cos^2 x}\\&=\frac{\cos^2 x+\sin^2 x}{\cos^2 x}\\&=\frac{1}{\cos^2 x}=\sec^2 x.\end{aligned}$$

即

$$(\tan x)'=\sec^2 x.$$

这就是正切函数的导数公式.

例 8　设 $y=\sec x$，求 y'.

解

$$\begin{aligned}y'=(\sec x)'&=\left(\frac{1}{\cos x}\right)'\\&=-\frac{(\cos x)'}{\cos^2 x}=\frac{\sin x}{\cos^2 x}\\&=\frac{\sin x}{\cos x}\cdot\frac{1}{\cos x}\\&=\tan x\cdot\sec x.\end{aligned}$$

即

$$(\sec x)'=\tan x\cdot\sec x.$$

这就是正割函数的导数公式.

用类似的方法还可求得余切函数与余割函数的导数公式：

$$(\cot x)'=-\csc^2 x,(\csc x)'=-\csc x\cdot\cot x.$$

笔记

习题 2.2

1. 求下列函数的导数.

(1) $y=x^3-3x^2+4x-5$;

(2) $y=\dfrac{2}{x^3}+\dfrac{4}{x}+18$;

(3) $y=x^2\ln x$;

(4) $y=\sin x\cdot\cos x$;

(5) $y=(2+5x)(4-3x)$.

2. 求下列函数的导数.

(1) $y=\dfrac{2\csc x}{1+x^2}$;

(2) $y=\dfrac{2\ln x+x^3}{3\ln x+x^2}$;

(3) $y=\dfrac{1}{3+x+x^2}$.

3. 推导余切函数与余割函数的导数公式：$(\cot x)'=-\csc^2 x$，$(\csc x)'=-\csc x\cdot\cot x$.

4. 求下列函数在给定点处的导数.

(1) $y=\sin x-\cos x$，求 $y'|_{x=\frac{\pi}{6}}$；

(2) $y=\dfrac{3}{5-x}+\dfrac{x^2}{5}$，求 $y'|_{x=0}$.

第三节　复合函数求导法则和反函数求导法则

一、复合函数求导法则

定理 1 如果函数 $u=\varphi(x)$ 在点 x 可导，函数 $y=f(u)$ 在相应的点 $u=\varphi(x)$ 可导，则复合函数 $y=f(\varphi(x))$ 在点 x 可导，且

$$(f(\varphi(x)))'=f'(u)\varphi'(x)\text{或}\frac{\mathrm{d}y}{\mathrm{d}x}=\frac{\mathrm{d}y}{\mathrm{d}u}\cdot\frac{\mathrm{d}u}{\mathrm{d}x}.$$

证明 因为 $y=f(u)$ 在点 u 可导，所以

$$f'(u)=\lim_{\Delta u\to 0}\frac{\Delta y}{\Delta u}.$$

由函数的极限与无穷小的关系，有

$$\frac{\Delta y}{\Delta u}=f'(u)+\alpha(\Delta u),$$

式中，$\alpha(\Delta u)$ 为 $\Delta u\to 0$ 时的无穷小量. $\Delta u\neq 0$ 时，用 Δu 乘以上式两边得

$$\Delta y=f'(u)\Delta u+\alpha(\Delta u)\cdot\Delta u. \quad ①$$

当 $\Delta u=0$ 时，

笔记

$$\Delta y=f(u+\Delta u)-f(u)=0.$$

而式①右端亦为零，故式①对 $\Delta u=0$ 时也成立. 用 $\Delta x\neq 0$ 除式①，两边得

$$\frac{\Delta y}{\Delta x}=f'(u)\frac{\Delta u}{\Delta x}+\alpha(\Delta u)\cdot\frac{\Delta u}{\Delta x}.$$

于是

$$\begin{aligned}\lim_{\Delta x\to 0}\frac{\Delta y}{\Delta x}&=\lim_{\Delta x\to 0}\left[f'(u)\frac{\Delta u}{\Delta x}+\alpha(\Delta u)\cdot\frac{\Delta u}{\Delta x}\right]\\&=f'(u)\lim_{\Delta x\to 0}\frac{\Delta u}{\Delta x}+\lim_{\Delta x\to 0}\alpha(\Delta u)\cdot\frac{\Delta u}{\Delta x}\\&=f'(u)\varphi'(x)+\lim_{\Delta x\to 0}\alpha(\Delta u)\cdot\frac{\Delta u}{\Delta x}.\end{aligned}$$

根据函数在某点可导与连续的关系知道，当 $\Delta x\to 0$ 时，$\Delta u\to 0$，所以

$$\lim_{\Delta x\to 0}\alpha(\Delta u)=\lim_{\Delta u\to 0}\alpha(\Delta u)=0.$$

故

$$\lim_{\Delta x\to 0}\frac{\Delta y}{\Delta x}=f'(u)\varphi'(x).$$

即

$$(f(\varphi(x)))'=f'(u)\varphi'(x).$$

这里必须注意，$(f(\varphi(x)))'$ 表示复合函数 y 对自变量 x 的导数，而 $f'(\varphi(x))$ 表示复合函数 y 对中间变量的导数.

复合函数求导法则可以推广到有限个可导函数复合的情形，例如 $y=f(u)$，$u=\varphi(v)$，$v=\psi(x)$，则复合函数 $y=f(\varphi(\psi(x)))$ 的导数为 $\frac{\mathrm{d}y}{\mathrm{d}x}=\frac{\mathrm{d}y}{\mathrm{d}u}\cdot\frac{\mathrm{d}u}{\mathrm{d}v}\cdot\frac{\mathrm{d}v}{\mathrm{d}x}$，这里假定上式右端所出现的导数在相应的点处都存在. 上式右端的求导，按 $y-u-v-x$ 的顺序，就像一条链子一样，因此复合函数求导法则又称为**链导法则**.

例 1 设 $y=(3x+2)^{10}$，求 y'.

解 因为 $y=(3x+2)^{10}$ 是 $y=u^{10}$ 与 $u=3x+2$ 的复合，所以

$$y'=\frac{\mathrm{d}y}{\mathrm{d}u}\cdot\frac{\mathrm{d}u}{\mathrm{d}x}=10u^9\cdot 3=30(3x+2)^9.$$

例 2 设 $y=\log_2(1+x^2)$，求 y'.

解 因为 $y=\log_2(1+x^2)$ 是 $y=\log_2 u$ 与 $u=1+x^2$ 的复合，所以

$$y'=\frac{\mathrm{d}y}{\mathrm{d}u}\cdot\frac{\mathrm{d}u}{\mathrm{d}x}=\frac{1}{u\ln 2}\cdot 2x=\frac{2x}{(1+x^2)\ln 2}.$$

例 3 设 $y=\sin\ln(x^2+1)$，求 y'.

解 因为 $y=\sin\ln(x^2+1)$ 是 $y=\sin u$，$u=\ln v$，$v=x^2+1$ 的复合，所以

$$y'=\frac{\mathrm{d}y}{\mathrm{d}u}\cdot\frac{\mathrm{d}u}{\mathrm{d}v}\cdot\frac{\mathrm{d}v}{\mathrm{d}x}=\cos u\cdot\frac{1}{v}\cdot 2x=\frac{2x\cos\ln(x^2+1)}{x^2+1}.$$

对复合函数求导法则熟练后，就不必再写出中间变量，而可以采用下列例题的方法来计算.

例 4 设 $y=\ln\cos x$，求 y'.

解 $y'=(\ln\cos x)'=\frac{1}{\cos x}(\cos x)'=\frac{1}{\cos x}(-\sin x)=-\tan x.$

例 5 设 $y=\sqrt{1-x^2}$，求 y'.

笔记

解　$y'=(\sqrt{1-x^2})'=\frac{1}{2\sqrt{1-x^2}}(1-x^2)'=\frac{-2x}{2\sqrt{1-x^2}}=-\frac{x}{\sqrt{1-x^2}}$.

例 6　设 $y=\cos^3 x$，求 y'.

解　$y'=(\cos^3 x)'=3\cos^2 x(\cos x)'=-3\sin x\cos^2 x$.

例 7　设 $y=\cos x^3$，求 y'.

解　$y'=(\cos x^3)'=-\sin x^3(x^3)'=-3x^2\sin x^3$.

二、基本初等函数导数公式

由导数定义、导数的四则运算法则、复合函数求导法则及反函数求导法则，可以得到 16 个基本初等函数的导数公式. 为了便于查阅，现将这 16 个基本初等函数的导数公式收列如下，它们称为基本导数公式.

$(C)'=0$（C 为常数）；

$(x^\mu)'=\mu x^{\mu-1}$（μ 为实数）；

$(a^x)'=a^x\ln a$（$a>0$，且 $a\neq1$）；

$(e^x)'=e^x$；

$(\log_a x)'=\frac{1}{x\ln a}$（$a>0$，且 $a\neq1$）；

$(\ln x)'=\frac{1}{x}$；

$(\sin x)'=\cos x$

$(\cos x)'=-\sin x$；

$(\tan x)'=\sec^2 x$；

$(\cot x)'=-\csc^2 x$；

$(\sec x)'=\sec x\cdot\tan x$；

$(\csc x)'=-\csc x\cdot\cot x$；

$(\arcsin x)'=\frac{1}{\sqrt{1-x^2}}$；

$(\arccos x)'=-\frac{1}{\sqrt{1-x^2}}$；

$(\arctan x)'=\frac{1}{1+x^2}$；

$(\text{arccot}\, x)'=-\frac{1}{1+x^2}$.

习题 2.3

1. 求下列函数的导数.

(1) $y=(2x+5)^7$；

(2) $y=\cos(4-3x)$；

(3) $y=(\arcsin x)^2$；

(4) $y=\arctan e^x$；

笔记

(5) $y=\ln[\ln(\ln x)]$;

(6) $y=\ln\tan\frac{x}{2}$;

(7) $y=e^{\tan\frac{1}{x}}$;

(8) $y=\frac{e^x-e^{-x}}{e^x+e^{-x}}$.

2. 求下列函数的导数.

(1) $y=x(\sin\ln x-\cos\ln x)$;

(2) $y=x\sqrt{1-x^2}+\arcsin x$;

(3) $y=\sqrt{x}\ln(1+x)-2\sqrt{x}+2\arctan\sqrt{x}$;

(4) $y=\frac{1+x^2}{2}(\arctan x)^2-x\arctan x+\frac{1}{2}\ln(1+x^2)$;

(5) $y=x(\arcsin x)^2+2\sqrt{1-x^2}\arcsin x-2x$.

3. 推导反余弦函数与反余切函数的导数公式.

4. 已知函数 $f(x)$ 可导，求下列函数的导数.

(1) $y=f(\sqrt{x})$;

(2) $y=\sqrt{f(x)}$;

(3) $y=f(\sin 2x)$;

(4) $y=\sin f(2x)$.

第四节　高阶导数

在许多实际问题的研究中，不仅要知道 $f'(x)$，还要求 $f'(x)$ 的导数. 例如，已知变速直线运动的瞬时速度 $v(t)$ 是位置函数 $s(t)$ 对时间 t 的导数，即 $v=\frac{\mathrm{d}s}{\mathrm{d}t}$ 或 $v=s'(t)$，而加速度 $a(t)$ 又是速度 $v(t)$ 对时间 t 的导数，即 $a=\frac{\mathrm{d}v}{\mathrm{d}t}=\frac{\mathrm{d}}{\mathrm{d}t}\left(\frac{\mathrm{d}s}{\mathrm{d}t}\right)$ 或 $a=(s'(t))'$. 这种导数的导数 $\frac{\mathrm{d}}{\mathrm{d}t}\left(\frac{\mathrm{d}s}{\mathrm{d}t}\right)$ 或 $(s'(t))'$ 叫作 $s(t)$ 对时间 t 的 **二阶导数**，记作 $\frac{\mathrm{d}^2 s}{\mathrm{d}t^2}$ 或 $s''(t)$，所以直线运动的加速度就是位置函数 $s(t)$ 对时间 t 的二阶导数. 像定义位置函数的二阶导数一样，我们引入一般函数 $y=f(x)$ 的二阶导数及高阶导数的概念.

一、高阶导数的概念

1. 二阶导数

函数 $y=f(x)$ 的导数 $f'(x)$ 的导数叫作函数 $y=f(x)$ 的二阶导数，记作

$$f''(x),\ y''\text{或}\frac{\mathrm{d}^2 y}{\mathrm{d}x^2},$$

即

$$f''(x)=[f'(x)]'.$$

笔记

相应地，把 $y=f(x)$ 的导数 $f'(x)$ 叫作 $y=f(x)$ 的一阶导数.

类似地，二阶导数的导数叫作三阶导数，三阶导数的导数叫作四阶导数……分别记作

$$y''',y^{(4)},\cdots\text{或}\frac{d^3y}{dx^3},\frac{d^4y}{dx^4},\cdots$$

2. n 阶导数

函数 $y=f(x)$ 的 $(n-1)$ 阶导数的导数叫作函数 $y=f(x)$ 的 n 阶导数，记作

$$f^{(n)}(x),y^{(n)}\text{或}\frac{d^ny}{dx^n}，\text{即}f^{(n)}(x)=[f^{(n-1)}(x)]'.$$

3. 高阶导数

二阶及二阶以上的导数统称为高阶导数.

二、高阶导数计算

由定义求高阶导数就是接连多次求导，因此可用函数的求导法则及求导公式计算高阶导数，下面举例来介绍高阶导数的计算方法.

例 1 设 $y=\ln(1+x^2)$，求 y''.

解
$$y'=\frac{2x}{1+x^2},$$
$$y''=2\left(\frac{x}{1+x^2}\right)'=2\cdot\frac{1+x^2-x\cdot 2x}{(1+x^2)^2}=\frac{2(1-x^2)}{(1+x^2)^2}.$$

例 2 设 $y=(1+x^2)\arctan x$，求 y''.

解
$$y'=2x\arctan x+(1+x^2)\cdot\frac{1}{1+x^2}=2x\arctan x+1,$$
$$y''=2\left(\arctan x+x\cdot\frac{1}{1+x^2}\right)=2\arctan x+\frac{2x}{1+x^2}.$$

例 3 设 $y=\sin\ln x$，求 y''.

解
$$y'=\cos\ln x\cdot\frac{1}{x}=\frac{\cos\ln x}{x},$$
$$y''=\frac{-\sin\ln x\cdot\frac{1}{x}\cdot x-\cos\ln x}{x^2}=\frac{-(\sin\ln x+\cos\ln x)}{x^2}.$$

例 4 设 $y=e^{x^2}$，求 y''.

解
$$y'=2xe^{x^2},$$
$$y''=2(e^{x^2}+xe^{x^2}\cdot 2x)=2e^{x^2}(1+2x^2).$$

例 5 设 $y=e^x$，求 $y^{(n)}$.

解 $y'=e^x,y''=e^x,\cdots,y^{(n)}=e^x$. 即 $(e^x)^{(n)}=e^x$.

例 6 设 $y=x^\mu$（μ 为实数），求 $y^{(n)}$.

解
$$y'=\mu x^{\mu-1},$$
$$y''=\mu(\mu-1)x^{\mu-2}.$$
$$y^{(n)}=\mu(\mu-1)(\mu-2)\cdots(\mu-n+1)x^{\mu-n}.$$
$$(x^\mu)^{(n)}=\mu(\mu-1)(\mu-2)\cdots(\mu-n+1)x^{\mu-n}.$$

特别地，当 $\mu=n$ 时，$(x^n)^{(n)}=n!$，而 $(x^n)^{(n+1)}=0$.

笔记

例 7　设 $y=\frac{1}{1+x}$，求 $y^{(n)}$.

解

$$y'=-\frac{1}{(1+x)^2},$$

$$y''=-\frac{-2(1+x)}{(1+x)^4}=\frac{2}{(1+x)^3},$$

$$y'''=-2\times\frac{3(1+x)^2}{(1+x)^6}=-\frac{6}{(1+x)^4},$$

$$y^{(4)}=-6\times\frac{-4(1+x)^3}{(1+x)^8}=\frac{24}{(1+x)^5},$$

$$y^{(n)}=\frac{(-1)^n n!}{(1+x)^{n+1}}.$$

例 8　设 $y=\sin x$，求 $y^{(n)}$.

解

$$y'=\cos x=\sin\left(x+\frac{1}{2}\pi\right),$$

$$y''=-\sin x=\sin\left(x+\frac{2}{2}\pi\right),$$

$$y'''=-\cos x=\sin\left(x+\frac{3}{2}\pi\right),$$

$$y^{(4)}=\sin x=\sin\left(x+\frac{4}{2}\pi\right),$$

$$y^{(n)}=\sin\left(x+\frac{n}{2}\pi\right),$$

同理可求得：$(\cos x)^{(n)}=\cos\left(x+\frac{n}{2}\pi\right)$.

习题 2.4

1. 求下列函数的二阶导数.

(1) $y=x^4-2x^3+8$；

(2) $y=x^4\ln x$；

(3) $y=e^x\sin x$；

(4) $y=x\operatorname{arccot} x$；

(5) $y=\ln^3 x$；

(6) $y=\ln\tan x$；

(7) $y=(x^2+1)e^{-x}$；

(8) $y=2xe^{x^2}$.

2. 求下列函数的 n 阶导数.

(1) $y=\ln(1+x)$；

(2) $y=a^x(a>0$，且 $a\neq 1)$.

3. 设函数 y 的 $(n-2)$ 阶导数 $y^{(n-2)}=\ln\cos x$，求函数 y 的 n 阶导数 $y^{(n)}$.

笔记

4. 求下列函数的二阶导数，设其中所有函数均二阶可导.

(1) $y=f(x^2)+f^2(x)$；

(2) $y=xf(ax^2+b)$.

5. 设 $y=x\ln x$，求 $y^{(n)}$.

第五节　隐函数与参数方程所确定的函数的导数

一、隐函数的导数

用式子表示函数关系，可以有不同的形式. 形如 $y=f(x)$ 的函数称为显函数，例如 $y=\sin x$，$y=2^x+\ln x-\sqrt{1-x^2}$ 等，以前所遇到的函数大多为显函数.

另外，关于 x,y 的二元方程 $F(x,y)=0$ 也蕴涵着两个变量 x 与 y 之间的某种关系，因而也可能确定 y 为 x 的函数. 例如，在方程 $2x+3y+1=0$ 中，给 x 任一确定值，相应地就可确定 y 的值. 根据函数的定义，y 是 x 的函数. 一般地，由二元方程 $F(x,y)=0$ 确定的函数称为隐函数，例如 $x+y^3-1=0$，$xy-e^x+e^y=0$ 等.

由导数公式和求导法则可以对显函数求导，那么如何对隐函数求导呢？我们自然会想到从 $F(x,y)=0$ 中解出 y，得到显函数 $y=f(x)$（这一过程称为隐函数的显化），然后再对显函数求导. 但是，隐函数的显化有时是困难的，甚至是不可能的. 例如，要想从方程 $xy-e^x+e^y=0$ 中解出 y 就办不到. 因此我们希望有一种方法，不管隐函数能否显化，都能直接由方程式求出它所确定的隐函数的导数. 下面通过举例来说明这种方法.

例 1　求由方程 $xy-e^x+e^y=0$ 所确定的隐函数的导数 $\dfrac{dy}{dx}$.

解　方程两边同时对自变量 x 求导，得 $y+x\dfrac{dy}{dx}-e^x+e^y\dfrac{dy}{dx}=0$，整理得 $(x+e^y)\dfrac{dy}{dx}=e^x-y$，解得 $\dfrac{dy}{dx}=\dfrac{e^x-y}{x+e^y}$.

例 2　求由方程 $\arctan\dfrac{y}{x}=\dfrac{1}{2}\ln(x^2+y^2)$ 所确定的隐函数的导数 y'.

解　方程两边同时对自变量 x 求导，得

$$\frac{1}{1+\left(\dfrac{y}{x}\right)^2}\cdot\frac{y'x-y}{x^2}=\frac{1}{2}\cdot\frac{1}{x^2+y^2}(2x+2y\cdot y'),$$

整理得 $(x-y)\cdot y'=x+y$，解得 $y'=\dfrac{x+y}{x-y}$.

例 3　方程式 $e^{xy}=3x+y$ 确定变量 y 为 x 的函数，求 $y'|_{(0,1)}$.

解　方程两边同时对自变量 x 求导，得

$$e^{xy}(y+xy')=3+y',$$

整理得

$$(xe^{xy}-1)y'=3-ye^{xy},$$

解得

$$y'=\frac{3-ye^{xy}}{xe^{xy}-1},$$

于是

$$y'|_{(0,1)}=\frac{3-1\cdot e^{0\cdot 1}}{0\cdot e^{0\cdot 1}-1}=-2.$$

知识加油站

在对隐函数求导的过程中，必须非常明确变量 y 为自变量 x 的函数，同时要应用复合函数求导法则.

二、对数求导法

函数 $y=u(x)^{v(x)}$ 既不是幂函数，又不是指数函数，但同时具有幂函数与指数函数的部分特征，称为幂指函数. 幂指函数当然是显函数，但不能直接应用幂函数或指数函数导数公式对其求导. 如何对幂指函数求导呢？下面通过举例来说明.

例 4　设 $y=x^{\sin x}(x>0)$，求 y'.

解　两边同时取对数，得

$$\ln y=\sin x\cdot\ln x,$$

两边同时对自变量 x 求导，得

$$\frac{1}{y}y'=\cos x\ln x+\frac{\sin x}{x},$$

解得

$$y'=y\left(\cos x\ln x+\frac{\sin x}{x}\right),$$

即

$$y'=x^{\sin x}\left(\cos x\ln x+\frac{\sin x}{x}\right).$$

例 5　设 $y=(\sin x)^x$，求 y'.

解　两边同时取对数，得

$$\ln y=x\ln\sin x,$$

两边同时对自变量 x 求导，得

$$\frac{1}{y}y'=\ln\sin x+x\frac{1}{\sin x}\cos x,$$

解得

$$y'=y(\ln\sin x+x\cot x),$$

即

$$y'=(\sin x)^x(\ln\sin x+x\cot x).$$

上述对幂指函数的求导方法称为对数求导法.

知识加油站

两边取对数时，只要底数大于零且不等于 1 即可，只是为了方便下一步求导，故通常取自然对数. 对由多个函数的积、商、幂构成的函数求导，用此方法计算较方便.

笔记

笔记

例 6 设 $f(x)=\dfrac{x^3}{2-x}\cdot\sqrt[3]{\dfrac{2-x}{(2+x)^2}}$，求 $f'(x)$，$f'(1)$.

解 两边取对数，得

$$\ln f(x)=3\ln x-\ln(2-x)+\frac{1}{3}[\ln(2-x)-2\ln(2+x)],$$

两边对自变量 x 求导，得

$$\frac{1}{f(x)}f'(x)=\frac{3}{x}+\frac{1}{2-x}+\frac{1}{3}\left(\frac{-1}{2-x}-\frac{2}{2+x}\right),$$

解得

$$f'(x)=f(x)\left[\frac{3}{x}+\frac{2}{3}\cdot\left(\frac{1}{2-x}-\frac{1}{2+x}\right)\right],$$

即

$$f'(x)=\frac{x^3}{2-x}\cdot\sqrt[3]{\frac{2-x}{(2+x)^2}}\left[\frac{3}{x}+\frac{2}{3}\left(\frac{1}{2-x}-\frac{1}{2+x}\right)\right].$$

于是

$$f'(1)=\sqrt[3]{\frac{1}{9}}\left[3+\frac{2}{3}\left(1-\frac{1}{3}\right)\right]=\sqrt[3]{\frac{1}{9}}\cdot\frac{31}{9}=\frac{31}{27}\cdot\sqrt[3]{3}.$$

三、参数方程所确定的函数的导数

若两个变量 x 和 y 都是同一个变量 t 的函数：$x=\varphi(t)$，$y=\psi(t)$，那么通过中间变量 t 使 x 与 y 之间可能形成函数关系. 实际上，若 $x=\varphi(t)$ 单调，则 $x=\varphi(t)$ 会存在反函数 $t=\varphi^{-1}(x)$，再与 $y=\psi(t)$ 复合，则可确定 y 是 x 的函数.

一般地，若参数方程 $\begin{cases}x=\varphi(t),\\ y=\psi(t)\end{cases}$ 确定 y 与 x 之间的函数关系，则称此函数为由参数方程所确定的函数. 如何对由参数方程所确定的函数求导呢？

定理 2 设由参数方程 $\begin{cases}x=\varphi(t),\\ y=\psi(t),\end{cases}$ $t\in(\alpha,\beta)$ 确定的函数为 $y=f(x)$，其中函数 $\varphi(t)$，$\psi(t)$ 可导，且 $\varphi'(t)\neq0$，则函数 $y=f(x)$ 可导且

$$\frac{\mathrm{d}y}{\mathrm{d}x}=\frac{\psi'(t)}{\varphi'(t)}\text{或}\frac{\mathrm{d}y}{\mathrm{d}x}=\frac{\frac{\mathrm{d}y}{\mathrm{d}t}}{\frac{\mathrm{d}x}{\mathrm{d}t}}.$$

例 7 设 $\begin{cases}x=\mathrm{e}^t\cos t,\\ y=\mathrm{e}^t\sin t,\end{cases}$ 求 $\dfrac{\mathrm{d}y}{\mathrm{d}x}$.

解 $\dfrac{\mathrm{d}y}{\mathrm{d}x}=\dfrac{\frac{\mathrm{d}y}{\mathrm{d}t}}{\frac{\mathrm{d}x}{\mathrm{d}t}}=\dfrac{\mathrm{e}^t(\sin t+\cos t)}{\mathrm{e}^t(\cos t-\sin t)}=\dfrac{\sin t+\cos t}{\cos t-\sin t}$.

例 8 设 $\begin{cases}x=t-\ln(1+t),\\ y=t^3+t^2,\end{cases}$ 求 $\dfrac{\mathrm{d}y}{\mathrm{d}x}$.

解 $\dfrac{\mathrm{d}y}{\mathrm{d}x}=\dfrac{\frac{\mathrm{d}y}{\mathrm{d}t}}{\frac{\mathrm{d}x}{\mathrm{d}t}}=\dfrac{3t^2+2t}{1-\frac{1}{1+t}}=(3t+2)(1+t)$.

笔记

习题 2.5

1. 下列方程式确定变量 y 为 x 的函数，求 y'.

(1) $\ln y=xy+\cos x$；

(2) $\sin y+e^x-xy^2=e$.

2. 求下列函数的导数.

(1) $y=x^x$；

(2) $y=x^{\sqrt{x}}$.

3. 求下列参数方程所确定的函数的导数.

(1) $\begin{cases}x=t^2+1,\\ y=t^3+t;\end{cases}$

(2) $\begin{cases}x=\cos\theta,\\ y=2\sin\theta.\end{cases}$

4. 设 $y=\sqrt{\dfrac{(x+1)(x+2)}{(x+3)(x+4)}}$，求 y'.

5. 设 $y=\cos 2x+x^{\ln x}$，求 y'.

6. 设 $\begin{cases}x=\dfrac{t^2}{2},\\ y=1-t,\end{cases}$ 求 $\dfrac{d^2y}{dx^2}$.

第六节　函数的微分

一、函数的微分的概念

在实际问题中，有时还需要研究函数改变量的近似值. 我们先看一个具体的例子.

例 1　一块正方形金属薄片由于温度的变化，其边长由 x_0 变为 $x_0+\Delta x$，此时薄片的面积改变了多少?

解　设此薄片的边长为 x，面积为 S，则 $S=x^2$.

当自变量 x 在 x_0 有改变量 Δx 时，相应的面积函数有改变量 ΔS，则 $\Delta S=(x_0+\Delta x)^2-x_0^2=2x_0\Delta x+(\Delta x)^2$.

ΔS 由两部分组成：一部分 $2x_0\Delta x$ 是 Δx 的线性函数，即图 2-1 所示中带有斜阴影线的两个矩形面积之和；另一部分 $(\Delta x)^2$，当 $\Delta x\to 0$ 时，是比 Δx 高阶的无穷小量，即图 2-1 所示中带有交叉线的小正方形的面积. 因此，当 Δx 很小时，我们可以用第一部分 $2x_0\Delta x$ 近似地表示 ΔS，而将第二部分忽略掉，其差 $\Delta S-2x_0\Delta x$ 是一个比 Δx 高阶的无穷小量. 我们把 $2x_0\Delta x$ 叫作正方形面积函数 S 的微分，记作 dS，即 $dS=2x_0\Delta x$.

笔记

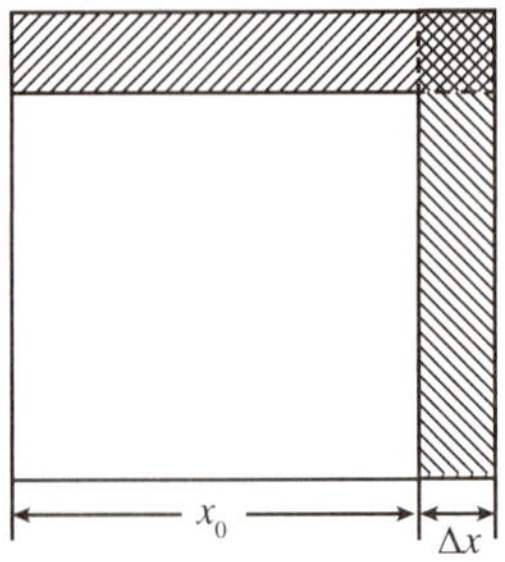

图 2-1

下面分析正方形面积函数 S 的微分表达式. $2x_0$ 恰好是面积函数 $S=x^2$ 在点 x_0 的导数，这也即是说正方形面积函数 S 在点 x_0 的微分就是该点的导数乘以自变量的改变量，这是这个具体的面积函数的微分的定义. 与此相仿，下面给出一般函数微分的定义.

1. 函数 $y=f(x)$ 在点 x_0 可微的定义

定义 1 设函数 $y=f(x)$ 在点 x_0 处有导数 $f'(x_0)$，则称 $f'(x_0)\Delta x$ 为函数 $y=f(x)$ 在点 x_0 处的微分，记作

$$\mathrm{d}y\big|_{x=x_0} \text{或} \mathrm{d}f(x)\big|_{x=x_0},$$

$$\mathrm{d}y\big|_{x=x_0}=f'(x_0)\Delta x,$$

这时也称函数 $y=f(x)$ 在点 x_0 处**可微**.

例 2 求函数 $y=\sqrt[3]{x}$ 在 $x=1$ 当 $\Delta x=0.003$ 时的微分.

解

$$y'=(\sqrt[3]{x})'=\frac{1}{3}x^{-\frac{2}{3}},$$

$$y'\big|_{x=1}=\frac{1}{3},$$

$$\mathrm{d}y\big|_{\substack{x=1\\ \Delta x=0.003}}=\frac{1}{3}\times 0.003=0.001.$$

2. 区间上的可微函数

定义 2 若函数 $y=f(x)$ 在区间 I 上每一点处都可微，则称函数 $y=f(x)$ 在区间 I 上可微. 函数 $y=f(x)$ 在区间 I 上任意一点 x 处的微分称为函数 $y=f(x)$ 的**微分**，记作 $\mathrm{d}y$，即

$$\mathrm{d}y=f'(x)\Delta x$$

例 3 求函数 $y=x$ 的微分.

解 因为 $y'=1$，所以 $\mathrm{d}y=1\cdot\Delta x=\Delta x$.

对于上题，因为 $y=x$，所以 $\mathrm{d}y=\mathrm{d}x$，故有 $\mathrm{d}x=\Delta x$，即自变量的微分就等于自变量的改变量，因此函数 $y=f(x)$ 的微分可记作 $\mathrm{d}y=f'(x)\mathrm{d}x$. 习惯上把函数的微分记作这一形式，即函数 $y=f(x)$ 的微分等于函数的导数与自变量微分的乘积.

从函数 $y=f(x)$ 的微分表达式容易得到 $\dfrac{\mathrm{d}y}{\mathrm{d}x}=f'(x)$，说明函数的导数就等于函数微分与自变量微分的商，因此，导数也常称为**微商**.

例 4 求下列函数的微分.

(1) $y=x\ln x$;

(2) $y=\mathrm{e}^{\cos x}$;

(3) $y=\ln\sin\dfrac{x}{2}$.

笔记

解

(1)$y'=\ln x+x\cdot\frac{1}{x}=\ln x+1, dy=(\ln x+1)dx$;

(2)$y'=-\sin x e^{\cos x}, dy=-\sin x e^{\cos x}dx$;

(3)$y'=\frac{1}{\sin\frac{x}{2}}\cos\frac{x}{2}\cdot\frac{1}{2}=\frac{1}{2}\cot\frac{x}{2}, dy=\frac{1}{2}\cot\frac{x}{2}dx$.

例 5　方程式 $x^2-xy+y^2=3$ 确定变量 y 为 x 的函数，求 dy.

解　方程两边同时对自变量 x 求导，得

$$2x-y-xy'+2y\cdot y'=0,$$

整理得

$$y'(2y-x)=y-2x,$$

解得

$$y'=\frac{y-2x}{2y-x},$$

于是

$$dy=\frac{y-2x}{2y-x}dx.$$

二、基本初等函数微分公式

由微分表达式及基本初等函数的导数公式，可以直接写出基本初等函数的微分公式，如下：

$$dC=0;$$
$$dx^{\mu}=\mu x^{\mu-1}dx;$$
$$da^x=a^x\ln a dx;$$
$$de^x=e^x dx;$$
$$d\log_a x=\frac{1}{x\ln a}dx(a>0,且 a\neq1);$$
$$d\ln x=\frac{1}{x}dx; d\sin x=\cos x dx;$$
$$d\cos x=-\sin x dx;$$
$$d\tan x=\sec^2 x dx;$$
$$d\cot x=-\csc^2 x dx;$$
$$d\sec x=\sec x\cdot\tan x dx;$$
$$d\csc x=-\csc x\cdot\cot x dx;$$
$$d\arcsin x=\frac{1}{\sqrt{1-x^2}}dx;$$
$$d\arccos x=-\frac{1}{\sqrt{1-x^2}}dx;$$
$$d\arctan x=\frac{1}{1+x^2}dx;$$
$$d\text{arccot}\, x=-\frac{1}{1+x^2}dx.$$

笔记

三、微分的四则运算法则

定理 3 设函数 $u(x)$，$v(x)$ 都可微，则

(1)函数 $u(x)+v(x)$ 也可微，且 $\mathrm{d}(u+v)=\mathrm{d}u+\mathrm{d}v$.

(2)函数 $u(x)-v(x)$ 也可微，且 $\mathrm{d}(u-v)=\mathrm{d}u-\mathrm{d}v$.

(3)函数 $u(x)v(x)$ 也可微，且 $\mathrm{d}(uv)=v\mathrm{d}u+u\mathrm{d}v$. 特别地，当 $v(x)=C$（C 为常数）时，

$$\mathrm{d}(Cu)=C\mathrm{d}u$$

(4)函数 $\dfrac{u(x)}{v(x)}$ 也可微，且 $\mathrm{d}\,\dfrac{u}{v}=\dfrac{v\mathrm{d}u-u\mathrm{d}v}{v^2}$，$v(x)\neq 0$.

我们只证法则 (1)，其他情形留给读者自己思考.

证明 由函数微分表达式有

$$\mathrm{d}(u+v)=(u+v)'\mathrm{d}x,$$

再根据和的求导法则有

$$(u+v)'=u'+v',$$

$$\mathrm{d}(u+v)=(u'+v')\mathrm{d}x=u'\mathrm{d}x+v'\mathrm{d}x,$$

又

$$u'\mathrm{d}x=\mathrm{d}u,v'\mathrm{d}x=\mathrm{d}v,$$

故

$$\mathrm{d}(u+v)=\mathrm{d}u+\mathrm{d}v.$$

四、函数微分形式不变性

定理 4 设函数 $y=f(u)$ 可微，函数 $u=\varphi(x)$ 可微，则复合函数 $y=f(\varphi(x))$ 也可微，且 $\mathrm{d}y=f'(u)\mathrm{d}u$.

证明 因为 $\mathrm{d}y=f'(\varphi(x))\varphi'(x)\mathrm{d}x$，$u=\varphi(x)$ 且 $\varphi'(x)\mathrm{d}x=\mathrm{d}u$，所以

$$\mathrm{d}y=f'(u)\mathrm{d}u.$$

由此可见，无论 u 是自变量还是中间变量，函数 $y=f(u)$ 的微分具有同样形式 $\mathrm{d}y=f'(u)\mathrm{d}u$，这一性质称为**微分形式不变性**.

学习了微分运算法则及微分形式不变性之后，除了根据定义外，我们也可以根据微分运算法则及微分形式不变性计算函数的微分.

例 6 设 $y=\ln(1+\mathrm{e}^{x^2})$，求 $\mathrm{d}y$.

解 $\mathrm{d}y=\mathrm{d}\ln(1+\mathrm{e}^{x^2})=\dfrac{1}{1+\mathrm{e}^{x^2}}\mathrm{d}(1+\mathrm{e}^{x^2})=\dfrac{1}{1+\mathrm{e}^{x^2}}\mathrm{e}^{x^2}\mathrm{d}x^2=\dfrac{2x\mathrm{e}^{x^2}}{1+\mathrm{e}^{x^2}}\mathrm{d}x.$

例 7 设 $y=\mathrm{e}^{1-3x}\cos x$，求 $\mathrm{d}y$.

解
$$\begin{aligned}\mathrm{d}y&=\mathrm{d}(\mathrm{e}^{1-3x}\cdot\cos x)=\cos x\mathrm{d}\mathrm{e}^{1-3x}+\mathrm{e}^{1-3x}\mathrm{d}\cos x\\&=\cos x\cdot\mathrm{e}^{1-3x}\mathrm{d}(1-3x)+\mathrm{e}^{1-3x}(-\sin x)\mathrm{d}x\\&=-3\cos x\cdot\mathrm{e}^{1-3x}\mathrm{d}x-\sin x\mathrm{e}^{1-3x}\mathrm{d}x\\&=-\mathrm{e}^{1-3x}(3\cos x+\sin x)\mathrm{d}x.\end{aligned}$$

例 8 证明参数式函数的求导公式 $\dfrac{\mathrm{d}y}{\mathrm{d}x}=\dfrac{\frac{\mathrm{d}y}{\mathrm{d}t}}{\frac{\mathrm{d}x}{\mathrm{d}t}}$.

笔记

证明　设参数方程 $\begin{cases}x=\varphi(t),\\ y=\psi(t),\end{cases}$ 确定函数 $y=y(x)$，而 $\varphi(t)$，$\psi(t)$ 可导且 $\varphi'(t)\neq 0$.

由微分表达式及微分形式不变性有：$\dfrac{\mathrm{d}y}{\mathrm{d}x}=\dfrac{\psi'(t)\mathrm{d}t}{\varphi'(t)\mathrm{d}t}=\dfrac{\psi'(t)}{\varphi'(t)}=\dfrac{\frac{\mathrm{d}y}{\mathrm{d}t}}{\frac{\mathrm{d}x}{\mathrm{d}t}}$.

习题 2.6

1.求下列函数的微分.

(1) $y=\dfrac{1}{x}+2\sqrt{x}$；

(2) $y=\dfrac{x}{\sin x}$；

(3) $y=x\sin 2x$；

(4) $y=3^{\ln x}$；

(5) $y=x^2\mathrm{e}^{2x}$；

(6) $y=\dfrac{1}{\sqrt{\ln x}}$.

2.方程式 $xy+\ln y=1$ 确定变量 y 为 x 的函数，求微分 $\mathrm{d}y$.

3.设 $y=f(\ln x)\mathrm{e}^{f(x)}$，其中 f 可微，求 $\mathrm{d}y$.

本章小结

一、函数的导数

1. 导数定义

导数 $f'(x_0)$ 的定义一般可以用下面两种形式的极限来表述：

(1) $f'(x_0)=\lim\limits_{\Delta x\to 0}\dfrac{f(x_0+\Delta x)-f(x_0)}{\Delta x}$；

(2) $f'(x_0)=\lim\limits_{x\to x_0}\dfrac{f(x)-f(x_0)}{x-x_0}$.

在这里要注意 $f(x)$ 在点 x_0 处的导数 $f'(x_0)$ 与导函数 $f'(x)$ 的区别与联系：$f'(x_0)=f'(x)\big|_{x=x_0}$. 由于导数定义是一种固定形式的极限，因此当用定义来求导数时，必然遇到：

(1) $\Delta x<0$ 且 $\Delta x\to 0$，即 $\Delta x\to 0^-$；

(2) $\Delta x>0$ 且 $\Delta x\to 0$，即 $\Delta x\to 0^+$.

由此产生了左、右导数的概念和重要结论.

左导数 $f'_-(x)=\lim\limits_{\Delta x\to 0^-}\dfrac{f(x_0+\Delta x)-f(x_0)}{\Delta x}$；

笔记

右导数 $f'_+(x)=\lim\limits_{\Delta x\to 0^+}\dfrac{f(x_0+\Delta x)-f(x_0)}{\Delta x}$.

重要结论为：$y=f(x)$ 在 x_0 处可导的充分必要条件为 $f'_-(x_0)=f'_+(x_0)$. 利用这个结论可以判断分段函数在分段点的可导性.

2. 函数的可导与连续的关系

如果函数 $y=f(x)$ 在 x 处可导，则函数在该点必连续；反之，函数在某点连续却不一定在该点处可导.

二、函数的求导法则

1. 四则运算的求导法则

$$(u\pm v)'=u'\pm v';$$
$$(uv)'=u'v+uv';$$
$$\left(\frac{u}{v}\right)'=\frac{u'v-uv'}{v^2}(v\neq 0).$$

2. 复合函数的求导法则

由 $y=f(x)$，$u=\varphi(x)$ 复合而成的复合函数 $y=f(\varphi(x))$ 的求导法则为

$$\frac{dy}{dx}=\frac{dy}{du}\cdot\frac{du}{dx}\text{或 }y'(x)=f'(u)\cdot\varphi'(x).$$

3. 隐函数的求导法则

形如 $F(x,y)=0$，把 y 看作是 $y(x)$，对方程两边关于 x 求导，化简即得 $y'(x)$.

4. 二阶导数

把 $y'=f'(x)$ 的导数叫作 $y=f(x)$ 的二阶导数，记作 y'' 或 $\dfrac{d^2y}{dx^2}$，即 $y''=(y')'$.

三、函数的微分

求函数的微分有如下两种方法：

(1) 由 $dy=f'(x)\cdot dx$ 求微分时，先求导数 $f'(x)$，再乘以 dx；

(2) 直接利用微分的运算法则，根据复合函数的微分形式不变性和基本初等函数的微分公式来求微分.

数学实验二：用 MATLAB 求导数

MATLAB 符号工具箱中提供的函数 diff 可以求取一般函数的导数及高阶导数，diff 函数的调用格式如下.

```
D=diff(fun,x,n)
```

其中，D 是求得的导数，fun 是函数的符号表达式，x 是符号变量，n 是求导阶数，若 n 缺省，其默认值为 1.

在 MATLAB 中还可以使用函数 subs 来计算函数在某一点的导数值.

函数 subs 的调用格式如下：

```
Z=subs(fun,old,new)
```

笔记

其中，fun 是函数的符号表达式，old 是符号变量，Z 是在函数 fun 中用变量 new 替换 old 后所求得的导数值.

例 1　求 $y=\ln(x+\sqrt{a+x^2})$的导数.

解　在命令窗口输入代码：

```
syms a x;
f=log(x+sqrt(a^2+x^2));
f1=diff(f,x)
```

输出结果：

```
f1=1/(a^2+x^2)^(1/2)
```

例 2　求 $y=e^{2x}$的 5 阶导数.

解　在命令窗口输入代码：

```
syms x;
f1=diff(exp(2*x),x,5)
```

输出结果：

```
f1=32*exp(2*x)
```

例 3　求由参数方程$\begin{cases}x=1-\sin t,\\ y=2\cos t\end{cases}$所确定的函数的导数.

解　在命令窗口输入代码：

```
syms t
x=1-sin(t);
y=2*cos(t);
x1=diff(x,t);
y1=diff(y,t);
dydx=y1/x1
```

输出结果：

```
dydx=(2*sin(t))/cos(t)
```

例 4　求函数 $f(x)=x^3+4\sin x$ 在 $x=\pi$ 处的导数值.

解　在命令窗口输入代码：

```
syms x
f=x^3+4*sin(x);
dfdx=diff(f,x);
f_pi=subs(dfdx,x,pi)
```

输出结果：

```
f_pi=3*pi^2-4
```

复习题 2

1. 已知函数 $f(x)$在点 x_0 处可导，且 $f'(x_0)=6$，求极限 $\lim\limits_{\Delta x\to 0}\dfrac{f(x_0-2\Delta x)-f(x_0)}{\Delta x}$.

笔记

2. 设 $f(x)=\begin{cases} bx+2, x\leqslant 0, \\ a+\ln(x+1), x>0 \end{cases}$ 在点 $x=0$ 处可导，求 a,b 的值.

3. 设 $y=2^{\cos 3x}+(\cos 3x)^2$，求 $y'|_{x=0}$.

4. 设 $f(x)=2e^{\sqrt{x}}(\sqrt{x}-1)$，求 $f'(x), f''(x)$.

5. 设 $f(x)=\arctan\dfrac{x+1}{x-1}$，求 $f'(x), f''(x)$.

6. 设 $f(x)=(\arcsin x)^2$，求 $(1-x^2)f''(x)-xf'(x)$.

7. 设 $\begin{cases} x=\cos t, \\ y=\sin t-t\cos t, \end{cases}$ 求 $\dfrac{dy}{dx}$.

8. 设 $y=\sqrt{\dfrac{3x-2}{(5-2x)(x-1)}}$，求 y'.

9. 设函数 $y=y(x)$ 由方程 $xy+e^{y^2}-x=0$ 确定，求曲线 $y=y(x)$ 在点 $(1,0)$ 处的切线方程.

10. 设 $y=\ln\dfrac{\cos x}{x^2-1}$，求 dy.

11. 设函数 $y=y(x)$ 由方程 $y+\arcsin x=e^{x+y}$ 确定，求 dy.

12. 求近似值 $\sqrt{1.02}$.

素养园地

华罗庚的故事

身残志坚

华罗庚 19 岁那年，染上了极其可怕的伤寒病，这场大病几乎毁了他的一生，从旧历腊月二十四日开始他足足病了半年，从此因病左腿残疾，走路要左腿先画一个大圆圈，右腿再迈上一小步，对于这种奇特而费力的步履，他曾幽默地戏称为“圆与切线的运动”.

在逆境中，他顽强地与命运抗争，誓言是：“我要用健全的头脑，代替不健全的双腿！”经过了几年的自学，华罗庚开始在杂志上投稿，一开始，他的稿件不断被拒绝，原因是他写的问题已被国外某个专家给证明过了，这反而使华罗庚增添了信心，因为这些问题都是他自己钻研出来的，并没有看过别人的解题方法.

1930 年，华罗庚在《科学》杂志上发表了一篇论文《苏家驹之代数的五次方程式解法不能成立的理由》，被清华大学数学系主任熊庆来教授发现，这让熊庆来惊奇不已，迅即做出决定：“这个年轻人应该请他到清华来！”这时华罗庚只有 21 岁，他终于离开了杂货店的“暗室”，来到了北京的清华大学.

不慕虚名求真学

1936 年，华罗庚 26 岁，由清华保送到英国留学，就读的是最著名的剑桥大学，数学首席教授哈代托人告诉华罗庚，他只要一年就可以获得博士学位，获得博士学位需要一年专心研究一个问题，但华罗庚说：“我来剑桥，是为了求学问，不是为了得学位的.”他放弃了博士学位，作为访问学者同时攻读七八门学科，在剑桥的两年时间写了 20 篇论文，论水准，每一篇论文都可以拿到一个博士学位，他提出的一个理论被数学界称为“华氏定理”，改进了哈代的结论，哈代说：“太好了，我的著作把它写成是无法改进的，这回我的著作非改不可了！”华罗庚被认为是“剑桥的光荣”！

笔记

在剑桥大学的两年中，华罗庚就“华林问题”“他利问题”“奇数的哥德巴赫问题”写了 18 篇论文，先后发表在英国、苏联、印度、法国、德国等国的杂志上，其中包括《论高斯的完整三角和估计问题》这篇有名的论文. 按其成就，已经越过了每一条院士的要求，但在剑桥他从未正式申请过学位，他拥有的唯一一张文凭，就是初中毕业文凭.

天才出于勤奋

来到清华工作，是华罗庚一生中的一个重要转折，他的数学生涯也真正从这儿开始.

从初中毕业生到一个大学教师，华罗庚只花了六年半的时间. 他后来对友人说：“人家受的教育比我多，我必须用加倍的时间以补救我的缺失，所以人家每天 8 小时的工作，我要工作 12 小时以上才觉得安心.”华罗庚在清华大学的四年中，在数论方面发表了十几篇论文，自修了英语、法语、德语，25 岁时他已成为蜚声国际的青年学者，华罗庚迅速由助理提升为助教、教员，以后又被中华文化教育基金会聘为研究员.

华罗庚从不迷信天才，认为：“天才由于积累，聪明在于勤奋.”他提出“树老易空，人老易松，科学之道，戒之以空，戒之以松，我愿一辈子从实而终”的名言，作为对自己的告诫. 直到他逝世前不久，还这样写道：“发白才知智叟呆，埋头苦干向未来，勤能补拙是良剂，一分辛苦一分才.”

第三章

导数的应用

笔记

导数刻画了函数在一点处的变化率，反映了函数在一点处的局部变化性态，在自然科学、工程技术及社会科学等领域中已得到了广泛的应用. 本章首先介绍的微分中值定理是导数应用的理论基础，是联系函数与导数的一座桥梁. 然后用导数来讨论函数在某个区间上的整体性态，研究函数的单调性、极值、最值、凹凸性及拐点等.

第一节　微分中值定理

一、罗尔定理

定理 1（罗尔定理） 如果函数 $f(x)$ 满足

(1) 在闭区间 $[a,b]$ 上连续；

(2) 在开区间 (a,b) 内可导；

(3) 在区间端点处的函数值相等，即 $f(a)=f(b)$.

那么，至少存在一点 $\xi\in(a,b)$，使得 $f'(\xi)=0$.

罗尔定理的证明

1. 罗尔定理的几何意义

在连接高度相同的两点 A,B 的一段连续曲线 $y=f(x)$ 上，如果除两个端点外，每一点都有不垂直于 x 轴的切线，则其中至少存在一条水平切线（图 3-1）.

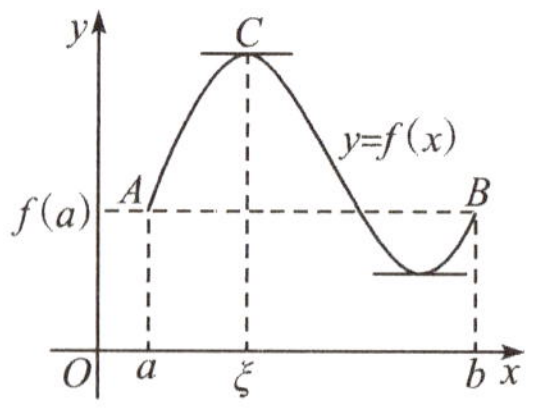

图 3-1

2. 罗尔定理的代数意义

当 $f(x)$ 可导时，在函数 $f(x)$ 的两个等值点之间至少存在方程 $f'(x)=0$ 的一个根.

笔记

知识加油站

罗尔中值定理的条件是结论成立的充分条件，而非必要条件. 但定理中的三个条件缺少任何一个都可能使结论不成立.

例 1　不求函数 $f(x)=(x-1)(x-2)(x-3)(x-4)$ 的导数，判别方程 $f'(x)=0$ 有几个实根，并指出它们所在的区间.

解　因为 $f(x)$ 在 $(-\infty,+\infty)$ 内有连续的导数，且

$$f(1)=f(2)=f(3)=f(4)=0,$$

从而 $f(x)$ 在区间 $[1,2]$，$[2,3]$，$[3,4]$ 上均满足罗尔中值定理的三个条件. 因此，存在 $\xi_1\in(1,2)$，$\xi_2\in(2,3)$，$\xi_3\in(3,4)$ 使得

$$f'(\xi_1)=0,f'(\xi_2)=0,f'(\xi_3)=0.$$

从而 $f'(x)=0$ 至少有三个实根.

又因为 $f'(x)=0$ 为三次方程，故至多有三个实根. 于是方程 $f'(x)=0$ 恰有三个实根，分别位于区间 $(1,2)$，$(2,3)$，$(3,4)$ 内.

知识加油站

罗尔中值定理只能证明在某个区间内方程 $f'(x)=0$ 至少有一个根，但是不能确定根的个数. 对于一元高次方程，可以根据方程的次数来确定根的个数；而对于其他的方程，则可以利用函数的单调性来确定.

例 2　证明：方程 $x^5-5x+3=0$ 有且仅有一个小于 1 的正实根.

证明　设 $f(x)=x^5-5x+3$，则 $f(x)$ 在区间 $[0,1]$ 上连续，且 $f(0)=3$，$f(1)=-1$，由零点定理知，存在 $x_0\in(0,1)$，使 $f(x_0)=0$，即 x_0 是方程的小于 1 的正实根.

下面利用反证法证明根的唯一性. 设另有 $x_1\in(0,1)$，$x_1\neq x_0$，使 $f(x_1)=0$.

因为 $f(x)$ 在 x_0，x_1 之间满足罗尔中值定理的条件，所以至少存在一点 $\xi\in(x_0,x_1)$，使得 $f'(\xi)=0$. 但是对 $\forall x\in(0,1)$，$f'(x)=5(x^4-1)<0$，矛盾，故 x_0 为唯一实根.

如果去掉罗尔定理的第三个条件，可以得到下面更一般的结论.

二、拉格朗日中值定理

定理 2（拉格朗日中值定理）　如果函数 $f(x)$ 满足

(1) 在闭区间 $[a,b]$ 上连续；

(2) 在开区间 (a,b) 内可导.

那么，至少存在一点 $\xi\in(a,b)$，使得

$$f'(\xi)=\frac{f(b)-f(a)}{b-a}$$

或

$$f(b)-f(a)=f'(\xi)(b-a). \tag{3-1-1}$$

如图 3-2 所示，连接 A 与 B 两点的直线的斜率为 $\dfrac{f(b)-f(a)}{b-a}$，而曲线 $y=f(x)$ 上点 $C(\xi,f(\xi))$ 的切线斜率为 $f'(\xi)$. 拉格朗日中值定理的几何意义是：若区间 $[a,b]$ 上有一条连续曲线 $y=f(x)$，除区间端点外，曲线上每一点都有不垂直于 x 轴的切线，则曲线上至少存在一点 $C(\xi,f(\xi))$，使得过 C 点的切线平行于线段 AB.

笔记

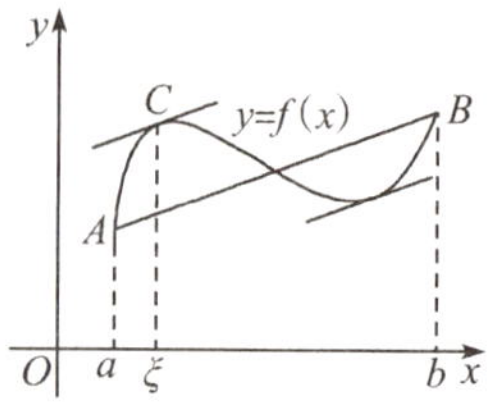

图 3-2

由图 3-1 可看出，在罗尔中值定理中，由于 $f(a)=f(b)$，线段 AB 是平行于 x 轴的，因此点 C 处的切线实际上也平行于线段 AB. 因此罗尔中值定理是拉格朗日中值定理的特殊情形. 因此，拉格朗日中值定理的证明就是构造一个辅助函数，使其满足罗尔中值定理的三个条件，借助罗尔定理进行证明.

连接 AB 两点的直线方程为

$$y=f(a)+\frac{f(b)-f(a)}{b-a}(x-a).$$

由于曲线 $y=f(x)$ 和直线 AB 都过点 A 和 B，于是令

$$\varphi(x)=f(x)-\left[f(a)+\frac{f(b)-f(a)}{b-a}(x-a)\right],$$

显然有 $\varphi(a)=\varphi(b)=0$. 这就是我们所需的辅助函数.

拉格朗日中值定理的证明

公式(3-1-1)叫作**拉格朗日中值公式**. 它对于 $b<a$ 的情形同样成立.

注 辅助函数的构造方法不是唯一的. 例如，利用辅助函数 $\varphi(x)=f(x)-\frac{f(b)-f(a)}{b-a}x$ 或 $\varphi(x)=f(x)(b-a)-[f(b)-f(a)]x$ 也可以证明拉格朗日中值定理.

例 3 设 $f(x)=3x^2+2x+5$，求 $f(x)$ 在 $[a,b]$ 上满足拉格朗日中值定理的 ξ 值.

解 $f(x)$ 为多项式函数，在 $[a,b]$ 上满足拉格朗日中值定理的条件，故有

$$f'(\xi)=\frac{f(b)-f(a)}{b-a},$$

即

$$6\xi+2=\frac{(3b^2+2b+5)-(3a^2+2a+5)}{b-a},$$

解得 $\xi=\frac{b+a}{2}$，即此时 ξ 为区间 $[a,b]$ 的中点.

由拉格朗日中值定理可以得到两个非常重要的推论.

推论 1 如果函数 $f(x)$ 在区间 I 上的导数恒等于零，那么 $f(x)$ 在区间 I 上是一个常数.

证明 对 $\forall x_1, x_2\in I$ 且 $x_1<x_2$，在 $[x_1,x_2]$ 上应用拉格朗日中值定理，有

$$f(x_2)-f(x_1)=f'(\xi)(x_2-x_1)\ (x_1<\xi<x_2).$$

由假设可知 $f'(\xi)=0$，从而 $f(x_2)-f(x_1)=0$，即 $f(x_2)=f(x_1)$. 又由 x_1, x_2 的任意性可知，$f(x)$ 在区间 I 上是一个常数.

由推论 1 易得在积分学中起到重要作用的如下结论：

推论 2 如果在区间 I 上恒有 $f'(x)=g'(x)$，那么在区间 I 上恒有 $f(x)=g(x)+C$（C 为常数）.

为了便于应用，公式(3-1-1)还可以改写成如下几种常用的形式：

(1) 当 a,b 的大小不能确定时，(3-1-1)式可写成

$$f(b)-f(a)=f'(\xi)(b-a)，其中 \xi 介于 a 与 b 之间. \tag{3-1-2}$$

笔记

(2)若令 $a=x$,$b=x+\Delta x$,则(3-1-2)式可写成

$$f(x+\Delta x)-f(x)=f'(\xi)\Delta x\text{，其中 }\xi\text{ 介于 }x\text{ 与 }x+\Delta x\text{ 之间.}\qquad(3\text{-}1\text{-}3)$$

(3-1-3)式还可写为

$$\Delta y=f(x+\Delta x)-f(x)=f'(\xi)\Delta x\text{，其中 }\xi\text{ 介于 }x\text{ 与 }x+\Delta x\text{ 之间.}\qquad(3\text{-}1\text{-}4)$$

(3-1-4)式称为有限增量公式,该公式精确地表达了函数 $y=f(x)$ 当自变量变化 Δx 时相应的函数值的变化量 Δy 与函数在 ξ 点的导数之间的关系.

将(3-1-4)式变形得 $\frac{\Delta y}{\Delta x}=f'(\xi)$,该式表明函数在某一闭区间上的平均变化率至少与该区间内某一点的导数相等,这是用函数的局部性研究函数整体性的桥梁.

例 4　证明:当 $x>0$ 时, $\arctan x+\arctan\frac{1}{x}=\frac{\pi}{2}$.

证明　令 $f(x)=\arctan x+\arctan\frac{1}{x}$,因为 $f(x)$ 在 $(0,+\infty)$ 内可导,并且

$$f'(x)=\frac{1}{1+x^2}+\frac{1}{1+\left(\frac{1}{x}\right)^2}\left(\frac{1}{x}\right)'=0,$$

根据推论 1,有 $f(x)=c$. 特别地,取 $x=1$ 得

$$c=f(1)=\arctan 1+\arctan 1=\frac{\pi}{4}+\frac{\pi}{4}=\frac{\pi}{2}.$$

因此,当 $x>0$ 时, $\arctan x+\arctan\frac{1}{x}=\frac{\pi}{2}$.

例 5　证明:当 $x>1$ 时,恒有 $e^x>xe$.

证明　令 $f(x)=e^x-xe$,因为 $f(x)$ 在 $[1,+\infty)$ 上连续,在 $(1,+\infty)$ 内可导,并且 $f(1)=0$. 于是对于 $(1,+\infty)$ 中的每个 x,函数 $f(x)$ 在区间 $[1,x]$ 上满足拉格朗日定理条件. 因此在 $(1,x)$ 内至少存在一点 ξ,使得 $f(x)-f(1)=f'(\xi)(x-1)$. 由于 $\xi>1$,所以 $f'(\xi)=e^\xi-e>0$. 于是 $f(x)=f(x)-f(1)=f'(\xi)(x-1)>0$,即 $e^x-xe>0$.

由此推出,当 $x>1$ 时,恒有 $e^x>xe$.

习题 3.1

1. 验证下列函数是否满足罗尔定理,若满足,求出定理中的 ξ;若不满足,请说明理由.

(1) $f(x)=\ln\sin x, x\in\left[\frac{\pi}{6},\frac{5\pi}{6}\right]$;　　(2) $f(x)=\frac{3}{x^2+1}, x\in[-1,1]$.

2. 验证下列函数是否满足拉格朗日中值定理,若满足,求出定理中的 ξ;若不满足,请说明理由.

(1) $f(x)=\ln(x+1), x\in[0,1]$;　　(2) $f(x)=x^3-3x, x\in[0,2]$.

3. 证明: $\arcsin x+\arccos x=\frac{\pi}{2}, x\in[-1,1]$.

4. 证明: $x>0$ 时,有 $x>\ln(x+1)$.

5. 证明: $x>0$ 时,有 $x>\sin x$.

笔记

第二节　洛必达法则

在计算分式函数$\frac{f(x)}{g(x)}$的极限时，常常会存在 $f(x)$与 $g(x)$同时趋向于零或同时趋向于无穷大的情形，此时$\frac{f(x)}{g(x)}$的极限可能存在，也可能不存在，通常把这种极限称为未定式，并分别记为$\frac{0}{0}$或$\frac{\infty}{\infty}$型.

法国数学家洛必达在《无穷小分析》一书中给出了求解$\frac{0}{0}$型和$\frac{\infty}{\infty}$型未定式的方法，即将函数比的极限等价转化为导数比的极限，这就是洛必达法则. 其他的未定式还有 $0\cdot\infty,\infty-\infty,0^0,1^\infty,\infty^0$ 等，它们都可以先化为$\frac{0}{0}$或$\frac{\infty}{\infty}$型，再运用洛必达法则求极限.

一、$\frac{0}{0}$型未定式

定理 1　设函数 $f(x)$与 $g(x)$满足

(1) $\lim\limits_{x\to x_0}f(x)=0$，$\lim\limits_{x\to x_0}g(x)=0$；

(2) $f(x)$与 $g(x)$在点 x_0 的某去心邻域内可导，且 $g'(x)\neq 0$；

(3) $\lim\limits_{x\to x_0}\frac{f'(x)}{g'(x)}$存在(或为无穷大).

那么

$$\lim_{x\to x_0}\frac{f(x)}{g(x)}=\lim_{x\to x_0}\frac{f'(x)}{g'(x)}.$$

知识加油站

定理 1 中的 $x\to x_0$ 换成 $x\to x_0^+$，$x\to x_0^-$，$x\to\infty$，$x\to+\infty$，$x\to-\infty$等，结论同样成立.

例 1　求极限$\lim\limits_{x\to 0}\frac{e^x-1}{x^2-x}$.

解　$\lim\limits_{x\to 0}\frac{e^x-1}{x^2-x}=\lim\limits_{x\to 0}\frac{e^x}{2x-1}=\frac{1}{-1}=-1$.

知识加油站

如果$\lim\limits_{x\to x_0}\frac{f'(x)}{g'(x)}$仍属于$\frac{0}{0}$型，且 $f'(x)$与 $g'(x)$仍然满足洛必达法则的条件，可继续使用洛必达法则，即$\lim\limits_{x\to x_0}\frac{f(x)}{g(x)}=\lim\limits_{x\to x_0}\frac{f'(x)}{g'(x)}=\lim\limits_{x\to x_0}\frac{f''(x)}{g''(x)}$，以此类推.

例 2　求极限$\lim\limits_{x\to 1}\frac{x^3-3x+2}{x^3-x^2-x+1}$.

解　$\lim\limits_{x\to 1}\frac{x^3-3x+2}{x^3-x^2-x+1}=\lim\limits_{x\to 1}\frac{3x^2-3}{3x^2-2x-1}=\lim\limits_{x\to 1}\frac{6x}{6x-2}=\frac{3}{2}$.

笔记

例 3　求极限$\lim\limits_{x\to 0}\dfrac{x-\sin x}{x^3}$.

解　$\lim\limits_{x\to 0}\dfrac{x-\sin x}{x^3}=\lim\limits_{x\to 0}\dfrac{1-\cos x}{3x^2}=\lim\limits_{x\to 0}\dfrac{\sin x}{6x}=\dfrac{1}{6}$.

知识加油站

使用洛必达法则求极限时，可以与其他求极限的方法结合起来(特别是在乘、除的情况下用等价无穷小替换的方法)，以简化计算.

例 4　求极限$\lim\limits_{x\to 0}\dfrac{\sin^2 x-x\sin x\cos x}{x^4}$.

解　$\lim\limits_{x\to 0}\dfrac{\sin^2 x-x\sin x\cos x}{x^4}=\lim\limits_{x\to 0}\dfrac{\sin x}{x}\cdot\lim\limits_{x\to 0}\dfrac{\sin x-x\cos x}{x^3}=1\cdot\lim\limits_{x\to 0}\dfrac{\sin x}{3x}=\dfrac{1}{3}$.

知识加油站

洛必达法则是充分条件，当$\lim\limits_{x\to x_0}\dfrac{f'(x)}{g'(x)}$不存在时，不能判定原极限不存在.

例 5　求极限$\lim\limits_{x\to 0}\dfrac{x^2\sin\dfrac{1}{x}}{\sin x}$.

解　因为极限$\lim\limits_{x\to 0}\dfrac{\left(x^2\sin\dfrac{1}{x}\right)'}{(\sin x)'}=\lim\limits_{x\to 0}\dfrac{2x\sin\dfrac{1}{x}-\cos\dfrac{1}{x}}{\cos x}$不存在，所以不能应用洛必达法则. 此极限的正确求法为

$$\lim_{x\to 0}\frac{x^2\sin\dfrac{1}{x}}{\sin x}=\lim_{x\to 0}\left(\frac{x}{\sin x}\cdot x\sin\frac{1}{x}\right)=\lim_{x\to 0}\frac{x}{\sin x}\cdot\lim_{x\to 0}x\sin\frac{1}{x}=0.$$

二、$\dfrac{\infty}{\infty}$型未定式

对于$\dfrac{\infty}{\infty}$型未定式，也有与$\dfrac{0}{0}$型未定式相类似的求极限的洛必达法则. 在此不加证明地给出 $x\to x_0$ 时的$\dfrac{\infty}{\infty}$型未定式的洛必达法则，其他变化趋势可类似给出.

定理 2　设函数 $f(x)$与 $g(x)$满足

(1)$\lim\limits_{x\to x_0}f(x)=\infty$，$\lim\limits_{x\to x_0}g(x)=\infty$；

(2)在点 x_0 的某去心邻域内，$f(x)$与 $g(x)$都可导，且 $g'(x)\neq 0$；

(3)$\lim\limits_{x\to x_0}\dfrac{f'(x)}{g'(x)}$存在(或为无穷大).

那么

$$\lim_{x\to x_0}\frac{f(x)}{g(x)}=\lim_{x\to x_0}\frac{f'(x)}{g'(x)}.$$

例 6　求极限 $\lim\limits_{x\to+\infty}\dfrac{\ln x}{x^n}(n>0)$.

解　$\lim\limits_{x\to+\infty}\dfrac{\ln x}{x^n}=\lim\limits_{x\to+\infty}\dfrac{\dfrac{1}{x}}{nx^{n-1}}=\lim\limits_{x\to+\infty}\dfrac{1}{nx^n}=0$.

笔记

例 7 求极限 $\lim\limits_{x\to1^-}\dfrac{\ln\tan\frac{\pi}{2}x}{\ln(1-x)}$.

解 $\lim\limits_{x\to1^-}\dfrac{\ln\tan\frac{\pi}{2}x}{\ln(1-x)}=\lim\limits_{x\to1^-}\dfrac{\dfrac{1}{\tan\frac{\pi}{2}x}\cdot\sec^2\dfrac{\pi}{2}x\cdot\dfrac{\pi}{2}}{-\dfrac{1}{1-x}}=\lim\limits_{x\to1^-}\dfrac{\pi(x-1)}{\sin\pi x}=\lim\limits_{x\to1^-}\dfrac{\pi}{\pi\cos\pi x}=-1.$

例 8 求极限 $\lim\limits_{x\to\infty}\dfrac{x+\sin x}{1+x}$.

解 用洛必达法则得 $\lim\limits_{x\to\infty}\dfrac{x+\sin x}{1+x}=\lim\limits_{x\to\infty}\dfrac{1+\cos x}{1}$.

由于 $\lim\limits_{x\to\infty}\cos x$ 不存在，所以上述极限不存在，洛必达法则失效. 原极限可用下面方法求出：

$$\lim_{x\to\infty}\frac{x+\sin x}{1+x}=\lim_{x\to\infty}\frac{1+\dfrac{\sin x}{x}}{\dfrac{1}{x}+1}=1.$$

三、其他类型未定式

以上介绍的洛必达法则，给出了两个最基本未定式 $\dfrac{0}{0}$ 与 $\dfrac{\infty}{\infty}$ 极限计算的新方法，用这种方法还能进一步解决形如 $0\cdot\infty$（或 $\infty\cdot0$），$\infty-\infty$，0^0，∞^0，1^∞ 等类型的未定式极限的计算问题，图 3-3 是计算这些未定式的思路.

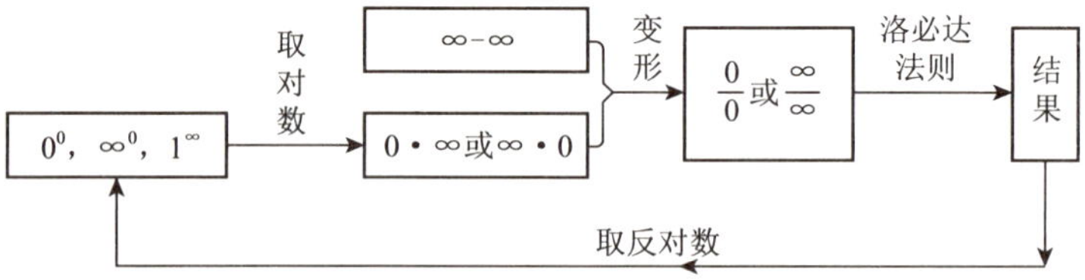

图 3-3

1. $0\cdot\infty$ 或 $\infty\cdot0$ 型

当自变量为某一个趋向时，若 $f(x)\to0$（或 $f(x)\to\infty$），$g(x)\to\infty$（或 $g(x)\to0$），称极限 $\lim f(x)\cdot g(x)$ 为 $0\cdot\infty$（或 $\infty\cdot0$）型未定式.

计算 $0\cdot\infty$（或 $\infty\cdot0$）型未定式的极限基本思路是，用代数或三角函数的知识变形为 $\dfrac{0}{0}$ 或 $\dfrac{\infty}{\infty}$ 型，再用第一、二段中介绍的有关洛必达法则求出极限.

例 9 求极限 $\lim\limits_{x\to+\infty}x\cdot\left(\dfrac{\pi}{2}-\arctan x\right)$.

解 它属于 $\infty\cdot0$ 型的未定式，变形后为

$$\lim_{x\to+\infty}\frac{\dfrac{\pi}{2}-\arctan x}{\dfrac{1}{x}}\overset{\frac{0}{0}}{=}\lim_{x\to+\infty}\frac{-\dfrac{1}{1+x^2}}{-\dfrac{1}{x^2}}=\lim_{x\to+\infty}\frac{x^2}{1+x^2}=1.$$

例 10 求极限 $\lim\limits_{x\to\frac{\pi}{4}}\sin\left(x-\dfrac{\pi}{4}\right)\cdot\tan 2x$.

笔记

解　它属于 $0\cdot\infty$ 型的未定式，将因子 $\tan 2x$ 变为 $\dfrac{1}{\cot 2x}$ 后有

$$\lim_{x\to\frac{\pi}{4}}\sin\left(x-\frac{\pi}{4}\right)\cdot\tan 2x=\lim_{x\to\frac{\pi}{4}}\frac{\sin\left(x-\frac{\pi}{4}\right)}{\cot 2x}\overset{\frac{0}{0}}{=}\lim_{x\to\frac{\pi}{4}}\frac{\cos\left(x-\frac{\pi}{4}\right)}{-\frac{1}{\sin^2 2x}\cdot 2}=\frac{1}{(-1)\cdot 2}=-\frac{1}{2}.$$

要注意的是，本题若改为将因子 $\sin\left(x-\frac{\pi}{4}\right)$ 变为 $\dfrac{1}{\csc\left(x-\frac{\pi}{4}\right)}$，极限变为下面的未定式

$$\lim_{x\to\frac{\pi}{4}}\frac{\tan 2x}{\csc\left(x-\frac{\pi}{4}\right)},$$

再用洛必达法则，上式成为

$$\lim_{x\to\frac{\pi}{4}}\frac{2\sec^2 2x}{-\csc\left(x-\frac{\pi}{4}\right)\cdot\cot\left(x-\frac{\pi}{4}\right)},$$

这样使得计算变得更为复杂.

2. $\infty-\infty$ 型

当自变量为某一个趋向时，若 $f(x)\to\infty$，$g(x)\to\infty$，或 $f(x)\to\infty$，$g(x)\to-\infty$，称极限 $\lim[f(x)-g(x)]$ 为 $\infty-\infty$ 的未定式. 求这种未定式的极限，其基本思路是用代数或三角函数有关知识变形为 $\dfrac{0}{0}$ 型或 $\dfrac{\infty}{\infty}$ 型，再用有关的洛必达法则.

例 11　求极限 $\lim\limits_{x\to 0}\left[\dfrac{1}{\ln(1+x)}-\dfrac{1}{x}\right]$.

解　该极限属于 $\infty-\infty$ 型，将分式通分可变为 $\dfrac{0}{0}$ 型，若再将有关因子作等价无穷小替代，就可以用洛必达法则简便地算出结果：

$$\lim_{x\to 0}\left[\frac{1}{\ln(1+x)}-\frac{1}{x}\right]=\lim_{x\to 0}\frac{x-\ln(1+x)}{x\ln(1+x)}=\lim_{x\to 0}\frac{x-\ln(1+x)}{x^2}$$

$$=\lim_{x\to 0}\frac{1-\frac{1}{1+x}}{2x}=\lim_{x\to 0}\frac{1}{2(1+x)}=\frac{1}{2}.$$

例 12　求极限 $\lim\limits_{x\to\infty}\left[x-x^2\ln\left(1+\dfrac{1}{x}\right)\right]$

解　当 $x\to\infty$（$+\infty$ 或 $-\infty$）时，中括号内的被减式 x 显然趋于 $+\infty$（或 $-\infty$），减式的变化趋向为

$$\lim_{x\to\infty}x^2\ln\left(1+\frac{1}{x}\right)=\lim_{x\to\infty}\frac{\ln\left(1+\frac{1}{x}\right)}{\frac{1}{x^2}}=\lim_{x\to\infty}\frac{\frac{1}{x}}{\frac{1}{x^2}}=+\infty(\text{或}-\infty).$$

由于本例属于 $\infty-\infty$ 型，它不能立即通分，我们可以先作变换 $x=\dfrac{1}{t}$，使它产生一个分母再通分：

$$\lim_{x\to\infty}\left[x-x^2\ln\left(1+\frac{1}{x}\right)\right]=\lim_{t\to 0}\left[\frac{1}{t}-\frac{1}{t^2}\ln(1+t)\right]$$

笔记

$$=\lim_{t\to 0}\frac{t-\ln(1+t)}{t^2}\overset{\frac{0}{0}}{=}\lim_{t\to 0}\frac{1-\frac{1}{1+t}}{2t}=\frac{1}{2}.$$

3. 0^0, 1^∞, ∞^0 型未定式

当自变量为某一个趋向时，若 $f(x)\to 0^+$, $g(x)\to 0$, $h(x)\to 1$, $p(x)\to +\infty$, $q(x)\to\infty$，称 $\lim f(x)^{g(x)}$ 为 0^0 型未定式，$\lim h(x)^{q(x)}$ 为 1^∞ 型未定式，$\lim p(x)^{g(x)}$ 为 ∞^0 型未定式.

以上这些未定式的共性是均为幂指函数 $A(x)^{B(x)}$ 求极限，其求解的基本思路是，先将幂指函数取对数，在自变量的同一趋向下变为 $0\cdot\infty$ 型，然后用第 1 段的做法化为 $\frac{0}{0}$ 或 $\frac{\infty}{\infty}$ 型，用洛必达法则求出极限再取它的反对数即可得到结果.

例 13 求极限 $\lim\limits_{x\to 0^+}x^{\sin x}$.

解 本例属于 0^0 型未定式，令 $y=x^{\sin x}$，两边取对数，再令 $x\to 0^+$ 求极限，得到

$$\lim_{x\to 0^+}\ln y=\lim_{x\to 0^+}\ln(x^{\sin x})=\lim_{x\to 0^+}\sin x\cdot\ln x.$$

先用等价无穷小 $\sin x\sim x(x\to 0^+)$将 $\sin x$ 换为 x，有

$$\lim_{x\to 0^+}\ln y=\lim_{x\to 0^+}x\cdot\ln x=\lim_{x\to 0^+}\frac{\ln x}{\frac{1}{x}}.$$

上式变为 $\frac{\infty}{\infty}$，用洛必达法则，有

$$\lim_{x\to 0^+}\ln y=\lim_{x\to 0^+}\frac{\frac{1}{x}}{-\frac{1}{x^2}}=\lim_{x\to 0^+}(-x)=0.$$

于是有

$$\text{原式}=\lim_{x\to 0^+}y=e^0=1.$$

例 14 求极限 $\lim\limits_{x\to 1}x^{\frac{1}{1-x}}$.

解 这是 1^∞ 型未定式，令 $y=x^{\frac{1}{1-x}}$，取对数后，再令 $x\to 1$，有

$$\lim_{x\to 1}\ln y=\lim_{x\to 1}\ln x^{\frac{1}{1-x}}=\lim_{x\to 1}\frac{\ln x}{1-x}\overset{\frac{0}{0}}{=}\lim_{x\to 1}\frac{\frac{1}{x}}{-1}=-1.$$

于是

$$\text{原式}=\lim_{x\to 1}y=e^{-1}.$$

习题 3.2

1. 求下列函数的极限.

(1) $\lim\limits_{x\to 0}\frac{e^x-e^{-x}}{\sin x}$；　(2) $\lim\limits_{x\to 1}\frac{\cos x-\cos 1}{1-x}$；

(3) $\lim\limits_{x\to 1}\frac{\ln x}{x-1}$；　(4) $\lim\limits_{x\to\frac{\pi}{2}}\frac{\cos x}{x-\frac{\pi}{2}}$.

笔记

2. 求下列函数的极限.

(1) $\lim\limits_{x\to0^+}\dfrac{\ln\tan 5x}{\ln\tan 2x}$；　　(2) $\lim\limits_{x\to0^+}\dfrac{\ln x}{\ln\sin x}$；

(3) $\lim\limits_{x\to+\infty}\dfrac{\ln(1+e^x)}{5x}$；　　(4) $\lim\limits_{x\to+\infty}\dfrac{x^3}{a^x}(a>1)$.

3. 求下列函数的极限.

(1) $\lim\limits_{x\to\infty}x(e^{\frac{1}{x}}-1)$；　　(2) $\lim\limits_{x\to+\infty}x\left(\dfrac{\pi}{2}-\arctan x\right)$；

(3) $\lim\limits_{x\to0}\left[\dfrac{1}{\ln(x+1)}-\dfrac{1}{x}\right]$；　　(4) $\lim\limits_{x\to\infty}x(a^{\frac{1}{x}}-1),(a>0)$.

4. 求下列函数的极限.

(1) $\lim\limits_{x\to0^+}x^{\tan x}$；　　(2) $\lim\limits_{x\to0}(1+\sin x)^{\frac{1}{x}}$.

5. 证明：极限 $\lim\limits_{x\to\infty}\dfrac{x+\sin x}{x}$ 存在(不能用洛必达法则求解).

第三节　函数的单调性、极值与最值

一、函数的单调性

第 1 章中已经讨论过函数在一个区间上单调的概念，但对于有的函数来说，直接利用定义来判断函数的单调性往比较困难. 下面利用导数这一工具来判断函数的单调性.

设函数 $f(x)$ 在闭区间 $[a,b]$ 上连续，在开区间 (a,b) 内可导，如果 $f(x)$ 在 $[a,b]$ 上单调增加(单调减少)，那么它的图形是一条沿 x 轴正向上升(下降)的曲线，其上各点处的切线斜率为非负的(非正的)，即导数 $f'(x)=\tan\alpha\geqslant0(\leqslant0)$，如图 3-4 所示. 由此可见，函数的单调性与导数的符号有着密切的联系. 我们把这种规律归纳成下面的定理.

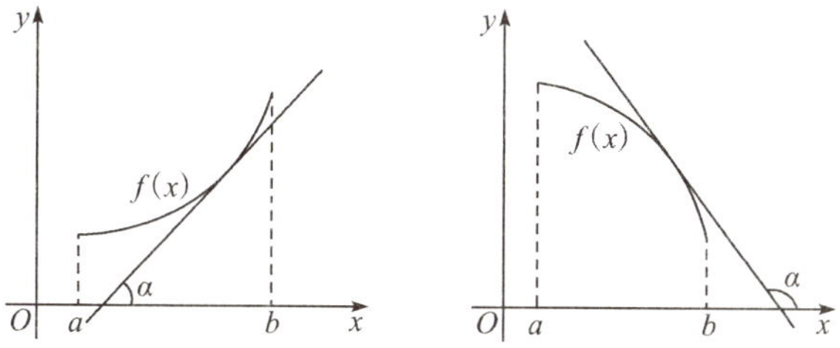

图 3-4

定理 1　设函数 $y=f(x)$ 在闭区间 $[a,b]$ 上连续，在开区间 (a,b) 内可导.

(1) 如果在 (a,b) 内 $f'(x)>0$，那么函数 $y=f(x)$ 在 $[a,b]$ 上单调增加；

(2) 如果在 (a,b) 内 $f'(x)<0$，那么函数 $y=f(x)$ 在 $[a,b]$ 上单调减少.

注　如果把定理中的闭区间改成其他类型的区间，那么结论仍然成立.

在此需要指出的是，函数 $f(x)$ 在某个区间内单调增加(减少)时，在个别点 x_0 处，可以有 $f'(x)=0$. 例如，函数 $y=x^3$ 在 $(-\infty,+\infty)$ 内时单调增加的，而 $f'(x)=3x^2\geqslant0$，仅当 $x=0$ 时，$f'(0)=0$.

函数单调性的证明

下面给出求函数单调区间及判定函数单调性的步骤：

笔记

(1)确定函数 $f(x)$的定义域;

(2)求 $f'(x)$,找出单调区间的所有可能的分界点[$f'(x)=0$ 和 $f'(x)$不存在的点],以这些点为分界点把定义区间分成若干区间;

(3)在各区间上判别 $f'(x)$的符号,从而确定 $f(x)$在各区间上的单调性.

例 1 讨论函数 $f(x)=x^3-3x$ 的单调性.

解 函数的定义域为$(-\infty,+\infty)$.

$$f'(x)=3x^2-3=3(x+1)(x-1).$$

令 $f'(x)=0$,得驻点 $x_1=-1,x_2=1$. 该函数没有导数不存在的点.

用这两个点将$(-\infty,+\infty)$划分成三个区间,列表判断.

x	$(-\infty,-1)$	-1	$(-1,1)$	1	$(1,+\infty)$
$f'(x)$	$+$	0	$-$	0	$+$
$f(x)$	递增		递减		递增

所以函数 $f(x)=x^3-3x$ 在$(-\infty,-1)$和$(1,+\infty)$上单调增加,在$[-1,1]$上单调减少.

例 2 讨论函数 $f(x)=\sqrt[3]{x^2}$ 的单调性.

解 函数的定义域为$(-\infty,+\infty)$.

$$f'(x)=\frac{2}{3\sqrt[3]{x}}(x\neq 0).$$

导数没有等于零的点,函数在 $x=0$ 处的导数不存在,列表判断.

x	$(-\infty,0)$	0	$(0,+\infty)$
$f'(x)$	$-$	不存在	$+$
$f(x)$	递减		递增

所以函数 $f(x)=\sqrt[3]{x^2}$ 在$(-\infty,0)$上单调减少,在$(0,+\infty)$上单调增加.

例 3 设 $f(x)=\begin{cases}-x^3, x<0,\\ x\arctan x, x\geqslant 0.\end{cases}$ 确定 $f(x)$的单调区间.

解 当 $x<0$ 时,$f'(x)=-3x^2<0$.

当 $x>0$ 时,$f'(x)=\arctan x+\dfrac{x}{1+x^2}>0$.

因此函数 $f(x)$的单调增加区间为$(0,+\infty)$,单调减少区间为$(-\infty,0)$.

利用函数的单调性可以证明不等式成立.

例 4 证明:当 $x>0$ 时,$x>\ln(1+x)$.

证明 令 $f(x)=x-\ln(1+x)$,则 $f(x)$在$[0,+\infty)$上连续,且

$$f'(x)=1-\frac{1}{1+x}.$$

当 $x>0$ 时,$f'(x)>0$,所以 $f(x)$在$[0,+\infty)$上单调增加,又因为 $f(0)=0$,所以当 $x>0$ 时,$f(x)>f(0)$,即

$$x>\ln(1+x)(x>0).$$

利用函数的单调性还可以判定方程在某区间内根的个数.

例 5 证明方程 $x^5+x+1=0$ 在区间$(-1,0)$内有且只有一个实根.

笔记

证明　令 $f(x)=x^5+x+1$，因为 $f(x)$ 在闭区间 $[-1,0]$ 上连续，且

$$f(-1)=-1<0, f(0)=1>0,$$

所以，由零点定理可得，至少存在一点 $\xi\in(-1,0)$，使得 $f(\xi)=0$. 即方程 $f(x)=0$ 在 $(-1,0)$ 内至少有一个实根.

又因为对 $\forall x\in(-1,0)$，有

$$f'(x)=5x^4+1>0,$$

所以，函数 $f(x)$ 在 $[-1,0]$ 上单调增加，即在 $(-1,0)$ 内至多有一个零值点，亦即方程 $f(x)=0$ 在 $(-1,0)$ 内至多有一个实根.

综上所述，方程 $x^5+x+1=0$ 在区间 $(-1,0)$ 内有且只有一个实根.

二、函数的极值

定义 1　设函数 $f(x)$ 在点 x_0 的某邻域 $U(x_0,\delta)$ 内有定义. 若对任意 $x\in\mathring{U}(x_0,\delta)$

(1)有 $f(x)<f(x_0)$，则称 $f(x_0)$ 是 $f(x)$ 的**极大值**，点 x_0 称为**极大值点**；

(2)有 $f(x)>f(x_0)$，则称 $f(x_0)$ 是 $f(x)$ 的**极小值**，点 x_0 称为**极小值点**.

极大值和极小值统称为函数的**极值**，极大值点和极小值点统称为函数的**极值点**.

对于极值的概念可以借助于几何图形来直观地理解. 在图 3-5 中，函数 $y=f(x)$ 有两个极大值 $f(x_1)$，$f(x_4)$，两个极小值 $f(x_3)$，$f(x_5)$.

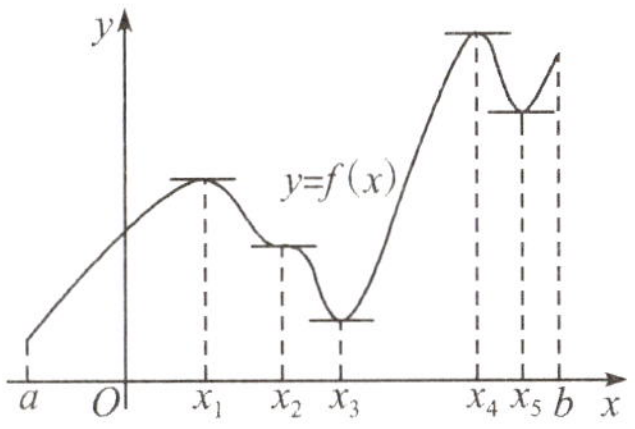

图 3-5

知识加油站

(1)极值是指函数值，极值点则是函数值对应的自变量的值.

(2)函数的极值概念是局部性的，在一个区间内，函数可能存在许多个极值，函数的极大值与极小值之间并无确定的大小关系.

(3)由极值定义知，函数的极值只能在区间内部取得，不能在区间端点上取得.

下面我们讨论函数取极值的必要条件和充分条件.

由图 3-5 可以看出，在函数的极值点处，若函数在该点可导，则函数的切线一定平行于 x 轴. 但图像上切线平行于 x 轴的点未必是极值点，图 3-5 中的点 x_2 就不是极值点，但该点的切线却平行于 x 轴. 从而可得出函数取得极值的必要条件.

定理 2(函数取得极值的必要条件)　设函数 $f(x)$ 在点 x_0 处可导，且在点 x_0 取得极值，则点 x_0 一定是其驻点，即 $f'(x_0)=0$.

知识加油站

(1)可导函数的极值点必定是它的驻点；但函数的驻点却不一定是它的极值点. 例如，函数 $f(x)=x^3$，$x=0$ 是它的驻点，但却不是它的极值点.

(2)函数在导数不存在的点处也可能取得极值. 例如，函数 $f(x)=|x|$ 在点 $x=0$ 处不可导，但函数在该点处取得极小值.

笔记

由上述结论可知，连续函数 $f(x)$ 的极值点只能是 $f(x)$ 的驻点或导数不存在的点，我们称这两种点为 $f(x)$ 的**可能极值点**. 怎样判别函数在可能极值点处究竟是否取得极值？如果取得极值，那么是极大值还是极小值？下面给出两个判别极值的充分条件.

定理 3(函数取得极值的第一充分条件) 设函数 $f(x)$ 在点 x_0 处连续，在 x_0 的某去心邻域 $\mathring{U}(x_0,\delta)$ 内可导，且 $f'(x_0)=0$ 或 $f'(x_0)$ 不存在，那么

(1) 若当 $x\in(x_0-\delta,x_0)$ 时，$f'(x)>0$，而当 $x\in(x_0,x_0+\delta)$ 时，$f'(x)<0$，则 $f(x)$ 在 x_0 处取得极大值；

(2) 若当 $x\in(x_0-\delta,x_0)$ 时，$f'(x)<0$，而当 $x\in(x_0,x_0+\delta)$ 时，$f'(x)>0$，则 $f(x)$ 在 x_0 处取得极小值；

(3) 若在 $(x_0-\delta,x_0)$ 与 $(x_0,x_0+\delta)$ 内总有 $f'(x)>0$[或 $f'(x)<0$]，则 $f(x)$ 在 x_0 处不取得极值.

根据定理 2 和定理 3，如果函数在所讨论的区间内连续，除个别点外处处可导，那么可以按下列步骤来求函数的极值点和极值：

(1) 求出函数 $f(x)$ 的定义域，并求出 $f'(x)$；

(2) 求出 $f(x)$ 的全部驻点与导数不存在的点；

(3) 判断 $f'(x)$ 在每个驻点和导数不存在的点两侧邻近的符号，以确定该点是否是极值点. 如果是极值点，进一步确定是极大值点还是极小值点；

(4) 求出各极值点的函数值，即得函数 $f(x)$ 的全部极值.

例 6 求函数 $f(x)=x^3-3x^2-9x+5$ 的极值.

解 函数的定义域为 $(-\infty,+\infty)$，且

$$f'(x)=3x^2-6x-9=3(x+1)(x-3).$$

令 $f'(x)=0$，得驻点 $x_1=-1$，$x_2=3$，没有使 $f'(x)$ 不存在的点. 列表如下：

x	$(-\infty,-1)$	-1	$(-1,3)$	3	$(3,+\infty)$
$f'(x)$	+	0	−	0	+
$f(x)$	递增	极大值	递减	极小值	递增

则 $x_1=-1$ 是函数 $f(x)$ 的极大值点，极大值是 $f(-1)=10$；$x_2=3$ 是函数 $f(x)$ 的极小值点，极小值是 $f(3)=-22$.

例 7 求函数 $f(x)=(x-1)\sqrt[3]{(x+4)^2}$ 的极值.

解 函数的定义域为 $(-\infty,+\infty)$，且

$$f'(x)=\frac{5(x+2)}{3\sqrt[3]{x+4}}\ (x\neq-4).$$

令 $f'(x)=0$，得驻点 $x_1=-2$. 又 $x_2=-4$ 为 $f'(x)$ 不存在的点. 列表如下：

x	$(-\infty,-4)$	-4	$(-4,-2)$	-2	$(-2,+\infty)$
$f'(x)$	+	不存在	−	0	+
$f(x)$	递增	极大值	递减	极小值	递增

则 $x_2=-4$ 是函数 $f(x)$ 的极大值点，极大值是 $f(-4)=0$；$x_1=-2$ 是函数 $f(x)$ 的极小值点，极小值是 $f(-2)=-3\sqrt[3]{4}$.

如果由函数 $f(x)$ 的导数 $f'(x)$ 不易确定它的驻点左右邻域内的符号，但 $f(x)$ 在驻点处的二阶导数存在且不为零时，那么可以利用下面的定理来判定该驻点是否为极值点.

笔记

定理 4(函数取得极值的第二充分条件) 设函数 $f(x)$ 在点 x_0 处具有二阶导数且 $f'(x_0)=0, f''(x_0)\neq 0$,那么

(1)当 $f''(x_0)<0$ 时,函数 $f(x)$ 在点 x_0 处取得极大值;

(2)当 $f''(x_0)>0$ 时,函数 $f(x)$ 在点 x_0 处取得极小值.

知识加油站

定理 4 中对 $f'(x_0)=0$ 且 $f''(x_0)=0$ 的情形没有给出结论. 在该情况下 $f(x)$ 在点 x_0 处可能有极大值,也可能有极小值,也可能没有极值. 因此,当函数在驻点处的二阶导数为零时,还得用一阶导数在驻点左右邻近的符号来判定.

例 8 求函数 $f(x)=-x^4+2x^2+12$ 的极值点和极值.

解 函数的定义域为 $(-\infty,+\infty)$,且

$$f'(x)=-4x^3+4x=-4x(x+1)(x-1), f''(x)=-4(3x^2-1).$$

令 $f'(x)=0$,得驻点 $x_1=-1, x_2=0, x_3=1$.

又因为

$$f''(-1)=-8<0, f''(0)=4>0, f''(1)=-8<0,$$

所以函数 $f(x)$ 的极大值点为 $x_1=-1, x_3=1$,极小值点为 $x_2=0$. 函数 $f(x)$ 的极大值是 $f(-1)=f(1)=13$,极小值是 $f(0)=12$.

例 9 求函数 $f(x)=(x^2-1)^3+1$ 的极值点与极值.

解 函数的定义域为 $(-\infty,+\infty)$,且

$$f'(x)=6x(x^2-1)^2, f''(x)=6(x^2-1)(5x^2-1).$$

令 $f'(x)=0$,得驻点 $x_1=-1, x_2=0, x_3=1$.

因为 $f''(0)=6>0$,所以 $x=0$ 为函数 $f(x)$ 的极小值点,极小值为 $f(0)=0$.

又因为 $f''(-1)=f''(1)=0$,所以用定理 4 无法判定. 考查一阶导数 $f'(x)$ 在驻点 $x_1=-1$ 和 $x_3=1$ 左右邻近的符号:

存在 $\delta>0$,使得当 $x\in(-1-\delta,-1)$ 时,$f'(x)<0$;当 $x\in(-1,-1+\delta)$ 时,$f'(x)<0$,从而当 $x\in\mathring{U}(-1,\delta)$ 时,$f'(x)$ 的符号没有改变,故 $f(x)$ 在 $x=-1$ 处没有极值. 同理,$f(x)$ 在 $x=1$ 处也没有极值.

三、函数的最值

函数的极值和最值一般是不同的. 函数的极值总是在区间内部进行讨论,是一个局部性概念. 而函数的最值问题是与极值有关的整体性问题,下面讨论函数最值(最大值和最小值)的求法.

设函数 $f(x)$ 在闭区间 $[a,b]$ 上连续,由闭区间上连续函数的性质(最值定理)可知,$f(x)$ 在 $[a,b]$ 上一定存在最大值和最小值. 其最大值和最小值可能在区间端点处取得,也可能在开区间 (a,b) 内取得. 若在 (a,b) 内取得,则最值点一定也是极值点,从而最值可能在驻点或导数不存在的点取得. 因此,可用按以下步骤求给定闭区间上函数的最值.

(1)在给定区间上求出函数所有可能的极值点:驻点和导数不存在的点;

(2)求出函数在所有驻点、导数不存在的点和区间端点的函数值;

(3)比较这些函数值的大小,最大者即为函数在该区间的最大值,最小者即为最小值.

笔记

例 10 求函数 $f(x)=x^4-8x^2+2$ 在闭区间$[-1,3]$上的最大值和最小值.

解 函数 $f(x)$在$[-1,3]$上连续,因此在$[-1,3]$上一定存在最大值和最小值.

$$f'(x)=4x^3-16x=4x(x+2)(x-2).$$

令 $f'(x)=0$,得 $f(x)$在$(-1,3)$内的驻点 $x_1=0,x_2=2$. 由于

$$f(0)=2,f(2)=-14,f(-1)=-5,f(3)=11,$$

比较可得,$f(x)$在$[-1,3]$上的最大值为 $f(3)=11$,最小值为 $f(2)=-14$.

例 11 要做一个上下均有底的圆柱形容器,容积是常数 V_0,问底半径 r 为多大时,容器的表面积最小?并求出此最小面积.

解 设容器的高度为 h,则容器的表面积为

$$S=2\pi r^2+2\pi rh.$$

由于 $V_0=\pi r^2 h$,从而得目标函数

$$S=2\pi r^2+\frac{2V_0}{r}(0<r<+\infty).$$

上式对 r 求导,可得

$$S'=4\pi r-\frac{2V_0}{r^2}=\frac{4\pi}{r^2}\left(r^3-\frac{V_0}{2\pi}\right),$$

令 $S'=0$,解得唯一驻点 $r=\sqrt[3]{\frac{V_0}{2\pi}}$.

由于最小表面积一定存在且驻点唯一,因此,当 $r=\sqrt[3]{\frac{V_0}{2\pi}}$ 时表面积最小,最小表面积为$3\sqrt[3]{2\pi V_0^2}$.

习题 3.3

1. 确定下列函数的单调区间.

(1) $f(x)=2x^3-6x^2-18x-7$;　　(2) $f(x)=\frac{2x}{1+x^2}$;

(3) $f(x)=\frac{e^x}{x+3}$;　　(4) $f(x)=\ln(x+\sqrt{4+x^2})$;

(5) $f(x)=x^2-\ln x$;　　(6) $f(x)=e^x-x-1$.

2. 利用函数的单调性证明下列不等式成立.

(1) 当 $x>0$ 时,$1+\frac{x}{2}>\sqrt{1+x}$;　　(2) 当 $0<x<\frac{\pi}{2}$时,$\tan x>x+\frac{1}{3}x^3$.

3. 求下列函数的极值.

(1) $f(x)=x^3-3x$;　　(2) $f(x)=x-\ln(1+x)$;

(3) $f(x)=x\sin x+\cos x$;　　(4) $f(x)=\frac{e^x}{3+x}$;

(5) $f(x)=x^{\frac{1}{x}}$;　　(6) $f(x)=|x|$.

4. 问 a 为何值时,函数 $f(x)=a\sin x+\frac{1}{3}\sin 3x$ 在 $x=\frac{\pi}{3}$处取得极值?它是极大值还是极小值?并求此极值.

笔记

5. 求下列函数在给定区间上的最值.

(1) $f(x)=2x^3-3x^2, x\in[-1,4]$;

(2) $f(x)=x+\sqrt{1-x}, x\in[-5,1]$;

(3) $f(x)=\ln(x^2+1), x\in[-1,2]$;

(4) $f(x)=2\tan x-\tan^2 x, x\in\left[0,\frac{\pi}{2}\right)$.

6. 要做一个底为正方形，容积为 108 m^2 的长方体无盖水箱，问：它的长、宽、高分别为多少时，才能使用料最省.

7. 将边长为 a 的一块正方形铁皮，4 个角各裁去一个大小相同的小正方形，然后将 4 个边折起做成一个无盖的方盒，问：裁掉的小正方形边长为多大时，方盒的容积最大.

第四节　曲线的凹凸性与拐点

一、曲线的凹凸性

函数的单调性对描绘函数的图形有很大的作用. 但是，仅仅知道这些，还不能比较准确地描绘函数的图形. 例如图 3-6 中有两条曲线弧，虽然它们都是上升的，但图形却显著不同，$\overset{\frown}{ACB}$是向上凸的曲线弧，而 $\overset{\frown}{ADB}$是向上凹的曲线弧，它们的凹凸性不同.

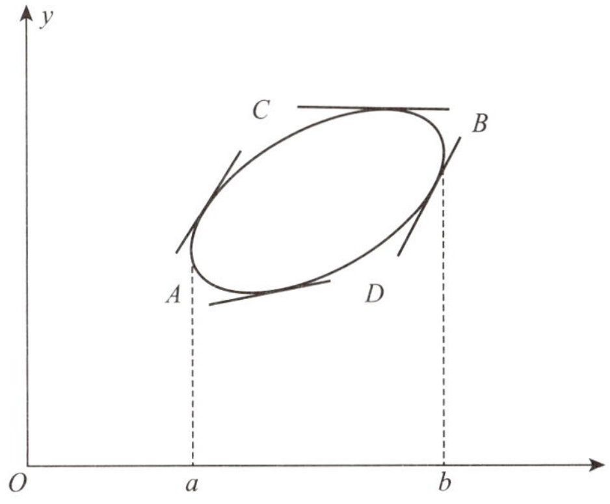

图 3-6

下面研究曲线的凹凸性及判断的方法.

从图 3-6 可以看出，$\overset{\frown}{ACB}$在区间 (a,b) 内是向上凸的曲线弧，此时 $\overset{\frown}{ACB}$位于该弧上任一点的切线的下方；$\overset{\frown}{ADB}$在区间 (a,b) 内是向上凹的曲线弧，此时，$\overset{\frown}{ADB}$位于该曲线弧上任一点的切线的上方.

下面给出曲线凹凸性的定义.

定义 1　一个可导函数 $y=f(x)$ 的图形，如果在区间 I 的曲线弧都位于其任一点的切线上方，那么此曲线弧在区间 I 是**凹的**；如果在区间 I 的曲线弧都位于其任一点的切线下方，那么此曲线弧在区间 I 上是**凸的**.

从图 3-6 还可看出，对于 $\overset{\frown}{ACB}$向上凸的曲线弧，切线的斜率随 x 的增大而减小，即函数 $f'(x)$ 为单调减少的；对于 $\overset{\frown}{ADB}$向上凹的曲线弧，切线斜率随 x 的增大而增大，也就是说，函数 $f'(x)$ 为单调增加的. 由此可见，曲线 $y=f(x)$ 的凹凸性可以用导

笔记

数 $f'(x)$ 的单调性来判定. 而 $f'(x)$ 的单调性又可由二阶导数 $f''(x)$ 的正负来判定, 故曲线 $y=f(x)$ 的凹凸性与 $f''(x)$ 的符号有关,下面给出曲线凹凸性的判定定理.

定理 设函数 $f(x)$ 在 $[a,b]$ 上连续, 在区间 (a,b) 内有二阶导数:

(1) 如果在区间 (a,b) 内, $f''(x)>0$,那么曲线 $y=f(x)$ 在区间 $[a,b]$ 内是凹的;

(2) 如果在区间 (a,b) 内, $f''(x)<0$, 那么曲线 $y=f(x)$ 在区间 $[a,b]$ 内是凸的.

证明从略.

例 1 判定曲线 $y=x^3-3x+1$ 的凹凸性.

解 函数的定义域为 $(-\infty,+\infty)$, $y'=3x^2-3$, $y''=6x$, 当 $x=0$ 时, $y''=0$, 用 $x=0$ 把 $(-\infty,+\infty)$ 分成两个小区间, 列表 (见表 3-1). 所以曲线在 $(-\infty,0)$ 内为向上凸的, 在 $(0,+\infty)$ 为向上凹的.

表 3-1

x	$(-\infty,0)$	0	$(0,+\infty)$
y''	$-$	0	$+$
y	凸		凹

例 2 判定曲线 $y=x^3$ 的凹凸性.

解 函数的定义域为 $(-\infty,+\infty)$, $y'=3x^2$, $y''=6x$, 当 $x<0$ 时, $y''<0$, 所以曲线在 $(-\infty,0)$ 内是凸的; 当 $x>0$ 时, $y''>0$,所以曲线在 $(0,+\infty)$ 内是凹的. 点 $(0,0)$ 是曲线由凸变凹的分界点, 如图 3-7 所示.

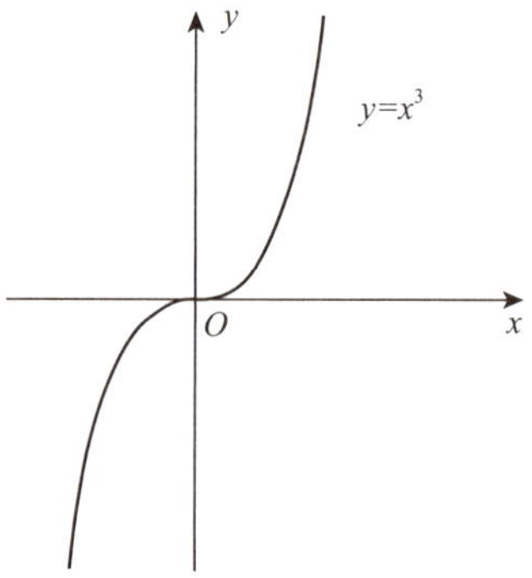

图 3-7

二、曲线的拐点

定义 2 连续曲线 $y=f(x)$ 上的凹弧与凸弧的分界点,称为**曲线的拐点**.

如何来寻找曲线 $y=f(x)$ 的拐点呢?

一般地,对于曲线 $y=f(x)$ 在点 x_0 两侧 $f''(x)$ 异号, 那么点 $(x_0,f(x_0))$ 就是一个拐点.

反之, 如果 $(x_0,f(x_0))$ 是曲线 $y=f(x)$ 的拐点, 二阶导数 $f''(x)$ 在 $x=x_0$ 有什么特点呢?

假若 $f''(x)$ 在区间 (a,b) 内连续, 因为 $f''(x)$ 在 $x=x_0$ 的两侧异号, 所以必然有 $f''(x_0)=0$; 假如 $f''(x)$ 在区间 (a,b) 内不连续, 则 $f(x)$ 的二阶导数不存在的点也可能是 $f''(x)$ 的符号在其两侧发生变化的点, 即 $f''(x_0)$ 可能不存在.

由此得到求曲线 $y=f(x)$ 拐点的步骤:

(1) 确定函数 $y=f(x)$ 的定义域;

笔记

(2) 求 $f''(x)$，找出 $f''(x)=0$ 的根或者 $f''(x)$ 不存在的点；

(3) 对于每一个这样的点 x_0，若 $f''(x)$ 在 x_0 的两侧异号，则 $(x_0,f(x_0))$ 是 $y=f(x)$ 的拐点；否则，$(x_0,f(x_0))$ 就不是拐点.

例 3　求曲线 $y=xe^{-x}$ 的凹凸区间和拐点.

解　函数的定义域为 $(-\infty,+\infty)$.

$y'=(1-x)e^{-x}$，$y''=(x-2)e^{-x}$，令 $y''=0$，得 $x=2$.

列表(表中的 $\cap$ 表示曲线是凸的，$\cup$ 表示曲线是凹的)，见表 3-2.

表 3-2

x	$(-\infty,2)$	2	$(2,+\infty)$
y''	$-$	0	$+$
y	$\cap$	拐点	$\cup$

所以，$(-\infty,2)$ 是曲线的凸区间，$(2,+\infty)$ 是曲线的凹区间，拐点为 $(2,0)$.

例 4　求曲线 $y=(x-2)^{\frac{5}{3}}$ 的凹凸区间和拐点.

解　函数的定义域为 $(-\infty,+\infty)$，$y'=\frac{5}{3}(x-2)^{\frac{2}{3}}$，$y''=\frac{10}{9}(x-2)^{-\frac{1}{3}}=\dfrac{\frac{10}{9}}{\sqrt[3]{x-2}}$.

当 $x=2$ 时，$y'=0$，y'' 不存在.

列表，见表 3-3.

表 3-3

x	$(-\infty,2)$	2	$(2,+\infty)$
y''	$-$	不存在	$+$
y	$\cap$	拐点	$\cup$

所以，$(-\infty,2)$ 是曲线的凸区间，$(2,+\infty)$ 是曲线的凹区间，拐点为 $(2,0)$.

习题 3.4

1. 判定下列各曲线的凹凸区间与拐点.

(1) $y=x^3(1-x)$；

(2) $y=\dfrac{x}{1+x^2}$；

(3) $y=\sqrt[3]{x}$.

2. 问当 a 和 b 为何值时，点 $(1,3)$ 为曲线 $y=ax^3+bx^2$ 的拐点.

3. 求函数 $y=\dfrac{x^2}{x^2+a^2}(a>0)$ 的凹凸区间和拐点.

本章小结

本章主要以罗尔定理和拉格朗日中值定理为理论基础，利用函数的一阶导数和二

笔记

阶导数对函数的主要变化性态进行了研究. 主要包括函数的单调性与极值，曲线的凹凸性与拐点，并在此基础上引申了函数的两个应用:求函数的最大值与最小值,描绘函数图形,并介绍了求函数不定式极限的一种重要方法——洛必达法则.

一、用洛必达法则求不定式的极限

不定式的主要类型有"$\frac{0}{0}$""$\frac{\infty}{\infty}$""$0\cdot\infty$""$\infty-\infty$""1^{∞}""∞^{0}""0^{0}"等. 洛必达法则是求不定式极限的重要方法，也是本节的重点. 要明确以下几个问题:

(1)用洛必达法则求"$\frac{0}{0}$""$\frac{\infty}{\infty}$"型 $\lim\frac{f(x)}{g(x)}$ 时,要注意定理中的条件，定理指出 $\lim\frac{f'(x)}{g'(x)}=A$ 或 $\lim\frac{f'(x)}{g'(x)}=\infty$ 时，才有 $\lim\frac{f(x)}{g(x)}=\lim\frac{f'(x)}{g'(x)}=A$（或为 ∞）. 如果 $\lim\frac{f'(x)}{g'(x)}$ 不存在，不能断言 $\lim\frac{f(x)}{g(x)}$ 不存在.

(2)其他类型的不定式，如"$0\cdot\infty$""$\infty-\infty$""1^{∞}""∞^{0}"等,必须先化为"$\frac{0}{0}$""$\frac{\infty}{\infty}$"型，再用洛必达法则.

(3)在应用洛必达法则的过程中,一些非零因子的极限可以先分离出来，以简化计算. 有时需对不定式作恒等变形,简化后再用洛必达法则,如对根式可适当有理化等.

二、函数的单调性及极值

关于函数单调性的判别法及函数极值的讨论问题，常见的有以下类型:

(1) 求函数 $f(x)$ 的单调区间. 根据 $f'(x)>0$ 和 $f'(x)<0$ 分别求出函数 $f(x)$ 单调递增区间和单调递减区间.

(2) 求函数 $f(x)$ 的极值. 先求出它的可能极值点（驻点和不可导点），再根据可能极值点两侧 $f'(x)$ 的正负号确定是否为函数的极值点.

三、求最大（小）值问题

这是在生产实践中常要涉及的问题. 先要将实际问题转化为数学问题,即建立数学模型，也就是先建立函数关系,再求函数的最大(小)值.

连续函数在区间 $[a,b]$ 上的最大（小）值，只能在驻点、导数不存在的点和区间的端点处取得,因此只需比较这些点处函数值的大小,就可得到函数的最大(小)值.

数学实验三:用 MATLAB 求极值

本章中我们学习了导数及其应用,下面一起学习用 MATLAB 求解函数极值. 在 MATLAB中没有直接求极值的函数,需要先绘制出 $f(x)$的图形,结合图形再利用求导函数 diff 等求解 $f(x)$的极值.

除了上述方法外,MATLAB 符号工具箱中也提供了函数 fminbnd 用来求一元函数的极小值点和极小值.

函数 fminbnd 的常用格式如下:

```
[xmin,fmin]= fminbnd(f,x1,x2)
```

参数说明 f 是目标函数的符号表达式，x1 和 x2 是区间端点，xmin 是[x1，x2]内的极小值点，fmin 是函数 f 在 xmin 处取得的极小值.

注 若要求函数 $f(x)$ 的极大值点和极大值，只需要求 $-f(x)$ 的极小值点和极小值.

例 1 求函数 $f(x)=x^3-6x^2+9x+3$ 在区间(0，4)内的极值.

解 输入命令：

```
syms x
f=x.^3-6*x.^2+9*x+3;
ezplot(f,[0,4]);          % 绘制 f 的图形
grid on                   % 添加网格
```

输出结果：

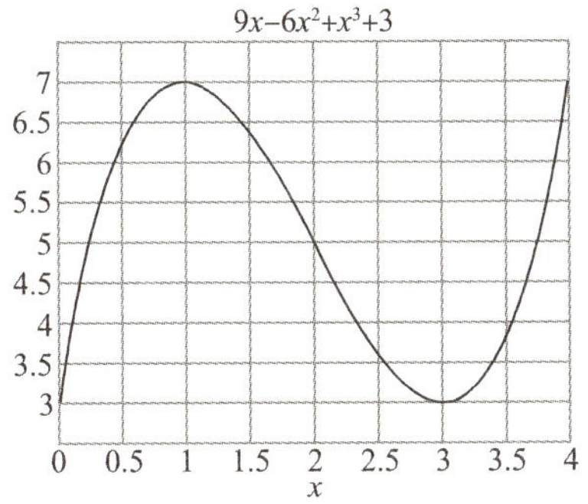

图 3-8

由图 3-8 可知，函数 $f(x)$ 在 1 附近存在极大值，在 3 内存在极小值.

继续输入命令：

```
df=diff(f);               % 利用函数 diff 求导
s=solve(df)               % 求 f 的驻点
jz=subs(f,s)              % 求 f 的极值
```

输出结果：

```
s =
     1
     3
jz =
     7
     3
```

由此可得，函数 $f(x)$ 在区间[0，4]上的极小值点为 $x_1=3$，极小值为 $f(3)=3$；极大值点为 $x_2=1$，极大值为 $f(1)=7$.

例 2 求函数 $f(x)=\ln(x^2+2)$ 在区间$[-1,2]$内的极值.

解 输入命令：

```
syms x
f='log(x^2+2)'
fmindbnd(f,-1,2)
ans=
   9.4803e-06
[x1,y1]=fmindbnd(f,-1,2)
x1=
   9.4803e-06
```

笔记

笔记

```
y1=
   0.6931
[x2,y2]=fminbnd('-log(x^2+2)',-1,2)
x2=
   2.0000
y2=
   -1.7917
```

极小值为 0.693 1,极大值为 −1.791 7.

复习题 3

1. 单项选择题.

(1)下列函数中,在给定区间上满足罗尔定理条件的是(　　).

A. $f(x)=x\ln(2-x), x\in[0,1]$

B. $f(x)=\begin{cases}x^2, 0\leqslant x<1,\\ 0, x=1\end{cases}$

C. $f(x)=1-\frac{1}{x^2}, x\in[-1,1]$

D. $f(x)=|x-1|, x\in[0,2]$

(2)函数 $f(x)=x\sqrt{2-x}$ 在 $[0,2]$ 上满足罗尔定理的 $\xi=$(　　).

A. 1　　B. $\frac{1}{2}$　　C. $\frac{4}{3}$　　D. $\frac{3}{4}$

(3) $f(x)=x(x-1)(x-3)(x-7)(x-9)$, 则 $f'(x)=0$ 在 $[0,10]$ 内根的个数为(　　).

A. 1　　B. 2　　C. 3　　D. 4

(4) 函数 $f(x)=\frac{1}{x}$ 满足拉格朗日中值定理条件的区间是(　　).

A. $[-2,2]$　　B. $[1,2]$　　C. $[-2,0]$　　D. $[0,1]$

(5) 函数 $f(x)=x-\ln(1+x)$ 在 $[0,1]$ 上满足拉格朗日定理的 $\xi=$(　　).

A. $1-\ln 2$　　B. $\frac{1}{\ln 2}-1$　　C. $1-\frac{1}{\ln 2}$　　D. $\frac{1}{\ln 2}$

(6) 如果函数 $f(x)$ 与 $g(x)$ 对于区间 (a,b) 内每一点都有 $f'(x)=g'(x)$, 则在 (a,b) 内必有(　　).

A. $f(x)=g(x)$

B. $f(x)=c_1, g(x)=c_2$ (c_1, c_2 为常数)

C. $f(x)=cg(x)$

D. $f(x)=g(x)+c$ (c 为常数)

(7)下列极限中能使用洛必达法则的是(　　).

A. $\lim\limits_{x\to\infty}\frac{\sin x}{x}$　　B. $\lim\limits_{x\to 0}\frac{x^2\sin\frac{1}{x}}{\sin x}$

C. $\lim\limits_{x\to\frac{\pi}{2}}\frac{\tan 5x}{\sin 3x}$　　D. $\lim\limits_{x\to+\infty}\frac{\ln(1+e^x)}{x}$

笔记

(8)当 $x<x_0$ 时，$f'(x)>0$；当 $x>x_0$ 时，$f'(x)<0$，则 x_0 必定为函数 $f(x)$ 的(　　).

A. 驻点　　B. 极小值点　　C. 极大值点　　D. 以上都不对

(9) 函数 $f(x)=\frac{1}{2}(e^x+e^{-x})$ 的极小值点为(　　).

A. 0　　B. -1　　C. 2　　D. 1

(10)若 $f'(x_0)=0, f''(x_0)=0$，则函数 $y=f(x)$ 在点 $x=x_0$ 处(　　).

A. 一定有极大值　　B. 一定有极小值

C. 不能确定是否有极值　　D. 一定没有极值

(11) 函数 $y=x+\sqrt{1-x}$ 在 $[-5,1]$ 上的最大值点为(　　).

A. $x=-5$　　B. $x=1$　　C. $x=\frac{3}{4}$　　D. $x=\frac{5}{8}$

(12) 曲线 $y=\frac{1}{3}x^3-x^2+1$ 的拐点是(　　).

A. $\left(1,\frac{1}{3}\right)$　　B. 不存在　　C. $x=1$　　D. $y=\frac{1}{3}$

2. 求下列极限.

(1) $\lim\limits_{x\to0}\frac{x(e^x-1)}{\cos x-1}$；　　(2) $\lim\limits_{x\to0}\frac{e^x-e^{-x}}{\sin x}$；

(3) $\lim\limits_{x\to0}\frac{\tan x-x}{x-\sin x}$；　　(4) $\lim\limits_{x\to+\infty}\frac{\ln\left(1+\frac{1}{x}\right)}{\operatorname{arccot} x}$；

(5) $\lim\limits_{x\to1}\left(\frac{x}{x-1}-\frac{1}{\ln x}\right)$.

3. 求函数 $f(x)=x-\frac{3}{2}x^{\frac{3}{2}}$ 的单调区间和极值.

4. 已知点 $(-1,2)$ 是曲线 $y=ax^3+bx^2-1$ 上的一个拐点，求 a 与 b 的值.

5. 在函数 $y=e^{-x^2}$ 的定义域求一个区间，使该函数在该区间内的曲线单调增加且向上凹.

6. 用直径为 d 的圆木切割成横断面为矩形的梁，其底为 b，高为 h，若梁的强度与 bh^2 成正比，梁的横断面尺寸如何确定强度最大？

7. 证明：当 $x<1$ 时，$e^x\leqslant\frac{1}{1-x}$.

8. 设 $f(x)=nx(1-x)^n$（n 为自然数），试求：

(1) $f(x)$ 在 $0\leqslant x\leqslant1$ 上的最大值 $M(n)$；

(2) $\lim\limits_{n\to\infty}M(n)$.

素养园地

沉默而闪光的基石——“两弹一星”功臣冯康的故事

曾任中国科学院党组书记的张劲夫在1999年5月6日《人民日报》发表的《关于中国科学院与“两弹一星”的回忆》一文中写道：“‘两弹一星’的真正功臣，还有原子能所的著名物理学家王淦昌，物理学家彭桓武、朱洪元，科学院的数学家关肇直和冯康……请历史记住他们！”是的，历史应该记住他们. 其中提到的冯康除了“两弹一星”功臣的身份，更是一位杰出的数学家，与华罗庚、陈省身组成了中国数学的“三驾马车”. 冯康投身“两弹一星”一直是个秘密，是沉默的基石，而中国科学院及其科学家，不也正是今日整

笔记

个中国的基石？必须向基石致敬，他们的故事沉默而闪光.

1965年5月，全国计算机会议在哈尔滨召开，冯康在会上正式作了“基于变分原理的差分方法”的报告，并将报告发表于1965年第4期《应用数学与计算数学》期刊上，题为“基于变分原理的差分格式”.

这一杰出的论文用高深的数学理论，在极其广泛的条件下，证明了基于变分原理的差分方法的收敛性和稳定性，建立起有限元方法严格的数学理论框架，为有限元方法的实际应用提供了可靠的理论基础，被西方学术界认为是中国学者先于西方创造了有限元方法理论的标志.

1981年，法国数学家，曾担任国际数学家联盟主席、法国科学院院长的利翁斯院士访问中国，对冯康和他领导的团队在1965年关于有限元方法的重大发现给予了高度的评价. 利翁斯在那年的世界数学大会上说：“冯康的有限元方法意义重大，中国学者在对外隔绝的环境下独立创始了有限元方法，在世界上属于最早之列. 今天这一贡献已为全人类所共享.”

1982年，冯康与利翁斯一起主持了“中法有限元讨论会”，冯康与弟子余德浩联名发表了论文《椭圆边值问题的正则积分方程及其数值解》. 这是“中法有限元讨论会”的两个最主要的报告之一. 同年，冯康获得特邀，在国际数学家大会上作45分钟报告，报告的题目就是“有限元方法与自然边界归化”. 国际数学家大会每4年举行一次，首届大会1897年在苏黎世举行，除两次世界大战期间外，未曾中断过，已成为高水平的全球性数学科学学术会议. 出席大会的数学家的人数，最多的一次是4 000多人，每次大会一般都邀请一批杰出数学家分别在大会作45分钟学术报告.

国际数学界认为，由冯康开创的有限元研究，在其后的数十年中，经捷克、美国、法国、意大利等许多学者的广泛参与，最终确定了有限元的逼近性质、逼近精度、有限元尺寸和多项式阶次的关系，使有限元方法实现质的飞跃. 在这些分析中，广义函数论、索伯列夫空间理论、偏微分方程的希尔伯特空间方法等现代数学理论都起着重要的作用. 而毋庸置疑的是，有限元法的发现，也让冯康成功步入世界级数学大师的殿堂.

2006年，英国牛津大学教授特列菲坦在他撰写的“数值”分析一文中，对计算数学的发展做了千年回顾，其重大成就的列表中第一项是“公元263年，高斯消元法. 刘徽、拉格朗日、高斯、雅可比.”第九项是“1943年，有限元法. 柯朗、冯康、克劳夫.”刘徽之后，第二个中国人的名字是冯康.

第四章

不定积分

一元函数微分学研究的基本问题是已知一个函数，求它的导数或微分. 在科学技术领域中，还常会遇到与此相反的问题，即已知一个函数的导数或微分，求原来的函数. 本章主要介绍不定积分的概念与性质，以及求不定积分的几个重要方法.

笔记

第一节　不定积分的概念与性质

在微分学中，我们讨论了求一个已知函数的导数（或微分）的问题，例如，变速直线运动中已知位移函数为 $s=s(t)$，则质点在时刻 t 的瞬时速度表示为 $v=s'(t)$. 实际上，在运动学中常常遇到相反的问题，即已知变速直线运动的质点在时刻 t 的瞬时速度 $v=v(t)$，求出质点的位移函数 $s=s(t)$. 从数学的角度来说，其实质就是已知一个函数的导函数，求该函数. 这种问题在自然科学和工程技术问题中普遍存在. 为了便于研究，我们引入以下概念.

一、原函数与不定积分的概念

定义 1　如果在区间 I 上，可导函数 $F(x)$ 的导函数为 $f(x)$，即对任一 $x\in I$，都有

$$F'(x)=f(x) \text{或} \mathrm{d}F(x)=f(x)\mathrm{d}x,$$

那么函数 $F(x)$ 就称为 $f(x)$ 在区间 I 上的**原函数**.

例如，$(\sin x)'=\cos x$，所以 $\sin x$ 是 $\cos x$ 在 $(-\infty,+\infty)$ 上的一个原函数. $(x^2)'=2x$，所以 x^2 是 $2x$ 在 $(-\infty,+\infty)$ 内的一个原函数.

一个函数具备什么样的条件，就一定存在原函数呢？这里我们给出一个充分条件.

定理 1　如果函数 $f(x)$ 在区间 I 上连续，那么在区间 I 上一定存在可导函数 $F(x)$，使对任意 $x\in I$ 都有

$$F'(x)=f(x).$$

简言之，连续函数一定有原函数. 由于初等函数在其定义区间上都是连续函数，所以初等函数在其定义区间上都有原函数.

关于原函数，不难得到下面的结论：

笔记

若 $F'(x)=f(x)$，则对于任意常数 C，$F(x)+C$ 都是 $f(x)$ 的原函数. 也就是说，一个函数如果存在原函数，则有无穷多个.

假设 $F(x)$ 和 $\phi(x)$ 都是 $f(x)$ 的原函数，则 $[F(x)-\phi(x)]'\equiv 0$，必有 $F(x)-\phi(x)=C$，即一个函数的任意两个原函数之间相差一个常数.

因此我们有如下的定理：

定理 2 若 $F(x)$ 是 $f(x)$ 在区间 I 上的一个原函数，那么 $f(x)$ 在区间 I 上任意一个原函数可以表示为 $F(x)+C$（C 为任意常数）.

定义 2 如果 $F(x)$ 是 $f(x)$ 的在区间 I 上的一个原函数，则 $f(x)$ 在区间 I 上带有任意常数的原函数 $F(x)+C$ 称为 $f(x)$ 在区间 I 上的不定积分，记作 $\int f(x)\mathrm{d}x$，即

$$\int f(x)\mathrm{d}x = F(x)+C.$$

其中 $\int$ 称为**积分号**，$f(x)$ 称为**被积函数**，$f(x)\mathrm{d}x$ 称为**被积表达式**，x 称为**积分变量**.

知识加油站

（1）不定积分和原函数是两个不同的概念，前者是个集合，后者是该集合中的一个元素.

（2）求不定积分，只需求出它的某一个原函数作为其无限个原函数的代表，再加上一个任意常数 C.

例 1 求 $\int e^x\mathrm{d}x$.

解 因为 $(e^x)'=e^x$，所以 $\int e^x\mathrm{d}x = e^x + C$.

例 2 求 $\int \frac{1}{x}\mathrm{d}x$.

解 由于 $x>0$ 时，$(8\ln x)'=\frac{1}{x}$，所以 $\ln x$ 是 $\frac{1}{x}$ 在 $(0,+\infty)$ 上的一个原函数，因此在 $(0,+\infty)$ 内，$\int \frac{1}{x}\mathrm{d}x = \ln x + C$.

又当 $x<0$ 时，$[\ln(-x)]'=\frac{1}{x}$，所以 $\ln(-x)$ 是 $\frac{1}{x}$ 在 $(-\infty,0)$ 上的一个原函数，因此在 $(-\infty,0)$ 内，$\int \frac{1}{x}\mathrm{d}x = \ln(-x)+C$.

综上，$\int \frac{1}{x}\mathrm{d}x = \ln|x|+C$.

例 3 设曲线过点 $(1,2)$，且其上任意一点处的切线斜率等于这点横坐标的两倍，求此曲线方程.

解 设所求的曲线方程为 $y=f(x)$，曲线上任意一点处的切线斜率为

$$\frac{\mathrm{d}y}{\mathrm{d}x}=2x.$$

因为 $\int 2x\mathrm{d}x = x^2+C$，故必有某个常数 C 使 $f(x)=x^2+C$，即曲线方程为 $y=x^2+C$. 因所求曲线过点 $(1,2)$，故

笔记

$$2=1+C, C=1.$$

于是所求曲线为

$$y=x^2+1.$$

二、不定积分的几何意义

设函数 $f(x)$ 是连续的，若 $F'(x)=f(x)$，则称曲线 $y=F(x)$ 是函数 $f(x)$ 的一条积分曲线. 因此不定积分 $\int f(x)\mathrm{d}x = F(x)+C$ 在几何上表示被积函数的一族积分曲线.

积分曲线族具有如下特点(如图 4-1)：

(1)积分曲线族中任意一条曲线都可由其中某一条平移得到；

(2)积分曲线上在横坐标相同的点处的切线的斜率是相同的，即在这些点处对应的切线都是平行的.

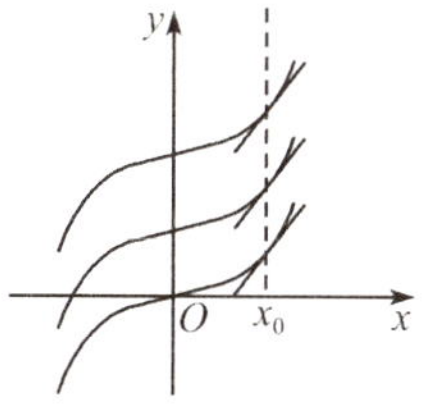

图 4-1

三、不定积分的性质

根据不定积分的定义，在不定积分存在的前提下，不定积分有如下两个性质.

性质 1　(1) $\left[\int f(x)\mathrm{d}x\right]'=f(x)$ 或 $\mathrm{d}\left[\int f(x)\mathrm{d}x\right]=f(x)\mathrm{d}x$.

(2) $\int F'(x)\mathrm{d}x = F(x)+C$ 或 $\int \mathrm{d}F(x) = F(x)+C$.

性质 2　设函数 $f(x)$ 和 $g(x)$ 的原函数存在，则

$$\int[f(x)\pm g(x)]\mathrm{d}x = \int f(x)\mathrm{d}x \pm \int g(x)\mathrm{d}x.$$

注　性质 2 对于有限个函数的都是成立的.

性质 3　设函数 $f(x)$ 的原函数存在，k 为非零的常数，则

$$\int kf(x)\mathrm{d}x = k\int f(x)\mathrm{d}x.$$

习题 4.1

1. 填空.

(1) ________ $'=1, \int \mathrm{d}x =$ ________；

(2) d ________ $= \mathrm{e}^x\mathrm{d}x, \int \mathrm{e}^x\mathrm{d}x =$ ________；

(3) ________ $'=x, \int x\mathrm{d}x =$ ________.

笔记

2. 验证下列各式.

(1) $\int(3x^2+2x+1)\mathrm{d}x=x^3+x^2+x+C$;

(2) $\int \mathrm{e}^{-x}\mathrm{d}x=-\mathrm{e}^{-x}+C$.

3. 设曲线上任意点处的切线的斜率等于该点的横坐标，又知该曲线过原点，求此曲线方程.

4. 填空.

(1)若函数 $f(x)$ 的一个原函数为 $\ln x$，则一阶导数 $f'(x)=$______.

(2) 若不定积分 $\int f(x)\mathrm{d}x=2\sin\frac{x}{2}+C$，则 $f(x)=$______.

(3) 若 $f(x)$ 有一个原函数是 $\sin x$，则 $\int f'(x)\mathrm{d}x=$______.

(4) 不定积分 $\int \mathrm{d}\sin\sqrt{x}=$______.

(5) 已知一阶导数 $\left[\int f(x)\mathrm{d}x\right]'=\sqrt{1+x^2}$，则一阶导数值 $f'(1)=$______.

第二节　不定积分的直接积分法

由定义可知，求原函数或不定积分与求导数或求微分互为逆运算，我们把求不定积分的运算称为积分运算. 既然积分运算与微分运算是互逆的，那么很自然地从导数公式可以得到相应的积分公式.

类似可以得到其他积分公式，下面一些积分公式称为**基本积分公式**.

(1) $\int k\mathrm{d}x=kx+C$（k 是常数）.

(2) $\int x^{\mu}\mathrm{d}x=\frac{x^{\mu+1}}{\mu+1}+C\ (\mu\neq-1)$.

(3) $\int\frac{1}{x}\mathrm{d}x=\ln|x|+C$.

(4) $\int\sin x\mathrm{d}x=-\cos x+C$.

(5) $\int\cos x\mathrm{d}x=\sin x+C$.

(6) $\int\frac{1}{\cos^2 x}\mathrm{d}x=\int\sec^2 x\mathrm{d}x=\tan x+C$.

(7) $\int\frac{1}{\sin^2 x}\mathrm{d}x=\int\csc^2 x\mathrm{d}x=-\cot x+C$.

(8) $\int\sec x\tan x\mathrm{d}x=\sec x+C$.

(9) $\int\csc x\cot x\mathrm{d}x=-\csc x+C$.

(10) $\int\frac{1}{1+x^2}\mathrm{d}x=\arctan x+C$，$\int-\frac{1}{1+x^2}\mathrm{d}x=\operatorname{arccot} x+C$.

笔记

(11) $\int \frac{1}{\sqrt{1-x^2}}dx = \arcsin x + C, \int -\frac{1}{\sqrt{1-x^2}}dx = \arccos x + C$.

(12) $\int e^x dx = e^x + C$.

(13) $\int a^x dx = \frac{a^x}{\ln a} + C$.

以上 13 个基本积分公式是求不定积分的基础，必须牢记.

定义　利用不定积分的基本积分分式和性质直接求函数的不定积分的方法称为**直接积分法**.

例 1　求 $\int \sqrt{x}(x^2-5)dx$.

解　$\int \sqrt{x}(x^2-5)dx = \int (x^{\frac{5}{2}} - 5x^{\frac{1}{2}})dx = \int x^{\frac{5}{2}}dx - \int 5x^{\frac{1}{2}}dx$

$= \int x^{\frac{5}{2}}dx - 5\int x^{\frac{1}{2}}dx = \frac{2}{7}x^{\frac{7}{2}} - \frac{10}{3}x^{\frac{3}{2}} + C$.

知识加油站

在进行不定积分的计算时，两个不定积分应该各含一个积分常数，但由于任意常数的和仍为任意常数，所以在整个不定积分的运算结果中只需写一个任意常数 C 即可.

例 2　求 $\int \left(\frac{3}{1+x^2} - \frac{2}{\sqrt{1-x^2}}\right)dx$.

解　$\int \left(\frac{3}{1+x^2} - \frac{2}{\sqrt{1-x^2}}\right)dx = 3\int \frac{1}{1+x^2}dx - 2\int \frac{1}{\sqrt{1-x^2}}dx$

$= 3\arctan x - 2\arcsin x + C$.

例 3　求 $\int \frac{2x^2+1}{x^2(x^2+1)}dx$.

解　原式 $= \int \frac{(x^2+1)+x^2}{x^2(x^2+1)}dx = \int \frac{x^2+1}{x^2(x^2+1)}dx + \int \frac{x^2}{x^2(x^2+1)}dx$

$= \int \frac{dx}{x^2} + \int \frac{1}{x^2+1}dx = -\frac{1}{x} + \arctan x + C$.

例 4　求 $\int 2^x e^x dx$.

解　原式 $= \int (2e)^x dx = \frac{1}{\ln 2e}(2e)^x + C = \frac{2^x e^x}{1+\ln 2} + C$.

例 5　求 $\int \tan^2 x dx$.

解　$\int \tan^2 x dx = \int (\sec^2 x - 1)dx = \tan x - x + C$.

知识加油站

在进行不定积分的计算时，有时需要把被积函数做适当的变形，然后再利用不定积分的基本积分公式及性质进行计算.

笔记

例 6 求不定积分 $\int\left(\sqrt{1-x^2}+\frac{x^2}{\sqrt{1-x^2}}\right)dx$.

解 $\int\left(\sqrt{1-x^2}+\frac{x^2}{\sqrt{1-x^2}}\right)dx$

$=\int\left(\frac{1-x^2}{\sqrt{1-x^2}}+\frac{x^2}{\sqrt{1-x^2}}\right)dx$

$=\int\frac{1}{\sqrt{1-x^2}}dx=\arcsin x+C.$

例 7 求不定积分 $\int\frac{1}{x^2(1+x^2)}dx$.

解 $\int\frac{1}{x^2(1+x^2)}dx=\int\frac{(1+x^2)-x^2}{x^2(1+x^2)}dx$

$=\int\left(\frac{1}{x^2}-\frac{1}{1+x^2}\right)dx$

$=-\frac{1}{x}-\arctan x+C.$

例 8 求不定积分 $\int\frac{1}{\sin^2 x\cos^2 x}dx$.

解 $\int\frac{1}{\sin^2 x\cos^2 x}dx$

$=\int\frac{\sin^2 x+\cos^2 x}{\sin^2 x\cos^2 x}dx$

$=\int\frac{1}{\cos^2 x}dx+\int\frac{1}{\sin^2 x}dx$

$=\int\sec^2 x dx+\int\csc^2 x dx$

$=\tan x-\cot x+C.$

例 9 求 $\int\sin^2\frac{x}{2}dx$.

解 $\int\sin^2\frac{x}{2}dx=\int\frac{1}{2}(1-\cos x)dx=\frac{1}{2}\int(1-\cos x)dx$

$$=\frac{1}{2}\left(\int dx-\int\cos x dx\right)=\frac{1}{2}(x-\sin x)+C.$$

例 10 求 $\int\frac{1}{1+\sin x}dx$.

解 $\int\frac{1}{1+\sin x}dx=\int\frac{1-\sin x}{(1+\sin x)(1-\sin x)}dx=\int\frac{1-\sin x}{\cos^2 x}dx$

$$=\int(\sec^2 x-\sec x\tan x)dx=\tan x-\sec x+C.$$

知识加油站

积分运算的结果是否正确，可以通过它的逆运算（求导）来检验，如果它的导函数等于被积函数，那么积分结果是正确的，否则是错误的.

笔记

习题 4.2

1. 求下列不定积分.

(1) $\int \frac{1}{x^4}dx$；　　(2) $\int x\sqrt[3]{x}\,dx$；

(3) $\int (x^3+x^2+2)dx$；　　(4) $\int \frac{1+x^2+x}{x(1+x^2)}dx$；

(5) $\int \left(2e^x-\frac{3}{x}\right)dx$；　　(6) $\int \frac{\cos 2x dx}{\cos x-\sin x}$.

2. 填空题.

(1)已知一阶导数 $f'(x)=\sqrt{x\sqrt{x}}$，则函数 $f(x)=$________.

(2) 若不定积分 $\int f(\ln x)dx=\frac{1}{2}x^2+c$，则不定积分 $\int f(x)dx=$________.

(3)已知复合函数 $f\left(x+\frac{1}{x}\right)=x^2+\frac{1}{x^2}$，则不定积分 $\int f(x)dx=$________.

3. 求下列不定积分.

(1) $\int 10^x\cdot 2^{3x}dx$；　　(2) $\int \frac{x^2}{1+x^2}dx$；

(3) $\int (x^e-e^x+e^e)dx$；　　(4) $\int (\tan x+\cot x)^2dx$；

(5) $\int e^{x+1}dx$；　　(6) $\int \frac{e^{2x}-1}{e^x+1}dx$.

第三节　换元积分法

上一节介绍了利用基本积分公式与积分性质的直接积分法，这种方法所能计算的不定积分是非常有限的. 因此，有必要进一步研究不定积分的求法. 这一节，我们将介绍不定积分的最基本也是最重要的方法——换元积分法，简称换元法. 其基本思想是利用变量替换，使得被积表达式变形为基本积分公式中的形式，从而计算不定积分.

换元法通常分为两类，下面首先讨论第一类换元积分法.

一、第一类换元积分法

利用直接积分法能解决的积分运算是十分有限的，例如，积分 $\int \ln x dx$，$\int \cos 2x dx$ 等就不能用上述方法求解，因此，有必要寻求其他的积分方法. 例如，想求 $\int \cos 2x dx$，基本积分公式里只有 $\int \cos x dx=\sin x+C$，它的特点是被积表达式中函数符号“cos”下的变量 x 与微分号“d”下的变量 x 是相同的，而 $\int \cos 2x dx$ 不具备此特点，因此不

笔记

能直接运用上述公式去计算它，而 $\int \cos 2x\mathrm{d}x = \frac{1}{2}\int \cos 2x\mathrm{d}2x$，令 $2x = u$，则有

$$\int \cos 2x\mathrm{d}x = \frac{1}{2}\int \cos 2x\mathrm{d}2x = \frac{1}{2}\int \cos u\mathrm{d}u = \frac{1}{2}\sin u + C.$$

再将 u 换成 $2x$，得

$$\int \cos 2x\mathrm{d}x = \frac{1}{2}\sin 2x + C.$$

不难验证，$\frac{1}{2}\sin 2x$ 的确是 $\cos 2x$ 的一个原函数. 上述积分方法是通过改变积分变量，使所求的积分化为能直接利用基本积分公式求解的一种积分方法.

定理 1 设 $f(u)$ 具有原函数 $f(u)$，$u=\varphi(x)$ 可导，则有换元公式

$$\int f(\varphi(x))\varphi'(x)\mathrm{d}x = \left[\int f(u)\mathrm{d}u\right]_{u=\varphi(x)}.$$

知识加油站

由此定理可见，虽然不定积分 $\int f[\varphi(x)]\varphi'(x)\mathrm{d}x$ 是一个整体的记号，但从形式上看，被积表达式中的 $\mathrm{d}x$ 也可以当作自变量 x 的微分对待. 从而微分等式 $\varphi'(x)\mathrm{d}(x)=\mathrm{d}u$ 可以方便地应用到被积表达式中.

例 1 求 $\int 3\mathrm{e}^{3x}\mathrm{d}x$.

解 $\int 3\mathrm{e}^{3x}\mathrm{d}x = \int \mathrm{e}^{3x}\cdot(3x)'\mathrm{d}x = \int \mathrm{e}^{3x}\mathrm{d}(3x) = \int \mathrm{e}^{u}\mathrm{d}u = \mathrm{e}^{u} + C$，

最后，将变量 $u=3x$ 代入，即得

$$\int 3\mathrm{e}^{3x}\mathrm{d}x = \mathrm{e}^{3x} + C.$$

根据例 1 第一类换元公式求不定积分可分以下步骤：

(1)将被积函数中的简单因子凑成复合函数中间变量的微分；

(2)引入中间变量作换元；

(3)利用基本积分公式计算不定积分；

(4)变量还原.

显然最重要的是第一步——凑微分，所以第一类换元积分法通常也称为**凑微分法**.

例 2 求 $\int (3x+2)^2\mathrm{d}x$.

解 被积函数 $(3x+2)^2$ 是复合函数，中间变量 $u=3x+2$，$(3x+2)'=3$，这里缺少了中间变量 u 的导数 3，可以通过改变系数凑出这个因子：

$$\int (3x+2)^2\mathrm{d}x = \int \frac{1}{3}\cdot(3x+2)^2\cdot(3x+2)'\mathrm{d}x = \frac{1}{3}\int (3x+2)^2\mathrm{d}(3x+2)$$
$$= \frac{1}{3}\int u^2\mathrm{d}u = \frac{1}{3}\cdot\frac{u^3}{3} + C = \frac{(3x+2)^3}{9} + C.$$

例 3 求 $\int \frac{x}{x^2+a^2}\mathrm{d}x$.

解 $\frac{1}{x^2+a^2}$ 为复合函数，$u=x^2+a^2$ 是中间变量，且 $(x^2+a^2)'=2x$，

笔记

$$\int \frac{x}{x^2+a^2}dx=\frac{1}{2}\int \frac{1}{x^2+a^2}\cdot(x^2+a^2)'dx=\frac{1}{2}\int \frac{1}{x^2+a^2}d(x^2+a^2)$$
$$=\frac{1}{2}\int \frac{1}{u}du=\frac{1}{2}\ln|u|+C=\frac{1}{2}\ln(x^2+a^2)+C.$$

注　熟悉掌握第一类换元法后，可以将整个过程简化为两步完成.

例 4　求 $\int x\sqrt{1-x^2}dx$.

解　$\int x\sqrt{1-x^2}dx=-\frac{1}{2}\int \sqrt{1-x^2}d(1-x^2)=-\frac{1}{3}(1-x^2)^{\frac{3}{2}}+C$.

知识加油站

如果被积表达式中出现 $f(ax+b)dx$，$f(ax^n+b)\cdot x^{n-1}dx$，通常做如下相应的凑微分：

$$f(ax+b)dx=\frac{1}{a}f(ax+b)d(ax+b),$$
$$f(ax^n+b)x^{n-1}dx=\frac{1}{a}\cdot\frac{1}{n}f(ax^n+b)d(ax^n+b).$$

例 5　求 $\int \frac{1}{x(1+2\ln x)}dx$.

解　因为 $\frac{1}{x}dx=d\ln x$，亦即 $\frac{1}{x}dx=\frac{1}{2}d(1+2\ln x)$，所以

$$\int \frac{1}{x(1+2\ln x)}dx=\int \frac{1}{1+2\ln x}d\ln x=\frac{1}{2}\int \frac{1}{1+2\ln x}d(1+2\ln x)$$
$$=\frac{1}{2}\ln|1+2\ln x|+C.$$

例 6　求 $\int \frac{2^{\arctan x}}{1+x^2}dx$.

解　因为 $\frac{1}{1+x^2}dx=d\arctan x$，所以

$$\int \frac{2^{\arctan x}}{1+x^2}dx=\int 2^{\arctan x}d\arctan x=\frac{2^{\arctan x}}{\ln 2}+C.$$

例 7　求 $\int \frac{\sin\sqrt{x}}{2\sqrt{x}}dx$.

解　因为 $\frac{1}{2\sqrt{x}}dx=d\sqrt{x}$，所以

$$\int \frac{\sin\sqrt{x}}{2\sqrt{x}}dx=\int \sin\sqrt{x}\,d\sqrt{x}=-\cos\sqrt{x}+C.$$

在例 4 至例 7 中，没有引入中间变量，而是直接凑微分. 下面是根据基本微分公式推导出的常用的凑微分公式.

(1) $\frac{1}{\sqrt{x}}dx=2d\sqrt{x}$.

(2) $\frac{1}{x^2}dx=-d\frac{1}{x}$.

笔记

(3) $\frac{1}{x}dx = d\ln|x|$.

(4) $e^x dx = de^x$.

(5) $\cos x dx = d\sin x$.

(6) $\sin x dx = -d\cos x$.

(7) $\frac{1}{\cos^2 x}dx = \sec^2 x dx = d\tan x$.

(8) $\frac{1}{\sin^2 x}dx = \csc^2 x dx = -d\cot x$.

(9) $\frac{1}{\sqrt{1-x^2}}dx = d(\arcsin x) = -d(\arccos x)$.

(10) $\frac{1}{1+x^2}dx = d(\arctan x) = -d(\text{arccot } x)$.

在积分的运算中，被积函数有时还需要做适当的代数式或三角函数式的恒等变形后，再用第一类换元积分法求解.

例 8 求 $\int \frac{1}{a^2+x^2}dx$.

解 将函数变形 $\frac{1}{a^2+x^2} = \frac{1}{a^2} \cdot \frac{1}{1+\left(\frac{x}{a}\right)^2}$，由 $dx = a d\frac{x}{a}$，所以得到

$$\int \frac{1}{a^2+x^2}dx = \frac{1}{a}\int \frac{1}{1+\left(\frac{x}{a}\right)^2} d\frac{x}{a} = \frac{1}{a}\arctan\frac{x}{a} + C.$$

例 9 求 $\int \frac{1}{\sqrt{a^2-x^2}}dx$.

解 $\int \frac{1}{\sqrt{a^2-x^2}}dx = \frac{1}{a}\int \frac{1}{\sqrt{1-\left(\frac{x}{a}\right)^2}}dx = \int \frac{1}{\sqrt{1-\left(\frac{x}{a}\right)^2}}d\left(\frac{x}{a}\right)$

$$= \arcsin\frac{x}{a} + C.$$

例 10 求 $\int \tan x dx$.

解 $\int \tan x dx = \int \frac{\sin x dx}{\cos x} = \int \frac{-d\cos x}{\cos x} = -\ln|\cos x| + C$.

同理，我们可以推得 $\int \cot x dx = \ln|\sin x| + C$.

例 11 求 $\int \sin^3 x dx$.

解 $\int \sin^3 x dx = \int \sin^2 x \sin x dx = -\int \sin^2 x d\cos x = -\int (1-\cos^2 x) d\cos x$

$$= -\cos x + \frac{1}{3}\cos^3 x + C.$$

例 12 求 $\int \sin^5 x \cos^3 x dx$.

解 $\int \sin^5 x \cos^3 x dx = \int \sin^5 x \cos^2 x \cos x dx = \int \sin^5 x \cos^2 x d\sin x$

笔记

$$= \int \sin^5 x(1-\sin^2 x)\mathrm{d}\sin x = \int(\sin^5 x - \sin^7 x)\mathrm{d}\sin x$$

$$= \frac{1}{6}\sin^6 x - \frac{1}{8}\sin^8 x + C.$$

例 13　求 $\int \sin^2 x\mathrm{d}x$.

解　$\int \sin^2 x\mathrm{d}x = \int \frac{1-\cos 2x}{2}\mathrm{d}x = \frac{1}{2}x - \frac{1}{4}\sin 2x + C$.

例 14　求 $\int \sec x\mathrm{d}x$.

解　$\int \sec x\mathrm{d}x = \int \frac{1}{\cos x}\mathrm{d}x = \int \cos^{-1} x\mathrm{d}x = \int \cos^{-2} x\mathrm{d}\sin x = \int \frac{1}{1-\sin^2 x}\mathrm{d}\sin x$

$$= \frac{1}{2}\ln\left|\frac{\sin x+1}{\sin x-1}\right| + C = \ln|\sec x + \tan x| + C.$$

同理，我们可以推得 $\int \csc x\mathrm{d}x = \ln|\csc x - \cot x| + C$.

知识加油站

对形如 $\int \sin^m x\cos^n x\mathrm{d}x$ 的积分，如果 m,n 中有奇数，取奇次幂的底数（如 n 是奇数，则取 $\cos x$）与 $\mathrm{d}x$ 凑微分，那么被积函数一定能够变形为关于另一个底数的多项式函数，从而可以顺利地计算出不定积分；如果 m,n 均为偶数，则利用倍角（半角）公式降幂，直至将三角函数降为一次幂，再逐项积分.

例 15　求 $\int \sin 2x\cos 3x\mathrm{d}x$.

解　$\int \sin 2x\cos 3x\mathrm{d}x = \frac{1}{2}\int \sin 5x\mathrm{d}x - \frac{1}{2}\int \sin x\mathrm{d}x = -\frac{1}{10}\cos 5x + \frac{1}{2}\cos x + C$

$$= \frac{1}{2}\cos x - \frac{1}{10}\cos 5x + C.$$

一般地，对于形如下列形式

$$\int \sin mx\cos nx\mathrm{d}x,$$

$$\int \sin mx\sin nx\mathrm{d}x,$$

$$\int \cos mx\cos nx\mathrm{d}x$$

的积分（$m \neq n$），先将被积函数用三角函数积化和差公式进行恒等变形后，再逐项积分.

例 16　求 $\int \frac{1}{x^2-a^2}\mathrm{d}x$.

解　因为 $\frac{1}{x^2-a^2} = \frac{1}{(x-a)(x+a)} = \frac{1}{2a}\left(\frac{1}{x-a} - \frac{1}{x+a}\right)$，

所以

$$\int \frac{1}{x^2-a^2}\mathrm{d}x = \frac{1}{2a}\int\left(\frac{1}{x-a} - \frac{1}{x+a}\right)\mathrm{d}x = \frac{1}{2a}\left(\int \frac{1}{x-a}\mathrm{d}x - \int \frac{1}{x+a}\mathrm{d}x\right)$$

$$= \frac{1}{2a}\left(\int \frac{1}{x-a}\mathrm{d}(x-a) - \int \frac{1}{x+a}\mathrm{d}(x+a)\right)$$

笔记

$$=\frac{1}{2a}(\ln|x-a|-\ln|x+a|)+C=\frac{1}{2a}\ln\left|\frac{x-a}{x+a}\right|+C.$$

知识加油站

例 16 是一个有理函数$\left[\text{形如}\frac{P(x)}{Q(x)}\text{的函数称为有理函数},P(x),Q(x)\text{均为多项式}\right]$的积分，将有理函数分解成更简单的部分分式的形式，然后逐项积分.

二、第二类换元积分法

定理 2 设 $x=\psi(t)$ 是单调可导的函数，并且 $\psi'(t)\neq 0$，又设 $f[\psi(t)]\psi'(t)$ 具有原函数，则有换元公式，

$$\int f(x)\mathrm{d}x=\left[\int f(\psi(t))\psi'(t)\mathrm{d}t\right]_{t=\psi^{-1}(x)},$$

其中，$\psi^{-1}(x)$ 是 $x=\psi(t)$ 的反函数.

第二类换元积分法的证明

利用第二类换元法进行积分，重要的是找到恰当的函数 $x=\psi(t)$ 代入被积函数中，将被积函数化简成较容易的积分，并且在求出原函数后将 $t=\psi^{-1}(x)$ 还原. 常用的换元法主要有三角函数代换法、简单无理函数代换法、倒代换法和指数代换法.

1. 三角函数代换法

例 17 求 $\int\sqrt{a^2-x^2}\,\mathrm{d}x\ (a>0)$.

解 设 $x=a\sin t, t\in\left(-\frac{\pi}{2},\frac{\pi}{2}\right)$，$\sqrt{a^2-x^2}=a\cos t$，$\mathrm{d}x=a\cos t\mathrm{d}t$，

于是 $\int\sqrt{a^2-x^2}\,\mathrm{d}x=\int a\cos t\cdot a\cos t\mathrm{d}t=a^2\int\cos^2 t\mathrm{d}t=\frac{a^2}{2}t+\frac{a^2}{2}\sin t\cos t+C.$

因为 $x=a\sin t, t\in\left(-\frac{\pi}{2},\frac{\pi}{2}\right)$，所以 $t=\arcsin\frac{x}{a}$，

为求出 $\cos t$，利用 $\sin t=\frac{x}{a}$ 作辅助三角形(图 4-2)，求得 $\cos t=\frac{\sqrt{a^2-x^2}}{a}$，

所以 $\int\sqrt{a^2-x^2}\,\mathrm{d}x=\frac{a^2}{2}\arcsin\frac{x}{a}+\frac{1}{2}x\sqrt{a^2-x^2}+C.$

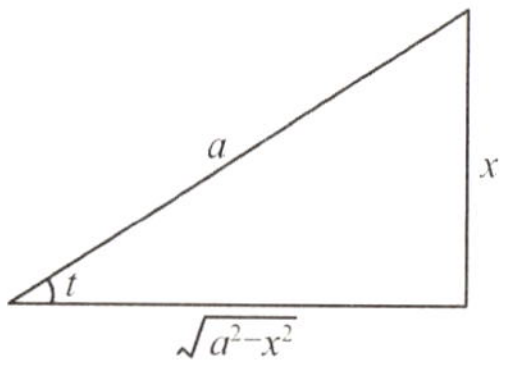

图 4-2

例 18 求 $\int\frac{\mathrm{d}x}{\sqrt{x^2+a^2}}\ (a>0)$.

解 令 $x=a\tan t, t\in\left(-\frac{\pi}{2},\frac{\pi}{2}\right)$，$\mathrm{d}x=a\sec^2 t\mathrm{d}t$，

$$\int\frac{\mathrm{d}x}{\sqrt{x^2+a^2}}=\int\frac{1}{a}\cos t\cdot a\sec^2 t\,\mathrm{d}t=\int\sec t\mathrm{d}t=\ln|\sec t+\tan t|+C.$$

笔记

利用 $\tan t=\frac{x}{a}$ 作辅助三角形(图 4-3),求得 $\sec t=\frac{\sqrt{x^2+a^2}}{a}$,$t\in\left(-\frac{\pi}{2},\frac{\pi}{2}\right)$.

所以 $\int\frac{dx}{\sqrt{x^2+a^2}}=\ln\left(\frac{x}{a}+\frac{\sqrt{x^2+a^2}}{a}\right)+C_1=\ln(x+\sqrt{x^2+a^2})+C$.

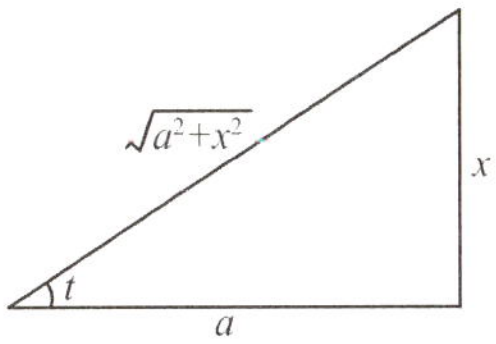

图 4-3

例 19　求 $\int\frac{dx}{\sqrt{x^2-a^2}}(a>0)$.

解　当 $x>a$ 时,令 $x=a\sec t$,$t\in\left(0,\frac{\pi}{2}\right)$,$dx=a\sec t\cdot\tan t dt$,

$$\int\frac{dx}{\sqrt{x^2-a^2}}=\int\frac{1}{a}\cdot\cot t\cdot a\sec t\cdot\tan t dt=\int\sec t dt=\ln|\sec t+\tan t|+C_1.$$

利用 $\cos t=\frac{a}{x}$ 作辅助三角形(图 4-4),求得 $\tan t=\frac{\sqrt{x^2-a^2}}{a}$,

所以 $\int\frac{dx}{\sqrt{x^2-a^2}}=\ln\left|\frac{x}{a}+\frac{\sqrt{x^2-a^2}}{a}\right|+C_1=\ln(x+\sqrt{x^2-a^2})+C,(C=C_1-\ln a)$

.

当 $x<-a$ 时,令 $x=-u$,则 $u>a$,由上面的结果,得

$$\int\frac{dx}{\sqrt{x^2-a^2}}=-\int\frac{du}{\sqrt{u^2-a^2}}=-\ln(u+\sqrt{u^2-a^2})+C_2=-\ln(-x+\sqrt{x^2-a^2})+C_2$$

$$=\ln(-x-\sqrt{x^2-a^2})+C(C=C_2-2\ln a).$$

综上所述,

$$\int\frac{dx}{\sqrt{x^2-a^2}}=\ln|x+\sqrt{x^2-a^2}|+C.$$

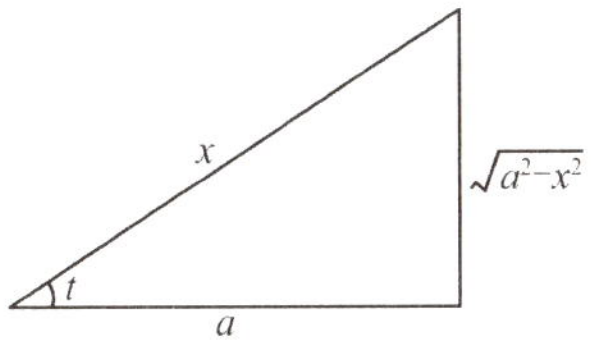

图 4-4

知识加油站

当被积函数含有形如$\sqrt{a^2-x^2}$,$\sqrt{a^2+x^2}$,$\sqrt{x^2-a^2}$的二次根式时,可以作相应的换元:$x=a\sin t$,$x=a\tan t$,$x=\pm a\sec t$ 将根号化去.但是具体解题时,要根据被积函数的具体情况,选取尽可能简捷的代换,不能只局限于以上三种代换.

2.简单无理函数代换法

例 20　求 $\int\frac{dx}{1+\sqrt{x}}$.

笔记

解 令 $u=\sqrt{x}$，$x=u^2$，$\mathrm{d}x=2u\mathrm{d}u$，

$$\int\frac{\mathrm{d}x}{1+\sqrt{x}}=\int\frac{2u\mathrm{d}u}{1+u}=2\int\left(1-\frac{1}{1+u}\right)\mathrm{d}u=2u-2\ln|1+u|+C$$
$$=2\sqrt{x}-2\ln(1+\sqrt{x})+C.$$

例 21 求 $\int\frac{\mathrm{d}x}{(1+\sqrt[3]{x})\sqrt{x}}$.

解 被积函数中出现了两个不同的根式，为了同时消去这两个根式，可以作如下代换：

令 $t=\sqrt[6]{x}$，则 $x=t^6$，$\mathrm{d}x=6t^5\mathrm{d}t$，从而

$$\int\frac{\mathrm{d}x}{(1+\sqrt[3]{x})\sqrt{x}}=\int\frac{6t^5}{(1+t^2)t^3}\mathrm{d}t=6\int\frac{t^2}{1+t^2}\mathrm{d}t=6\int\left(1-\frac{1}{1+t^2}\right)\mathrm{d}t$$
$$=6(t-\arctan t)+C=6(\sqrt[6]{x}-\arctan\sqrt[6]{x})+C.$$

例 22 求 $\int\frac{1}{x^2}\sqrt{\frac{1+x}{x}}\mathrm{d}x$.

解 为了去掉根式，作如下代换：

$t=\sqrt{\frac{1+x}{x}}$，则 $x=\frac{1}{t^2-1}$，$\mathrm{d}x=-\frac{2t}{(t^2-1)^2}\mathrm{d}t$，从而

$$\int\frac{1}{x^2}\sqrt{\frac{1+x}{x}}\mathrm{d}x=\int(t^2-1)^2t\cdot\frac{-2t}{(t^2-1)^2}\mathrm{d}t=-2\int t^2\mathrm{d}t$$
$$=-\frac{2}{3}t^3+C=-\frac{2}{3}\left(\frac{1+x}{x}\right)^{\frac{3}{2}}+C.$$

知识加油站

一般的，如果积分具有如下形式

(1) $\int R(x,\sqrt[n]{ax+b})\mathrm{d}x$，则作变换 $t=\sqrt[n]{ax+b}$；

(2) $\int R(x,\sqrt[n]{ax+b},\sqrt[m]{ax+b})\mathrm{d}x$，则作变换 $t=\sqrt[p]{ax+b}$，其中 p 是 m,n 的最小公倍数；

(3) $\int R\left(x,\sqrt[n]{\frac{ax+b}{cx+d}}\right)\mathrm{d}x$，则作变换 $t=\sqrt[n]{\frac{ax+b}{cx+d}}$.

运用这些变换就可以将被积函数中的根式去掉，被积函数就化为有理函数.

3. 倒代换法

在被积函数中如果出现分式函数，而且分母的次数大于分子的次数，可以尝试利用倒代换法，即令 $x=\frac{1}{t}$，利用此代换，常常可以消去被积函数中分母中的变量因子 x.

例 23 求 $\int\frac{\mathrm{d}x}{x(x^6+1)}$.

解 令 $x=\frac{1}{t}$，$\mathrm{d}x=-\frac{1}{t^2}\mathrm{d}t$，

$$\int\frac{\mathrm{d}x}{x(x^6+1)}=\int\frac{-\frac{1}{t^2}\mathrm{d}t}{\frac{1}{t}\cdot\left(\frac{1}{t^6}+1\right)}=-\int\frac{t^5}{1+t^6}\mathrm{d}t=-\frac{1}{6}\int\frac{\mathrm{d}(t^6+1)}{1+t^6}=-\frac{1}{6}\ln|1+t^6|+C$$

笔记

$$=-\frac{1}{6}\ln\left(1+\frac{1}{x^6}\right)+C.$$

例 24　求 $\int\frac{\sqrt{a^2-x^2}}{x^4}dx$.

解　设 $x=\frac{1}{t}$，则 $dx=-\frac{1}{t^2}dt$，

$$\int\frac{\sqrt{a^2-x^2}}{x^4}dx=\int\frac{\sqrt{a^2-\frac{1}{t^2}}}{\frac{1}{t^4}}\left(-\frac{1}{t^2}\right)dt=-\int(a^2t^2-1)^{\frac{1}{2}}\,|t|\,dt,$$

当 $x>0$ 时，有

$$\int\frac{\sqrt{a^2-x^2}}{x^4}dx=-\frac{1}{2a^2}\int(a^2t^2-1)^{\frac{1}{2}}d(a^2t^2-1)=-\frac{(a^2-x^2)^{\frac{3}{2}}}{3a^2x^3}+C.$$

$x<0$ 时，结果相同.

本例也可用三角代换法，请读者自行求解.

4. 指数代换

例 25　求 $\int\frac{dx}{e^x(e^{2x}+1)}$.

解　设 $e^x=t$，则 $dx=\frac{1}{t}dt$，于是

$$\int\frac{dx}{e^x(e^{2x}+1)}=\int\frac{1}{t^2(1+t^2)}dt$$

$$=\int\left(\frac{1}{t^2}-\frac{1}{1+t^2}\right)dt=-\frac{1}{t}-\arctan t+C=-e^{-x}-\arctan e^x+C.$$

知识加油站

本节例题中，有些积分会经常遇到，通常也被当作公式使用. 承接上一节的基本积分公式，将常用的积分公式再添加几个($a>0$)：

(1) $\int\tan x dx=-\ln|\cos x|+C$；

(2) $\int\cot x dx=\ln|\sin x|+C$；

(3) $\int\csc dx=\ln|\csc x-\cot x|+C$；

(4) $\int\sec x dx=\ln|\sec x+\tan x|+C$；

(5) $\int\frac{1}{a^2+x^2}dx=\frac{1}{a}\arctan\frac{x}{a}+C$；

(6) $\int\frac{1}{x^2-a^2}dx=\frac{1}{2a}\ln\left|\frac{x-a}{x+a}\right|+C$；

(7) $\int\frac{1}{\sqrt{a^2-x^2}}dx=\arcsin\frac{x}{a}+C(a>0)$；

(8) $\int\frac{dx}{\sqrt{x^2+a^2}}=\ln(x+\sqrt{x^2+a^2})+C$；

(9) $\int\frac{dx}{\sqrt{x^2-a^2}}=\ln|x+\sqrt{x^2-a^2}|+C$.

笔记

例 26 求$\int\frac{dx}{\sqrt{5+4x-x^2}}$.

解 $\int\frac{dx}{\sqrt{5+4x-x^2}}=\int\frac{d(x-2)}{\sqrt{3^2-(x-2)^2}}=\arcsin\frac{x-2}{3}+C$.

例 27 求$\int\frac{dx}{\sqrt{4x^2+9}}$.

解 $\int\frac{dx}{\sqrt{4x^2+9}}=\frac{1}{2}\int\frac{d2x}{\sqrt{(2x)^2+3^2}}=\frac{1}{2}\ln(2x+\sqrt{4x^2+9})+C$.

例 28 求$\int\frac{dx}{\sqrt{x^2-2x-3}}$.

解 $\int\frac{dx}{\sqrt{x^2-2x-3}}=\int\frac{d(x-1)}{\sqrt{(x-1)^2-2^2}}=\ln|x-1+\sqrt{x^2-2x-3}|+C$.

例 29 求$\int\frac{x^3}{(x^2-2x+2)^2}dx$.

解 被积函数为有理函数，且分母为二次质因式的平方，把二次质因式进行配方：$(x-1)^2+1$，令$x-1=\tan t, t\in\left(-\frac{\pi}{2},\frac{\pi}{2}\right)$，则

$$x^2-2x+2=\sec^2 t, dx=\sec^2 t dt.$$

所以

$$\begin{aligned}\int\frac{x^3}{(x^2-2x+2)^2}dx&=\int\frac{(1+\tan t)^3}{\sec^4 t}\cdot\sec^2 t dt\\&=\int\cos^2 t(1+\tan t)^3 dt=\int\frac{(\sin t+\cos t)^3}{\cos t}dt\\&=\int(\sin^3 t\cos^{-1} t+3\sin^2 t+3\sin t\cos t+\cos^2 t)dt\\&=-\ln\cos t-\cos^2 t+2t-\sin t\cos t+C.\end{aligned}$$

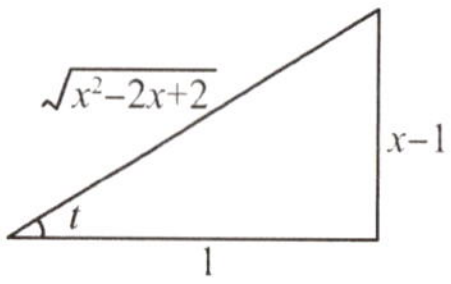

图 4-5

按照变换$x-1=\tan t, t\in\left(-\frac{\pi}{2},\frac{\pi}{2}\right)$作辅助三角形(图 4-5)，则有

$$\cos t=\frac{1}{\sqrt{x^2-2x+2}}, \sin t=\frac{x-1}{\sqrt{x^2-2x+2}},$$

于是

$$\int\frac{x^3}{(x^2-2x+2)^2}dx=\frac{1}{2}\ln(x^2-2x+2)+2\arctan(x-1)-\frac{x}{x^2-2x+2}+C.$$

习题 4.3

1. 求下列不定积分.

(1) $\int\sqrt[3]{1+2x}\,dx$；　　(2) $\int\frac{x}{x^2+1}dx$；

笔记

(3) $\int \frac{\ln^5 x}{x}dx$；　(4) $\int e^{\cos x}\sin x dx$；

(5) $\int \frac{1}{4+x^2}dx$；　(6) $\int \frac{1}{\sqrt{4-x^2}}dx$；

(7) $\int \frac{1}{4-x^2}dx$；　(8) $\int \sin^3 x dx$；

(9) $\int \csc^4 x dx$.

2.求下列不定积分.

(1) $\int \frac{\sqrt{x}}{1+\sqrt{x}}dx$；　(2) $\int \frac{1}{x+\sqrt[3]{x^2}}dx$；

(3) $\int \frac{1}{\sqrt[6]{x^5}+\sqrt{x}}dx$；　(4) $\int \frac{\sqrt{1-x^2}}{x^2}dx$.

3.求下列不定积分.

(1) $\int \frac{1}{1+e^x}dx$；　(2) $\int \frac{1}{e^{-x}+e^x}dx$；

(3) $\int \frac{3x^2-2}{x^3-2x+1}dx$；　(4) $\int (e^{2x}+2e^{3x}+2)e^x dx$.

4.填空题.

(1) 若函数 $F(x)$ 可导，且一阶导数 $F'(x)=f(x)$，则不定积分 $\int f(e^x)e^x dx=$ ________.

(2) 已知不定积分 $\int f(x)dx=F(x)+C$，则不定积分 $\int F(x)f(x)dx=$ ________.

(3) 已知函数 $f(x)$ 的一阶导数 $f'(x)$ 连续，则 $\int \frac{f'(x)}{\sqrt{f(x)}}dx=$ ________.

(4) 已知函数 $f(x)$ 连续，若令变量 $t=\sqrt[3]{3x-1}$，则不定积分 $\int f(\sqrt[3]{3x-1})dx$ 为________.

(5) 设 $\int f(x)dx=e^x+C$，则 $\int xf(1-x^2)dx=$ ________.

5. 已知 $\int f(x)dx=\sqrt{1-x^2}+C$，求：

(1) $\int e^{-x}f(e^{-x})dx$；

(2) $\int \frac{f'(\ln x)}{x}dx$.

第四节　分部积分法

前面学习了换元积分法.但如果遇到被积函数为相对简单的不同函数的乘积时，用直接积分法或换元积分法并不是十分有效，此时就需要用到不定积分的另外一种方法——分部积分法.

笔记

设函数 $u=u(x)$ 和 $v=v(x)$ 具有连续导数，则两个函数乘积的导数公式为

$$(uv)'=u'v+uv',$$

移项后得

$$uv'=(uv)'-u'v.$$

两边同时求不定积分，可得下述定理.

定理 1 设函数 $u=u(x)$，$v=v(x)$ 具有连续的导数，则

$$\int u\mathrm{d}v = uv - \int v\mathrm{d}u. \tag{4-3-1}$$

证明 微分公式 $\mathrm{d}(uv)=u\mathrm{d}v-v\mathrm{d}u$ 两边积分得

$$uv=\int u\mathrm{d}v-\int v\mathrm{d}u,$$

移项后得

$$\int u\mathrm{d}v = uv - \int v\mathrm{d}u.$$

我们把公式(4-3-1)称为**分部积分公式**. 它可以将不易求解的不定积分 $\int u\mathrm{d}v$ 转化成另一个易于求解的不定积分 $\int v\mathrm{d}u$.

例 1 求 $\int x\cos x\mathrm{d}x$.

解 根据分部积分公式，首先要选择 u 和 $\mathrm{d}v$，显然有两种方式，我们不妨先设 $u=x$，$\cos x\mathrm{d}x=\mathrm{d}v$，即 $v=\sin x$，则

$$\int x\cos \mathrm{d}x = \int x\mathrm{d}\sin x = x\sin x - \int \sin x\mathrm{d}x = x\sin x + \cos x + C.$$

采用这种选择方式，积分很顺利地被积出，但是如果做如下的选择：

设 $u=\cos x$，$x\mathrm{d}x=\mathrm{d}v$，即 $v=\frac{1}{2}x^2$，则

$$\int x\cos x\mathrm{d}x = \frac{1}{2}\int \cos x\mathrm{d}x^2 = \frac{1}{2}x^2\cos x - \frac{1}{2}\int x^2\sin x\mathrm{d}x,$$

比较原积分 $\int x\cos x\mathrm{d}x$ 与新得到的积分 $\frac{1}{2}\int x^2\sin x\mathrm{d}x$，显然后面的积分变得更加复杂，难以解出.

知识加油站

由此可见，利用分部积分公式的关键是恰当地选择 u 和 $\mathrm{d}v$. 如果选择不当，就会使原来的积分变得更加复杂.

在选取 u 和 $\mathrm{d}v$ 时一般考虑以下两点：

(1) v 要容易求得；

(2) $\int v\mathrm{d}u$ 要比 $\int u\mathrm{d}v$ 容易求得.

例 2 求 $\int x\mathrm{e}^x\mathrm{d}x$.

解 令 $u=x$，$\mathrm{e}^x\mathrm{d}x=\mathrm{d}v$，$v=\mathrm{e}^x$，则

$$\int x\mathrm{e}^x\mathrm{d}x = \int x\,\mathrm{d}\mathrm{e}^x = x\mathrm{e}^x - \int \mathrm{e}^x\mathrm{d}x = x\mathrm{e}^x - \mathrm{e}^x + C.$$

笔记

例 3　求 $\int x^2 e^x dx$.

解　令 $u=x^2, e^x dx=dv, v=e^x$，则利用分部积分公式得

$$\int x^2 e^x dx = \int x^2 de^x = x^2 e^x - \int e^x dx^2 = x^2 e^x - 2\int xe^x dx,$$

这里运用了一次分部积分公式后，虽然没有直接将积分积出，但是 x 的幂次比原来降了一次，$\int xe^x dx$ 显然比 $\int x^2 e^x dx$ 容易积出，根据例 2，我们可以继续运用分部积分公式，从而得到

$$\begin{aligned}\int x^2 e^x dx &= x^2 e^x - 2\int xe^x dx = x^2 e^x - 2\int x de^x \\ &= x^2 e^x - 2(xe^x - e^x) + C \\ &= e^x(x^2 - 2x + 2) + C.\end{aligned}$$

例 4　求 $\int x\ln x dx$.

解　令 $u=\ln x, xdx=\frac{1}{2}dx^2, v=\frac{1}{2}x^2$，则

$$\begin{aligned}\int x\ln x dx &= \int \frac{1}{2}\ln x dx^2 = \frac{1}{2}\left(x^2\ln x - \int x^2 \cdot \frac{1}{x}dx\right) = \frac{1}{2}\left(x^2\ln x - \frac{1}{2}x^2\right) + C \\ &= \frac{x^2\ln x}{2} - \frac{1}{4}x^2 + C.\end{aligned}$$

在分部积分公式运用比较熟练后，就不必具体写出 u 和 dv，只要把被积表达式写成 $\int u dv$ 的形式，直接套用分部积分公式即可.

例 5　求 $\int x\arctan x dx$.

解　$$\begin{aligned}\int x\arctan x dx &= \frac{1}{2}\int \arctan x dx^2 = \frac{1}{2}\left(x^2\arctan x - \int \frac{x^2}{1+x^2}dx\right) \\ &= \frac{1}{2}(x^2\arctan x - x + \arctan x) + C.\end{aligned}$$

知识加油站

当被积函数是幂函数与对数函数或反三角函数的乘积时，对数函数或反三角函数在 d 的前面，幂函数置于 d 的后面.

下面再来举几个比较典型的分部积分的例子.

例 6　求 $\int e^x \sin x dx$.

解　（方法一）$$\begin{aligned}\int e^x \sin x dx &= \int \sin x de^x = e^x \sin x - \int e^x \cos x dx \\ &= e^x \sin x - \int \cos x de^x \\ &= e^x \sin x - e^x \cos x - \int e^x \sin x dx,\end{aligned}$$

所以 $\int e^x \sin x dx = \frac{1}{2}e^x(\sin x - \cos x) + C$.

笔记

（方法二）$\int e^x \sin x dx = \int e^x d(-\cos x) = e^x(-\cos x) + \int \cos x d(e^x)$

$$=-e^x\cos x + \int \cos x e^x dx = -e^x \cos x + \int e^x d\sin x$$

$$=-e^x\cos x + e^x\sin x - \int \sin x de^x$$

$$=-e^x\cos x + e^x \sin x - \int e^x \sin x dx,$$

所以 $\int e^x \sin x dx = \frac{1}{2}e^x(\sin x - \cos x) + C$.

当被积函数是指数函数与正（余）弦函数的乘积时，任选一种函数凑微分，经过两次分部积分后，会还原到原来的积分形式，只是系数发生了变化，我们往往称它为**"循环法"**，但要注意两次凑微分函数的选择要一致.

例 7 求 $\int \sec^3 x dx$.

解 $\int \sec^3 x dx = \int \sec x d\tan x = \sec x \cdot \tan x - \int \sec x \cdot \tan^2 x dx$

$$=\sec x \cdot \tan x + \int \sec x dx - \int \sec^3 x dx,$$

利用 $\int \sec x dx = \ln|\sec x + \tan x| + C_1$ 并解方程得

$$\int \sec^3 x dx = \frac{1}{2}(\sec x \cdot \tan x + \ln|\sec x + \tan x|) + C.$$

在求不定积分的过程中，有时需要同时使用换元法和分部积分法.

例 8 求 $\int e^{\sqrt{x}} dx$.

解 令 $t=\sqrt{x}, x=t^2, dx=2tdt$,

$$\int e^{\sqrt{x}}dx = \int e^t 2tdt = \int 2tde^t = 2te^t - 2\int e^t dt = 2te^t - 2e^t + C = 2\sqrt{x}e^{\sqrt{x}} - 2e^{\sqrt{x}} + C.$$

例 9 求 $\int \cos(\ln x)dx$.

解 令 $t=\ln x, x=e^t, dx=e^t dt$,

$$\int \cos(\ln x)dx = \int \cos t \cdot e^t dt = \frac{1}{2}e^t(\sin t + \cos t) + C = \frac{x}{2}(\sin \ln x + \cos \ln x) + C.$$

下面再看一个抽象函数的例子.

例 10 已知 $f(x)$ 的一个原函数是 $\frac{\sin x}{x}$，求 $\int x f'(x)dx$？

解 因为 $f(x)$ 的一个原函数是 $\frac{\sin x}{x}$，所以 $\int f(x)dx = \frac{\sin x}{x} + C$，

且 $f(x) = \left(\frac{\sin x}{x}\right)' = \frac{x\cos x - \sin x}{x^2}$. 从而

原式 $= \int x f'(x)dx = \int x d[f(x)] = xf(x) - \int f(x)dx = \frac{x\cos x - 2\sin x}{x} + C$.

习题 4.4

1. 求下列不定积分.

(1) $\int \ln(x^2+1)dx$;　　(2) $\int \arctan x dx$;

笔记

(3) $\int x^2 \ln x \mathrm{d}x$；　　(4) $\int x^2 \arctan x \mathrm{d}x$.

2. 求下列不定积分.

(1) $\int x\sin 2x \mathrm{d}x$；　　(2) $\int x \mathrm{e}^{-x} \mathrm{d}x$；

(3) $\int x^2 \cos x \mathrm{d}x$；　　(4) $\int \cos \sqrt{x} \mathrm{d}x$.

3. 求下列不定积分.

(1) $\int x^3 \mathrm{e}^{x^2} \mathrm{d}x$；　　(2) $\int \ln^2 x \mathrm{d}x$；

(3) $\int \mathrm{e}^{2x} \cos \mathrm{e}^x \mathrm{d}x$；　　(4) $\int \frac{x \mathrm{e}^x}{(1+x)^2} \mathrm{d}x$；

(5) $\int \mathrm{e}^{2x}(\tan x+1)^2 \mathrm{d}x$.

4. 填空题.

若函数 $\frac{\ln x}{x}$ 为 $f(x)$ 的一个原函数，则不定积分 $\int xf(x)\mathrm{d}x =$ ________.

本章小结

本章的基本内容有原函数、不定积分等概念，直接积分法、换元积分法、分部积分法等计算方法.

(1)原函数与不定积分是两个不同的概念，它们之间有着密切的联系. 对于定义在某区间上的函数 $f(x)$，若存在函数 $F(x)$，使得该区间上的每一点 x 处都有 $F'(x)=f(x)$，则称 $F(x)$ 是 $f(x)$在该区间上的一个原函数. 而表达式 $F(x)+C$ 称为 $f(x)$ 的不定积分.

(2)换元积分法是把原来的被积表达式做适当的换元，使之化为适合基本积分公式表中的某一形式，再求出不定积分的方法.

(1) 第一类换元积分法：令 $u=u(x)$

若已知 $\int f(x)\mathrm{d}x = F(x)+C$，则有 $\int f[\varphi(x)]\varphi'(x)\mathrm{d}x = F[\varphi(x)]+C$.

(2) 第二类换元积分法：令 $x=\varphi(t)$，常用于被积函数含 $\sqrt{a^2 \pm x^2}$ 或 $\sqrt{x^2-a^2}$ 等形式.

(3)分部积分法. 设 $u=u(x)$，$v=v(x)$ 是可微函数，且 $u'(x)\cdot v(x)$ 或 $u(x)\cdot v'(x)$ 有原函数，则有分部积分法的公式 $\int u\mathrm{d}v = uv - \int v\mathrm{d}u$.

数学实验四：用 MATLAB 求不定积分

本节，我们将应用 MATLAB 命令来求解不定积分. MATLAB 符号运算工具箱提供了 int 函数来求函数的不定积分，该函数的调用格式为：

笔记

int(fx,x) %求函数 f(x)关于 x 的不定积分

例 1 求不定积分 $I=\int \frac{x+1}{\sqrt[3]{3x+1}}dx$.

解 在命令窗口输入以下相关代码并运行

```
syms  x
f=(x+1)/(3*x+1)^(1/3);
y=int(f)
y=((3*x+1)^(2/3)*(3*x+6))/15
```

例 2 求不定积分 $\int \sqrt{a^2-x^2}dx(a>0)$.

解 在命令窗口输入以下代码并运行.

```
syms  a  x
assume(a>0)
f=(a*a-x*x)^(1/2);
int(f,x)
ans=(a^2*asin(x/a))/2+(x*(a^2-x^2)^(1/2))/2.
```

复习题 4

1. 单项选择题.

(1) 若 $\ln x(x>0)$ 是函数 $f(x)$ 的原函数,那么 $f(x)$ 的另一个原函数是( ).

A. $\ln ax(a>0,x>0)$ B. $\frac{1}{a}\ln x(x>0)$

C. $\ln(x+a)(x+a>0)$ D. $\frac{1}{2}(\ln x)^2(x>0)$

(2) 设 $f'(x)$ 存在且连续,则 $\left[\int df(x)\right]'=$( ).

A. $f(x)+C$ B. $f'(x)$

C. $f(x)$ D. $f'(x)+C$

(3) 设 $\int f(x)dx=F(x)+c$,则 $\int xf(x^2)dx=$( ).

A. $2F(x^2)+C$ B. $\frac{1}{2}F(x^2)+C$

C. $F(x)+C$ D. $\frac{1}{x}F(x^2)+C$

(4) 设 $f(x)$ 的一个原函数为 e^{-x},则 $\int \frac{f(\ln x)}{x}dx=$( ).

A. $x+C$ B. $\ln\ln x+C$

C. $\frac{1}{2}(\ln x)^2+C$ D. $\frac{1}{x}+C$

(5) $\int \frac{1}{\sin^2 x\cos^2 x}dx=$( ).

A. $\cot x+\tan x+C$ B. $\cot x-\tan x+C$

笔记

C. $-2\cot 2x+C$　　　　D. $2\cot 2x+C$

2. 填空题.

(1) 若 $\int f(x)\mathrm{d}x=x\mathrm{e}^x+c$，则 $f(x)=$ ________.

(2) $\int \mathrm{d}f(x)=$ ________.

(3) $\left[\int \sin x^2\mathrm{d}x\right]'=$ ________.

(4) 设 $f'(\ln x)=1+2\ln x$，且 $f(0)=1$，则 $f(x)=$ ________.

(5) 已知不定积分 $\int f(x)\mathrm{d}x=F(x)+C$，其中原函数 $F(x)>0$，则不定积分 $\int \frac{f(x)}{F(x)}\mathrm{d}x=$ ________.

3. 计算下列不定积分.

(1) $\int\left(x^2+\sqrt{x}+\frac{1}{x}\right)\mathrm{d}x$；　　(2) $\int \frac{1}{1+\cos 2x}\mathrm{d}x$；

(3) $\int\left(\sin\frac{x}{2}+\cos\frac{x}{2}\right)^2\mathrm{d}x$；　　(4) $\int\left(\frac{1}{x}-\frac{1}{\sqrt[3]{x^2}}\right)\mathrm{d}x$；

(5) $\int \frac{(x+1)(x+2)}{x}\mathrm{d}x$；　　(6) $\int(10^{10}-10^x+\mathrm{e}^x)\mathrm{d}x$；

(7) $\int 2^x3^x\mathrm{d}x$；　　(8) $\int \frac{1+2x^2}{x^2(1+x^2)}\mathrm{d}x$.

4. 用第一类换元法求下列不定积分.

(1) $\int \mathrm{e}^{-x}\mathrm{d}x$；　　(2) $\int \frac{1}{x+1}\mathrm{d}x$；

(3) $\int \sin\frac{x}{4}\mathrm{d}x$；　　(4) $\int \frac{x}{\sqrt{1-x^2}}\mathrm{d}x$；

(5) $\int \frac{1}{\sqrt{x}(1+x)}\mathrm{d}x$；　　(6) $\int \frac{1}{\sqrt{x}}\mathrm{e}^{-\sqrt{x}}\mathrm{d}x$；

(7) $\int \frac{1}{x\ln x}\mathrm{d}x$；　　(8) $\int \frac{\mathrm{e}^x}{1+\mathrm{e}^{2x}}\mathrm{d}x$；

(9) $\int \frac{2^{\frac{1}{x}}}{x^2}\mathrm{d}x$；　　(10) $\int(\tan x-1)^2\sec^2x\mathrm{d}x$；

(11) $\int \frac{\sqrt{\arcsin x}}{\sqrt{1-x^2}}\mathrm{d}x$；　　(12) $\int \frac{1}{(1+x^2)(\arctan x)^2}\mathrm{d}x$.

5. 用第二类换元法求下列不定积分.

(1) $\int \frac{1}{x+\sqrt[3]{x}}\mathrm{d}x$；　　(2) $\int \frac{1}{1+\sqrt{2x+1}}\mathrm{d}x$；

(3) $\int \frac{1}{\sqrt[3]{x^2}+\sqrt{x}}\mathrm{d}x$；　　(4) $\int \sqrt{\mathrm{e}^x-1}\mathrm{d}x$；

(5) $\int \sqrt{x^2-9}\mathrm{d}x$.

笔记

6. 用分部积分法求下列不定积分.

(1) $\int \arctan \frac{1}{x} \mathrm{d}x$；　(2) $\int \frac{x}{\cos^2 x} \mathrm{d}x$；

(3) $\int (x-1) 2^x \mathrm{d}x$；　(4) $\int x^3 \mathrm{e}^{-x^2} \mathrm{d}x$.

7. 求下列不定积分（综合题）.

(1) $\int \frac{x - \arcsin x}{\sqrt{1-x^2}} \mathrm{d}x$；(2) $\int \tan x(\tan x + 1) \mathrm{d}x$；

(3) $\int \mathrm{e}^{2x} \sin^x \mathrm{d}x$；　(4) $\int x(\mathrm{e}^{x^2} + \mathrm{e}^x) \mathrm{d}x$；

(5) $\int \frac{x \sin x}{\cos^3 x} \mathrm{d}x$；　(6) $\int \frac{\ln(\ln x)}{x} \mathrm{d}x$.

素养园地

名扬国数，耘耕不辍

吴文俊，中国科学院院士，主要成就集中于拓扑学、中国古代数学史和数学机械化领域，他的示性类和示嵌类研究被国际数学界称为“吴公式”“吴示性类”“吴示嵌类”，至今仍被国际同行广泛引用.

1945 年，伴随我国抗日战争硝烟逐渐散尽，已流转于三所中学任教的吴文俊来到之江大学担任了一名代课老师. 吴文俊居住于当时之江大学的“白房子”内，在钱塘江畔度过了四个多月时光. 吴文俊在浙大任教时间虽不长，却在历史上留下了重要印记，他严谨治学、精功专注的形象常留于浙大师生的交口称颂间，成为浙大代数学系学生的指引航标.

山不让尘，川不辞盈. 正是国内这一段艰苦岁月里的勤勉积累，成就了吴文俊后半生的功名卓著. 在法国留学期间，吴文俊相继完成了“论球丛空间结构的示性类”的博士论文、关于流形上史梯费尔—惠特尼示性类的论文. 及至 1949 年跟随亨利·嘉当参与研究工作，吴文俊在拓扑学界早已成果累累. 他与嘉当的两位学生塞尔、托姆，还霍普夫的学生 A. 波莱尔，被誉为拓扑学界的“四大天王”. 他们四个人的工作合在一起，引起了数学界称为“拓扑地震”的巨大轰动.

1951 年，吴文俊拒绝了美国普林斯顿大学的教授聘请，回到了百废待兴的祖国从零开始. 1952—1957 年，吴文俊在数学研究所任研究员，继续着自己拓扑学研究，面对我国及苏联、东欧国家普遍落后的拓扑学现状，吴文俊在研究所发起了一场至关重要的学术报告，针对“怎样继续研究”的问题，吴文俊逆彼时拓扑学研究“同伦不变量”之潮流，建立起了示嵌类理论. 吴文俊的拓扑学得到彼时国际数学界公认，进步意义斐然，最终在 1957 年与华罗庚、钱学森荣获中国科学院科学奖一等奖. 此时的吴文俊年仅 37 岁，第二年，他便当选当时最年轻的中国科学院学部委员.

20 世纪 70 年代，已步入晚年的吴文俊做出了一个惊人之举——根本不了解计算机编程语言的他，决定投入于数学机械化研究.“以《九章算术》为代表的算法化、程序化、机械化的数学思想方法体系，凌驾于以《几何原本》为代表的公理化、逻辑化、演绎化的数学思想方法之上，不仅不无可能，甚至于说成是殆成定局”，中国古代数学的算法思想启发了他，如果一代泰山北斗以 60 岁高龄学习计算机编程，彼时数学界理解之声固有，然质疑之音更多. 吴文俊不惧流言，专心于自我的研究工作. 在杨振宁及其他好友的帮

笔记

助下，吴文俊拥有了一台先进的计算机，开始阶段的所有程序都由吴文俊自己编写，没有经验的他常常在机房里一待就是10个小时."现在面临的脑力劳动一场新的革命里面，我们不能再掉队了，否则我们就要从地球上面开除出去了，从此没有立身之地."1977年至1978年，吴文俊先后完成了对平面几何定理和微分几何定理的机械化证明，由此开拓了一条完全由国人创立的数学研究新道路.十年内，吴文俊建立起数学机械化证明的基础，并将之拓展成可以广泛应用的纲要，他的研究方法在机器定理证明界被称为"吴方法"，堪称国际自动推理界先驱性的工作.将几何问题转化为代数，以电脑程序运作，就能代替大量复杂的人工演算.

数十年的研究生涯，吴文俊相继在拓扑学、中国古代数学史和数学机械化领域开代前沿，并为我国培养了一批优秀的拓扑学与数学机械化人才.徒承师学，更应奋然而前行；长空浩荡，万赴新知而建树.吴文俊先生为中国乃至国际数学界创造了从无至有的奇迹.

第五章

定积分及其应用

笔记

本章开始讨论积分学中的另一个基本问题——定积分. 首先我们从几何学与力学问题出发引入定积分的概念，然后讨论它的性质与计算方法. 最后，讨论定积分的应用问题.

第一节　定积分的概念与性质

一、定积分问题举例

引例 1　曲边梯形的面积

设函数 $y=f(x)$在区间$[a,b]$上非负、连续. 由直线 $x=a,x=b,y=0$ 及曲线 $y=f(x)$所围成的图形称为**曲边梯形**，其中曲线弧 $y=f(x)$称为**曲边**.

求曲边梯形的面积的近似值：

将曲边梯形分割成一些小的曲边梯形，每个小曲边梯形的面积都近似地等于小矩形的面积，则所有小矩形面积的和就是曲边梯形面积的近似值. 具体方法：在区间$[a,b]$中任意插入若干个分点(图 5-1)

$$a=x_0<x_1<x_2<\cdots<x_{n-1}<x_n=b,$$

把区间$[a,b]$分成 n 个小区间

$$[x_0,x_1],[x_1,x_2],[x_2,x_3],\cdots,[x_{n-1},x_n],$$

它们的长度依次为 $\Delta x_1=x_1-x_0,\Delta x_2=x_2-x_1,\cdots,\Delta x_n=x_n-x_{n-1}$.

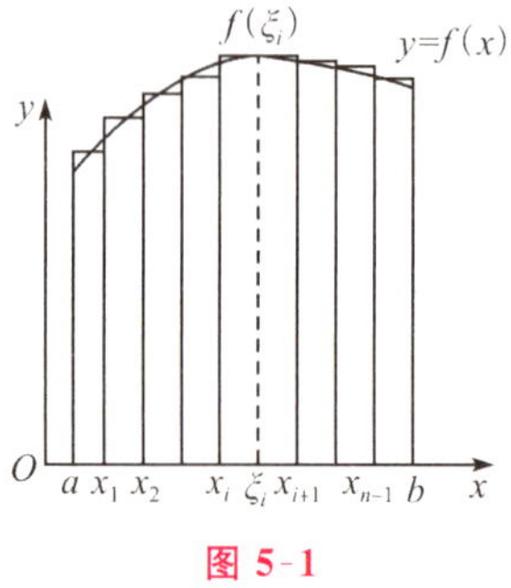

图 5-1

笔记

经过每一个分点作平行于 y 轴的线段，把曲边梯形分成 n 个窄曲边梯形. 在每个小区间$[x_{i-1},x_i]$上任取一点 ξ_i，以$[x_{i-1},x_i]$为底、$f(\xi_i)$为高的窄矩形近似替代第 i 个窄曲边梯形，$i=1,2,3,\cdots,n$，把这样得到的 n 个窄矩形面积之和作为所求曲边梯形面积 A 的近似值，即

$$A\approx f(\xi_1)\Delta x_1+f(\xi_2)\Delta x_2+\cdots+f(\xi_n)\Delta x_n=\sum_{i=1}^{n}f(\xi_i)\Delta x_i.$$

求曲边梯形的面积的精确值：

显然，分点越多，每个小曲边梯形越窄，所求得的曲边梯形面积 A 的近似值就越接近曲边梯形面积 A 的精确值. 因此，要求曲边梯形面积 A 的精确值，只需无限地增加分点使每个小曲边梯形的宽度趋于零. 记 $\lambda=\max\{\Delta x_1,\Delta x_2,\cdots,\Delta x_n\}$，于是，上述增加分点，使每个小曲边梯形的宽度趋于零，相当于令 $\lambda\to0$. 所以曲边梯形的面积为

$$A=\lim_{\lambda\to0}\sum_{i=1}^{n}f(\xi_i)\Delta x_i.$$

引例 2 变速直线运动的路程

设物体做直线运动，已知速度 $v=v(t)$是时间间隔$[T_1,T_2]$上 t 的连续函数，且 $v(t)\geqslant0$，计算在这段时间内物体所经过的路程 s.

求近似路程：

我们把时间间隔$[T_1,T_2]$分成 n 个小的时间间隔 Δt_i，在每个小的时间间隔 Δt_i 内，物体运动看成是匀速的，其速度近似为物体在时间间隔 Δt_i 内某点 τ_i 的速度 $v(\tau_i)$，物体在时间间隔 Δt_i 内运动的路程近似为 $\Delta s_i=v(\tau_i)\Delta t_i$. 把物体在每一小的时间间隔 Δt_i 内运动的路程加起来作为物体在时间间隔$[T_1,T_2]$内所经过的路程 s 的近似值. 具体做法如下：

在时间间隔$[T_1,T_2]$内任意插入若干个分点

$$T_1=t_0<t_1<t_2<\cdots<t_{n-1}<t_n=T_2,$$

把区间$[T_1,T_2]$分成 n 个小段

$$[t_0,t_1],[t_1,t_2],\cdots,[t_{n-1},t_n],$$

各小段时间的长依次为

$$\Delta t_1=t_1-t_0,\Delta t_2=t_2-t_1,\cdots,\Delta t_n=t_n-t_{n-1}.$$

相应地，在各段时间内物体经过的路程依次为

$$\Delta s_1,\Delta s_2,\cdots,\Delta s_n.$$

在时间间隔$[t_{i-1},t_i]$上任取一个时刻 $\tau_i(t_{i-1}<\tau_i<t_i)$，以 τ_i 时刻的速度 $v(\tau_i)$来代替$[t_{i-1},t_i]$上各个时刻的速度，得到部分路程 Δs_i 的近似值，即

$$\Delta s_i=v(\tau_i)\Delta t_i(i=1,2,\cdots,n).$$

于是这 n 段部分路程的近似值之和就是所求变速直线运动路程 s 的近似值，即

$$s\approx\sum_{i=1}^{n}v(\tau_i)\Delta t_i.$$

求精确值：

记 $\lambda=\max\{\Delta t_1,\Delta t_2,\cdots,\Delta t_n\}$，当 $\lambda\to0$ 时，取上述和式的极限，即得变速直线运动的路程

$$s=\lim_{\lambda\to0}\sum_{i=1}^{n}v(\tau_i)\Delta t_i.$$

笔记

抛开上述问题的具体意义，在解决问题的过程中用到了相同的思想和方法，都是通过“分割、近似代替、求和、取极限”这 4 个步骤，将所求的问题归结为求一种特定结构的和式的极限，将这种思想抽象化，即可得到定积分的概念.

二、定积分的概念

定义　设函数 $y=f(x)$ 在 $[a,b]$ 上有界，在 $[a,b]$ 中任意插入若干个分点

$$a=x_0<x_1<x_2<\cdots<x_{n-1}<x_n=b,$$

把区间 $[a,b]$ 分成 n 个小区间

$$[x_0,x_1],[x_1,x_2],[x_2,x_3],\cdots,[x_{n-1},x_n],$$

各小段区间的长依次为

$$\Delta x_1=x_1-x_0,\Delta x_2=x_2-x_1,\cdots,\Delta x_n=x_n-x_{n-1}.$$

在每个小区间 $[x_{i-1},x_i]$ 上任取一个点 ξ_i 作函数值 $f(\xi_i)$ 与小区间长度 Δx_i 的乘积 $f(\xi_i)\Delta x_i(i=1,2,\cdots,n)$ 并作出和

$$\sum_{i=1}^{n} f(\xi_i)\Delta x_i.$$

记 $\lambda=\max\{\Delta x_1,\Delta x_2,\cdots,\Delta x_n\}$，如果不论对 $[a,b]$ 怎样分法，也不论在小区间 $[x_{i-1},x_i]$ 上点 ξ_i 怎样取法，只要当 $\lambda\to 0$ 时，和总趋于确定的极限 I，这时我们称这个极限 I 为函数 $f(x)$ 在区间 $[a,b]$ 上的**定积分**，记作 $\int_a^b f(x)\mathrm{d}x$，即

$$\int_a^b f(x)\mathrm{d}x=\lim_{\lambda\to 0}\sum_{i=1}^{n} f(\xi_i)\Delta x_i.$$

其中 $f(x)$ 叫作**被积函数**，$f(x)\mathrm{d}x$ 叫作**被积表达式**，x 叫作**积分变量**，a 叫作**积分下限**，b 叫作**积分上限**，$[a,b]$ 叫作**积分区间**.

根据定积分的定义，曲边梯形的面积为 $A=\int_a^b f(x)\mathrm{d}x$.

变速直线运动的路程为 $s=\int_{T_1}^{T_2} v(t)\mathrm{d}t$.

注　(1)定积分的值只与被积函数及积分区间有关，而与积分变量的符号无关，即

$$\int_a^b f(x)\mathrm{d}x=\int_a^b f(t)\mathrm{d}t=\int_a^b f(u)\mathrm{d}u.$$

(2)定积分的存在与区间的分法和每个小区间内点 ξ_i 的选取无关.

函数 $f(x)$ 在 $[a,b]$ 上满足什么条件时，$f(x)$ 在 $[a,b]$ 上可积呢？这个问题，我们不进行深入讨论，而只给出以下两个充分条件：

定理 1　设 $f(x)$ 在区间 $[a,b]$ 上连续，则 $f(x)$ 在 $[a,b]$ 上一定可积.

定理 2　设 $f(x)$ 在区间 $[a,b]$ 上有界，且只有有限个间断点，则 $f(x)$ 在 $[a,b]$ 上一定可积.

三、定积分的几何意义

设 $f(x)$ 是 $[a,b]$ 上的连续函数，由曲线 $y=f(x)$ 及直线 $x=a,x=b,y=0$ 所围成的曲边梯形的面积记为 A. 由定积分的定义易知定积分有如下几何意义：

(1)当 $f(x)\geqslant 0$ 时，$\int_a^b f(x)\mathrm{d}x=A$.

笔记

(2)当 $f(x)\leqslant 0$ 时，$\int_a^b f(x)\mathrm{d}x=-A$.

(3)如果 $f(x)$ 在 $[a,b]$ 上有时取正值，有时取负值时，那么以 $[a,b]$ 为底边，以曲线 $y=f(x)$ 为曲边的曲边梯形可分成几个部分，使得每一部分都位于 x 轴的上方或下方. 这时定积分在几何上表示上述这些部分曲边梯形面积的代数和，如图 5-2 所示，有

$$\int_a^b f(x)\mathrm{d}x=A_1-A_2+A_3,$$

其中 A_1,A_2,A_3 分别是图 5-2 中三部分曲边梯形的面积，它们都是正数.

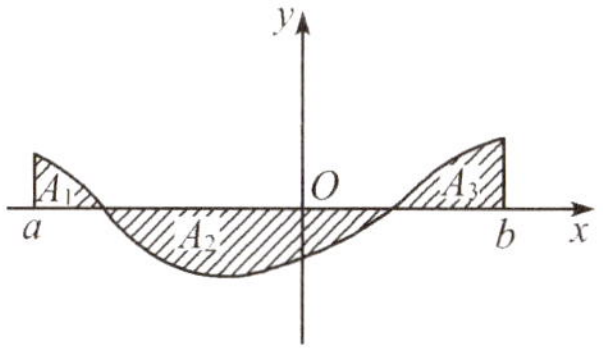

图 5-2

例 1　利用定义计算定积分 $\int_0^1 x^2\mathrm{d}x$.

解　把区间 $[0,1]$ 分成 n 等份(图 5-3)，分点和小区间长度分别为

$$x_i=\frac{i}{n}(i=1,2,\cdots,n-1),\Delta x_i=\frac{1}{n}(i=1,2,\cdots,n).$$

取 $\xi_i=\frac{i}{n}(i=1,2,\cdots,n)$，作积分和

$$\sum_{i=1}^{n} f(\xi_i)\Delta x_i=\sum_{i=1}^{n}\xi_i^2\Delta x_i=\sum_{i=1}^{n}\left(\frac{i}{n}\right)^2\cdot\frac{1}{n}=\frac{1}{n^3}\sum_{i=1}^{n} i^2$$

$$=\frac{1}{n^3}\cdot\frac{1}{6}n(n+1)(2n+1)=\frac{1}{6}\left(1+\frac{1}{n}\right)\left(2+\frac{1}{n}\right).$$

因为 $\lambda=\frac{1}{n}$，当 $\lambda\to 0$ 时，$n\to\infty$，所以

$$\int_a^b x^2\mathrm{d}x=\lim_{\lambda\to 0}\sum_{i=1}^{n} f(\xi_i)\Delta x_i=\lim_{n\to\infty}\frac{1}{6}\left(1+\frac{1}{n}\right)\left(2+\frac{1}{n}\right)=\frac{1}{3}.$$

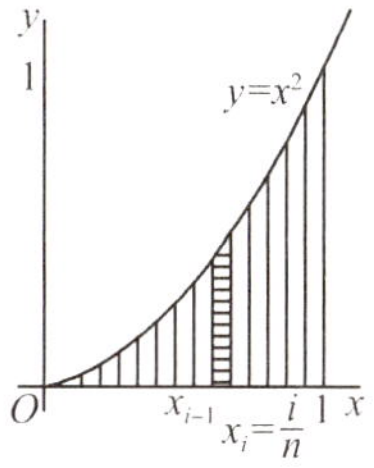

图 5-3

例 2　用定积分的几何意义求 $\int_0^1(1-x)\mathrm{d}x$.

解　函数 $y=1-x$ 在区间 $[0,1]$ 上的定积分是以 $y=1-x$ 为曲边，以区间 $[0,1]$ 为底的曲边梯形的面积. 因为以 $y=1-x$ 为曲边，以区间 $[0,1]$ 为底的曲边梯形是一直角三角形，其底边长及高均为 1，如图 5-4 所示，所以

$$\int_a^b(1-x)\mathrm{d}x=\frac{1}{2}\times 1\times 1=\frac{1}{2}.$$

笔记

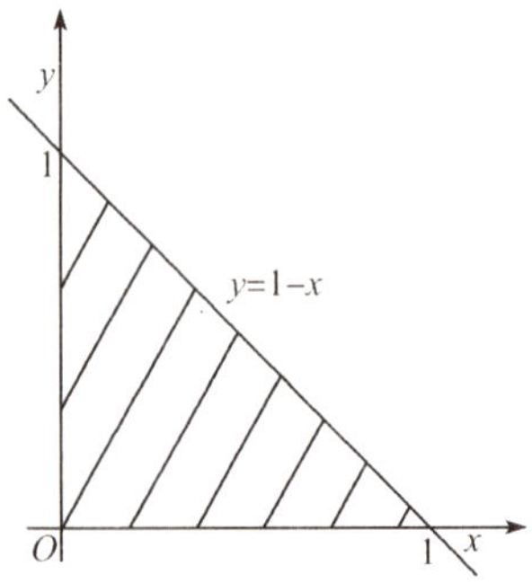

图 5-4

四、定积分的性质

为了以后计算及应用方便起见，对定积分作以下两点规定：

(1)当 $a=b$ 时，$\int_a^b f(x)\mathrm{d}x=0$.

(2)当 $a>b$ 时，$\int_a^b f(x)\mathrm{d}x=-\int_b^a f(x)\mathrm{d}x$.

由上式可知，交换定积分的上下限时，定积分的绝对值不变而符号相反.

下面讨论定积分的性质，这些性质可由定积分的定义及极限的运算法则导出. 如无特别说明，我们总假设 $f(x)$，$g(x)$是可积的，下面只对其中几个重要的性质进行证明.

性质 1　函数的和(差)的定积分等于它们的定积分的和(差)，即

$$\int_a^b [f(x)\pm g(x)]\mathrm{d}x=\int_a^b f(x)\mathrm{d}x\pm\int_a^b g(x)\mathrm{d}x.$$

性质 2　被积函数的常数因子可以提到积分号外面，即

$$\int_a^b kf(x)\mathrm{d}x=k\int_a^b f(x)\mathrm{d}x.$$

性质 3　如果将积分区间分成两部分，则在整个区间上的定积分等于这两部分区间上定积分之和，即

$$\int_a^b f(x)\mathrm{d}x=\int_a^c f(x)\mathrm{d}x+\int_c^b f(x)\mathrm{d}x.$$

这个性质表明定积分对于积分区间具有可加性.

值得注意的是，不论 a,b,c 的相对位置如何，总有等式

$$\int_a^b f(x)\mathrm{d}x=\int_a^c f(x)\mathrm{d}x+\int_c^b f(x)\mathrm{d}x$$

成立. 例如，当 $a<b<c$ 时，由于

$$\int_a^c f(x)\mathrm{d}x=\int_a^b f(x)\mathrm{d}x+\int_b^c f(x)\mathrm{d}x,$$

于是有

$$\int_a^b f(x)\mathrm{d}x=\int_a^c f(x)\mathrm{d}x-\int_b^c f(x)\mathrm{d}x=\int_a^c f(x)\mathrm{d}x+\int_c^b f(x)\mathrm{d}x.$$

性质 4　如果在区间$[a,b]$上 $f(x)\equiv 1$ 则

$$\int_a^b 1\mathrm{d}x=\int_a^b \mathrm{d}x=b-a.$$

这时，定积分在几何上表示为底边为 $b-a$、高为 1 的矩形面积.

性质 5　如果在区间$[a,b]$上 $f(x)\geqslant 0$，则

笔记

$$\int_a^b f(x)\mathrm{d}x \geqslant 0(a<b).$$

推论 1　如果在区间$[a,b]$上 $f(x)\leqslant g(x)$则

$$\int_a^b f(x)\mathrm{d}x \leqslant \int_a^b g(x)\mathrm{d}x(a<b).$$

这是因为 $g(x)-f(x)\geqslant 0$，从而

$$\int_a^b g(x)\mathrm{d}x-\int_a^b f(x)\mathrm{d}x=\int_a^b [g(x)-f(x)]\mathrm{d}x \geqslant 0,$$

所以

$$\int_a^b f(x)\mathrm{d}x \leqslant \int_a^b g(x)\mathrm{d}x.$$

推论 2　$\left|\int_a^b f(x)\mathrm{d}x\right| \leqslant \int_a^b |f(x)|\mathrm{d}x(a<b).$

这是因为$-|f(x)|\leqslant f(x)\leqslant |f(x)|$，所以

$$-\int_a^b |f(x)|\mathrm{d}x \leqslant \int_a^b f(x)\mathrm{d}x \leqslant \int_a^b |f(x)|\mathrm{d}x,$$

即

$$\left|\int_a^b f(x)\mathrm{d}x\right| \leqslant \int_a^b |f(x)|\mathrm{d}x.$$

性质 6　设 M 及 m 分别是函数 $f(x)$在区间$[a,b]$上的最大值和最小值，则

$$m(b-a)\leqslant \int_a^b f(x)\mathrm{d}x \leqslant M(b-a)(a<b).$$

证明　因为 $m\leqslant f(x)\leqslant M$，所以

$$\int_a^b m\mathrm{d}x \leqslant \int_a^b f(x)\mathrm{d}x \leqslant \int_a^b M\mathrm{d}x,$$

从而

$$m(b-a)\leqslant \int_a^b f(x)\mathrm{d}x \leqslant M(b-a).$$

性质 7(定积分中值定理)　如果函数 $f(x)$在闭区间$[a,b]$上连续，则在积分区间$[a,b]$上至少存在一个点 ξ，使

$$\int_a^b f(x)\mathrm{d}x=f(\xi)(b-a)$$

成立，这个公式叫作**积分中值公式**.

证明　由性质 6

$$m(b-a)\leqslant \int_a^b f(x)\mathrm{d}x \leqslant M(b-a),$$

各项除以 $b-a$ 得

$$m\leqslant \frac{1}{b-a}\int_a^b f(x)\mathrm{d}x \leqslant M,$$

再由连续函数的介值定理，在$[a,b]$上至少存在一点 ξ，使

$$f(\xi)=\frac{1}{b-a}\int_a^b f(x)\mathrm{d}x,$$

于是两端乘以 $b-a$ 得中值公式

$$\int_a^b f(x)\mathrm{d}x=f(\xi)(b-a).$$

笔记

知识加油站

不论 $a<b$ 还是 $a>b$，积分中值公式都成立. 并且它的几何意义是：由曲线 $y=f(x)$，直线 $x=a,x=b$ 和 x 轴所围成曲边梯形的面积等于区间 $[a,b]$ 上某个矩形的面积，这个矩形的底是区间 $[a,b]$，矩形的高为区间 $[a,b]$ 内某一点 ξ 处的函数值 $f(\xi)$，如图 5-6 所示.

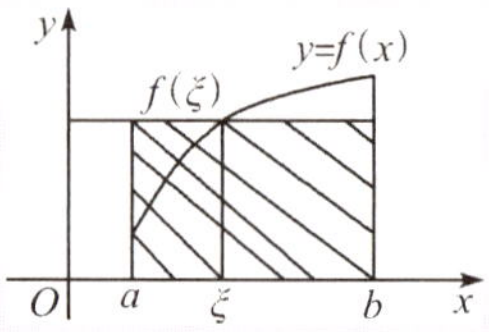

图 5-6

例 3　比较定积分 $\int_0^1 x^2\mathrm{d}x$ 与 $\int_0^1 x^3\mathrm{d}x$ 的大小.

解　因为在区间 $[0,1]$ 上，有 $x^2\geqslant x^3$，由性质 5 的推论 1 得

$$\int_0^1 x^2\mathrm{d}x\geqslant\int_0^1 x^3\mathrm{d}x.$$

习题 5.1

1. 用定积分表示由曲线 $y=x^3$ 与直线 $x=1,x=4$ 及 x 轴所围成的曲边梯形的面积.

2. 利用定积分的几何意义给出下列定积分的值.

(1) $\int_{-1}^{2}|x|\mathrm{d}x$；

(2) $\int_0^R\sqrt{R^2-x^2}\mathrm{d}x(R>0)$.

3. 估计下列定积分的值.

(1) $\int_{\frac{\pi}{4}}^{\frac{\pi}{2}}\cos x\mathrm{d}x$；

(2) $\int_2^3(x^2+2)\mathrm{d}x$；

(3) $\int_0^1\mathrm{e}^{-x^2}\mathrm{d}x$.

4. 根据定积分的性质，比较下列定积分的大小.

(1) $\int_0^1 x\mathrm{d}x$ 与 $\int_0^1 x^2\mathrm{d}x$；

(2) $\int_3^4\ln x\mathrm{d}x$ 与 $\int_3^4(\ln x)^2\mathrm{d}x$；

(3) $\int_0^1\mathrm{e}^x\mathrm{d}x$ 与 $\int_0^1(1+x)\mathrm{d}x$；

(4) $\int_0^{\frac{\pi}{2}}x\mathrm{d}x$ 与 $\int_0^{\frac{\pi}{2}}\sin x\mathrm{d}x$.

5. 设函数 $f(x)$ 在区间 $[1,3]$ 上的平均值为 4，求 $\int_1^3 f(x)\mathrm{d}x$ 的值.

笔记

6. 设 $f(x)=\begin{cases}\sqrt{1-x^2}, x\in[-1,0),\\ 1-x, x\in[0,1],\end{cases}$ 试计算定积分 $\int_{-1}^{1}f(x)\mathrm{d}x$.

7. 用定积分表示图 5-7 中各阴影部分的面积.

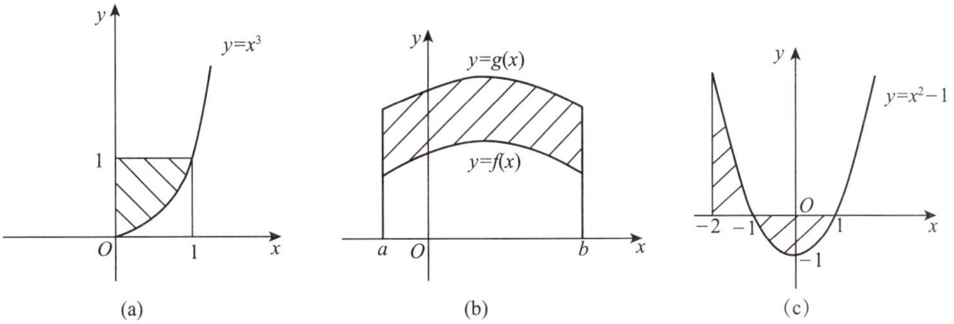

图 5-7

第二节　微积分基本公式

在上一节给出了定积分的定义，但通过定义来计算定积分十分困难. 本节将探索原函数与定积分的内在联系，进而揭示微分与积分的关系，给出计算定积分的简便而有效的方法：微积分基本公式，或称牛顿-莱布尼茨公式.

一、变速直线运动中位置函数与速度函数之间的联系

设物体从某定点开始做直线运动，在 t 时刻所经过的路程为 $s(t)$，速度为 $v=v(t)=s'(t)[v(t)\geqslant 0]$，则在时间间隔 $[T_1,T_2]$ 内物体所经过的路程 s 可表示为

$$s(T_2)-s(T_1)\text{及}\int_{T_1}^{T_2}v(t)\mathrm{d}t,$$

即 $\int_{T_1}^{T_2}v(t)\mathrm{d}t=s(T_2)-s(T_1)$.

上式表明，速度函数 $v(t)$ 在区间 $[T_1,T_2]$ 上的定积分等于 $v(t)$ 的原函数 $s(t)$ 在区间 $[T_1,T_2]$ 上的增量.

这个特殊问题中得出的关系是否具有普遍意义呢？

二、积分上限函数及其导数

定义　设函数 $f(x)$ 在区间 $[a,b]$ 上连续，并且设 x 为 $[a,b]$ 上的一点. 我们把函数 $f(x)$ 在部分区间 $[a,x]$ 上的定积分

$$\int_a^x f(x)\mathrm{d}x$$

称为**积分上限的函数**. 它是区间 $[a,b]$ 上的函数，记为

$$\Phi(x)=\int_a^x f(x)\mathrm{d}x, \text{或}\ \Phi(x)=\int_a^x f(t)\mathrm{d}t.$$

定理 1　如果函数 $f(x)$ 在区间 $[a,b]$ 上连续，则函数 $\Phi(x)=\int_a^x f(t)\mathrm{d}t$ 在 $[a,b]$ 上具有导数，并且它的导数为

定理 1 的证明

笔记

$$\Phi'(x)=\frac{\mathrm{d}}{\mathrm{d}x}\int_a^x f(t)\mathrm{d}t=f(x)(a\leqslant x\leqslant b).$$

推论 如果 $\varphi(x)$ 可导，则 $\frac{\mathrm{d}}{\mathrm{d}x}\left[\int_a^{\varphi(x)} f(t)\mathrm{d}t\right]=\left[\int_a^{\varphi(x)} f(t)\mathrm{d}t\right]_x'=f(\varphi(x))\varphi'(x)$.

一般地，有 $\frac{\mathrm{d}}{\mathrm{d}x}\int_{\psi(x)}^{\varphi(x)} f(t)\mathrm{d}t=f(\varphi(x))\varphi'(x)-f(\psi(x))\psi'(x)$.

例 1 计算 $\frac{\mathrm{d}}{\mathrm{d}x}\int_0^x \mathrm{e}^{-t}\sin t\mathrm{d}t$.

解 $\frac{\mathrm{d}}{\mathrm{d}x}\int_0^x \mathrm{e}^{-t}\sin t\mathrm{d}t=\left[\int_0^x \mathrm{e}^{-t}\sin t\mathrm{d}t\right]'=\mathrm{e}^{-x}\sin x$.

例 2 求极限 $\lim\limits_{x\to 0}\frac{\int_0^{x^2}\sin t\mathrm{d}t}{x^4}$.

解 因为 $\lim\limits_{x\to 0}x^4=0$，$\lim\limits_{x\to 0}\int_0^{x^2}\sin t\mathrm{d}t=\int_0^0\sin t\mathrm{d}t=0$，所以这个极限是 $\frac{0}{0}$ 型的未定式，利用洛必达法则得

$$\lim_{x\to 0}\frac{\int_0^{x^2}\sin t\mathrm{d}t}{x^4}=\lim_{x\to 0}\frac{\sin x^2\cdot 2x}{4x^3}=\lim_{x\to 0}\frac{\sin x^2}{2x^2}$$
$$=\frac{1}{2}\lim_{x\to 0}\frac{\sin x^2}{x^2}=\frac{1}{2}.$$

例 3 计算 $\frac{\mathrm{d}}{\mathrm{d}x}\int_{x^2}^{x^3}\frac{\mathrm{d}t}{\sqrt{1+t^4}}$.

解
$$\frac{\mathrm{d}}{\mathrm{d}x}\int_{x^2}^{x^3}\frac{\mathrm{d}t}{\sqrt{1+t^4}}=\frac{\mathrm{d}}{\mathrm{d}x}\left(\int_0^{x^3}\frac{\mathrm{d}t}{\sqrt{1+t^4}}-\int_0^{x^2}\frac{\mathrm{d}t}{\sqrt{1+t^4}}\right)$$
$$=\frac{1}{\sqrt{1+x^{12}}}(x^3)'-\frac{1}{\sqrt{1+x^8}}(x^2)'$$
$$=\frac{3x^2}{\sqrt{1+x^{12}}}-\frac{2x}{\sqrt{1+x^8}}.$$

定理 2 如果函数 $f(x)$ 在区间 $[a,b]$ 上连续，则函数 $\Phi(x)=\int_a^x f(t)\mathrm{d}t$ 就是 $f(x)$ 在 $[a,b]$ 上的一个原函数.

定理的重要意义：一方面肯定了连续函数的原函数是存在的，另一方面初步地揭示了积分学中的定积分与原函数之间的联系.

三、微积分基本公式

定理 3 如果函数 $F(x)$ 是连续函数 $f(x)$ 在区间 $[a,b]$ 上的一个原函数，则

$$\int_a^b f(x)\mathrm{d}x=F(b)-F(a).$$

定理 3 的证明

此公式称为**微积分基本公式**，也称为**牛顿-莱布尼茨公式**.

该公式进一步揭示了定积分与被积函数的原函数或不定积分之间的联系.

例 4 计算 $\int_0^1 x^2\mathrm{d}x$.

笔记

解　由于$\frac{1}{3}x^3$是x^2的一个原函数，所以

$$\int_0^1 x^2 dx=\left[\frac{1}{3}x^3\right]_0^1=\frac{1}{3}\cdot 1^3-\frac{1}{3}\cdot 0^3=\frac{1}{3}.$$

例 5　计算$\int_{-1}^{\sqrt{3}}\frac{dx}{1+x^2}$.

解　由 $\arctan x$ 是$\frac{1}{1+x^2}$的一个原函数，所以

$$\int_{-1}^{\sqrt{3}}\frac{dx}{1+x^2}=[\arctan x]_{-1}^{\sqrt{3}}=\arctan\sqrt{3}-\arctan(-1)=\frac{\pi}{3}-\left(-\frac{\pi}{4}\right)=\frac{7}{12}\pi.$$

例 6　计算$\int_{-2}^{-1}\frac{1}{x}dx$.

解　$\int_{-2}^{-1}\frac{1}{x}dx=[\ln|x|]_{-2}^{-1}=\ln 1-\ln 2=-\ln 2.$

例 7　求$\int_{-1}^{3}|2-x|dx$.

解　$\int_{-1}^{3}|2-x|dx=\int_{-1}^{2}|2-x|dx+\int_{2}^{3}|2-x|dx=\int_{-1}^{2}(2-x)dx+\int_{2}^{3}(x-2)$

dx

$$=\left(2x-\frac{1}{2}x^2\right)\Big|_{-1}^{2}+\left(\frac{1}{2}x^2-2x\right)\Big|_{2}^{3}=\frac{9}{2}+\frac{1}{2}=5.$$

例 8　计算正弦曲线 $y=\sin x$ 在$[0,\pi]$上与 x 轴所围成的平面图形的面积.

解　这图形是曲边梯形的一个特例. 它的面积

$$A=\int_0^{\pi}\sin x dx=[-\cos x]_0^{\pi}=-(-1)-(-1)=2.$$

习题 5.2

1. 求下列函数在指定点的导数.

(1) 设 $\Phi(x)=\int_0^x\sqrt{1+t^3}dt$，求 $\Phi'(2)$；

(2) 设 $\Phi(x)=\int_x^1 t^2 e^{-t^2}dt$，求 $\Phi'\left(\frac{1}{2}\right)$.

2. 求下列极限.

(1) $\lim\limits_{x\to 0}\frac{\int_0^x \sin t dt}{x^2}$；

(2) $\lim\limits_{x\to 1}\frac{\int_1^x t(t-1)dt}{(x-1)^2}$.

3. 求下列定积分.

(1) $\int_{-1}^{1}(x^3+x+1)dx$；

(2) $\int_0^1(x^2+2^x)dx$；

笔记

(3) $\int_0^1 \frac{x^4}{1+x^2}\mathrm{d}x$;

(4) $\int_0^{\pi} \sin^2\frac{x}{2}\mathrm{d}x$;

(5) $\int_0^{\frac{\pi}{4}} \tan^2 x\mathrm{d}x$;

(6) $\int_0^3 |2-x|\mathrm{d}x$.

4. 求函数 $f(x)=\int_0^x (t-1)\mathrm{d}t$ 的极值.

5. 求函数 $f(x)=\int_0^x \frac{t+2}{t^2+2t+2}\mathrm{d}t$ 在区间 $[0,1]$ 上的最大值与最小值.

6. 设 $f(x)$ 在区间 $[a,b]$ 上连续，在 (a,b) 内可导，且

$$f'(x)\leqslant 0, F(x)=\frac{1}{x-a}\int_a^x f(t)\mathrm{d}t,$$

证明:在 (a,b) 内有 $F'(x)\leqslant 0$.

第三节　定积分换元积分法

牛顿-莱布尼茨公式将定积分的计算转化为求原函数在积分区间上的增量,由第 4 章内容可知,求原函数常使用换元积分法,故定积分的计算也相应地有换元积分法.

一、定积分的换元积分法

定积分的换元公式的证明

定理　假设函数 $f(x)$在区间$[a,b]$上连续,函数 $x=\varphi(t)$满足条件:

(1)$\varphi(\alpha)=a,\varphi(\beta)=b$;

(2)$\varphi(t)$在$[\alpha,\beta]$(或$[\beta,\alpha]$)上具有连续导数,且其值域不越出$[a,b]$,则有

$$\int_a^b f(x)\mathrm{d}x=\int_\alpha^\beta f(\varphi(t))\varphi'(t)\mathrm{d}t.$$

这个公式叫作**定积分的换元公式**.

例 1　求 $\int_0^3 \frac{x}{\sqrt{1+x}}\mathrm{d}x$.

解　令 $\sqrt{1+x}=t$,则 $x=t^2-1,\mathrm{d}x=2t\mathrm{d}t$,当 $x=0$ 时,$t=1$;当 $x=3$ 时,$t=2$,于是

$$\int_0^3 \frac{x}{\sqrt{1+x}}\mathrm{d}x=\int_1^2 \frac{t^2-1}{t}\cdot 2t\mathrm{d}t=2\int_1^2 (t^2-1)\mathrm{d}t$$

$$=2\left[\frac{1}{3}t^3-t\right]_1^2=\frac{8}{3}.$$

例 2　求 $\int_0^{\ln 2} \sqrt{\mathrm{e}^x-1}\mathrm{d}x$.

解　令 $\sqrt{\mathrm{e}^x-1}=t$,则 $x=\ln(1+t^2),\mathrm{d}x=\frac{2t}{1+t^2}\mathrm{d}t$. 当 $x=0$ 时,$t=0$;当 $x=\ln 2$ 时,

笔记

$t=1$，于是

$$\int_0^{\ln 2}\sqrt{e^x-1}\,dx=\int_0^1 t\cdot\frac{2t}{1+t^2}dt=\int_0^1\frac{2t^2}{1+t^2}dt=2\int_0^1\left(1-\frac{1}{1+t^2}\right)dt$$

$$=2[t-\arctan t]_0^1=2-\frac{\pi}{2}.$$

例 3　计算 $\int_0^a\sqrt{a^2-x^2}\,dx(a>0)$.

解　令 $x=a\sin t$，则 $\sqrt{a^2-x^2}=\sqrt{a^2-a^2\sin^2 t}=a\cos t$，$dx=a\cos t\,dt$.

当 $x=0$ 时，$t=0$；当 $x=a$ 时 $t=\frac{\pi}{2}$.

$$\int_0^a\sqrt{a^2-x^2}\,dx\xlongequal{令\,x=a\sin t}\int_0^{\frac{\pi}{2}}a\cos t\cdot a\cos t\,dt$$

$$=a^2\int_0^{\frac{\pi}{2}}\cos^2 t\,dt=\frac{a^2}{2}\int_0^{\frac{\pi}{2}}(1+\cos 2t)dt$$

$$=\frac{a^2}{2}\left[t+\frac{1}{2}\sin 2t\right]_0^{\frac{\pi}{2}}=\frac{1}{4}\pi a^2.$$

例 4　计算 $\int_0^{\frac{\pi}{2}}\cos^5 x\sin x\,dx$.

解　令 $t=\cos x$，则当 $x=0$ 时，$t=1$；当 $x=\frac{\pi}{2}$ 时 $t=0$.

$$\int_0^{\frac{\pi}{2}}\cos^5 x\sin x\,dx=-\int_0^{\frac{\pi}{2}}\cos^5 x\,d\cos x\xlongequal{令\,\cos x=t}-\int_1^0 t^5\,dt=\int_0^1 t^5\,dt=\left[\frac{1}{6}t^6\right]_0^1=\frac{1}{6}.$$

这个定积分中被积函数的原函数也可用“凑微分法”求得，即

$$\int_0^{\frac{\pi}{2}}\cos^5 x\sin x\,dx=-\int_0^{\frac{\pi}{2}}\cos^5 x\,d\cos x=-\left[\frac{1}{6}\cos^6 x\right]\Big|_0^{\frac{\pi}{2}}=-\frac{1}{6}\cos^6\frac{\pi}{2}+\frac{1}{6}\cos^6 0=\frac{1}{6}.$$

知识加油站

(1) 使用定积分的换元积分法，最后不必回代原来的变量. 但必须记住，在换元的同时，积分上、下限一定要作相应的变换，而且下限 α 不一定比上限 β 小.

(2)用“凑微分法”求定积分时，可以不设中间变量，因而积分的上、下限也不要变换.

例 5　计算 $\int_0^{\pi}\sqrt{\sin^3 x-\sin^5 x}\,dx$.

解　$\int_0^{\pi}\sqrt{\sin^3 x-\sin^5 x}\,dx=\int_0^{\pi}\sin^{\frac{3}{2}}x\,|\cos x|\,dx$

$$=\int_0^{\frac{\pi}{2}}\sin^{\frac{3}{2}}x\cos x\,dx-\int_{\frac{\pi}{2}}^{\pi}\sin^{\frac{3}{2}}x\cos x\,dx$$

$$=\int_0^{\frac{\pi}{2}}\sin^{\frac{3}{2}}x\,d\sin x-\int_{\frac{\pi}{2}}^{\pi}\sin^{\frac{3}{2}}x\,d\sin x$$

$$=\left[\frac{2}{5}\sin^{\frac{5}{2}}x\right]_0^{\frac{\pi}{2}}-\left[\frac{2}{5}\sin^{\frac{5}{2}}x\right]_{\frac{\pi}{2}}^{\pi}=\frac{2}{5}-\left(-\frac{2}{5}\right)=\frac{4}{5}.$$

提示　$\sqrt{\sin^3 x-\sin^5 x}=\sqrt{\sin^3 x(1-\sin^2 x)}=\sin^{\frac{3}{2}}x\,|\cos x|$.

在 $\left[0,\frac{\pi}{2}\right]$ 上，$|\cos x|=\cos x$；在 $\left[\frac{\pi}{2},\pi\right]$ 上，$|\cos x|=-\cos x$.

例 6　设 $f(x)$ 在区间 $[-a,a]$ 上连续，证明：

笔记

(1)如果 $f(x)$ 为奇函数，则 $\int_{-a}^{a} f(x)\mathrm{d}x=0$；

(2)如果 $f(x)$ 为偶函数，则 $\int_{-a}^{a} f(x)\mathrm{d}x=2\int_{0}^{a} f(x)\mathrm{d}x$.

证明 由定积分的可加性知

$$\int_{-a}^{a} f(x)\mathrm{d}x=\int_{-a}^{0} f(x)\mathrm{d}x+\int_{0}^{a} f(x)\mathrm{d}x,$$

对于定积分 $\int_{-a}^{0} f(x)\mathrm{d}x$，作代换 $x=-t$，得

$$\int_{-a}^{0} f(x)\mathrm{d}x=-\int_{a}^{0} f(-t)\mathrm{d}t=\int_{0}^{a} f(-t)\mathrm{d}t=\int_{0}^{a} f(-x)\mathrm{d}x.$$

所以 $\int_{-a}^{a} f(x)\mathrm{d}x=\int_{0}^{a} f(-x)\mathrm{d}x+\int_{0}^{a} f(x)\mathrm{d}x$

$$=\int_{0}^{a}[f(x)+f(-x)]\mathrm{d}x.$$

(1)如果 $f(x)$ 为奇函数，即 $f(-x)=-f(x)$，则 $f(x)+f(-x)=0$，

于是 $\int_{-a}^{a} f(x)\mathrm{d}x=0.$

(2)如果 $f(x)$ 为偶函数，即 $f(-x)=f(x)$，$f(x)+f(-x)=f(x)+f(x)=2f(x)$，

于是 $\int_{-a}^{a} f(x)\mathrm{d}x=2\int_{0}^{a} f(x)\mathrm{d}x.$

利用上面的结论，常可简化计算奇、偶函数在对称于原点的区间上的定积分.

例 7 求 $\int_{-\pi}^{\pi} x^4\sin x\mathrm{d}x$.

解 因为 $f(x)=x^4\sin x$ 在区间 $[-\pi,\pi]$ 上是奇函数，所以由例 6 的结果可知：

$$\int_{-\pi}^{\pi} x^4\sin x\mathrm{d}x=0$$

习题 5.3

1. 计算下列定积分.

(1) $\int_{0}^{4}\frac{\sqrt{x}}{1+\sqrt{x}}\mathrm{d}x$；

(2) $\int_{0}^{\ln 2}\sqrt{\mathrm{e}^x-1}\,\mathrm{d}x$；

(3) $\int_{0}^{\pi}\frac{\sin x}{1+\cos^2 x}\mathrm{d}x$；

(4) $\int_{\ln 2}^{\ln 3}\frac{1}{\mathrm{e}^x-\mathrm{e}^{-x}}\mathrm{d}x$；

(5) $\int_{0}^{1}\frac{1}{\sqrt{(1+x^2)^3}}\mathrm{d}x$；

(6) $\int_{0}^{1} x\mathrm{e}^{x^2}\mathrm{d}x$；

笔记

(7) $\int_1^9 x\sqrt[3]{1-x}\,\mathrm{d}x$；

(8) $\int_1^e \frac{1+\ln x}{x}\mathrm{d}x$；

(9) $\int_{-2}^2 (x-3)\sqrt{4-x^2}\,\mathrm{d}x$.

2. 证明题：

(1) 设 $f(x)$ 在区间 $[0,1]$ 上连续，证明：$\int_0^{\frac{\pi}{2}} f(\sin x)\mathrm{d}x = \int_0^{\frac{\pi}{2}} f(\cos x)\mathrm{d}x$；

(2) 证明：$\int_x^1 \frac{1}{1+t^2}\mathrm{d}t = \int_1^{\frac{1}{x}} \frac{1}{1+t^2}\mathrm{d}t\,(x>0)$.

3. 设 $f(x)=\begin{cases} e^{-x}, x<0, \\ 1+x, x\geqslant 0, \end{cases}$ 求 $\int_{-1}^2 f(x-1)\mathrm{d}x$.

4. 证明：$\int_0^1 \frac{1}{\arccos x}\mathrm{d}x = \int_0^{\frac{\pi}{2}} \frac{\sin x}{x}\mathrm{d}x$.

第四节　定积分分部积分法

设函 $u(x)$，$v(x)$在区间$[a,b]$上具有连续导数 $u'(x)$、$v'(x)$，由$(uv)'=u'v+uv'$得$uv'=(uv)'-u'v$，式两端在区间$[a,b]$上积分得

$$\int_a^b uv'\mathrm{d}x=[uv]_a^b-\int_a^b u'v\mathrm{d}x,\text{或}\int_a^b u\mathrm{d}v=[uv]_a^b-\int_a^b v\mathrm{d}u.$$

这就是定积分的分部积分公式.

分部积分过程：

$$\int_a^b uv'\mathrm{d}x=\int_a^b u\mathrm{d}v=[uv]_a^b-\int_a^b v\mathrm{d}u=[uv]_a^b-\int_a^b u'v\mathrm{d}x=\cdots.$$

例 1　求 $\int_0^{\pi} x\sin x\mathrm{d}x$.

解　$\int_0^{\pi} x\sin x\mathrm{d}x=-\int_0^{\pi} x\mathrm{d}\cos x=-x\cos x\big|_0^{\pi}+\int_0^{\pi}\cos x\mathrm{d}x$

$=\pi+\sin x\big|_0^{\pi}=\pi$.

例 2　求 $\int_1^2 x\ln x\mathrm{d}x$.

解　$\int_1^2 x\ln x\mathrm{d}x=\frac{1}{2}\int_1^2 \ln x\mathrm{d}(x^2)=\frac{1}{2}x^2\ln x\Big|_1^2-\frac{1}{2}\int_1^2 x^2\mathrm{d}(\ln x)$

$=2\ln 2-\frac{1}{2}\int_1^2 x\mathrm{d}x=2\ln 2-\frac{1}{4}x^2\Big|_1^2=2\ln 2-\frac{3}{4}$.

例 3　计算 $\int_0^{\frac{1}{2}} \arcsin x\mathrm{d}x$.

解　$\int_0^{\frac{1}{2}} \arcsin x\mathrm{d}x=[x\arcsin x]_0^{\frac{1}{2}}-\int_0^{\frac{1}{2}} x\mathrm{d}\arcsin x=\frac{1}{2}\cdot\frac{\pi}{6}-\int_0^{\frac{1}{2}}\frac{x}{\sqrt{1-x^2}}\mathrm{d}x$

$=\frac{\pi}{12}+\frac{1}{2}\int_0^{\frac{1}{2}}\frac{1}{\sqrt{1-x^2}}\mathrm{d}(1-x^2)=\frac{\pi}{12}+[\sqrt{1-x^2}]_0^{\frac{1}{2}}=\frac{\pi}{12}+\frac{\sqrt{3}}{2}-1$.

笔记

习题 5.4

1. 计算下列定积分.

(1) $\int_1^e \ln x\mathrm{d}x$；

(2) $\int_0^{\frac{\sqrt{2}}{2}} \arccos x\mathrm{d}x$；

(3) $\int_0^1 x\sin \pi x\mathrm{d}x$；

(4) $\int_0^1 x\mathrm{e}^{-x}\mathrm{d}x$；

(5) $\int_0^{\frac{\pi}{2}} \mathrm{e}^x\sin x\mathrm{d}x$；

(6) $\int_0^{\frac{\pi^2}{4}} \cos\sqrt{x}\mathrm{d}x$.

(7) $\int_{\frac{1}{e}}^{e} |\ln x|\mathrm{d}x$；

(8) $\int_0^{2\pi} x\cos^2 x\mathrm{d}x$；

(9) $\int_0^1 x\ln(1+x^2)\mathrm{d}x$.

2. 若 $f(x)$ 连续，证明：$\int_0^x\left[\int_0^t f(x)\mathrm{d}x\right]\mathrm{d}t=\int_0^x f(t)(x-t)\mathrm{d}t$.

第五节 广义积分

前面讨论的定积分 $\int_a^b f(x)\mathrm{d}x$，其积分区间 $[a,b]$ 为有限区间，且在定积分存在的条件下被积函数 $f(x)$ 在 $[a,b]$ 上是有界的. 可是在实际问题中会遇到积分区间为无穷区间或者被积函数在积分区间上是无界的定积分，这样的积分称为**广义积分**或**反常积分**. 本节只介绍无穷区间上的广义积分.

定义 1 设函数 $f(x)$ 在区间 $[a,+\infty)$ 上连续，取 $b>a$. 如果极限

$$\lim_{b\to+\infty}\int_a^b f(x)\mathrm{d}x$$

存在，则称此极限为函数 $f(x)$ 在无穷区间 $[a,+\infty)$ 上的**广义积分**，记作 $\int_a^{+\infty} f(x)\mathrm{d}x$，即

$$\int_a^{+\infty} f(x)\mathrm{d}x=\lim_{b\to+\infty}\int_a^b f(x)\mathrm{d}x.$$

这时也称反常积分 $\int_a^{+\infty} f(x)\mathrm{d}x$ **收敛**.

如果上述极限不存在，函数 $f(x)$ 在无穷区间 $[a,+\infty)$ 上的反常积分 $\int_a^{+\infty} f(x)\mathrm{d}x$ 就没有意义，此时称反常积分 $\int_a^{+\infty} f(x)\mathrm{d}x$ **发散**.

类似地，设函数 $f(x)$ 在区间 $(-\infty,b]$ 上连续，如果极限

$$\lim_{a\to-\infty}\int_a^b f(x)\mathrm{d}x(a<b)$$

存在，则称此极限为函数 $f(x)$ 在无穷区间 $(-\infty,b]$ 上的反常积分，记作 $\int_{-\infty}^b f(x)\mathrm{d}x$，即

$$\int_{-\infty}^b f(x)\mathrm{d}x=\lim_{a\to-\infty}\int_a^b f(x)\mathrm{d}x.$$

笔记

这时也称反常积分 $\int_{-\infty}^{b} f(x)\mathrm{d}x$ **收敛**. 如果上述极限不存在，则称反常积分 $\int_{-\infty}^{b} f(x)\mathrm{d}x$ **发散**.

设函数 $f(x)$ 在区间 $(-\infty,+\infty)$ 上连续，如果反常积分

$$\int_{-\infty}^{0} f(x)\mathrm{d}x \text{ 和 } \int_{0}^{+\infty} f(x)\mathrm{d}x$$

都收敛，则称上述两个反常积分的和为函数 $f(x)$ 在无穷区间 $(-\infty,+\infty)$ 上的反常积分，记作 $\int_{-\infty}^{+\infty} f(x)\mathrm{d}x$，即

$$\begin{aligned}\int_{-\infty}^{+\infty} f(x)\mathrm{d}x &= \int_{-\infty}^{0} f(x)\mathrm{d}x + \int_{0}^{+\infty} f(x)\mathrm{d}x \\ &= \lim_{a\to-\infty}\int_{a}^{0} f(x)\mathrm{d}x + \lim_{b\to+\infty}\int_{0}^{b} f(x)\mathrm{d}x.\end{aligned}$$

这时也称反常积分 $\int_{-\infty}^{+\infty} f(x)\mathrm{d}x$ **收敛**. 如果上式右端有一个反常积分发散，则称反常积分 $\int_{-\infty}^{+\infty} f(x)\mathrm{d}x$ **发散**.

广义积分的计算　如果 $F(x)$ 是 $f(x)$ 的原函数，则

$$\int_{a}^{+\infty} f(x)\mathrm{d}x = \lim_{b\to+\infty}\int_{a}^{b} f(x)\mathrm{d}x = \lim_{b\to+\infty}[F(x)]_{a}^{b} = \lim_{b\to+\infty}F(b)-F(a) = \lim_{x\to+\infty}F(x)-F(a).$$

可采用如下简记形式：

$$\int_{a}^{+\infty} f(x)\mathrm{d}x = [F(x)]_{a}^{+\infty} = \lim_{x\to+\infty}F(x)-F(a).$$

类似地，有

$$\int_{-\infty}^{b} f(x)\mathrm{d}x = [F(x)]_{-\infty}^{b} = F(b)-\lim_{x\to-\infty}F(x),$$

$$\int_{-\infty}^{+\infty} f(x)\mathrm{d}x = [F(x)]_{-\infty}^{+\infty} = \lim_{x\to+\infty}F(x)-\lim_{x\to-\infty}F(x).$$

例 1　计算 $\int_{-\infty}^{+\infty}\frac{1}{1+x^2}\mathrm{d}x$.

解

$$\begin{aligned}\int_{-\infty}^{+\infty}\frac{1}{1+x^2}\mathrm{d}x &= [\arctan x]_{-\infty}^{+\infty} \\ &= \lim_{x\to+\infty}\arctan x - \lim_{x\to-\infty}\arctan x \\ &= \frac{\pi}{2}-\left(-\frac{\pi}{2}\right)=\pi.\end{aligned}$$

例 2　计算 $\int_{0}^{+\infty} t\mathrm{e}^{-pt}\mathrm{d}t$（$p$ 是常数，且 $p>0$）.

解

$$\begin{aligned}\int_{0}^{+\infty} t\mathrm{e}^{-pt}\mathrm{d}t &= \left[\int t\mathrm{e}^{-pt}\mathrm{d}t\right]_{0}^{+\infty} = \left[-\frac{1}{p}\int t\mathrm{d}\mathrm{e}^{-pt}\right]_{0}^{+\infty} = \left[-\frac{1}{p}t\mathrm{e}^{-pt}+\frac{1}{p}\int \mathrm{e}^{-pt}\mathrm{d}t\right]_{0}^{+\infty} \\ &= \left[-\frac{1}{p}t\mathrm{e}^{-pt}-\frac{1}{p^2}\mathrm{e}^{-pt}\right]_{0}^{+\infty} = \lim_{t\to+\infty}\left(-\frac{1}{p}t\mathrm{e}^{-pt}-\frac{1}{p^2}\mathrm{e}\right)+\frac{1}{p^2}=\frac{1}{p^2}.\end{aligned}$$

提示　$\lim_{t\to+\infty} t\mathrm{e}^{-pt} = \lim_{t\to+\infty}\frac{t}{\mathrm{e}^{pt}} = \lim_{t\to+\infty}\frac{1}{p\mathrm{e}^{pt}} = 0$.

例 3　讨论广义积分 $\int_{a}^{+\infty}\frac{1}{x^p}\mathrm{d}x$（$a>0$）的敛散性.

笔记

解 当 $p=1$ 时，$\int_a^{+\infty}\frac{1}{x^p}\mathrm{d}x=\int_a^{+\infty}\frac{1}{x}\mathrm{d}x=[\ln x]_a^{+\infty}=+\infty$.

当 $p<1$ 时，$\int_a^{+\infty}\frac{1}{x^p}\mathrm{d}x=\left[\frac{1}{1-p}x^{1-p}\right]_a^{+\infty}=+\infty$.

当 $p>1$ 时，$\int_a^{+\infty}\frac{1}{x^p}\mathrm{d}x=\left[\frac{1}{1-p}x^{1-p}\right]_a^{+\infty}=\frac{a^{1-p}}{p-1}$.

因此，当 $p>1$ 时，此反常积分收敛，其值为 $\frac{a^{1-p}}{p-1}$；当 $p\leqslant 1$ 时，此反常积分发散.

习题 5.5

1. 下列广义积分是否收敛？若收敛，则求出其值.

(1) $\int_0^{+\infty}\frac{1}{x^2}\mathrm{d}x$；　(2) $\int_0^{+\infty}\mathrm{e}^{-100x}\mathrm{d}x$；

(3) $\int_0^{+\infty}x\mathrm{e}^{-2x}\mathrm{d}x$；　(4) $\int_0^{+\infty}\frac{\mathrm{d}x}{100+x^2}$；

(5) $\int_{-\infty}^{+\infty}\frac{1}{x^2+x-1}\mathrm{d}x$；　(6) $\int_{-\infty}^{+\infty}\frac{1+x^2}{1+x^4}\mathrm{d}x$.

2. 已知 $\lim\limits_{x\to+\infty}\left(\frac{x-a}{x+a}\right)^x=\int_a^{+\infty}4x^2\mathrm{e}^{-2x}\mathrm{d}x$，求常数 a.

第六节　平面图形面积计算

一、元素法

从定积分的概念可知，定积分所要解决的问题是求非均匀分布的整体量. 解决这类问题的方法是通过分割，把整体问题转化为局部问题，在局部范围内“以均匀代替不均匀”，“以直代曲”，求得该量在局部范围内的近似值. 然后把这些近似值求和，取极限，从而求得整体量. 这就是用定积分解决实际问题的基本思想：分割，近似，求和与取极限.

用定积分解决实际问题的常用方法是元素法. 为了说明这种方法，先回顾一下怎样用定积分求曲边梯形的面积. 设函数 $f(x)$ 在区间 $[a,b]$ 上连续，且 $f(x)\geqslant 0$. 求曲线 $y=f(x)$ 及直线 $x=a,x=b,y=0$ 所围成的曲边梯形的面积 S. 求解的具体步骤如下：

第一步，分割：将区间 $[a,b]$ 任意分成 n 个小区间 $[x_{i-1},x_i](i=1,2,\cdots,n)$，相应的把曲边梯形分成 n 个小曲边梯形，从而所求曲边梯形的面积 S 为每个小区间上小曲边梯形面积 ΔS_i 之和. 于是有

$$S=\sum_{i=1}^{n}\Delta S_i.$$

第二步，近似：对于任意小区间 $[x_{i-1},x_i]$ 上的小曲边梯形的面积 ΔS_i 用高为 $f(\xi_i)$，底为 $\Delta x_i=x_i-x_{i-1}$ 的小矩形面积 $f(\xi_i)\Delta x_i$ 近似代替. 即 $\Delta S_i\approx f(\xi_i)\Delta x_i$ $(x_{i-1}\leqslant\xi_i\leqslant x_i)$.

第三步，求和：得曲边梯形面积 S 的近似值

笔记

$$S = \sum_{i=1}^{n} \Delta S_i \approx \sum_{i=1}^{n} f(\xi_i)\Delta x_i.$$

第四步，取极限：取极限得

$$S = \lim_{\lambda \to 0}\sum_{i=1}^{n} f(\xi_i)\Delta x_i = \int_a^b f(x)\mathrm{d}x.$$

在引出 S 的积分表达式的四个步骤中，第二步确定 $\Delta S_i \approx f(\xi_i)\Delta x_i$ 是关键，使得

$$S = \lim_{\lambda \to 0}\sum_{i=1}^{n} f(\xi_i)\Delta x_i = \int_a^b f(x)\mathrm{d}x.$$

在实用上，为了简便起见，省略下标 i，用 $[x, x+\mathrm{d}x]$ 表示区间 $[a,b]$ 内任一小区间，并取这个小区间的左端点 x 为 ξ_i，那么 $\Delta S_i \approx f(\xi_i)\Delta x_i$ 可写成 $\Delta S \approx f(x)\mathrm{d}x$. 称 $f(x)\mathrm{d}x$ 为所求面积 S 的面积元素，记为 $\mathrm{d}S$，即 $\mathrm{d}S = f(x)\mathrm{d}x$，于是 $S = \int_a^b f(x)\mathrm{d}x$.

一般地，如果某一实际问题中所求量 Y 符合下列条件：Y 是与一个变量 x 的变化区间 $[a,b]$ 有关的量，且 Y 对于区间 $[a,b]$ 具有可加性. 就是说，如果把区间 $[a,b]$ 分成若干个部分区间，则 Y 相应地分成许多部分量，部分量 ΔY_i 的近似值可表示为 $f(\xi_i)\Delta x_i$. 这样一来，所求量 Y 就可用定积分来计算. 具体步骤如下：

(1) 根据问题的具体情况，选取一个变量，例如 x 为积分变量，并确定它的变化区间 $[a,b]$.

(2) 在区间 $[a,b]$ 上任取一小区间 $[x, x+\mathrm{d}x]$，并在该小区间上找出所求量 Y 的元素 $\mathrm{d}Y = f(x)\mathrm{d}x$.

(3)写出所求量 Y 的积分表达式 $Y = \int_a^b f(x)\mathrm{d}x$，然后计算它的值.

这种方法叫作定积分的元素法.

二、直角坐标系下的平面图形面积计算

由定积分的几何意义可知：如果函数 $f(x)$ 在区间 $[a,b]$ 上连续，并且 $f(x) \geqslant 0$. 则由曲线 $y = f(x)$ 及直线 $x=a, x=b, y=0$ 所围成的曲边梯形（见图 5-8）的面积为

$$S = \int_a^b f(x)\mathrm{d}x.$$

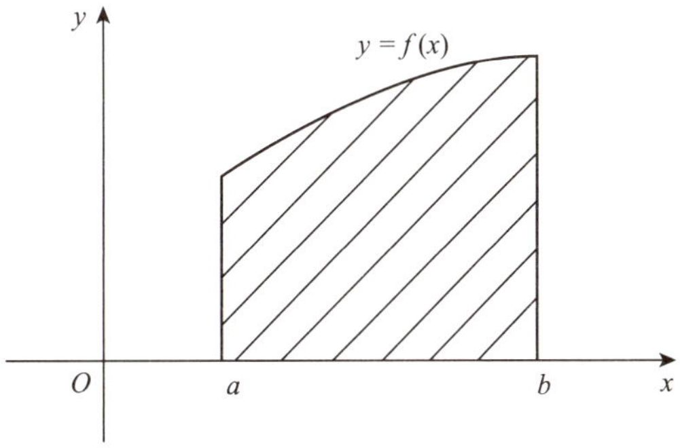

图 5-8

设函数 $f(x), g(x)$ 在区间 $[a,b]$ 上连续，且 $f(x) \geqslant g(x)$，求曲线 $y=f(x), y=g(x)$ 及直线 $x=a, x=b$ 所围成的平面图形的面积 S（见图 5-9).

笔记

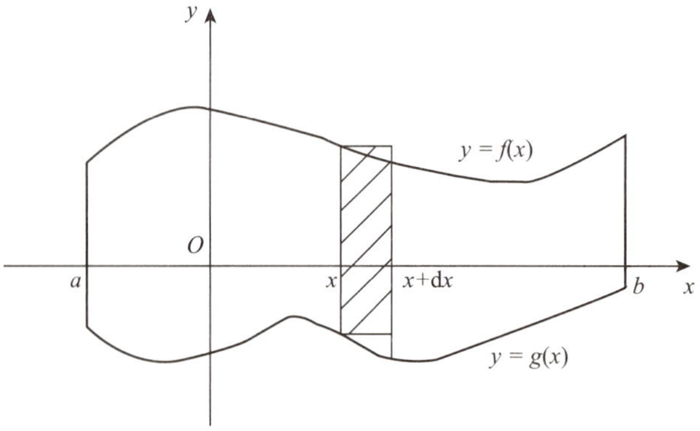

图 5-9

用元素法来求它的面积.

(1) 取横坐标 x 为积分变量，$x\in[a,b]$.

(2)在区间 $[a,b]$ 上任取一小区间 $[x,x+\mathrm{d}x]$，该区间上的小曲边梯形面积可用高为 $f(x)-g(x)$，底为 $\mathrm{d}x$ 的矩形的面积近似代替. 因此面积元素为 $\mathrm{d}S=[f(x)-g(x)]\mathrm{d}x$.

(3) 在区间 $[a,b]$ 上积分，即得所求图形的面积

$$S=\int_a^b[f(x)-g(x)]\mathrm{d}x.$$

类似地，由曲线 $x=\varphi(y)$，$x=\psi(y)$，且 $\varphi(y)\geqslant\psi(y)$ 及直线 $y=c$，$y=d$ 所围成平面图形（见图 5-10）的面积为

$$S=\int_c^d[\varphi(y)-\psi(y)]\mathrm{d}y.$$

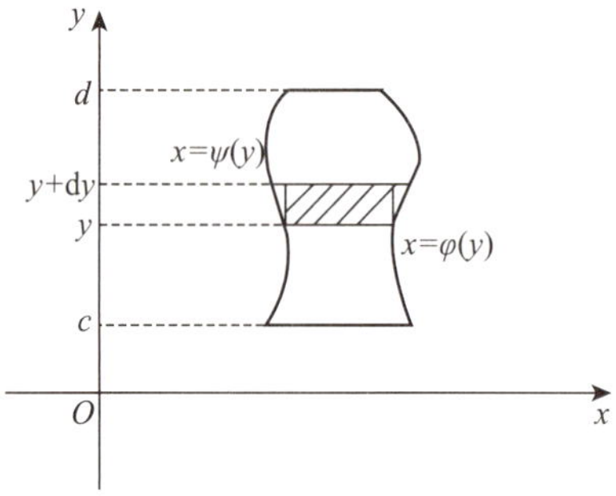

图 5-10

特别地，当 $\psi(y)=0$ 时，就得到由曲线 $x=\varphi(y)$ 与直线 $y=c$，$y=d$ 及 y 轴所围成曲边梯形的面积

$$S=\int_c^d\varphi(y)\mathrm{d}y.$$

例 1 求两条抛物线 $y^2=x$，$y=x^2$ 所围成图形的面积（见图 5-11）.

解 联立方程 $\begin{cases}y^2=x,\\ y=x^2,\end{cases}$ 得交点 $(0,0)$ 及 $(1,1)$. 取 x 为积分变量，$x\in[0,1]$，所求图形的面积为

$$S=\int_0^1(\sqrt{x}-x^2)\mathrm{d}x=\left[\frac{2}{3}x^{\frac{3}{2}}-\frac{1}{3}x^3\right]\Big|_0^1=\frac{1}{3}.$$

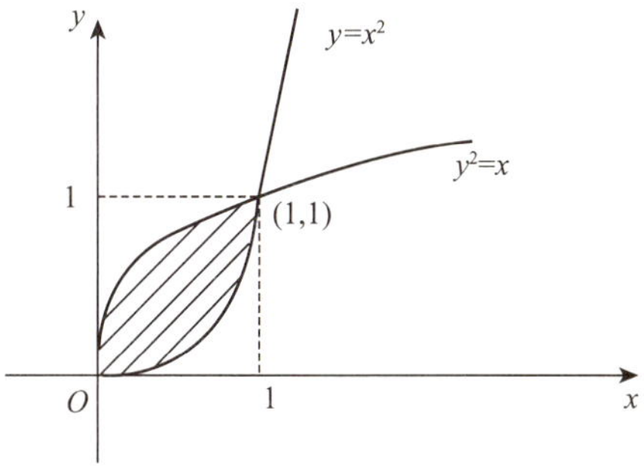

图 5-11

例 2　求由曲线 $xy=1$ 和直线 $y=x, y=2$ 围成的平面图形的面积（见图 5-12）.

解　联立方程 $\begin{cases} xy=1, \\ y=x, \end{cases}$ 得交点 (1,1) 及 (−1,−1)（舍去）. 取 y 为积分变量，且 $y\in[1,2]$，所求图形的面积为

$$S=\int_1^2\left(y-\frac{1}{y}\right)\mathrm{d}y=\left[\frac{y^2}{2}-\ln y\right]_1^2=\frac{3}{2}-\ln 2.$$

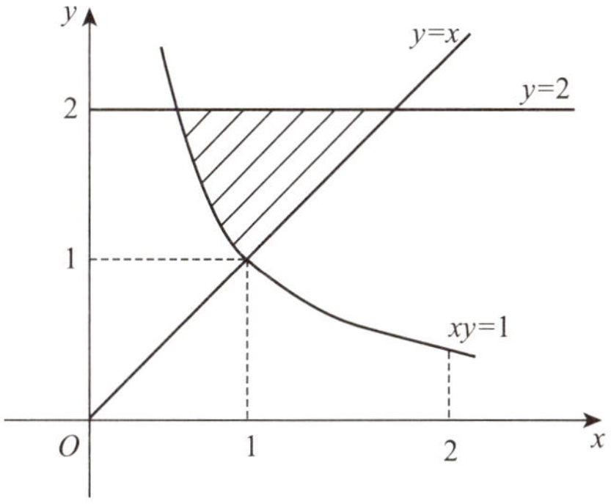

图 5-12

注　本题若以 x 为积分变量，由于 x 从 $\frac{1}{2}$ 到 1 与 x 从 1 到 2 这两段中情况是不同的. 因此需要把图形的面积分成两部分来计算，最后两部分面积加起来才是所求图形的面积：

$$S=\int_{\frac{1}{2}}^1\left(2-\frac{1}{x}\right)\mathrm{d}x+\int_1^2(2-x)\mathrm{d}x=\left[2x-\ln x\right]_{\frac{1}{2}}^1+\left[2x-\frac{x^2}{2}\right]_1^2=\frac{3}{2}-\ln 2.$$

这样计算不如上述方法简便. 由此可见，适当选取积分变量，可使计算简化.

例 3　求椭圆 $\frac{x^2}{a^2}+\frac{y^2}{b^2}=1$ 的面积.

解　所给椭圆关于两坐标轴都对称（见图 5-13）. 椭圆所围成的图形的面积为 $S=4S_1$，S_1 为椭圆在第一象限部分与两坐标轴所围图形的面积，所以 $S=4S_1=4\int_0^a y\mathrm{d}x$.

在第一象限，椭圆的方程对应函数为 $y=\frac{b}{a}\sqrt{a^2-x^2}$. 故

$$S=4\int_0^a\frac{b}{a}\sqrt{a^2-x^2}\,\mathrm{d}x=\frac{4b}{a}\left[\frac{x}{2}\sqrt{a^2-x^2}+\frac{a^2}{2}\arcsin\frac{x}{a}\right]_0^a=\pi ab.$$

笔记

笔记

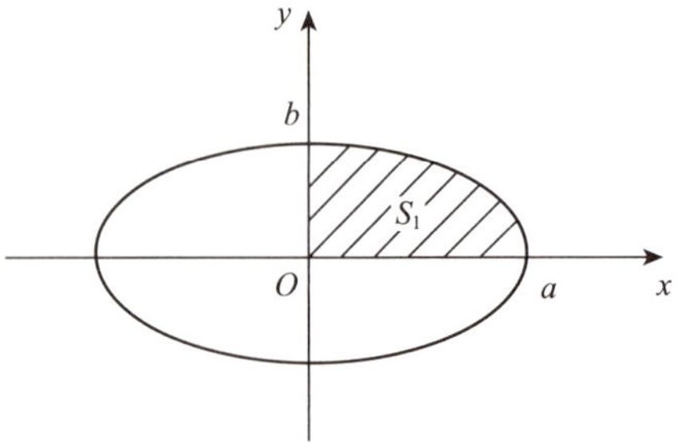

图 5-13

当 $a=b$ 时，椭圆变成了圆. 从上面椭圆面积 $S=\pi ab$ 得圆面积 $S=\pi a^2$. 式中，a 为圆的半径.

我们知道椭圆的参数方程为 $\begin{cases}x=a\cos t,\\ y=b\sin t,\end{cases}$ 当 x 从 0 变到 a 时，t 从 $\frac{\pi}{2}$ 变到 0. 这个椭圆的面积也可以表示为

$$S=4S_1=4\int_0^a y\mathrm{d}x=4\int_{\frac{\pi}{2}}^0 b\sin t(-a\sin t)\mathrm{d}t=4ab\int_0^{\frac{\pi}{2}}\sin^2 t\mathrm{d}t$$

$$=2ab\int_0^{\frac{\pi}{2}}(1-\cos 2t)\mathrm{d}t=2ab\left[t-\left(\frac{\sin 2t}{2}\right)\right]_0^{\frac{\pi}{2}}=\pi ab.$$

一般地，当曲线方程 $y=f(x)[f(x)\geqslant 0]$ 由参数方程 $\begin{cases}x=\varphi(t),\\ y=\psi(t),\end{cases}$ $\alpha\leqslant t\leqslant\beta$ 给出，且当变量 x 从 a 变到 b 时，参数 t 相应地从 α 变到 β，则曲边梯形的面积公式为 $S=\int_a^b y\mathrm{d}x=\int_\alpha^\beta\psi(t)\varphi'(t)\mathrm{d}t$. 其中 α 对应曲边起点，β 对应曲边终点，沿曲边方向前进时，曲边梯形在右手边.

例 4 求星形线 $x^{\frac{2}{3}}+y^{\frac{2}{3}}=a^{\frac{2}{3}}$ 所围的面积（见图 5-14).

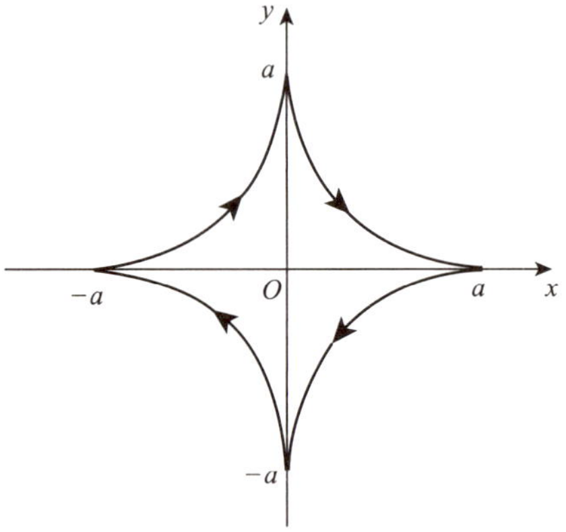

图 5-14

解 星形线 $x^{\frac{2}{3}}+y^{\frac{2}{3}}=a^{\frac{2}{3}}$ 的参数方程为 $\begin{cases}x=a\cos^3 t,\\ y=a\sin^3 t,\end{cases}$ $t\in[0,2\pi]$，所以星形线所围面积 $S=2\int_{-a}^a y\mathrm{d}x$. 当 $x=-a$ 时，$t=\pi$；$x=a$ 时，$t=0$.

故有

$$S=2\int_{-a}^a y\mathrm{d}x=2\int_\pi^0 a\sin^3 t\mathrm{d}(a\cos^3 t)=2\int_\pi^0 a\sin^3 t\cdot 3a\cos^2 t(-\sin t)\mathrm{d}t$$

笔记

$$= 6a^2\int_0^{\pi}\cos^2 t\sin^4 t\mathrm{d}t = \frac{3}{8}\pi a^2.$$

习题 5.6

1. 求由下列各曲线所围成的图形的面积.

(1) $y=\frac{1}{x}$ 与直线 $y=x$ 及 $x=2$；

(2) $y=\mathrm{e}^x, y=\mathrm{e}^{-x}$ 与直线 $x=1$；

(3) $y=\sqrt{x}$ 与直线 $x=1, y=2$；

(4) $y^2=2x$ 与 $y=x-4$.

2. 求抛物线 $y=-x^2+4x-3$ 及其在点 (0,-3) 和 (3,0) 处的切线所围图形的面积.

3. 求抛物线 $y^2=2x$ 与其上一点 $A\left(\frac{1}{2},1\right)$ 处的法线围成的平面图形的面积.

4. 求由下列曲线围成图形的面积.

(1) $r=2a\cos\theta$；

(2) $r=2a(2+\cos\theta)$.

5. 求由摆线 $x=a(t-\sin t), y=a(1-\cos t)$ 的一拱 ($0\leqslant t\leqslant 2\pi$) 与横轴所围成图形的面积.

6. 设 $S_1(t)$ 是曲线 $y=x^2$ 与直线 $x=0$ 及 $y=t(0<t<1)$ 所围图形的面积，$S_2(t)$ 是曲线 $y=x^2$ 与直线 $x=1$ 及 $y=t(0<t<1)$ 所围图形的面积. 试求 t 为何值时，$S_1(t)+S_2(t)$ 最小，最小值是多少？

8. 求由 $r=\cos\theta, r=2\cos\theta$ 公共部分介于 $\theta=0$ 与 $\theta=\frac{\pi}{4}$ 之间的面积.

第七节 旋转体体积计算

一、旋转体体积计算

旋转体就是由一个平面图形绕着平面内一条直线旋转一周而成的立体，这条直线叫作旋转轴. 我们所熟悉的圆柱、圆锥、圆台、球体等都可以看成是旋转体.

上述旋转体都可以看作由连续曲线 $y=f(x)$ 与直线 $x=a, x=b(a<b)$ 以及 x 轴围成的曲边梯形绕 x 轴旋转一周而成的旋转体（见图 5-15）. 现在用元素法来计算这种旋转体的体积.

笔记

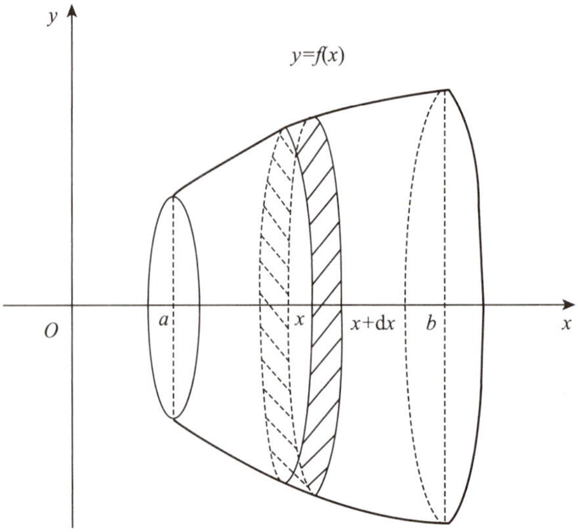

图 5-15

(1) 在区间 $[a,b]$ 上任取一个小区间 $[x,x+\mathrm{d}x]$ 的窄曲边梯形，它绕 x 轴旋转而成的薄片的体积近似于以 $f(x)$ 为底半径，$\mathrm{d}x$ 为高的扁圆柱体的体积，体积元素 $\mathrm{d}V=\pi[f(x)]^2\mathrm{d}x$.

(2) 在区间 $[a,b]$ 上作定积分，便得到所求旋转体的体积

$$V=\int_a^b \pi[f(x)]^2\mathrm{d}x.$$

类似地，由连续曲线 $x=\varphi(y)$ 与直线 $y=c,y=d(c<d)$ 以及 y 轴围成的平面图形绕 y 轴旋转一周所成的旋转体（见图 5-16 ）的体积为

$$V=\int_c^d \pi[\varphi(y)]^2\mathrm{d}y.$$

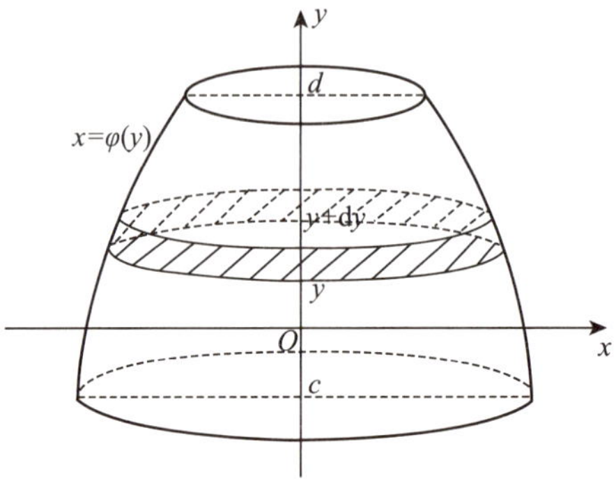

图 5-16

例 1 求由曲线 $y=\sqrt{x}$，直线 $x=1$ 及 x 轴所围成的图形绕 x 轴旋转一周所形成的旋转体(见图 5-17)的体积.

解 根据求旋转体的体积公式，得

$$V_x=\int_0^1 \pi(\sqrt{x}\,)^2\mathrm{d}x=\pi\int_0^1 x\mathrm{d}x=\pi\left.\frac{x^2}{2}\right|_0^1=\frac{\pi}{2}$$

例 2 求由抛物线 $x^2=4y(x>0)$，直线 $y=1$ 及 y 轴所围成的图形分别绕 x 轴，y 轴旋转一周所形成的旋转体见图 5-18 的体积.

解 绕 x 轴旋转而成的旋转体的体积 V_x 等于由矩形 $OABC$ 绕 x 轴旋转一周而成的旋转体（圆柱）的体积 V_2 与由曲边梯形 OAB 绕 x 轴旋转一周而成的旋转体的体积

笔记

V_1之差.

$$V_x = V_2 - V_1 = 2\pi - \pi\int_0^2 y^2\,dx = 2\pi - \pi\int_0^2 \left(\frac{x^2}{4}\right)^2 dx = 2\pi - \frac{\pi}{16}\int_0^2 x^4\,dx$$

$$= 2\pi - \frac{\pi}{16}\left(\frac{1}{5}x^5\right)\Big|_0^2 = \frac{8}{5}\pi.$$

绕 y 轴旋转而成的旋转体的体积为 $V_y = \pi\int_0^1 x^2\,dy = \pi\int_0^1 4y\,dy = 2\pi y^2\big|_0^1 = 2\pi$.

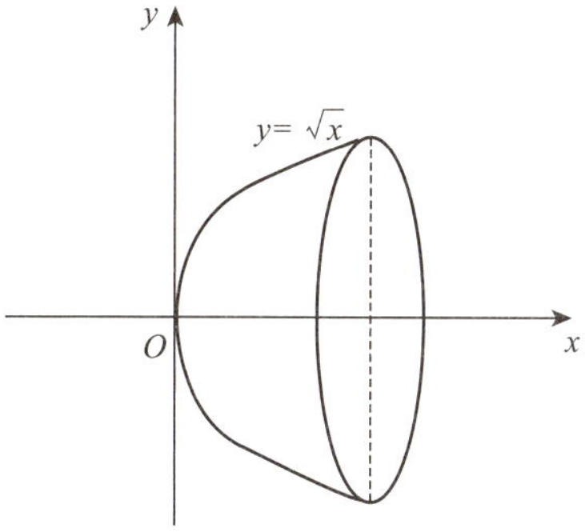

图 5-17

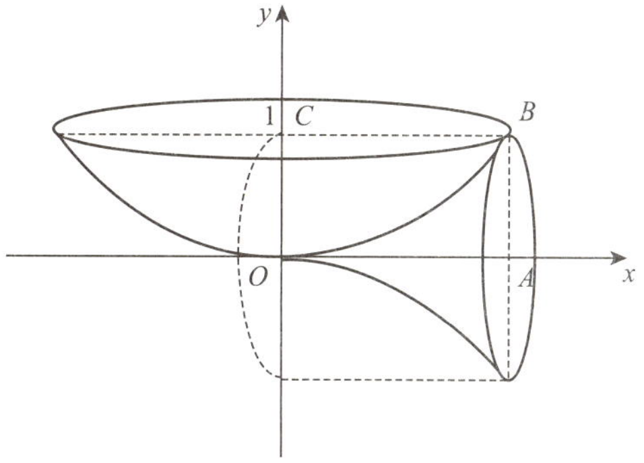

图 5-18

二、平行截面面积为已知的立体体积计算

设一立体在过点 $x=a$, $x=b$ 且垂直于 x 轴的两个平面之间. 用过点 x 且垂直于 x 轴的平面截此立体，设所得截面的面积为 $A(x)$，且 $A(x)$ 是 x 的已知连续函数，那么该立体的体积可以用元素法来计算.

如图 5-19 所示，取 x 为积分变量，$x\in[a,b]$. 在区间 $[a,b]$ 上任取一小区间 $[x, +dx]$，该区间上的小立体的体积近似于底面积为 $A(x)$，高为 dx 的扁柱体的体积，体积的元素 $dv = A(x)dx$；在区间 $[a,b]$ 上作定积分，便得到所求立体的体积

$$V = \int_a^b A(x)\,dx.$$

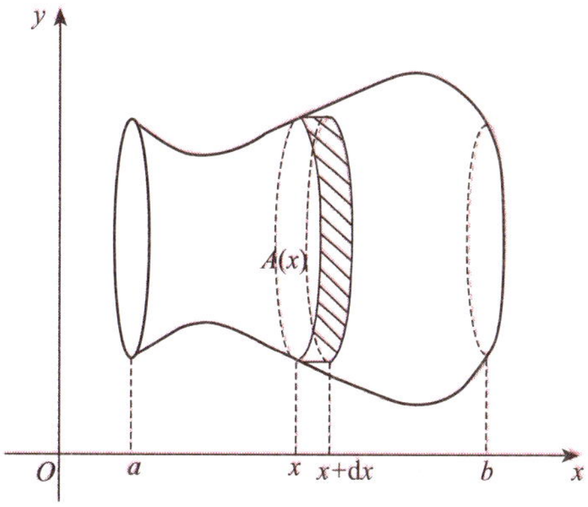

图 5-19

例 3　一平面经过半径为 R 的正圆柱体的底圆中心，与底面交成 α 角，求这平面截圆柱体所得立体的体积（见图 5-20）.

笔记

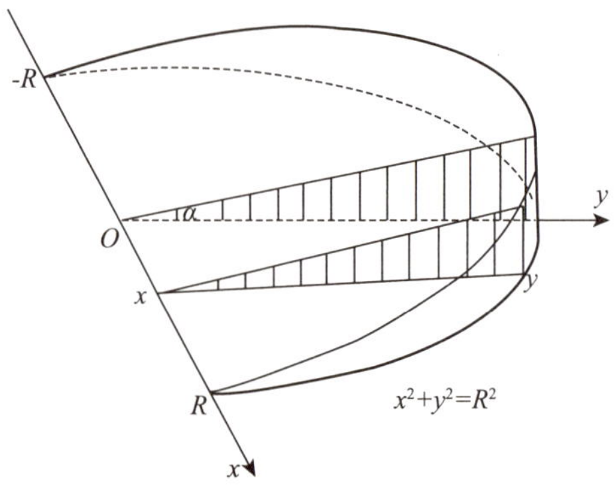

图 5-20

解 取这个平面与正圆柱体底面的交线为 x 轴，底面上过圆心且垂直于 x 轴的直线为 y 轴. 那么底面圆的方程为 $x^2+y^2=R^2$，立体中过点 x 且垂直于 x 轴的截面是直角三角形，它的两条直角边的长度分别为 $\sqrt{R^2-x^2}$ 和 $\sqrt{R^2-x^2}\tan\alpha$，因而截面面积为

$$A(x)=\frac{1}{2}\sqrt{R^2-x^2}\cdot\sqrt{R^2-x^2}\tan\alpha=\frac{1}{2}(R^2-x^2)\tan\alpha.$$

所求立体的体积为

$$V=\int_{-R}^{R}\frac{1}{2}(R^2-x^2)\tan\alpha\mathrm{d}x$$
$$=\frac{1}{2}\tan\alpha\left[R^2x-\frac{1}{3}x^3\right]_{-R}^{R}=\frac{2}{3}R^3\tan\alpha.$$

习题 5.7

1. 求下列曲线所围成的图形绕指定轴旋转所得的旋转体的体积.

(1) $y=x^2, y=1$，绕 y 轴；

(2) $y=x^2, x=y^2$，绕 x 轴；

(3) $y=2-x^2, y=x$ 以及 $x=0$（在第一象限内围成图形）分别绕 x 轴和 y 轴.

2. 求以抛物线 $y=1-x^2$ 及 $y=0$ 所围成的图形为底，而垂直于 y 轴的所有截面均是高为 3 的矩形的立体的体积.

3. 求由 $xy=3, x+y=4$ 围成的平面图形分别绕 x 轴，y 轴旋转所形成的旋转体的体积.

4. 由曲线 $y=\sqrt{2-x^2}, y=x^2$ 围成的图形分别绕 x 轴，y 轴旋转所形成的旋转体的体积.

本章小结

一、定积分的概念

(1) 定积分是下列和式的极限 $\int_a^b f(x)\mathrm{d}x=\lim\limits_{\lambda\to 0}\sum\limits_{i=1}^{n}f(\xi_i)\Delta x_i$ 其中 $\lambda=$

笔记

$\max_{1\leqslant i\leqslant n}\{\Delta x_i\}$.

因此，定积分是一个数，它依赖于被积函数 $f(x)$ 和积分区间 $[a,b]$，与积分变量用什么字母无关. 其几何意义是曲边梯形的面积.

(2) 定积分的性质.

(3) 广义积分.

二、定积分的计算

(1)牛顿-莱布尼茨公式：

$$\int_a^b f(x)\mathrm{d}x = F(b) - F(a).$$

(2) 换元法：注意，在换元的同时不要忘记换积分限.

(3) 分部积分法：$\int_a^b u(x)\mathrm{d}[v(x)] = [u(x)v(x)]_a^b - \int_a^b v(x)\mathrm{d}[u(x)]$.

三、定积分的应用

基本方法是：代公式和微元法.

(1) 平面图形的面积：

① 直角坐标系，注意选择合适的积分变量可使计算简化；

② 参数方程；

③ 极坐标系.

(2) 旋转体的体积.

数学实验五：用 MATLAB 求定积分

例 1　计算定积分 $\int_{-2}^{2} x^4\mathrm{d}x$.

解　如果用符号积分法命令 int 计算积分 $\int_{-2}^{2} x^4\mathrm{d}x$，

MATLAB 代码为：

```
clear;syms x;
int(x^4,x,-2,2)
```

结果为

ans=64/5.

例 2　计算广义积分 $I=\int_{-\infty}^{+\infty}\exp\left(\sin x-\frac{x^2}{50}\right)\mathrm{d}x$

解　MATLAB 代码为：

```
syms x;
y=int(exp(sin(x)-x^2/50),-inf,inf);
vpa(y,10)
```

结果为

ans=15.86778263.

笔记

例 3 用梯形积分法命令 trapz 计算积分 $\int_{-2}^{2} x^4 \mathrm{d}x$.

解 MATLAB 代码为：

```
clear;x=-2:0.1:2;y=x.^4;  %积分步长为 0.1
trapz(x,y)
```

结果为

ans=12.8533.

实际上，积分 $\int_{-2}^{2} x^4 \mathrm{d}x$ 的精确值为 $\frac{64}{5}=12.8$. 如果取积分步长为 0.01，MATLAB 代码为：

```
clear;x=-2:0.01:2;y=x.^4;  %积分步长为 0.01
trapz(x,y)
```

结果为

ans=12.8005.

可用不同的步长进行计算，考虑步长和精度之间的关系. 一般说来，trapz 是最基本的数值积分方法，精度低，适用于数值函数和光滑性不好的函数.

复习题 5

1. 单项选择题.

(1) 定积分 $\int_{\frac{1}{2}}^{2} |\ln x| \mathrm{d}x=$ (　　).

A. $\int_{\frac{1}{2}}^{1} \ln x \mathrm{d}x+\int_{1}^{2} \ln x \mathrm{d}x$　　B. $\int_{\frac{1}{2}}^{1} \ln x \mathrm{d}x-\int_{1}^{2} \ln x \mathrm{d}x$

C. $-\int_{\frac{1}{2}}^{1} \ln x \mathrm{d}x+\int_{1}^{2} \ln x \mathrm{d}x$　　D. $-\int_{\frac{1}{2}}^{1} \ln x \mathrm{d}x-\int_{1}^{2} \ln x \mathrm{d}x$

(2) 设半径为 a 的圆面积为 S，则 $\int_{0}^{a} \sqrt{a^2-x^2} \mathrm{d}x=$ (　　).

A. S　　B. $\frac{1}{2}S$　　C. $\frac{1}{4}S$　　D. $\frac{1}{8}S$

(3)若 $\int_{0}^{1}(2x+c)\mathrm{d}x=2$，则 $c=$ (　　).

A. 2　　B. 0　　C. 1　　D. -1

(4) $\frac{\mathrm{d}}{\mathrm{d}x}\int_{a}^{b} \arcsin x \mathrm{d}x=$ (　　).

A. $\arcsin x$　　B. 0

C. $\arcsin b-\arcsin a$　　D. $\frac{1}{\sqrt{1-x^2}}$

(5) 若 $\int_{0}^{x} f(t)\mathrm{d}t=\frac{x^4}{2}$，则 $\int_{0}^{4} \frac{1}{\sqrt{x}} f(\sqrt{x})\mathrm{d}x=$ (　　).

A. 16　　B. 8　　C. 4　　D. 2

(6) 函数 $y=\int_{0}^{x}(t-1)\mathrm{d}t$，则 y 有(　　).

A. 极小值 $\frac{1}{2}$　　B. 极小值 $-\frac{1}{2}$　　C. 极大值 $\frac{1}{2}$　　D. 极大值 $-\frac{1}{2}$

(7) 定积分 $\int_0^{19}\frac{1}{\sqrt[3]{x+8}}dx$ 作适当变换后等于（　　）.

A. $\int_2^3 3x dx$　　B. $\int_0^3 3x dx$

C. $\int_0^2 3x dx$　　D. $\int_{-2}^{-3} 3x dx$

(8) $\int_1^2\frac{1}{2x-1}dx=$（　　）.

A. $\ln 3$　　B. $2\ln 3$　　C. $\frac{1}{2}\ln 3$　　D. $-\frac{1}{2}\ln 3$

(9) $\int_{-\pi}^{\pi}\frac{x^2\sin x}{1+x^2}dx=$（　　）.

A. 1　　B. 2　　C. 0　　D. -1

(10) 若 $\int_{-\infty}^0 e^{kx}dx=\frac{1}{3}$，则 $k=$（　　）.

A. $\frac{1}{3}$　　B. $-\frac{1}{3}$　　C. -3　　D. 3

(11)由曲线 $y=2\sqrt{x}$，$y=1$ 及 $x=0$ 围成的平面图形的面积 $S=$（　　）.

A. $\frac{1}{4}$　　B. $\frac{1}{12}$　　C. $\frac{1}{2}$　　D. $\frac{3}{2}$

(12)函数 $y=\ln x$，在区间 $[1,e]$ 上的平均值为（　　）.

A. 1　　B. $e-1$　　C. $\frac{1}{e-1}$　　D. $\frac{1}{2}$

2. 求下列定积分的值.

(1) $\int_0^{\frac{\pi}{4}}\sin x\cos x dx$；

(2) $\int_0^1 |2x-1| dx$；

(3) $\int_0^3\frac{x}{1+\sqrt{1+x}}dx$；

(4) $\int_0^1 x^3 e^{x^2}dx$；

(5) $\int_1^5 \ln x dx$；

(6) $\int_0^4 e^{\sqrt{x}}dx$；

(7) $\int_0^{\pi}(x\sin x)^2 dx$.

3. 求极限 $\lim\limits_{x\to 0}\frac{\int_0^x (e^t+e^{-t}-2)dt}{1-\cos x}$.

4. 证明：$\int_0^1 x^m(1-x)^n dx=\int_0^1 x^n(1-x)^m dx$.

笔记

笔记

5. 若函数 $f(x)$ 连续，证明：$\int_0^a x^3 f(x^2)\mathrm{d}x = \frac{1}{2}\int_0^{a^2} xf(x)\mathrm{d}x$.

6. 求由曲线 $y=\frac{1}{x}$，直线 $y=4x$ 及 $x=2$ 所围成的平面图形的面积，并且求上述图形绕 x 轴旋转而得的旋转体的体积.

7. 求双扭线 $r^2=a^2\cos 2\theta(a>0)$ 所围成图形的面积.

素养园地

数学“痴人”——陈景润

世界近代数学三大难题之一的哥德巴赫猜想，也就是我们常说的“1＋1”猜想，自1742年提出至今，已经困扰数学界长达近三个世纪之久. 哥德巴赫猜想一旦被突破，将会推动现代科学的进步. 有位我国的数学家，一直致力于攻克哥德巴赫猜想，并将其论证推进到距离成功仅一步之遥，他就是数学家陈景润.

1948年，陈景润在福州英华中学读书时，有幸听了来自清华大学沈元教授介绍哥德巴赫猜想. 哥德巴赫猜想之梦，就此种进了他的心中.

1957年，陈景润进入中国科学院数学研究所，正式开始数论研究工作. 当时宿舍还未建成，数学所就为他们这些年轻研究员临时租了两户单元房.

陈景润的作息时间和别人不一样，就在晚上工作. 他怕打扰别人，所以就跟大家商量，他能不能搬到单元房里的厕所来住. 因为反正也没有启用，所以其他的数学家也都很理解、很照顾，就说那你自己要是觉得方便的话，就住在里面. 当时他是用了一个大木板放在马桶上，又当桌子又当床，在里面住了3年.

在只有3平方米的卫生间里摆开一张木板后，连转身的空间都没有. 冬天冷了，没有暖气，他就用纸糊上窗户，在屋子中央挂一个很大的灯泡，照明兼取暖. 有时遇到复杂的问题，陈景润蜷缩着身子趴在床板上，一算就是一整晚.

不久后，数学所宿舍楼盖好了，大家搬回了集体宿舍. 为了不打扰别人，陈景润在楼道拐角处找到了一间大约6平方米大的房间，开始追逐他的梦想.

6平方米的小屋，从进门到窗子之间只有一个床的距离，电灯什么的也没有，也没有桌子，这床头底下就摆一个煤油灯. 他就把床撩开，他说就在这写字.

此时，对于哥德巴赫猜想这一问题的解答，一直停留在“1＋3”. 并且有数学家在发表论文时宣称，用于解答猜想的筛法，已经到了“山穷水尽”的地步，不会有人能够凭此方法将结果向前推进了. 但陈景润并不这么认为，在不懈努力下，他对前人所做的筛法做出了重大的改进，并写出了多达200页的论文手稿，推动了哥德巴赫猜想的前进，由此证明了“1＋2”.

1973年，陈景润将哥德巴赫猜想的成果写成论文，发表在中国著名的学术期刊《中国科学》上. 文章一经发表，立刻引起了国际数学界的关注. “1＋2”被数学界命名为“陈氏定理”，同时被誉为筛法的“光辉的顶点”.

第六章

常微分方程

函数是研究客观事物运动规律的重要工具，找出函数关系，在实践中有重要意义．但是在许多问题中，常常不能直接找出这种函数关系，但却能根据问题所处的环境，建立起这些变量和它们的导数（或微分）之间的方程，这样的方程称为微分方程．在本章中，主要介绍常微分方程的基本概念和几种常用的常微分方程的解法．

笔记

第一节　微分方程的概念

下面我们通过两个例子来说明常微分方程的基本概念．

引例 1　一曲线通过点(1,2)，且在该曲线上任一点 $P(x,y)$ 处的切线斜率为 $2x$，求这条曲线方程．

解　设所求曲线方程为 $y=f(x)$，且曲线上任意一点的坐标为 (x,y)．根据题意以及导数的几何意义得

$$\frac{\mathrm{d}y}{\mathrm{d}x}=2x.$$

两边同时积分得

$$y=x^2+C(C\text{ 为任意常数}).$$

又因为曲线通过(1,2)点，把 $x=1$，$y=2$ 代入上式，得 $C=1$．故所求曲线方程为

$$y=x^2+1.$$

引例 2　将温度为 100 ℃的物体放入温度为 0 ℃的介质中冷却，依照冷却定律，冷却的速度与温度 T 成正比，求物体的温度 T 与时间 t 之间的函数关系．

解　依照冷却定律，冷却方程为

$$\frac{\mathrm{d}T}{\mathrm{d}t}=-kT(k\text{ 为比例常数，且 }k>0),$$

所求函数关系满足 $t=0$，$T=100$．

以上我们仅以几何、物理上引出关于变量之间微分方程的关系．

定义 1　含有未知函数以及未知函数的导数（或微分）的方程称为微分方程．在微分方程中，未知函数为一元函数的微分方程称为常微分方程．未知函数为多元函数的微分

笔记

方程称为**偏微分方程**.

例如　下列微分方程中,

(1)$y'-3x=1$;(2)$\mathrm{d}y+y\sin x\mathrm{d}x=0$;(3)$y''+\frac{1}{x}(y')^2+2=0$;(4)$\frac{\partial^2 u}{\partial x^2}+\frac{\partial^2 u}{\partial y^2}=1$;(5)$\frac{\mathrm{d}y}{\mathrm{d}x}+\cos y=3x$

都是微分方程,其中(1)(2)(3)(5)是常微分方程,(4)是偏微分方程.

本课程只讨论常微分方程.

定义 2　微分方程中含未知函数的导数的最高阶数称为**微分方程的阶**.

在上例中,(1)(2)(5)是一阶常微分方程,(3)是二阶常微分方程.

一般地,n 阶微分方程记为

$$F(x,y,y',\cdots,y^{(n)})=0.$$

定义 3　若将 $y=f(x)$代入微分方程中使之恒成立,则称 $y=f(x)$是微分方程的**解**(也称**显式解**);若将 $\varphi(x,y)=0$ 代入微分方程中使之恒成立,则称关系式 $\varphi(x,y)=0$ 是微分方程的**隐式解**.

定义 4　微分方程的解中含有任意常数,并且任意常数的个数与微分方程的阶数相同,这样的解称为微分方程的**通解**.

引例 1 中,积分后得到 $y=x^2+C$ 为微分方程的通解,由于通解中含有任意常数,所以它不能完全确定地反映客观事物的规律性,必须确定这些常数,为此,要根据实际问题,提出确定通解中的常数的条件.

设微分方程中未知函数 $y=y(x)$,如果微分方程是一阶的,确定任意常数的条件是 $y|_{x=x_0}=y_0$;如果微分方程是二阶的,确定任意常数的条件是$y|_{x=x_0}=y_0$,$y'|_{x=x_0}=y_1$,上述这些条件叫作**初始条件**.

定义 5　求解微分方程 $y'=f(x,y)$满足初始条件$y|_{x=x_0}=y_0$ 的特解问题称为一阶微分方程的**初值问题**. 记作

$$\begin{cases} y'=f(x,y), \\ y|_{x=x_0}=y_0. \end{cases}$$

例 1　验证 $x=C_1\cos at+C_2\sin at$ 是微分方程 $x''+a^2x=0$ 的解.

解　$x=C_1\cos at+C_2\sin at$ 的一阶导数 x'和二阶导数 x''分别是

$$x'=-C_1a\sin at+C_2a\cos at,$$

$$x''=-C_1a^2\cos at-C_2a^2\sin at=-a^2(C_1\cos at+C_2\sin at).$$

把 x 和 x''代入微分方程中,

$$-a^2(C_1\cos at+C_2\sin at)+a^2(C_1\cos at+C_2\sin at)\equiv 0.$$

因此,$x=C_1\cos at+C_2\sin at$ 是微分方程的解.

如果 C_1,C_2 是任意常数,则解 $x=C_1\cos at+C_2\sin at$ 是二阶微分方程 $x''+a^2x=0$ 的通解.

例 2　已知 $y=C_1e^{-2x}+C_2e^x$ 是微分方程 $y''+y'-2y=0$ 的通解,求满足初始条件 $y|_{x=0}=3$,$y'|_{x=0}=0$ 的特解.

解　由题意得

$$y'=[C_1e^{-2x}+C_2e^x]'=-2C_1e^{-2x}+C_2e^x,$$

把$y|_{x=0}=3$,$y'|_{x=0}=0$ 分别代入得

$$\begin{cases} C_1+C_2=3, \\ -2C_1+C_2=0, \end{cases}$$

即

$$\begin{cases} C_1=1, \\ C_2=2. \end{cases}$$

于是微分方程的特解为

$$y=\mathrm{e}^{-2x}+2\mathrm{e}^{x}.$$

习题 6.1

1. 指出下列各微分方程的阶数.

(1) $\frac{\mathrm{d}y}{\mathrm{d}x}+y=\sin x$；　　(2) $y'''-2y'+x^2y=0$；

(3) $y''+(y')^3-2y=x$；　　(4) $(1+x^2)y''=2xy'$.

2. 验证下列函数是所给的微分方程的解.

(1) $y=\frac{\sin x}{x}$，$xy'+y=\cos x$；

(2) $y=\mathrm{e}^{x}$，$y''-2y'+y=0$；

(3) $y=5x^2$，$xy'=2y$；

(4) $y=C_1\mathrm{e}^{\lambda_1 x}+C_2\mathrm{e}^{\lambda_2 x}$，$y''-(\lambda_1+\lambda_2)y'+\lambda_1\lambda_2 y=0$.

3. 验证函数 $y=C\mathrm{e}^{-x}+x-1$ 是微分方程 $y'+y=x$ 的解，并求满足初始条件 $y|_{x=0}=2$ 的特解.

4. 写出下列条件确定的曲线 $y=y(x)$ 所能满足的微分方程.

(1) 曲线在任一点 $M(x,y)$ 处的切线斜率等于该点纵坐标的 5 倍.

(2) 曲线在任一点 $M(x,y)$ 处的切线斜率等于该点横坐标的平方.

5. 用微分方程表达物理命题：某种气体的气压 P 对于温度 T 的变化率与气压 P 成正比，与温度 T 的平方成反比.

6. 汽车在平直路上以 50 m/s 的速度行驶，制动时的加速度为 $-a$ m/s^2，a 为正常数. 求制动后列车的运动规律.

第二节　一阶微分方程

形如

$$y'=f(x)g(y)$$

的微分方程，称为**可分离变量的微分方程**. 这里 $f(x)$，$g(y)$ 分别是变量 x，y 的已知连续函数，且 $g(y)\neq 0$. 这类方程的特点是，经过适当的运算，可以将两个不同变量的函数与微分分离到方程的两边. 其具体解法如下：

(1) 分离变量，即将方程整理为

$$\frac{1}{g(y)}\mathrm{d}y=f(x)\mathrm{d}x$$

笔记

笔记

的形式，使方程各边都只含有一个变量.

(2) 两边积分，即两边同时积分，得

$$左边=\int\frac{1}{g(y)}\mathrm{d}y,右边=\int f(x)\mathrm{d}x,$$

故方程的通解为

$$\int\frac{1}{g(y)}\mathrm{d}y=\int f(x)\mathrm{d}x+C.$$

我们约定在微分方程这一章中，不定积分式表示被积函数的一个原函数，而把积分所带来的任意常数明确地写上.

例 1　求微分方程 $y'=(\sin x-\cos x)(1+y^2)$ 的通解.

解　这是可分离变量的微分方程. 分离变量，得

$$\frac{\mathrm{d}y}{1+y^2}=(\sin x-\cos x)\mathrm{d}x.$$

两边积分，得方程的通解为

$$\arctan y=-\cos x-\sin x+C,$$

而且它是该微分方程的一个隐式解.

例 2　求微分方程 $y'=-\frac{y}{x}$ 的通解.

解　分离变量，得

$$\frac{\mathrm{d}y}{y}=-\frac{1}{x}\mathrm{d}x.$$

两边积分，得

$$\ln|y|=\ln\left|\frac{1}{x}\right|+C_1.$$

化简，得

即

$$|y|=\mathrm{e}^{C_1}\left|\frac{1}{x}\right|,$$

$$y=\pm\mathrm{e}^{C_1}\frac{1}{x}.$$

令 $C_2=\pm\mathrm{e}^{C_1}$，则 $y=C_2\frac{1}{x},C_2\neq0$.

另外，$y=0$ 也是方程的解，所以可认为 $y=\frac{C_2}{x}$ 中的 $C_2=0$，因此 C_2 可作为任意常数. 这样，方程的通解是 $y=\frac{C}{x}$.

由此可见，凡遇到积分后是对数的情形，理应都需进行类似于上述的讨论，但这样的演算过程没有必要重复. 所以为方便起见，今后这种情形都进行简化处理，以例 2 为例示范如下：

分离变量，得

$$\frac{\mathrm{d}y}{y}=-\frac{1}{x}\mathrm{d}x.$$

两边积分，得

笔记

$$\ln y=\ln \frac{1}{x}+\ln C,$$

$$\ln y=\ln \frac{C}{x}.$$

即通解为

$$y=\frac{C}{x}\text{（}C\text{ 为任意常数）}.$$

现在，给出本章引例 1 的解法：

显然 $\frac{\mathrm{d}y}{\mathrm{d}x}=xy$ 是一个可分离变量的微分方程. 分离变量，得

$$\frac{\mathrm{d}y}{y}=x\mathrm{d}x.$$

两边积分，得

$$\ln|y|=\frac{x^2}{2}+C'.$$

即

$$y=\pm \mathrm{e}^{\frac{x^2}{2}+C}.$$

$$y=C\,\mathrm{e}^{\frac{x^2}{2}}.$$

曲线通过点 (0,1)，即 $y(0)=1$ 是其初始条件，代入通解，有 $1=C\,\mathrm{e}^0$，得 $C=1$. 故所求曲线方程为

$$y=\mathrm{e}^{\frac{x^2}{2}}.$$

习题 6.2

1. 求下列微分方程的通解.

(1) $2x^2yy'=y^2+1$；

(2) $\cos\theta=r\sin\theta\frac{\mathrm{d}\theta}{\mathrm{d}r}$；

(3) $(1+\mathrm{e}^x)yy'=\mathrm{e}^x$；

(4) $y'=\mathrm{e}^{2x-y}$；

(5) $y'=1+x+y^2+xy^2$.

2. 求下列一阶线性微分方程的通解.

(1) $y'+\frac{y}{x}-\sin x=0$；

(2) $x\ln x\mathrm{d}y+(y-ax\ln x-ax)\mathrm{d}x=0$；

(3) $(2y\ln y+y+x)\mathrm{d}y-y\mathrm{d}x=0$；

(4) $y'+y=x^2\mathrm{e}^x$；

(5) $xy\mathrm{d}y-y^2\mathrm{d}x=(x+y)\mathrm{d}y$；

(6) $(x\cos y+\sin 2y)y'=1$.

3. 求下列所给出的初值问题.

笔记

(1) $\begin{cases} xy\mathrm{d}x-(1+y^2)\sqrt{1+x^2}\,\mathrm{d}y=0, \\ y|_{x=0}=\dfrac{1}{\mathrm{e}}; \end{cases}$

(2) $\begin{cases} (\ln y)y'=\dfrac{y}{x^2}, \\ y|_{x=2}=1; \end{cases}$

(3) $\begin{cases} \dfrac{\mathrm{d}y}{\mathrm{d}x}+5y=-4\mathrm{e}^{-3x}, \\ y|_{x=1}=1; \end{cases}$

(4) $\begin{cases} \dfrac{\mathrm{d}y}{\mathrm{d}x}+5y=-4\mathrm{e}^{-3x}, \\ y|_{x=1}=4. \end{cases}$

第三节　二阶线性微分方程

一、二阶线性微分方程的定义

形如

$$y''+p(x)y'+q(x)y=f(x)$$

的微分方程称为**二阶线性微分方程**,式中 $f(x)$ 称为**自由项**.

当 $f(x)\neq 0$ 时,上式称为**二阶线性非齐次微分方程**;当 $f(x)=0$ 时,上式变为 $y''+p(x)y'+q(x)y=0$ 称为**二阶线性齐次微分方程**.

方程中 $p(x)$,$q(x)$ 和 $f(x)$ 都是自变量 x 的连续函数. 这类方程的特点是:右边是已知函数或零,左边是关于 y 及各阶导数 y',y'' 都是一次的,例如 $y''+xy'+y=x^2$ 就是二阶线性非齐次方程,而 $y''+x(y')^2+y=x^2$ 就不是二阶线性方程.

二、二阶线性微分方程解的结构

在第二节中,一阶线性非齐次方程 $y'+P(x)y=Q(x)$ 的通解为

$$y=\mathrm{e}^{-\int P(x)\mathrm{d}x}\left[C+\int Q(x)\,\mathrm{e}^{\int P(x)\mathrm{d}x}\mathrm{d}x\right],$$

把它写为如下形式

$$y=C\,\mathrm{e}^{-\int P(x)\mathrm{d}x}+\mathrm{e}^{-\int P(x)\mathrm{d}x}\int Q(x)\mathrm{e}^{\int P(x)\mathrm{d}x}\mathrm{d}x.$$

式中右端第一项恰是对应的齐次方程 $y'+P(x)y=0$ 的通解,第二项是非齐次方程 $y'+P(x)y=Q(x)$ 的一个特解. 由此可知,一阶线性非齐次微分方程的通解结构是对应的齐次方程的通解与它本身的一个特解之和.

由此可以猜想,二阶线性微分方程的通解也应有类似的结构.

定理 1　如果函数 y_1 与 y_2 是线性齐次方程 $y''+p(x)y'+q(x)y=0$ 的两个解,则函数 $y=C_1y_1+C_2y_2$ 仍为该方程的解,其中 C_1,C_2 是任意常数.

证明　因为 y_1 与 y_2 是 $y''+p(x)y'+q(x)y=0$ 方程的两个解,所以有

$$\begin{cases} y_1''+p(x)y_1'+q(x)y_1=0, \\ y_2''+p(x)y_2'+q(x)y_2=0. \end{cases}$$

笔记

又因为 $y'=C_1y'_1+C_2y'_2$，$y''=C_1y''_1+C_2y''_2$，于是，有

$$\begin{aligned}&y''+p(x)y'+q(x)y\\=&(C_1y''_1+C_2y''_2)+p(x)(C_1y'_1+C_2y'_2)+q(x)(C_1y_1+C_2y_2)\\=&C_1(y''_1+p(x)y'_1+q(x)y_1)+C_2(y''_2+p(x)y'_2+q(x)y_2)\\=&0.\end{aligned}$$

所以 $y=C_1y_1+C_2y_2$ 是 $y''+p(x)y'+q(x)y=0$ 的解.

这个定理表明，线性齐次方程的解具有迭加性.

当已知线性齐次方程的两个解 y_1,y_2 时，容易写出方程含有两个任意常数的解，即 $y=C_1y_1+C_2y_2$. 那么，这个解 $y=C_1y_1+C_2y_2$ 是不是线性齐次方程的通解呢？显然，这是不能确定的. 只有解中的两个任意常数 C_1,C_2 不能合并成一个任意常数时，$y=C_1y_1+C_2y_2$ 才是线性齐次方程的通解. 那么，怎样才能使形如 $C_1y_1+C_2y_2$ 的解确含有两个任意常数，从而使它能表示二阶线性齐次微分方程的通解？

通过分析可以发现，当 y_1,y_2 之比为常数时，即

$$\frac{y_1}{y_2}=k(k\text{ 为常数}),$$

有

$$y=C_1y_1+C_2y_2=(C_1k+C_2)y_2.$$

实际上这里只含有一个常数，因而不是线性齐次微分方程的通解. 只有当 y_1,y_2 之比不是常数时，即 $\frac{y_1}{y_2}\neq k$ 时，$y=C_1y_1+C_2y_2$ 中的两个任意常数才不能合并成一个任意常数，从而 $y=C_1y_1+C_2y_2$ 是线性齐次方程的通解.

为此，这里需要介绍新的概念，即线性相关与线性无关.

定义 1　定义在某区间 I 上的两个函数，函数 $y_1(x)$ 和 $y_2(x)$，若满足

$$\frac{y_1(x)}{y_2(x)}\equiv k(k\text{ 为常数}),$$

则称函数 $y_1(x)$ 和 $y_2(x)$ 在区间 I 上是**线性相关**的，否则称为**线性无关**. 例如，函数 $y_1=e^x$，$y_2=e^{-x}$，因为 $\frac{y_1}{y_2}=e^{2x}\neq$ 常数，所以，它们是线性无关的.

定理 2　如果函数 y_1 与 y_2 是二阶线性齐次方程 $y''+p(x)y'+q(x)y=0$ 的两个线性无关的特解，则 $y=C_1y_1+C_2y_2$ 是该方程的通解，其中 C_1,C_2 为任意常数.

证明　因为 y_1 与 y_2 是方程 $y''+p(x)y'+q(x)y=0$ 的解，所以，由定理 1 知 $y=C_1y_1+C_2y_2$ 也是该方程的解. 又因为 y_1 与 y_2 线性无关，即 y_1 与 y_2 之比不为常数，所以它们中任意一个都不能用另一个（形如 $y_1=ky_2$ 或 $y_2=ky_1$）来表示. 因此 $y=C_1y_1+C_2y_2$ 是二阶线性齐次方程的通解.

定理 3　如果函数 y^* 是线性非齐次方程

$$y''+p(x)y'+q(x)y=f(x)$$

的一个特解，Y 是该方程所对应的线性齐次方程

$$y''+p(x)y'+q(x)y=0$$

的通解，则 $y=Y+y^*$ 就是线性非齐次方程的通解.

证明　因为 y^* 与 Y 分别是线性非齐次方程 $y''+p(x)y'+q(x)y=f(x)$ 和线性齐次方程 $y''+p(x)y'+q(x)y=0$ 的解，所以有

笔记

$$\begin{cases} y^{*''}+p(x)y^{*'}+q(x)y^{*}=f(x), \\ Y''+p(x)Y'+q(x)Y=0. \end{cases}$$

又因为 $y'=Y'+y^{*'}$，$y''=Y''+y^{*''}$，所以有

$$\begin{aligned} & y''+p(x)y'+q(x)y \\ = & (Y''+y^{*''})+p(x)(Y'+y^{*'})+q(x)(Y+y^{*}) \\ = & (Y''+p(x)Y'+q(x)Y)+(y^{*''}+p(x)y^{*'}+q(x)y^{*}) \\ = & f(x). \end{aligned}$$

这说明函数 $y=Y+y^{*}$ 是线性非齐次方程的解，Y 是二阶线性齐次方程的通解，它含有两个任意常数，即 $y=Y+y^{*}$ 是线性非齐次方程 $y''+p(x)y'+q(x)y=f(x)$ 的通解.

根据以上讨论，可知求二阶线性非齐次方程通解的一般步骤：

(1) 求线性齐次方程 $y''+p(x)y'+q(x)y=0$ 的线性无关的两个特解 y_1 与 y_2，得该方程的通解 $Y=C_1y_1+C_2y_2$；

(2)求线性非齐次方程 $y''+p(x)y'+q(x)y=f(x)$ 的一个特解 y^{*}，得线性非齐次方程的通解 $y=C_1y_1+C_2y_2+y^{*}$.

定理 4 设二阶线性非齐次方程为

$$y''+p(x)y'+q(x)y=f_1(x)+f_2(x), \quad ①$$

且 y_1^{*} 与 y_2^{*} 分别是

$$y''+p(x)y'+q(x)y=f_1(x), \quad ②$$

$$y''+p(x)y'+q(x)y=f_2(x) \quad ③$$

的特解，$y_1^{*}+y_2^{*}$ 是式①的特解.

证明 因为 y_1^{*} 与 y_2^{*} 分别是式②与式③的特解，所以有

与

$$\begin{cases} y_1^{*''}+p(x)y_1^{*'}+q(x)y_1=f_1(x), \\ y_2^{*''}+p(x)y_2^{*'}+q(x)y_2=f_2(x). \end{cases}$$

于是有

$$\begin{aligned} & (y_1^{*}+y_2^{*})''+p(x)(y_1^{*}+y_2^{*})'+q(x)(y_1^{*}+y_2^{*}) \\ = & [(y_1^{*'}+p(x)y_1^{**}+q(x)y_1^{*}]+[(y_2^{*'}+p(x)y_2^{*}+q(x)y_2^{*}] \\ = & f_1(x)+f_2(x). \end{aligned}$$

即 $y_1^{*}+y_2^{*}$ 满足式①，是式①的特解.

习题 6.3

1. 函数 $y_1=\sin 3x$，$y_2=2\sin 3x$ 是方程 $y''+9y=0$ 的两个解，能否说 $y=C_1y_1+C_2y_2$ 是该方程的通解？$y_3=\cos 3x$ 满足方程，则 $y=C_1y_1+C_2y_3$ 是该方程的通解吗？为什么？

2. 验证函数 $y=C_1e^{x^2}+C_2xe^{x^2}$ 是方程的通解.

3. 求微分方程 $y'-y=4xe^{x}$，$y(0)=1$，$y'(0)=1$ 的特解.

笔记

本章小结

本章介绍微分方程、常微分方程、微分方程的阶、解、通解、特解、初始条件等基本概念. 要正确理解这些概念;要学会判断微分方程的类型.

本章介绍了三种类型的一阶微分方程的求解方法:变量分离型.

对于一阶微分方程，首先看是否可以经过恒等变形将它的变量分离;

对于一阶线性微分方程，先用变量分离法求解其相应的齐次方程，再用常数变易法求解非齐次方程.

齐次型方程

$$y'=f\left(\frac{y}{x}\right)$$

令 $u=\frac{y}{x}$，则方程化为关于未知函数 u 与自变量 x 的可分离变量的微分方程.

数学实验六:用 MATLAB 解微分方程

MATLAB 中主要用 dsolve 来求解常微分方程的解析解，ode45，ode23，ode15s 求解数值解，其中 dsolve 常用命令格式如下:

S=dsolve('方程 1','方程 2',…,'初始条件 1',…,'初始条件 2',…,'自变量')

ode45 是最常用的求解微分方程数值解的命令，对于刚性方程组不宜采用，ode23 与 ode45 类似，只是精度低一些，ode12s 用来求解刚性方程组，是用格式同 ode45. 可以用 help dsolve，help ode45 查阅有关这些命令的详细信息.

例 1　求下列微分方程的解析解.

(1) $y'=ay+b$;

(2) $y''=\sin(2x)-y, y(0)=0, y'(0)=1$;

(3) $f'=f+g, g'=g-f, f'(0)=1, g'(0)=1$.

解　(1)输入命令:

```
clear;
s=dsolve('Dy=a*y+b')
```

输出结果:

```
s=-b/a+exp(a*t)*C1
```

(2)输入命令:

```
clear;
s=dsolve('D2y=sin(2*x)-y','y(0)=0','Dy(0)=1','x')
simplify(s)   %以最简形式显示 s
```

输出结果:

```
s=(-1/6*cos(3*x)-1/2*cos(x))*sin(x)+(-1/2*sin(x)+1/6*sin(3*x))*cos(x)+5/3*sin(x)
```

笔记

ans =−2/3 * sin(x) * cos(x)+5/3 * sin(x)

(3)输入命令：

```
clear;
s=dsolve('Df=f+g','Dg=g-f','f(0)=1','g(0)=1')
simplify(s.f)   %s是一个结构
simplify(s.g)
```

输出结果：

```
ans=exp(t) * cos(t)+exp(t) * sin(t)
ans=-exp(t) * sin(t)+exp(t) * cos(t)
```

例 2 求解微分方程

$$y'=-y+t+1, y(0)=1,$$

先求解析解，再求数值解，并进行比较.

解 输入命令：

```
clear;
s=dsolve('Dy=-y+t+1','y(0)=1','t')
```

输出结果：

```
simplify(s)
```

可得解析解为 $y=t+e^{-t}$. 下面再求其数值解，先编写 M 文件 fun1.m

输入命令：

```
%M 函数 fun1.m
function f=fun1(t,y)
f=-y+t+1;
```

再用命令：

```
clear; close; t=0:0.1:1;
y=t+exp(-t); plot(t,y);   %化解析解的图形
hold on;   %保留已经画好的图形，如果下面再画图，两个图形和并在一起
[t,y]=ode45('fun1',[0,1],1);
plot(t,y,'ro');   %画数值解图形，用小圈画
xlabel('t'),ylabel('y')
```

输出结果：如图 6-1 所示.

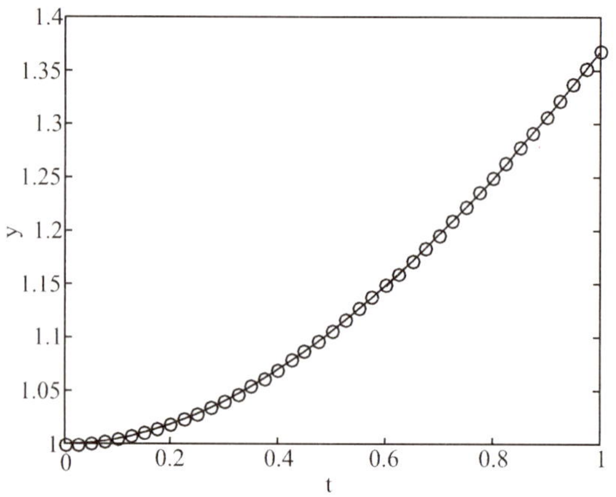

图 6-1　解析解与数值解

复习题 6

1. 填空题.

(1)设 $y_1=x\mathrm{e}^x, y_2=\mathrm{e}^x$ 是二阶常系数线性齐次方程 $y''+qy'=0$ 的两个解，则 $p=$ ________, $q=$ ________.

(2)设 $\bar{y}$ 是二阶线性齐次方程 $y''+py'+qy=0$ 的通解，y_1^* 和 y_2^* 分别是 $y''+py'+qy=f_1(x)$ 和 $y''+py'+qy=f_2(x)$ 的特解，则方程 $y''+py'+qy=f_1(x)+f_2(x)$ 的通解 $y=$ ________.

(3)方程 $y''+y=x+\ln x$ 的特解形式是________.

(4)方程 $\dfrac{\mathrm{d}y}{\mathrm{d}x}=-\dfrac{x}{y}$ 的通解为________.

2. 选择题.

(1)设 y_1 是 $y'+p(x)y=0$ 的解，y^* 是 $y'+p(x)y=q(x)$ 的解，则方程 $y'=p(x)y=q(x)$ 的通解(　　).

A. $C[y_1(x)+y^*(x)]$　　B. $Cy_1(x)+y^*(x)$

C. $y_1(x)+Cy^*(x)$　　D. $C[y_1(x)-y^*(x)]$

(2) 一阶线性微分方程 $a(x)y'+b(x)y=c(x)$，其中 $a(x),b(x),c(x)$ 为已知连续函数，且 $a(x)\neq 0$ 则其通解为(　　).

A. $\mathrm{e}^{-\int b(x)\mathrm{d}x}\left[\int c(x)\mathrm{e}^{\int b(x)\mathrm{d}x}+C\right]$　　B. $\mathrm{e}^{\int b(x)\mathrm{d}x}\left[\int c(x)\mathrm{e}^{-\int b(x)\mathrm{d}x}+C\right]$

C. $\mathrm{e}^{-\int\frac{b(x)}{a(x)}\mathrm{d}x}\left[\int\dfrac{c(x)}{a(x)}\mathrm{e}^{\int\frac{b(x)\mathrm{d}x}{a(x)}}\mathrm{d}x+C\right]$　　D. $\mathrm{e}^{-\int\frac{b(x)}{a(x)}\mathrm{d}x}\left[\int c(x)\mathrm{e}^{-\int\frac{b(x)}{a(x)}\mathrm{d}x}\mathrm{d}x+C\right]$

(3) $y''+4y'+4y=x\mathrm{e}^{-2x}$ 的特解可设为(　　).

A. $y^*=Ax\mathrm{e}^{-2x}$　　B. $y^*=(Ax+b)\mathrm{e}^{-2x}$

C. $y^*=(Ax^2+Bx)\mathrm{e}^{-2x}$　　D. $y^*=(Ax^3+Bx^2)\mathrm{e}^{-2x}$

(4) $y''+2y'+5y=\mathrm{e}^{-x}\sin 2x$ 的特解可设为(　　).

A. $y^*=A\sin 2x+B\cos 2x$

B. $y^*=\mathrm{e}^{-x}(A\sin 2x+B\cos 2x)$

C. $y^*=x\mathrm{e}^{-x}(A\sin 2x+B\cos 2x)$

D. $y^*=x^2\mathrm{e}^{-x}(A\sin 2x+\cos 2x)$

(5) 一阶方程 $y^2\mathrm{d}x+(x^2+xy)\mathrm{d}y=0$ 的分类名称是(　　).

A. 齐次线性方程　　B. 线性方程

C. 伯努利方程　　D. 可分离变量的方程

(6) 函数 $y(x)=C_1(\mathrm{d}x-\mathrm{sh}\,x)+C_2\mathrm{e}^{-x}$ 与方程 $\dfrac{\mathrm{d}^2y}{\mathrm{d}x^2}-y=0$ 的关系是(　　).

A. $y(x)$ 是方程的解　　B. $y(x)$ 是方程的特解

C. $y(x)$ 不是方程的解　　D. 都不对

3. 判断题.

(1)微分方程的通解必包含微分方程的所有解.　　(　　)

笔记

(2)不含任意常数的解叫微分方程的特解. (　　)

(3)设 $y_1(x)$ 与 $y_2(x)$ 是 $y''+p(x)y'+q(x)y=0$ 的不相同的特解，则此微分方程的通解是 $C_1y(x)+C_2y_2(x)$. (　　)

(4)凡是二阶常数系数齐次线性方程，总可以求出它的特征方程，从而求得通解. (　　)

4. 求解下列各题.

(1)求 $\dfrac{dy}{dx}=\dfrac{x}{y\sqrt{1-x^2}}$ 的通解；

(2)求 $(xy^2+x)dx+(y-x^2y)dy=0$ 的通解；

(3) 求解初值问题：$\begin{cases}1+y^2-xyy'=0,\\y(1)=0;\end{cases}$

(4)求 $xy'-3y=x^4e^x$ 的通解；

(5)求 $y'=\dfrac{y}{x+(y+1)^2}$ 的通解.

5. 求下列方程的通解.

(1) $y''-3y'+2y=0$；

(2) $25\dfrac{d^2y}{dx^2}+10\dfrac{dy}{dx}+y=0$；

(3) $y''+2y'+5y=0$；

(4) $y''-3y'-4y=0$；

(5) $y''-12y'+36y=0$；

(6) $y^2dx+(x^2-xy)dy=0$.

6. 求解初值问题.

(1) $\begin{cases}y''+y'=0,\\y(0)=1,y'(0)=1;\end{cases}$

(2) $\begin{cases}xydx+(1+y^2)\sqrt{1+x^2}dy=0,\\y(0)=\dfrac{1}{e}.\end{cases}$

(3) $\begin{cases}(\ln y)^2y'=\dfrac{y}{x^2};\\y(2)=1e\ y^2=C(1+e^x)^2.\end{cases}$

7. 求下列方程的通解.

(1) $y''-6y'+9y=2$；

(2) $y''-3y'+2y=(3-4x)e^x$；

(3) $y''-4y'+8y=e^{-x}\sin 2x$.

8. 应用题.

(1)设曲线上任一点 (x,y) 处的切线斜率等于 $-\left(1+\dfrac{y}{x}\right)$，且通过点 $(2,1)$，求此曲线的方程；

(2) 质量为 m 的质点，在空气中由静止开始下落，空气阻力正比于速度的平方，求路程与时间 t 的函数关系.

素养园地

笔记

苏步青:中国微分几何学奠基人

苏步青,中国科学院院士,中国著名的数学家、教育家,中国微分几何学派创始人,被誉为"东方国度上灿烂的数学明星""东方第一几何学家""数学之王"苏步青主要从事微分几何学和计算几何学等方面的研究,在仿射微分几何学和射影微分几何学研究方面取得出色成果,在一般空间微分几何学、高维空间共轭理论、几何外形设计、计算机辅助几何设计等方面取得突出成就.

他在日本攻读博士学位期间,不少人发表的论文"寥若晨星",他竟一共发表了数十篇文章,包括一口气在《日本数学辑报》上发表了12篇有关仿射曲面论的论文,其中引入的一个曲面很快被人称为"苏锥面",国际上微分几何方面的权威学者不久就称其为"东方第一几何学家".

他在声名鹊起之时,婉拒日方提供的优越科研环境,毅然回到灾难深重的祖国,与陈建功先生一起立志在20年内振兴浙江大学的数学学科.

他做了教授,成了专家,不躺在以往的功劳簿上吃老本,即使在颠沛流离的抗战烽火岁月中,仍继续深入开展研究工作,不断扩大自己的研究领域,创建了世人公认的中国微分几何学派.

他一辈子献身数学,从不动摇,从不懈怠.即使在"文化大革命"期间,他身处逆境,仍以70多岁的高龄,深入工厂基层,实现了由纯粹数学家到应用数学家在理念及实践两方面的华丽转身,在国内开创了"计算几何"这一新的学科方向,使其学术生涯达到了一个新的高峰,为他的科研工作画上了一个完满的句号.

他不仅是一位杰出的数学家,更是数学教育战线上的一代宗师.他培育了一批数学英才,其弟子遍布域中,影响深远,但他从不自夸当年之勇,从不自夸自己宝刀未老,相反,晚年的他多次在公共场合坦言,"自己人老了,学问也老了",鼓励年轻学子传承接力,一代超过一代.

他对学生爱护有加,并抱有殷切期望,但更盼望学生在学有所成后,能努力为提升国家的数学水平而奋斗.

更可贵的是,他并不满足自己桃李遍天下的盛况,不认可"名师出高徒"的提法,"但盼光风润大千",着重强调培育英才的环境和氛围,真正显示了一代宗师的高尚风范.

第七章 向量代数与空间解析几何

笔记

解析几何的基本思想是用代数的方法来研究几何问题，为了把代数运算引入几何中，最根本的做法就是把空间的几何结构进行代数化和数量化. 平面解析几何使一元函数微积分有了直观的几何意义，为了更好地学习多元函数微积分，空间解析几何的知识就有非常重要的地位.

本章首先给出空间直角坐标系，然后介绍向量的基础知识，以向量为工具讨论空间的平面和直线，最后介绍空间曲面和空间曲线.

第一节 空间直角坐标系

用代数的方法来研究几何的问题，我们需要建立空间的点与有序数组之间的联系，为此我们通过引进空间直角坐标系来实现.

一、空间直角坐标系概述

1. 空间直角坐标系的建立

过定点 O，作三条互相垂直的数轴，这三条数轴分别叫作 x 轴(横轴)、y 轴(纵轴)、z 轴(竖轴)，它们都以 O 为原点且具有相同的长度单位. 通常把 x 轴和 y 轴配置在水平面上，而 z 轴则是铅垂线. 它们的正方向要符合右手规则：右手握住 z 轴，当右手的四指从 x 轴的正向转过 $\frac{\pi}{2}$ 角度指向 y 轴正向时，大拇指的指向就是 z 轴的正向，这样就建立了一个空间直角坐标系(图 7-1)，称为 **$Oxyz$ 直角坐标系**，点 O 叫作**坐标原点**.

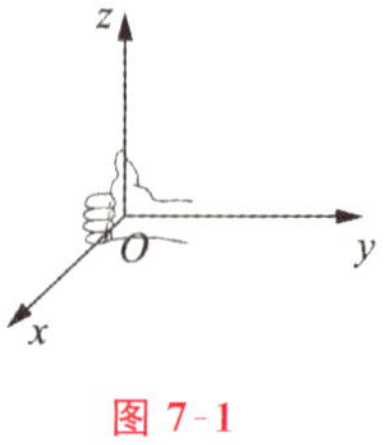

图 7-1

笔记

2. 空间直角坐标系各部分名称

在 $Oxyz$ 直角坐标系下，定点 O 叫空间直角坐标系的原点，数轴 Ox，Oy，Oz 统称为坐标轴，三条坐标轴中每两条可以确定一个平面，称为坐标面，分别为 xOy 平面、yOz 平面、zOx 平面，三个坐标平面将空间分为八个部分，每一部分叫作一个卦限. 在 xOy 平面上部，把含有 x 轴，y 轴与 z 轴正半轴的那个卦限叫第Ⅰ卦限，而后以逆时针方向依次为第Ⅱ、第Ⅲ、第Ⅳ卦限；在 xOy 平面下部，与第Ⅰ卦限相对的为第Ⅴ卦限，而后以逆时针方向依次为第Ⅵ、第Ⅶ、第Ⅷ卦限(图 7-2).

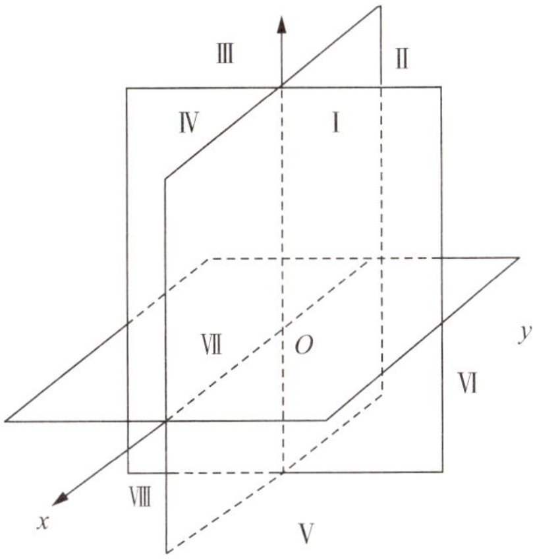

图 7-2

二、空间点的坐标

1. 空间点的坐标

设 M 为空间中的任一点，过点 M 分别作垂直于三个坐标轴的三个平面，与 x 轴、y 轴和 z 轴依次交于 A，B，C 三点，若这三点在 x 轴、y 轴、z 轴上的坐标分别为 x，y，z，于是点 M 就唯一确定了一个有序数组 (x,y,z)，则称该数组 (x,y,z) 为点 M 在空间直角坐标系 $Oxyz$ 中的坐标，如图 7-3 所示. x，y，z 分别称为点 M 的横坐标、纵坐标和竖坐标.

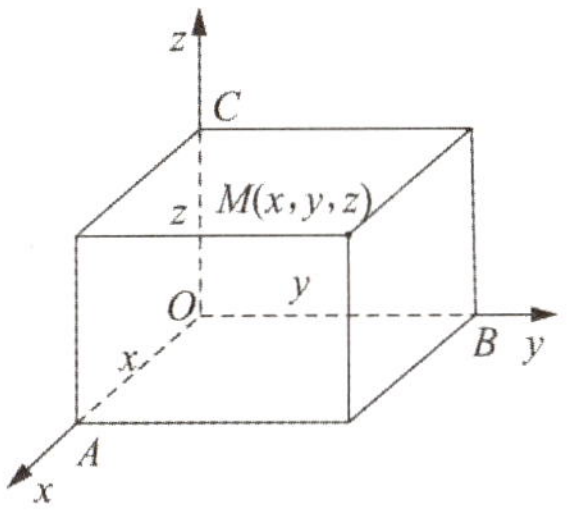

图 7-3

反之，若任意给定一个有序数组 (x,y,z)，在 x 轴、y 轴、z 轴上分别取坐标为 x，y，z 的三个点 A，B，C，过这三个点分别作垂直于三个坐标轴的平面，这三个平面只有一个交点 M，该点就是以有序数组 (x,y,z) 为坐标的点，因此空间中的点 M 就与有序数组 (x,y,z) 之间建立了一一对应的关系.

注　A，B，C 这三点正好是过 M 点作三个坐标轴的垂线的垂足.

2. 各卦限内的点的横、纵、竖坐标的正负

设 $x>0$，$y>0$，$z>0$，且点 M 为空间直角坐标系卦限内的任意一点. 如果 $M\in$ Ⅰ，

笔记

则 M 点的坐标可设为 $M(x,y,z)$. 如果 $M\in$ Ⅱ，则 M 点的坐标可设为 $M(-x,y,z)$. 如果 $M\in$ Ⅲ，则 M 点的坐标可设为 $M(-x,-y,z)$. 如果 $M\in$ Ⅳ，则 M 点的坐标可设为 $M(x,-y,z)$. 如果 $M\in$ Ⅴ，则 M 点的坐标可设为 $M(x,y,-z)$. 如果 $M\in$ Ⅵ，则 M 点的坐标可设为 $M(-x,y,-z)$. 如果 $M\in$ Ⅶ，则 M 点的坐标可设为 $M(-x,-y,-z)$. 如果 $M\in$ Ⅷ，则 M 点的坐标可设为 $M(x,-y,-z)$.

3. 特殊点的坐标

(1)原点的坐标：$O(0,0,0)$；

(2)坐标轴上的点的坐标：设 M 点是 x 轴上任意一点. 如果 M 点的横坐标为 x，则 M 点的坐标为 $M(x,0,0)$. 如果 M 点是 y 轴上任意一点，若 M 点的纵坐标为 y，则 M 点的坐标为 $M(0,y,0)$. 如果 M 点是 z 轴上的任意一点，若 M 点的竖坐标为 z，则 M 点的坐标为 $M(0,0,z)$.

(3)坐标面上的点的坐标：设 M 点是 xOy 坐标面上任意一点. 如果 M 点的横坐标为 x，纵坐标为 y，则 M 点的坐标为 $M(x,y,0)$. 如果 M 点是 yOz 坐标面上任意一点，且 M 点的纵坐标为 y，竖坐标为 z，则 M 点的坐标为 $M(0,y,z)$. 如果 M 点是 zOx 坐标面上任意一点，且 M 点的横坐标为 x，竖坐标为 z，则 M 点的坐标为 $M(x,0,z)$.

(4) 对称点的坐标：与 $M(x,y,z)$ 关于原点对称的对称点 M' 的坐标为 $M'(-x,-y,-z)$. 与 $M(x,y,z)$ 关于 x 轴对称的对称点 M' 的坐标为 $M'(x,-y,-z)$. 与 $M(x,y,z)$ 关于 y 轴对称的对称点 M' 的坐标为 $M'(-x,y,-z)$. 与 $M(x,y,z)$ 关于 z 轴对称的对称点 M' 的坐标为 $M'(-x,-y,z)$. 与 $M(x,y,z)$ 关于 xOy 坐标面对称的对称点 M' 的坐标为 $M'(x,y,-z)$. 与 $M(x,y,z)$ 关于 yOz 坐标面对称的对称点 M' 的坐标为 $M'(-x,y,z)$. 与 $M(x,y,z)$ 关于 zOx 坐标面对称的对称点 M' 的坐标为 $M'(x,-y,z)$.

例 1 过 $M_0(x_0,y_0,z_0)$ 点作直线 $L//z$ 轴，试问直线 L 上各点坐标有何特点?

解 过 $M_0(x_0,y_0,z_0)$ 点向各个坐标面引垂面，在 x 轴、y 轴、z 轴上的垂足 A，B，C 的坐标分别为 $A(x_0,0,0)$，$B(0,y_0,0)$，$C(0,0,z_0)$. 显然在直线 L 上任取两点 P，Q，它们的横坐标都是 x_0，纵坐标都是 y_0，如图 7-4 所示.

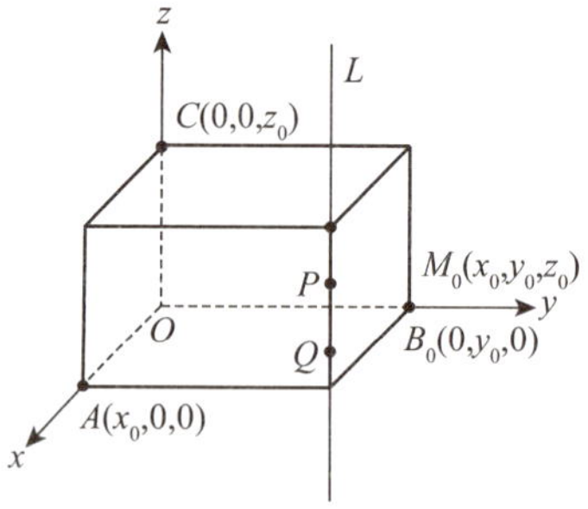

图 7-4

三、空间中两点之间的距离

设两点 $M(x_1,y_1,z_1)$，$N(x_2,y_2,z_2)$，则 M 与 N 之间的距离为

$$d=\sqrt{(x_2-x_1)^2+(y_2-y_1)^2+(z_2-z_1)^2}.$$

事实上，过点 M 和 N 作垂直于 xOy 平面的直线，分别交 xOy 平面于点 M_1 和 N_1，

笔记

则 $MM_1 // NN_1$，显然，点 M_1 的坐标为$(x_1,y_1,0)$，点 N_1 的坐标为$(x_2,y_2,0)$(图 7-5).

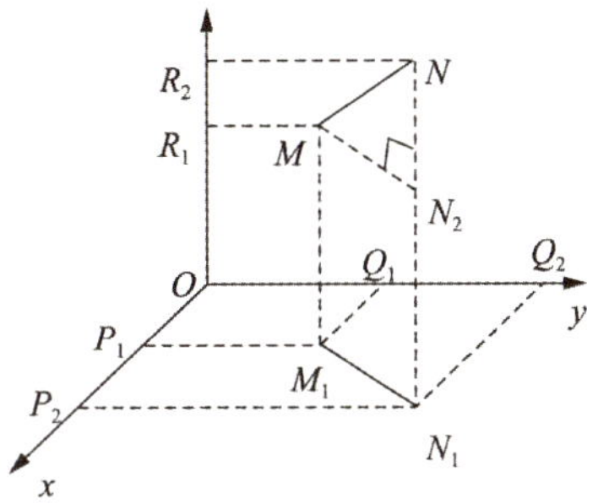

图 7-5

由平面解析几何的两点间距离公式知，M_1 和 N_1 的距离为

$$|M_1N_1|=\sqrt{(x_2-x_1)^2+(y_2-y_1)^2}.$$

过点 M 作平行于 xOy 平面的平面，交直线 NN_1 于 N_2，则 $M_1N_1 // MN_2$，因此 N_2 的坐标为(x_2,y_2,z_1)，且

$$|MN_2|=|M_1N_1|=\sqrt{(x_2-x_1)^2+(y_2-y_1)^2},$$

在直角三角形 MN_2N 中，

$$|N_2N|=|z_2-z_1|,$$

所以点 M 与 N 间的距离为

$$d=\sqrt{|MN_2|^2+|N_2N|^2}=\sqrt{(x_2-x_1)^2+(y_2-y_1)^2+(z_2-z_1)^2}.$$

例 2　设 $A(-1,2,0)$与 $B(-1,0,-2)$为空间两点，求 A 与 B 两点间的距离.

解　由公式(7-1-1)可得，A 与 B 两点间的距离为

$$d=\sqrt{[-1-(-1)]^2+(0-2)^2+(-2-0)^2}=2\sqrt{2}.$$

例 3　在 z 轴上求与点 $A(-4,1,7)$和 $B(3,5,-2)$等距的点 M.

解　由于所求的点 M 在 z 轴上，因而 M 点的坐标可设为$(0,0,z)$，又由于

$$|MA|=|MB|.$$

由公式(7-1-1)得

$$\sqrt{(0+4)^2+(0-1)^2+(z-7)^2}=\sqrt{(3-0)^2+(5-0)^2+(-2-z)^2}.$$

从而解得 $z=\frac{14}{9}$，即所求的点为 $M(0,0,\frac{14}{9})$.

习题 7.1

1. 过 $M(1,2,3)$ 点作直线 $L//y$ 轴，试问直线 L 上各点坐标有何特点？
2. 求证 $A(a,0,0),B(0,a,0),C(0,0,a)(a>0)$三点构成一个等边三角形.
3. 求 $M(1,2,-3)$ 点到三个坐标轴及三个坐标面的距离.
4. 在 z 轴上求一点，使之到 $A(1,0,0),B(1,1,1)$ 两点距离相等.
5. 在 xOy 坐标面的椭圆 $\frac{x^2}{a^2}+\frac{y^2}{b^2}=1$ 曲线上找一点与空间点 $(0,b,0)$ 关于原点对称.

笔记

第二节 向量的加减法与向量的数乘

一、向量的概念

在日常生活中，我们经常会遇到一些量，如质量、时间、面积、温度等，只有大小没有方向，这一类量叫作**数量**(或**标量**). 但有一些量，如力、位移、速度、电场强度等，既有大小又有方向，这一类量叫作**向量**(或**矢量**).

在数学上，我们用有向线段$\overrightarrow{AB}$来表示向量，A 称为**向量的起点**，B 称为**向量的终点**，有向线段的长度就表示向量的大小，有向线段的方向就表示向量的方向. 通常印刷体用黑体小写字母 $\boldsymbol{a},\boldsymbol{b},\boldsymbol{c},\cdots$来表示向量，手写体时用带箭头的小写字母 $\vec{a},\vec{b},\vec{c}$ 来表示向量. 向量的长度称为向量的**模**，记作$|\boldsymbol{a}|$或$|\overrightarrow{AB}|$，模为 1 的向量叫作**单位向量**，模为 0 的向量叫作**零向量**，记作$\mathbf{0}$.

规定 零向量的方向可以是任意的.

本章我们讨论的是自由向量，即只考虑向量的大小和方向，而不考虑向量的起点，因此，我们把大小相等、方向相同的向量叫作**相等向量**，记作 $\boldsymbol{a}=\boldsymbol{b}$. 与向量 $\boldsymbol{a}$ 大小相等、方向相反的向量叫作 $\boldsymbol{a}$ 的**负向量**(或**反向量**)，记作$-\boldsymbol{a}$.

规定：所有的零向量都相等.

平行于同一直线的一组向量称为**平行向量**(或**共线向量**).

平行于同一平面的一组向量，叫作**共面向量**，零向量与任何共面的向量组共面.

二、向量的加减法

1. 向量的加法

我们在物理学中知道力与位移都是向量，求两个力的合力用的是平行四边形法则，我们可以类似地定义两个向量的加法.

定义 1 对向量 $\boldsymbol{a},\boldsymbol{b}$，从同一起点 A 作有向线段$\overrightarrow{AB}$，$\overrightarrow{AD}$分别表示 $\boldsymbol{a}$ 与 $\boldsymbol{b}$，然后以$\overrightarrow{AB}$，$\overrightarrow{AD}$为邻边作平行四边形 $ABCD$，则我们把从起点 A 到顶点 C 的向量$\overrightarrow{AC}$称为向量 $\boldsymbol{a}$ 与 $\boldsymbol{b}$ 的和(图 7-6)，记作 $\boldsymbol{a}+\boldsymbol{b}$. 这种求和方法称为**平行四边形法则**.

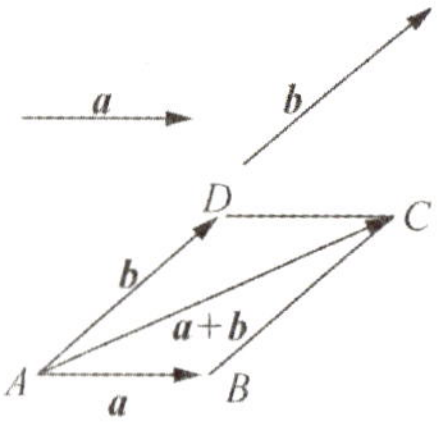

图 7-6

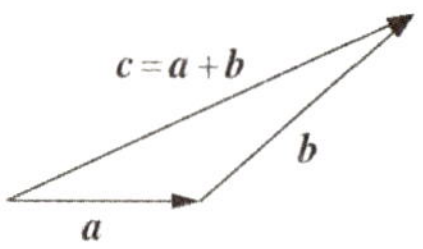

图 7-7

若将向量 $\boldsymbol{b}$ 平移，使其起点与向量 $\boldsymbol{a}$ 的终点重合，则以 $\boldsymbol{a}$ 的起点为起点，$\boldsymbol{b}$ 的终点为终点的向量 $\boldsymbol{c}$ 就是 $\boldsymbol{a}$ 与 $\boldsymbol{b}$ 的和(图 7-7)，该法则称为**三角形法则**.

多个向量，如 $\boldsymbol{a},\boldsymbol{b},\boldsymbol{c},\boldsymbol{d}$ 首尾相接，则从第一个向量的起点到最后一个向量的终点的向量就是它们的和 $\boldsymbol{a}+\boldsymbol{b}+\boldsymbol{c}+\boldsymbol{d}$(图 7-8).

笔记

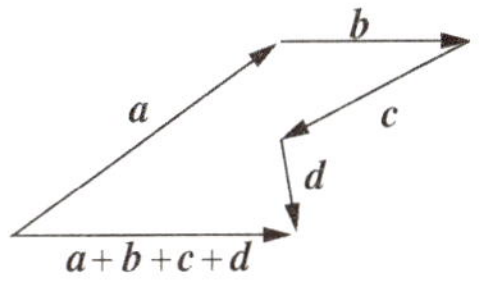

图 7-8

对于任意向量 $\boldsymbol{a},\boldsymbol{b},\boldsymbol{c}$，满足以下运算法则：

(1)$\boldsymbol{a}+\boldsymbol{b}=\boldsymbol{b}+\boldsymbol{a}$(交换律).

(2)$(\boldsymbol{a}+\boldsymbol{b})+\boldsymbol{c}=\boldsymbol{a}+(\boldsymbol{b}+\boldsymbol{c})$(结合律).

(3)$\boldsymbol{a}+\boldsymbol{0}=\boldsymbol{a}$.

2. 向量的减法

定义 2　向量 $\boldsymbol{a}$ 与 $\boldsymbol{b}$ 的负向量 $-\boldsymbol{b}$ 的和，称为向量 $\boldsymbol{a}$ 与 $\boldsymbol{b}$ 的差，即

$$\boldsymbol{a}-\boldsymbol{b}=\boldsymbol{a}+(-\boldsymbol{b}).$$

特别地，当 $\boldsymbol{b}=\boldsymbol{a}$ 时，有 $\boldsymbol{a}+(-\boldsymbol{a})=\boldsymbol{0}$.

由向量减法的定义，我们从同一起点 O 作有向线段 $\overrightarrow{OA},\overrightarrow{OB}$ 分别表示 $\boldsymbol{a},\boldsymbol{b}$，则

$$\boldsymbol{a}-\boldsymbol{b}=\overrightarrow{OA}-\overrightarrow{OB}=\overrightarrow{OA}+(-\overrightarrow{OB})=\overrightarrow{OA}+\overrightarrow{BO}=\overrightarrow{BA}.$$

也就是说，若向量 $\boldsymbol{a}$ 与 $\boldsymbol{b}$ 的起点放在一起，则 $\boldsymbol{a},\boldsymbol{b}$ 的差向量就是以 $\boldsymbol{b}$ 的终点为起点，以 $\boldsymbol{a}$ 的终点为终点的向量(图 7-9).

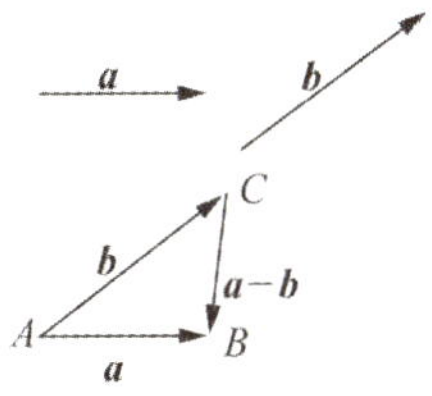

图 7-9

三、向量的数乘

定义 3　实数 λ 与向量 $\boldsymbol{a}$ 的乘积是一个向量，记作 $\lambda\boldsymbol{a}$，$\lambda\boldsymbol{a}$ 的模是 $|\lambda||\boldsymbol{a}|$，方向：当 $\lambda>0$ 时，$\lambda\boldsymbol{a}$ 与 $\boldsymbol{a}$ 同向；当 $\lambda<0$ 时，$\lambda\boldsymbol{a}$ 与 $\boldsymbol{a}$ 反向；当 $\lambda=0$ 时，$\lambda\boldsymbol{a}=\boldsymbol{0}$.

对于任意向量 $\boldsymbol{a},\boldsymbol{b}$ 以及任意实数 λ,μ，有如下运算法则：

(1)$(\lambda\mu)\boldsymbol{a}=\lambda(\mu\boldsymbol{a})$(结合律).

(2)$(\lambda+\mu)\boldsymbol{a}=\lambda\boldsymbol{a}+\mu\boldsymbol{a}$(分配律).

(3)$\lambda(\boldsymbol{a}+\boldsymbol{b})=\lambda\boldsymbol{a}+\lambda\boldsymbol{b}$(分配律).

向量的加法、减法及数乘向量运算统称为**向量的线性运算**，$\lambda\boldsymbol{a}+\mu\boldsymbol{b}$ 称为 $\boldsymbol{a},\boldsymbol{b}$ 的一个线性组合($\lambda,\mu\in\mathbf{R}$).

特别地，与 $\boldsymbol{a}$ 同方向的单位向量叫作 $\boldsymbol{a}$ 的单位向量，记作 $\boldsymbol{e}_a$，即 $\boldsymbol{e}_a=\dfrac{\boldsymbol{a}}{|\boldsymbol{a}|}$.

上式表明：一个非零向量除以它的模的结果是一个与原向量同方向的单位向量.

例 1　如图 7-10 所示，在平行六面体 $ABCD\text{-}A'B'C'D'$ 中，设 $\overrightarrow{AA'}=\boldsymbol{a},\overrightarrow{AD}=\boldsymbol{b},\overrightarrow{AB}=\boldsymbol{c}$，试用 $\boldsymbol{a},\boldsymbol{b},\boldsymbol{c}$ 来表示对角线向量 $\overrightarrow{AC'},\overrightarrow{A'C}$.

笔记

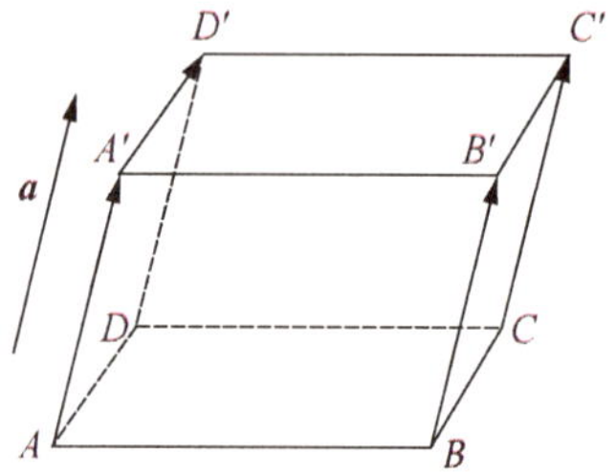

图 7-10

解 $\overrightarrow{AC'}=\overrightarrow{AB}+\overrightarrow{BC}+\overrightarrow{CC'}=\overrightarrow{AB}+\overrightarrow{BC}+\overrightarrow{AA'}=\boldsymbol{a}+\boldsymbol{b}+\boldsymbol{c}$;

$\overrightarrow{A'C}=\overrightarrow{A'A}+\overrightarrow{AB}+\overrightarrow{BC}=-\overrightarrow{AA'}+\overrightarrow{AB}+\overrightarrow{AD}=-\boldsymbol{a}+\boldsymbol{b}+\boldsymbol{c}$.

由于向量 $\lambda\boldsymbol{a}$ 与 $\boldsymbol{a}$ 平行,所以我们通常用数与向量的乘积来说明两个向量的平行关系,即

定理 向量 $\boldsymbol{a}$ 与非零向量 $\boldsymbol{b}$ 平行的充分必要条件是存在一个实数 λ,使得 $\boldsymbol{a}=\lambda\boldsymbol{b}$.

习题 7.2

1. 在平行四边形 $ABCD$ 中,已知 $\overrightarrow{OA}=\boldsymbol{a}$,$\overrightarrow{OD}=\boldsymbol{b}$,请用 $\boldsymbol{a}$ 和 $\boldsymbol{b}$ 表示 $\overrightarrow{CB}$ 和 $\overrightarrow{BA}$,如图 7-11 所示.

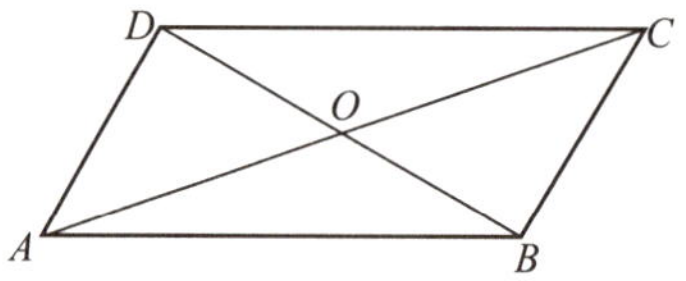

图 7-11

2. 用向量证明:三角形的中位线平行于底边且等于底边的一半.

第三节 向量的数量积和向量积

一、向量的坐标

1. 向量在坐标轴上的投影

设 A 为空间中一点,过点 A 作轴 u 的垂线,垂足为 A',则 A' 称为点 A 在轴 u 上的投影(图 7-12).

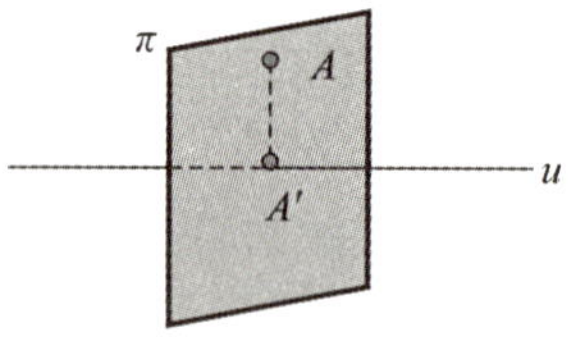

图 7-12

若 M 为空间直角坐标系中的一点,则 M 在 x 轴、y 轴、z 轴上的投影为 A,B,C,如图 7-13 所示.

笔记

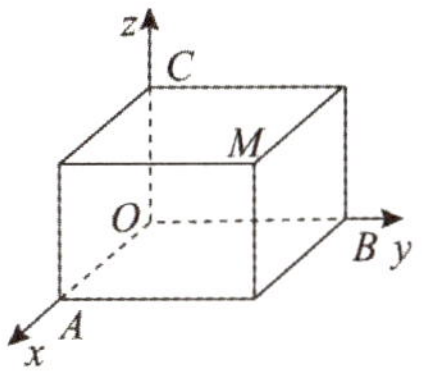

图 7-13

设向量$\overrightarrow{AB}$的始点 A 与终点 B 在轴 u 的投影分别为 A',B',那么轴 u 上的有向线段$\overrightarrow{A'B'}$的值 $A'B'$ 叫作向量$\overrightarrow{AB}$在轴 u 上的投影(图 7-14),记作 $\text{prj}_u\overrightarrow{AB}=A'B'$,轴 u 称为投影轴.

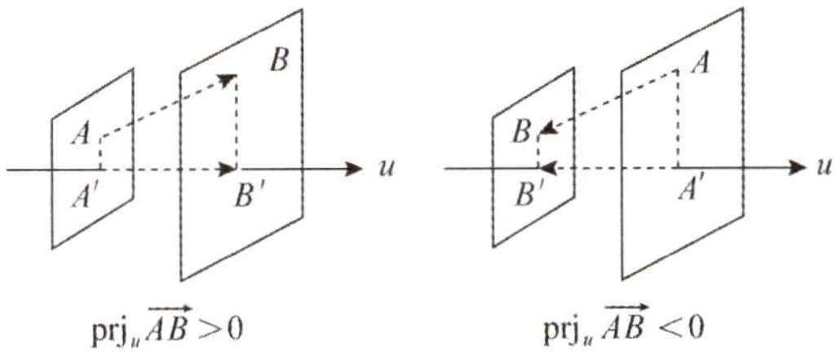

图 7-14

当$\overrightarrow{A'B'}$与轴 u 同向时,投影取正号;当$\overrightarrow{A'B'}$与轴 u 反向时,投影取负号.

知识加油站

(1)向量在轴上投影是标量.

(2)设$\overrightarrow{MN}$为空间直角坐标系中的一个向量,点 M 的坐标为(x_1,y_1,z_1),点 N 的坐标为(x_2,y_2,z_2),显然,向量$\overrightarrow{MN}$在三个坐标轴上的投影分别为 x_2-x_1,y_2-y_1,z_2-z_1.

2. 向量的坐标表示

(1)向径 $\boldsymbol{r}$ 的坐标表示法:

设向径 $\boldsymbol{r}$ 的终点 M 的坐标为 $M(x,y,z)$,且 M 点在 x 轴、y 轴、z 轴上的投影分别为 A,B,C. 则 $OA=x,OB=y,OC=z$. 由向量的几何加法可知 $\boldsymbol{r}=\overrightarrow{OA}+\overrightarrow{OB}+\overrightarrow{OC}$,如图 7-15 所示. 再设与 x 轴、y 轴、z 轴同方向的基本单位向量分别为 $\boldsymbol{i},\boldsymbol{j},\boldsymbol{k}$,则 $\overrightarrow{OA}=(OA)\boldsymbol{i}=x\boldsymbol{i}$,$\overrightarrow{OB}=(OB)\boldsymbol{j}=y\boldsymbol{j}$,$\overrightarrow{OC}=(OC)\boldsymbol{k}=z\boldsymbol{k}$,所以 $\boldsymbol{r}=x\boldsymbol{i}+y\boldsymbol{j}+z\boldsymbol{k}$. 这里称此式为向径 $\boldsymbol{r}$ 按基本单位向量的分解式,简称向径 $\boldsymbol{r}$ 的分解式. $x\boldsymbol{i}$,$y\boldsymbol{j}$,$z\boldsymbol{k}$ 分别是向径 $\boldsymbol{r}$ 在 x 轴、y 轴、z 轴上的分量,而 x,y,z 分别是向径在 x 轴、y 轴、z 轴上的投影. 还可以将向径 $\boldsymbol{r}$ 记作 $\boldsymbol{r}=\{x,y,z\}$,并称该式为向径 $\boldsymbol{r}$ 的坐标式. 显然,

$$|\boldsymbol{r}|=\sqrt{x^2+y^2+z^2}.$$

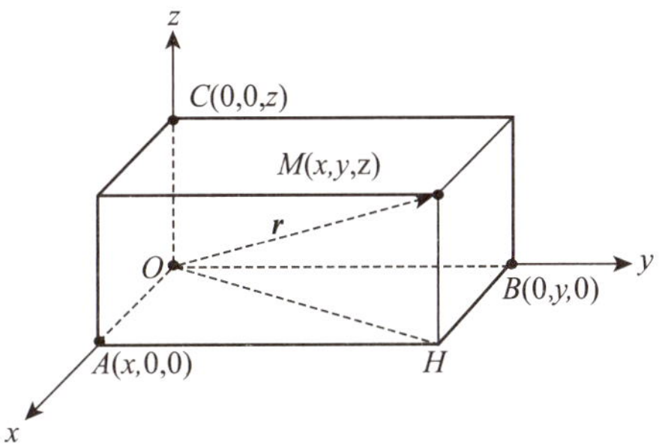

图 7-15

笔记

(2)向量 $\overrightarrow{AB}$坐标表示法：

如图 7-16 所示，设向量 $\overrightarrow{AB}$的起点 A 的坐标为 $A(x_1,y_1,z_1)$，终点 B 的坐标为 $B(x_2,y_2,z_2)$，则

$$\begin{aligned}\overrightarrow{AB}&=\overrightarrow{OB}-\overrightarrow{OA}=(x_2\boldsymbol{i}+y_2\boldsymbol{j}+z_2\boldsymbol{k})-(x_1\boldsymbol{i}+y_1\boldsymbol{j}+z_1\boldsymbol{k})\\&=(x_2-x_1)\boldsymbol{i}+(y_2-y_1)\boldsymbol{j}+(z_2-z_1)\boldsymbol{k}\end{aligned}$$

所以 $\overrightarrow{AB}=(x_2-x_1)\boldsymbol{i}+(y_2-y_1)\boldsymbol{j}+(z_2-z_1)\boldsymbol{k}$，如图 7-16 所示.

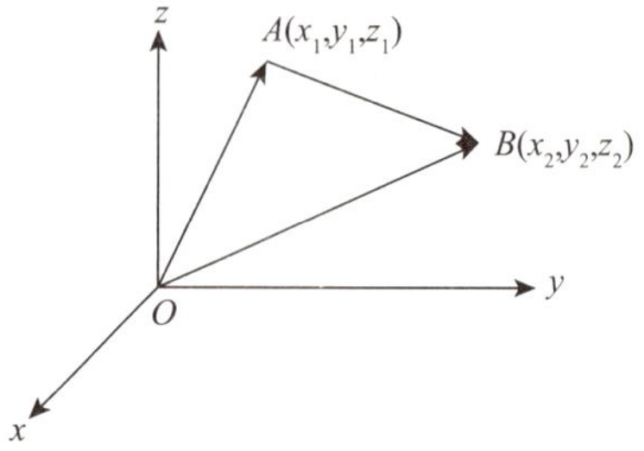

图 7-16

如果令 $x_2-x_1=a_x,y_2-y_1=a_y,z_2-z_1=a_z$，则上式变为 $\overrightarrow{AB}=a_x\boldsymbol{i}+a_y\boldsymbol{j}+a_z\boldsymbol{k}$.

称以上两式均为向量 $\overrightarrow{AB}$的按基本单位向量的分解式，简称为**向量 $\overrightarrow{AB}$的分解式**. 向量 $\overrightarrow{AB}$还可以记作 $\overrightarrow{AB}=\{x_2-x_1,y_2-y_1,z_2-z_1\}$ 和 $\overrightarrow{AB}=\{a_x,a_y,a_z\}$. 称 $\overrightarrow{AB}=\{x_2-x_1,y_2-y_1,z_2-z_1\}$ 和 $\overrightarrow{AB}=\{a_x,a_y,a_z\}$ 为**向量的坐标式**. 其中 $(x_2-x_1)\boldsymbol{i}=a_x\boldsymbol{i}$，$(y_2-y_1)\boldsymbol{j}=a_y\boldsymbol{j}$，$(z_2-z_1)\boldsymbol{k}=a_z\boldsymbol{k}$ 分别叫作向量 $\overrightarrow{AB}$在 x 轴、y 轴、z 轴上的分量；而 $x_2-x_1=a_x$，$y_2-y_1=a_y$，$z_2-z_1=a_z$ 分别是向量 $\overrightarrow{AB}$在 x 轴、y 轴、z 轴上的投影.

3. 向量的代数加减法和向量的数乘

(1)向量的代数加减法：

设 $\boldsymbol{a}=a_x\boldsymbol{i}+a_y\boldsymbol{j}+a_z\boldsymbol{k}$，$\boldsymbol{b}=b_x\boldsymbol{i}+b_y\boldsymbol{j}+b_z\boldsymbol{k}$，则 $\boldsymbol{a}\pm\boldsymbol{b}=(a_x\boldsymbol{i}+a_y\boldsymbol{j}+a_z\boldsymbol{k})\pm(b_x\boldsymbol{i}+b_y\boldsymbol{j}+b_z\boldsymbol{k})=(a_x\pm b_x)\boldsymbol{i}+(a_y\pm b_y)\boldsymbol{j}+(a_z\pm b_z)\boldsymbol{k}$.

故有

$$\boldsymbol{a}\pm\boldsymbol{b}=(a_x\pm b_x)\boldsymbol{i}+(a_y\pm b_y)\boldsymbol{j}+(a_z\pm b_z)\boldsymbol{k}$$

$$\boldsymbol{a}\pm\boldsymbol{b}=\{a_x\pm b_x,a_y\pm b_y,a_z\pm b_z\}$$

(2)向量的数乘：

设 $\boldsymbol{a}=a_x\boldsymbol{i}+a_y\boldsymbol{j}+a_z\boldsymbol{k}$，$\lambda$ 为一实数，则 $\lambda\boldsymbol{a}=\lambda(a_x\boldsymbol{i}+a_y\boldsymbol{j}+a_z\boldsymbol{k})=\lambda a_x\boldsymbol{i}+\lambda a_y\boldsymbol{j}+\lambda a_z\boldsymbol{k}$，或有 $\lambda\boldsymbol{a}=\{\lambda a_x,\lambda a_y,\lambda a_z\}$.

(3) 向量平行充要条件的坐标表示法：

设 $\boldsymbol{a}=\{a_x,a_y,a_z\}$，$\boldsymbol{b}=\{b_x,b_y,b_z\}$，则根据上一节定理可知向量 $\boldsymbol{b}//\boldsymbol{a}$ 的充要条件为存在唯一的实数 λ 使得 $\boldsymbol{b}=\lambda\boldsymbol{a}$，即为

$$\{b_x,b_y,b_z\}=\lambda\{a_x,a_y,a_z\}.$$

故有

$$\{b_x,b_y,b_z\}=\{\lambda a_x,\lambda a_y,\lambda a_z\}.$$

所以

$$b_x=\lambda a_x,b_y=\lambda a_y,b_z=\lambda a_z,$$

故得

$$\lambda=\frac{b_x}{a_x},\lambda=\frac{b_y}{a_y},\lambda=\frac{b_z}{a_z}.$$

$$\frac{b_x}{a_x}=\frac{b_y}{a_y}=\frac{b_z}{a_z}.$$

这就是说，两个向量平行的充要条件是两个向量对应的坐标成比例.

例 1　在空间直角坐标系中设点 $M(-3,1,5)$，$N(2,-3,1)$，求向量$\overrightarrow{MN}$及$\overrightarrow{NM}$的直角坐标.

解　由于向量的坐标即为向量在坐标轴上的投影组成的有序数组，而向量的各投影即为终点坐标与起点坐标对应分量的差. 所以向量$\overrightarrow{MN}$的坐标为$\{5,-4,-4\}$，向量$\overrightarrow{NM}$的坐标为$\{-5,4,4\}$.

4. 向量的模与方向余弦的坐标表示式

向量是由它的模与方向确定的. 如果已知非零向量 $\boldsymbol{a}$ 的坐标表达式为(a_x,a_y,a_z)，那么，它的模与方向也可以用其坐标来表示.

设空间向量 $\boldsymbol{a}=\overrightarrow{M_1M_2}$与三条坐标轴的正向的夹角分别为 α,β,γ，如图 7-17 所示，规定：$0\leqslant\alpha\leqslant\pi$，$0\leqslant\beta\leqslant\pi$，$0\leqslant\gamma\leqslant\pi$，称 α,β,γ 为向量 $\boldsymbol{a}$ 的**方向角**.

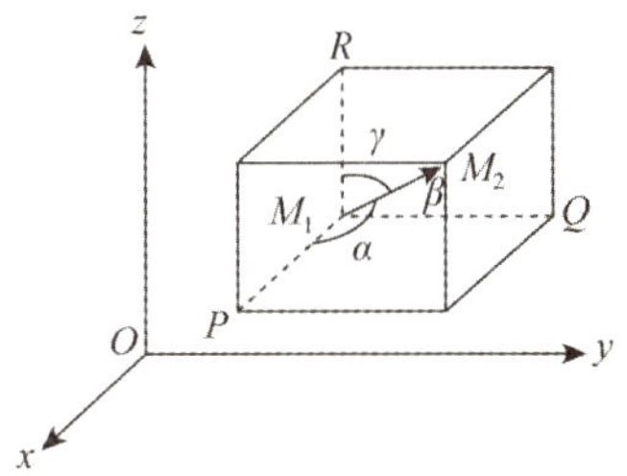

图 7-17

因为向量 $\boldsymbol{a}$ 的坐标就是向量在坐标轴上的投影，因此

$$a_x=|\overrightarrow{M_1M_2}|\cdot\cos\alpha=|\boldsymbol{a}|\cdot\cos\alpha,$$

$$a_y=|\overrightarrow{M_1M_2}|\cdot\cos\beta=|\boldsymbol{a}|\cdot\cos\beta,$$

$$a_z=|\overrightarrow{M_1M_2}|\cdot\cos\gamma=|\boldsymbol{a}|\cdot\cos\gamma.$$

上式中出现的 $\cos\alpha,\cos\beta,\cos\gamma$ 称为向量 $\boldsymbol{a}$ 的方向余弦. 而

$$\boldsymbol{a}=(a_x,a_y,a_z)=\{|\boldsymbol{a}|\cdot\cos\alpha,|\boldsymbol{a}|\cdot\cos\beta,|\boldsymbol{a}|\cdot\cos\gamma\},$$

$$|\boldsymbol{a}|\cdot(\cos\alpha,\cos\beta,\cos\gamma)=|\boldsymbol{a}|\cdot\boldsymbol{e}_a.$$

$\boldsymbol{e}_a=(\cos\alpha,\cos\beta,\cos\gamma)$是与向量 $\boldsymbol{a}$ 同方向的单位向量.

而$|\boldsymbol{a}|=|\overrightarrow{M_1M_2}|=\sqrt{(M_1P)^2+(M_1Q)^2+(M_1R)^2}$，

$$M_1P=a_x,M_1Q=a_y,M_1R=a_z,$$

故向量 $\boldsymbol{a}$ 的模为

$$|\boldsymbol{a}|=\sqrt{a_x^2+a_y^2+a_z^2}.$$

从而向量 $\boldsymbol{a}$ 的方向余弦为

$$\cos\alpha=\frac{a_x}{\sqrt{a_x^2+a_y^2+a_z^2}},\cos\beta=\frac{a_y}{\sqrt{a_x^2+a_y^2+a_z^2}},\cos\gamma=\frac{a_z}{\sqrt{a_x^2+a_y^2+a_z^2}},$$

把以上三式两边平方后相加得 $\cos^2\alpha+\cos^2\beta+\cos^2\gamma=1$.

例 2　设 $A(x_1,y_1,z_1)$ 和 $B(x_2,y_2,z_2)$ 为两个已知点，且 A,B 连线上一点 M 分 $AM:MB=\lambda(\lambda\neq-1)$，求 M 点的坐标.

解　设 M 点的坐标为 $M(x,y,z)$，如图 7-18 所示.

笔记

笔记

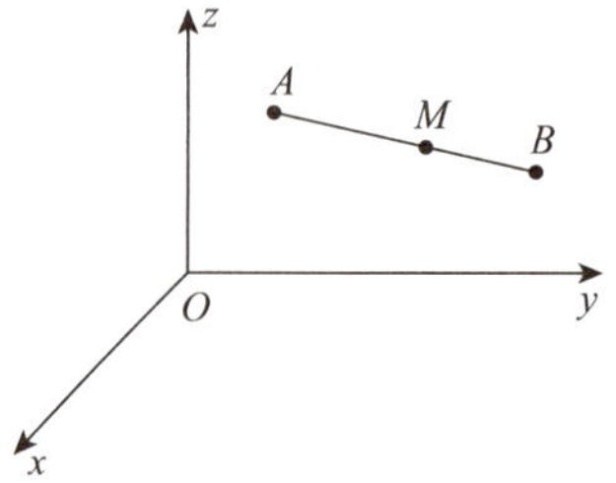

图 7-18

因为 $\dfrac{AM}{MB}=\lambda$，所以 $AM=\lambda MB$，故有 $\overrightarrow{AM}=\lambda\overrightarrow{MB}$，所以

$$\{x-x_1,y-y_1,z-z_1\}=\lambda\{x_2-x,y_2-y,z_2-z\},$$

$$\{x-x_1,y-y_1,z-z_1\}=\{\lambda(x_2-x),\lambda(y_2-y),\lambda(z_2-z)\}.$$

故

$$x-x_1=\lambda(x_2-x),y-y_1=\lambda(y_2-y),z-z_1=\lambda(z_2-z).$$

可解得

$$x=\frac{x_1+\lambda x_2}{1+\lambda},y=\frac{y_1+\lambda y_2}{1+\lambda},z=\frac{z_1+\lambda z_2}{1+\lambda}.$$

上式在空间解析几何中称为定比分点公式．特别当 $\lambda=1$ 时，上式则变换为中点公式：

$$x=\frac{x_1+x_2}{2},y=\frac{y_1+y_2}{2},z=\frac{z_1+z_2}{2}.$$

例 3　已知 $A(1,1,1)$，$B(1,0,1)$，求 $\overrightarrow{AB}$，$|\overrightarrow{AB}|$，$\overrightarrow{AB}$的方向余弦 $(\overrightarrow{AB})^0$．

解　$\overrightarrow{AB}=\{x_2-x_1,y_2-y_1,z_2-z_1\}=\{1-1,0-1,1-1\}=\{0,-1,0\}=-\boldsymbol{j}$.

$$|\overrightarrow{AB}|=\sqrt{a_x^2+a_y^2+a_z^2}=\sqrt{0^2+(-1)^2+0^2}=1 \text{ 或 } |\overrightarrow{AB}|=|-\boldsymbol{j}|=1.$$

$$\cos\alpha=\frac{a_x}{|\boldsymbol{a}|}=\frac{0}{1}=0,\cos\beta=\frac{a_y}{|\boldsymbol{a}|}=\frac{-1}{1}=-1,\cos\gamma=\frac{a_z}{|\boldsymbol{a}|}=\frac{0}{1}=0.$$

$$(\overrightarrow{AB})^0=\{\cos\alpha,\cos\beta,\cos\gamma\}=\{0,-1,0\}=-\boldsymbol{j}.$$

或

$$(\overrightarrow{AB})^0=\frac{\boldsymbol{a}}{|\boldsymbol{a}|}=\frac{\{0,-1,0\}}{1}=\{0,-1,0\}=-\boldsymbol{j}$$

例 4　一个向量的起点 A 的坐标为 $A(1,2,1)$，这个向量在 x 轴、y 轴、z 轴上的投影分别为 2,3,3，求这个向量的终点 B 的坐标．

解　设 B 点坐标为 $B(x,y,z)$．根据题意有 $x-1=2$，$y-2=3$，$z-1=3$．所以 $x=3$，$y=5$，$z=4$．故 B 点坐标为 $B(3,5,4)$．

二、向量的数量积

在物理中我们知道，一质点在恒力 $\boldsymbol{F}$ 的作用下，由 A 点沿直线移到 B 点，若力 $\boldsymbol{F}$ 与位移向量$\overrightarrow{AB}$的夹角为 θ，则力 $\boldsymbol{F}$ 所做的功为

$$W=|F|\cdot|\overrightarrow{AB}|\cdot\cos\theta.$$

类似的情况在其他问题中也经常遇到．由此，我们引入两向量的数量积的概念．

定义 1　设 $\boldsymbol{a}$，$\boldsymbol{b}$ 为空间中的两个向量，则数

$$|\boldsymbol{a}||\boldsymbol{b}|\cos\langle\boldsymbol{a},\boldsymbol{b}\rangle$$

叫作向量 $\boldsymbol{a}$ 与 $\boldsymbol{b}$ 的数量积（也称内积或点积），记作 $\boldsymbol{a}\cdot\boldsymbol{b}$，读作"$\boldsymbol{a}$ 点乘 $\boldsymbol{b}$"，即

$$\boldsymbol{a}\cdot\boldsymbol{b}=|\boldsymbol{a}||\boldsymbol{b}|\cos\langle\boldsymbol{a},\boldsymbol{b}\rangle,$$

其中$\langle\boldsymbol{a},\boldsymbol{b}\rangle$表示向量 $\boldsymbol{a}$ 与 $\boldsymbol{b}$ 的夹角，并且规定 $0\leqslant\langle\boldsymbol{a},\boldsymbol{b}\rangle\leqslant\pi$.

两向量的数量积是一个数量而不是向量，特别地，当两向量中一个为零向量时，就有 $\boldsymbol{a}\cdot\boldsymbol{b}=0$.

由向量数量积的定义易知：

(1)$\boldsymbol{a}\cdot\boldsymbol{a}=|\boldsymbol{a}|^2$，因此

$$|\boldsymbol{a}|=\sqrt{\boldsymbol{a}\cdot\boldsymbol{a}}.$$

(2) 对于两个非零向量 $\boldsymbol{a},\boldsymbol{b}$，$\boldsymbol{a}$ 与 $\boldsymbol{b}$ 垂直的充要条件是它们的数量积为零，即

$$\boldsymbol{a}\perp\boldsymbol{b}\Leftrightarrow\boldsymbol{a}\cdot\boldsymbol{b}=0.$$

注　数量积在解决有关长度、角度、垂直等度量问题上起着重要作用.

对于任意向量 $\boldsymbol{a},\boldsymbol{b}$ 及任意实数 λ，数量积的运算满足如下运算性质：

(1) 交换律：$\boldsymbol{a}\cdot\boldsymbol{b}=\boldsymbol{b}\cdot\boldsymbol{a}$.

(2) 分配律：$\boldsymbol{a}\cdot(\boldsymbol{b}+\boldsymbol{c})=\boldsymbol{a}\cdot\boldsymbol{b}+\boldsymbol{a}\cdot\boldsymbol{c}$.

(3) 结合律：$(\lambda\boldsymbol{a})\cdot\boldsymbol{b}=\lambda(\boldsymbol{a}\cdot\boldsymbol{b})=\boldsymbol{a}\cdot(\lambda\boldsymbol{b})$.

(4) $\boldsymbol{a}\cdot\boldsymbol{a}\geqslant0$，当且仅当 $\boldsymbol{a}=\boldsymbol{0}$ 时，等号成立.

例 5　对坐标向量 $\boldsymbol{i},\boldsymbol{j},\boldsymbol{k}$，求 $\boldsymbol{i}\cdot\boldsymbol{i},\boldsymbol{j}\cdot\boldsymbol{j},\boldsymbol{k}\cdot\boldsymbol{k},\boldsymbol{i}\cdot\boldsymbol{j},\boldsymbol{j}\cdot\boldsymbol{k},\boldsymbol{k}\cdot\boldsymbol{i}$.

解　由坐标向量的特点及向量内积的定义得

$$\boldsymbol{i}\cdot\boldsymbol{i}=\boldsymbol{j}\cdot\boldsymbol{j}=\boldsymbol{k}\cdot\boldsymbol{k}=1,$$
$$\boldsymbol{i}\cdot\boldsymbol{j}=\boldsymbol{j}\cdot\boldsymbol{k}=\boldsymbol{k}\cdot\boldsymbol{i}=0.$$

例 6　已知$|\boldsymbol{a}|=2$，$|\boldsymbol{b}|=3$，$\langle\boldsymbol{a},\boldsymbol{b}\rangle=\dfrac{2}{3}\pi$，求 $\boldsymbol{a}\cdot\boldsymbol{b}$，$(\boldsymbol{a}-2\boldsymbol{b})\cdot(\boldsymbol{a}+\boldsymbol{b})$，$|\boldsymbol{a}+\boldsymbol{b}|$.

解　由两向量的数量积定义有

$$\boldsymbol{a}\cdot\boldsymbol{b}=|\boldsymbol{a}||\boldsymbol{b}|\cos\langle\boldsymbol{a},\boldsymbol{b}\rangle=2\times3\times\cos\frac{2}{3}\pi=2\times3\times\left(-\frac{1}{2}\right)=-3.$$

$$(\boldsymbol{a}-2\boldsymbol{b})\cdot(\boldsymbol{a}+\boldsymbol{b})=\boldsymbol{a}\cdot\boldsymbol{a}+\boldsymbol{a}\cdot\boldsymbol{b}-2\boldsymbol{b}\cdot\boldsymbol{a}-2\boldsymbol{b}\cdot\boldsymbol{b}$$
$$=|\boldsymbol{a}|^2-\boldsymbol{a}\cdot\boldsymbol{b}-2|\boldsymbol{b}|^2=2^2-(-3)-2\times3^3=-11.$$
$$|\boldsymbol{a}+\boldsymbol{b}|^2=(\boldsymbol{a}+\boldsymbol{b})\cdot(\boldsymbol{a}+\boldsymbol{b})=\boldsymbol{a}\cdot\boldsymbol{a}+\boldsymbol{a}\cdot\boldsymbol{b}+\boldsymbol{b}\cdot\boldsymbol{a}+\boldsymbol{b}\cdot\boldsymbol{b}$$
$$=|\boldsymbol{a}|^2+2\boldsymbol{a}\cdot\boldsymbol{b}+|\boldsymbol{b}|^2=2^2+2\times(-3)+3^2=7.$$

因此

$$|\boldsymbol{a}+\boldsymbol{b}|=\sqrt{7}.$$

在空间直角坐标系下，设向量 $\boldsymbol{a}=(x_1,y_1,z_1)$，向量 $\boldsymbol{b}=(x_2,y_2,z_2)$，即

$$\boldsymbol{a}=x_1\boldsymbol{i}+y_1\boldsymbol{j}+z_1\boldsymbol{k},$$
$$\boldsymbol{b}=x_2\boldsymbol{i}+y_2\boldsymbol{j}+z_2\boldsymbol{k}.$$

则

$$\boldsymbol{a}\cdot\boldsymbol{b}=(x_1\boldsymbol{i}+y_1\boldsymbol{j}+z_1\boldsymbol{k})\cdot(x_2\boldsymbol{i}+y_2\boldsymbol{j}+z_2\boldsymbol{k})$$
$$=x_1x_2(\boldsymbol{i}\cdot\boldsymbol{i})+x_1y_2(\boldsymbol{i}\cdot\boldsymbol{j})+x_1z_2(\boldsymbol{i}\cdot\boldsymbol{k})$$
$$+y_1x_2(\boldsymbol{j}\cdot\boldsymbol{i})+y_1y_2(\boldsymbol{j}\cdot\boldsymbol{j})+y_1z_2(\boldsymbol{j}\cdot\boldsymbol{k})$$
$$+z_1x_2(\boldsymbol{k}\cdot\boldsymbol{i})+z_1y_2(\boldsymbol{k}\cdot\boldsymbol{j})+z_1z_2(\boldsymbol{k}\cdot\boldsymbol{k}).$$

由于

$$\boldsymbol{i}\cdot\boldsymbol{i}=\boldsymbol{j}\cdot\boldsymbol{j}=\boldsymbol{k}\cdot\boldsymbol{k}=1,$$

笔记

笔记

$$i \cdot j = j \cdot k = k \cdot i = 0,$$

所以

$$a \cdot b = x_1x_2 + y_1y_2 + z_1z_2.$$

也就是说，在直角坐标系下，两向量的数量积等于它们对应坐标分量的乘积之和.

同样，利用向量的直角坐标也可以求出向量的模、两向量的夹角公式以及两向量垂直的充要条件，即

设非零向量 $a=\{x_1,y_1,z_1\}$，向量 $b=\{x_2,y_2,z_2\}$，则

$$|a| = \sqrt{a \cdot a} = \sqrt{x_1^2+y_1^2+z_1^2}.$$

$$\cos\langle a,b\rangle = \frac{a \cdot b}{|a||b|} = \frac{x_1x_2+y_1y_2+z_1z_2}{\sqrt{x_1^2+y_1^2+z_1^2} \times \sqrt{x_2^2+y_2^2+z_2^2}}.$$

$$a \perp b \Leftrightarrow x_1x_2+y_1y_2+z_1z_2=0.$$

例 7 已知 $a=4i-j+3k$，$b=5i-k$，试求 $a \cdot b$，$\mathrm{prj}_a b$ 和 $\cos\langle a,b\rangle$.

解 因为 $a=4i-j+3k=(4,-1,3)$，$b=5i-k=(5,0,-1)$，所以

$$a \cdot b = (4,-1,3)\cdot(5,0,-1) = 4\times5+(-1)\times0+3\times(-1)=17.$$

由 $a \cdot b = |a|\mathrm{prj}_a b$，有

$$\mathrm{prj}_a b = \frac{a \cdot b}{|a|} = \frac{17}{\sqrt{4^2+(-1)^2+3^2}} = \frac{17}{\sqrt{26}}.$$

又因为 $\mathrm{prj}_a b = |b|\cos\langle a,b\rangle$，所以

$$\cos\langle a,b\rangle = \frac{\mathrm{prj}_a b}{|b|} = \frac{\frac{17}{\sqrt{26}}}{\sqrt{25+1}} = \frac{17}{26}.$$

三、向量的向量积

在物理学中，我们用力矩的概念来表示一外力对物体的转动所产生的影响. 设一杠杆的一端 O 固定，力 F 作用于杠杆上的点 A 处，F 与 $\overrightarrow{OA}$ 的夹角为 θ，则杠杆在 F 的作用下绕 O 点转动，这时可用力矩 M 来描述. 力 F 对 O 的力矩 M 是个向量，M 的大小为

$$|M| = |\overrightarrow{OA}||F|\sin\langle\overrightarrow{OA},F\rangle.$$

M 的方向与 $\overrightarrow{OA}$ 及 F 都垂直，且 $\overrightarrow{OA}$，F，M 成右手系，如图 7-19 所示.

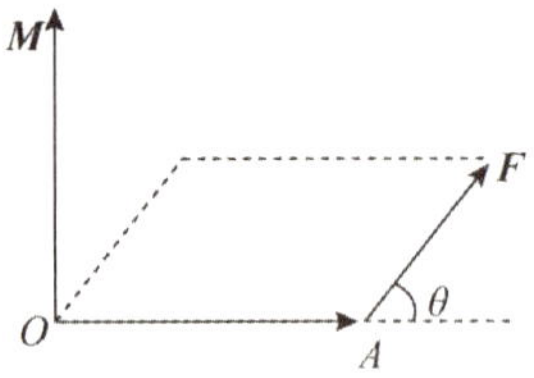

图 7-19

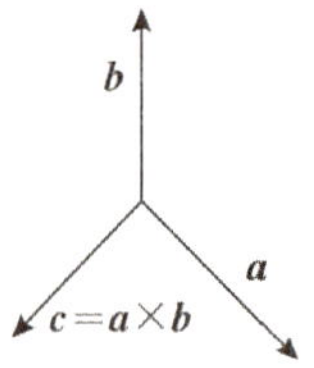

图 7-20

1. 向量积的定义

在实际生活中，我们经常遇到由两个向量所决定的另一个向量，由此，我们引入两向量的向量积的概念.

定义 2 设 a，b 为空间中的两个向量，若由 a，b 所决定的向量 c，其模为

$$|c| = |a||b|\sin\langle a,b\rangle,$$

其方向与 a，b 均垂直且 a，b，c 成右手系（图 7-20），则向量 c 叫作向量 a 与 b 的**向量积**（也称**外积**或**叉积**）. 记作 $a\times b$，读作"a 叉乘 b".

笔记

知识加油站

(1)两向量 $\boldsymbol{a}$ 与 $\boldsymbol{b}$ 的向量积 $\boldsymbol{a}\times\boldsymbol{b}$ 是一个向量，其模 $|\boldsymbol{a}\times\boldsymbol{b}|$ 的几何意义是以 $\boldsymbol{a},\boldsymbol{b}$ 为邻边的平行四边形的面积.

(2) $\boldsymbol{a}\times\boldsymbol{a}=\boldsymbol{0}$. 这是因为夹角 $\theta=0$，所以 $|\boldsymbol{a}\times\boldsymbol{a}|=0$.

(3)对两个非零向量 $\boldsymbol{a}$ 与 $\boldsymbol{b}$，$\boldsymbol{a}$ 与 $\boldsymbol{b}$ 平行的充要条件是它们的向量积为零向量，即

$$\boldsymbol{a}/\!/\boldsymbol{b}\Leftrightarrow\boldsymbol{a}\times\boldsymbol{b}=\boldsymbol{0}.$$

对任意向量 $\boldsymbol{a},\boldsymbol{b}$ 及任意实数 λ，向量积的运算满足如下性质：

(1)反交换律：$\boldsymbol{a}\times\boldsymbol{b}=-\boldsymbol{b}\times\boldsymbol{a}$.

(2)分配律：$\boldsymbol{a}\times(\boldsymbol{b}+\boldsymbol{c})=\boldsymbol{a}\times\boldsymbol{b}+\boldsymbol{a}\times\boldsymbol{c}$；$(\boldsymbol{a}+\boldsymbol{b})\times\boldsymbol{c}=\boldsymbol{a}\times\boldsymbol{c}+\boldsymbol{b}\times\boldsymbol{c}$.

(3)结合律：$(\lambda\boldsymbol{a})\times\boldsymbol{b}=\lambda(\boldsymbol{a}\times\boldsymbol{b})=\boldsymbol{a}\times(\lambda\boldsymbol{b})$.

例 8　对坐标向量 $\boldsymbol{i},\boldsymbol{j},\boldsymbol{k}$，求 $\boldsymbol{i}\times\boldsymbol{i},\boldsymbol{j}\times\boldsymbol{j},\boldsymbol{k}\times\boldsymbol{k},\boldsymbol{i}\times\boldsymbol{j},\boldsymbol{j}\times\boldsymbol{k},\boldsymbol{k}\times\boldsymbol{i}$.

解　$\boldsymbol{i}\times\boldsymbol{i}=\boldsymbol{j}\times\boldsymbol{j}=\boldsymbol{k}\times\boldsymbol{k}=\boldsymbol{0}$.　$\boldsymbol{i}\times\boldsymbol{j}=\boldsymbol{k},\boldsymbol{j}\times\boldsymbol{k}=\boldsymbol{i},\boldsymbol{k}\times\boldsymbol{i}=\boldsymbol{j}$.

2. 向量积的直角坐标运算

在空间直角坐标系下，设向量 $\boldsymbol{a}=(x_1,y_1,z_1)$，向量 $\boldsymbol{b}=(x_2,y_2,z_2)$，即

$$\boldsymbol{a}=x_1\boldsymbol{i}+y_1\boldsymbol{j}+z_1\boldsymbol{k},\boldsymbol{b}=x_2\boldsymbol{i}+y_2\boldsymbol{j}+z_2\boldsymbol{k}.$$

因为

$$\boldsymbol{i}\times\boldsymbol{i}=\boldsymbol{j}\times\boldsymbol{j}=\boldsymbol{k}\times\boldsymbol{k}=\boldsymbol{0}.$$

$$\boldsymbol{i}\times\boldsymbol{j}=\boldsymbol{k},\ \boldsymbol{j}\times\boldsymbol{k}=\boldsymbol{i},\ \boldsymbol{k}\times\boldsymbol{i}=\boldsymbol{j},$$

$$\boldsymbol{j}\times\boldsymbol{i}=-\boldsymbol{k},\ \boldsymbol{k}\times\boldsymbol{j}=-\boldsymbol{i},\ \boldsymbol{i}\times\boldsymbol{k}=-\boldsymbol{j}.\text{则}$$

$$\begin{aligned}\boldsymbol{a}\times\boldsymbol{b}&=(x_1\boldsymbol{i}+y_1\boldsymbol{j}+z_1\boldsymbol{k})\times(x_2\boldsymbol{i}+y_2\boldsymbol{j}+z_2\boldsymbol{k})\\&=x_1x_2(\boldsymbol{i}\times\boldsymbol{i})+x_1y_2(\boldsymbol{i}\times\boldsymbol{j})+x_1z_2(\boldsymbol{i}\times\boldsymbol{k})\\&\quad+y_1x_2(\boldsymbol{j}\times\boldsymbol{i})+y_1y_2(\boldsymbol{j}\times\boldsymbol{j})+y_1z_2(\boldsymbol{j}\times\boldsymbol{k})\\&\quad+z_1x_2(\boldsymbol{k}\times\boldsymbol{i})+z_1y_2(\boldsymbol{k}\times\boldsymbol{j})+z_1z_2(\boldsymbol{k}\times\boldsymbol{k})\\&=(x_1y_2-y_1x_2)(\boldsymbol{i}\times\boldsymbol{j})+(y_1z_2-z_1y_2)(\boldsymbol{j}\times\boldsymbol{k})-(x_1z_2-z_2x_2)(\boldsymbol{k}\times\boldsymbol{i})\\&=(y_1z_2-z_1y_2)\boldsymbol{i}-(x_1z_2-z_1x_2)\boldsymbol{j}+(x_1y_2-y_1x_2)\boldsymbol{k}.\end{aligned}$$

为了便于记忆，借助于线性代数中的二阶行列式及三阶行列式，有

$$\boldsymbol{a}\times\boldsymbol{b}=\begin{vmatrix}y_1&z_1\\y_2&z_2\end{vmatrix}\boldsymbol{i}-\begin{vmatrix}x_1&z_1\\x_2&z_2\end{vmatrix}\boldsymbol{j}+\begin{vmatrix}x_1&y_1\\x_2&y_2\end{vmatrix}\boldsymbol{k}=\begin{vmatrix}\boldsymbol{i}&\boldsymbol{j}&\boldsymbol{k}\\x_1&y_1&z_1\\x_2&y_2&z_2\end{vmatrix}$$

注　设两个非零向量 $\boldsymbol{a}=(x_1,y_1,z_1),\boldsymbol{b}=(x_2,y_2,z_2)$，则

$$\boldsymbol{a}/\!/\boldsymbol{b}\Leftrightarrow\boldsymbol{a}\times\boldsymbol{b}=\boldsymbol{0}\Leftrightarrow\frac{x_1}{x_2}=\frac{y_1}{y_2}=\frac{z_1}{z_2}.$$

若某个分母为零，则规定相应的分子为零.

例 9　设向量 $\boldsymbol{a}=(2,1,-1),\boldsymbol{b}=(1,-1,2)$，求 $\boldsymbol{a}\times\boldsymbol{b}$ 的坐标.

解　$\boldsymbol{a}\times\boldsymbol{b}=\begin{vmatrix}\boldsymbol{i}&\boldsymbol{j}&\boldsymbol{k}\\2&1&-1\\1&-1&2\end{vmatrix}=\begin{vmatrix}1&-1\\-1&2\end{vmatrix}\boldsymbol{i}-\begin{vmatrix}2&-1\\1&2\end{vmatrix}\boldsymbol{j}+\begin{vmatrix}2&1\\1&-1\end{vmatrix}\boldsymbol{k}=\boldsymbol{i}-5\boldsymbol{j}-3\boldsymbol{k}.$

因此 $\boldsymbol{a}\times\boldsymbol{b}$ 的直角坐标为 $(1,-5,-3)$.

例 10　在空间直角坐标系中，设向量 $\boldsymbol{a}=(3,0,2),\boldsymbol{b}=(-1,1,-1)$，求同时垂直于

笔记

向量 $\boldsymbol{a}$ 与 $\boldsymbol{b}$ 的单位向量.

解 设向量 $\boldsymbol{c}=\boldsymbol{a}\times\boldsymbol{b}$,则 $\boldsymbol{c}$ 同时与 $\boldsymbol{a}$,$\boldsymbol{b}$ 垂直.而

$$\boldsymbol{c}=\boldsymbol{a}\times\boldsymbol{b}=\begin{vmatrix}\boldsymbol{i} & \boldsymbol{j} & \boldsymbol{k}\\ 3 & 0 & 2\\ -1 & 1 & -1\end{vmatrix}=-2\boldsymbol{i}+\boldsymbol{j}+3\boldsymbol{k},$$

所以向量 $\boldsymbol{c}$ 的坐标为(−2,1,3).

再将 $\boldsymbol{c}$ 单位化,得

$$\boldsymbol{c}_0=\frac{1}{\sqrt{(-2)^2+1^2+3^2}}(-2,1,3)=\left(-\frac{2}{\sqrt{14}},\frac{1}{\sqrt{14}},\frac{3}{\sqrt{14}}\right),$$

即 $\left(-\frac{2}{\sqrt{14}},\frac{1}{\sqrt{14}},\frac{3}{\sqrt{14}}\right)$ 与 $\left(\frac{2}{\sqrt{14}},-\frac{1}{\sqrt{14}},-\frac{3}{\sqrt{14}}\right)$ 为所求的向量.

例 11 在空间直角坐标系中,设点 $A(1,2,3)$,$B(3,4,5)$,$C(2,4,7)$,求△ABC 的面积.

解 由两向量积的模的几何意义知:以 $\overrightarrow{AB}$,$\overrightarrow{AC}$ 为邻边的平行四边形的面积为 $|\overrightarrow{AB}\times\overrightarrow{AC}|$,由于

$$\overrightarrow{AB}=(2,2,2),\overrightarrow{AC}=(1,2,4),$$

因此

$$\overrightarrow{AB}\times\overrightarrow{AC}=\begin{vmatrix}\boldsymbol{i} & \boldsymbol{j} & \boldsymbol{k}\\ 2 & 2 & 2\\ 1 & 2 & 4\end{vmatrix}=4\boldsymbol{i}-6\boldsymbol{j}+2\boldsymbol{k},$$

所以

$$S_{\triangle ABC}=\frac{1}{2}|\overrightarrow{AB}\times\overrightarrow{AC}|=\frac{1}{2}\sqrt{4^2+(-6)^2+2^2}=\sqrt{14}.$$

故△ABC 的面积 $S_{\triangle ABC}=\sqrt{14}$.

习题 7.3

1. 已知 $M_1(1,2,1)$,$M_2(1,2,2)$,求 $\overrightarrow{M_1M_2}$,$|\overrightarrow{M_1M_2}|$,$\overrightarrow{M_1M_2}$ 的方向余弦 $(\overrightarrow{M_1M_2})^0$.

2. 一个向量的终点 B 的坐标为 $B(2,-1,7)$,这个向量在 x 轴、y 轴、z 轴上的投影分别为 4,− 4,3,求这个向量起点 A 的坐标.

3. 设向量的方向余弦分别满足 $\cos\alpha=0$,$\cos\beta=1$,$\cos\alpha=\cos\beta=0$,试问这些向量与坐标轴或坐标面的关系如何?

4. 分别求出向量 $\boldsymbol{a}=\boldsymbol{i}+\boldsymbol{j}+\boldsymbol{k}$,$\boldsymbol{b}=2\boldsymbol{i}-3\boldsymbol{j}+5\boldsymbol{k}$ 及 $\boldsymbol{c}=-2\boldsymbol{i}-\boldsymbol{j}+2\boldsymbol{k}$ 的模,并分别用 $\boldsymbol{a}^0$,$\boldsymbol{b}^0$,$\boldsymbol{c}^0$ 表示 $\boldsymbol{a}$,$\boldsymbol{b}$,$\boldsymbol{c}$.

5. 已知点 $M(2,2,2)$,$A(2,2,3)$,$B(2,3,1)$,求 $\angle AMB$.

6. 已知 $\overrightarrow{OA}=\boldsymbol{i}+3\boldsymbol{k}$,$\overrightarrow{OB}=\boldsymbol{j}+3\boldsymbol{k}$,求 △$OAB$ 的面积.

7. 设 $\boldsymbol{a}$,$\boldsymbol{b}$,$\boldsymbol{c}$ 为单位向量,且满足 $\boldsymbol{a}+\boldsymbol{b}+\boldsymbol{c}=0$,求 $\boldsymbol{a}\cdot\boldsymbol{b}+\boldsymbol{b}\cdot\boldsymbol{c}+\boldsymbol{c}\cdot\boldsymbol{a}$.

8. 用向量证明不等式 $\sqrt{a_1^2+a_2^2+a_3^2}\sqrt{b_1^2+b_2^2+b_3^2}\geqslant|a_1b_1+a_2b_2+a_3b_3|$,式中,$a_1$,$a_2$,$a_3$,$b_1$,$b_2$,$b_3$ 为任意实数,并指明等号成立的条件.

9. 设 $\boldsymbol{a}=\{3,5,2\}$,$\boldsymbol{b}=\{2,1,4\}$,问 λ 与 μ 有何关系时,才能使 $\lambda\boldsymbol{a}+\mu\boldsymbol{b}$ 与 z 轴垂直.

笔记

第四节　空间中的平面与直线方程

平面与直线是空间中最简单的几何图形. 本节我们将在空间直角坐标系中以向量为工具，给出不同形式的平面方程与直线方程，以及平面与直线的位置关系等.

一、空间中的平面方程

首先利用向量的概念，在空间直角坐标系中建立平面的方程，下面我们将给出几种由不同条件所确定的平面的方程.

1. 平面的点法式方程

若一个非零向量 $\boldsymbol{n}$ 垂直于平面 π，则称向量 $\boldsymbol{n}$ 为平面 π 的一个**法向量**.

显然，若 $\boldsymbol{n}$ 是平面 π 的一个法向量，则 $\lambda\boldsymbol{n}$(λ 为任意非零实数)都是 π 的法向量，即平面上的任一向量均与该平面的法向量垂直.

由立体几何知识可知，过一个定点 $M_0(x_0,y_0,z_0)$ 且垂直于一个非零向量 $\boldsymbol{n}=(A,B,C)$ 有且只有一个平面 π.

设 $M(x,y,z)$ 为平面 π 上的任一点，由于 $\boldsymbol{n}\perp\pi$，因此 $\boldsymbol{n}\perp\overrightarrow{M_0M}$. 由两向量垂直的充要条件，得

$$\boldsymbol{n}\cdot\overrightarrow{M_0M}=0,$$

而

$$\overrightarrow{M_0M}=(x-x_0,y-y_0,z-z_0),\boldsymbol{n}=(A,B,C),$$

所以可得

$$A(x-x_0)+B(y-y_0)+C(z-z_0)=0.$$

由于平面 π 上任意一点 $M(x,y,z)$ 都满足上述方程，而不在平面 π 上的点都不满足上述方程，因此上述方程就是平面 π 的方程.

由于上述方程是给定点 $M_0(x_0,y_0,z_0)$ 和法向量 $\boldsymbol{n}=(A,B,C)$ 所确定的，因而称上述方程为**平面 π 的点法式方程**.

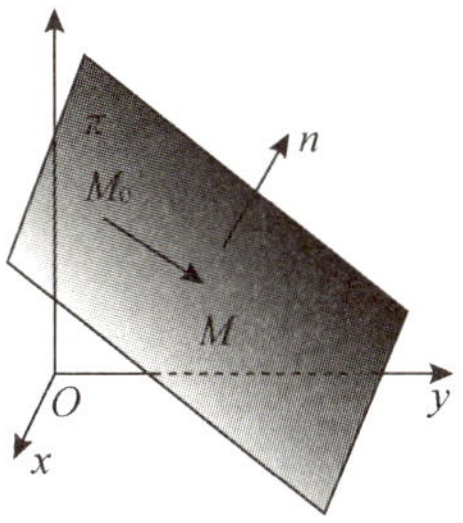

图 7-21

例 1　求通过点 $M_0(2,3,-1)$ 且垂直于向量 $\boldsymbol{n}=(3,-1,3)$ 的平面方程.

解　由于 $\boldsymbol{n}=(3,-1,3)$ 为所求平面 π 的一个法向量，平面又过点 $M_0(2,3,-1)$，所以由平面的点法式方程(7-2-1)可得所求平面的方程为

$$3(x-2)-(y-3)+3(z+1)=0,$$

整理，得

$$3x-y+3z=0.$$

例 2　求过三点 $M_1(2,-1,4)$，$M_2(-1,3,-2)$，$M_3(0,2,3)$ 的平面 π 的方程.

笔记

解 所求平面 π 的法向量必定同时垂直于 $\overrightarrow{M_1M_2}$ 与 $\overrightarrow{M_1M_3}$，因此可取 $\overrightarrow{M_1M_2}$ 与 $\overrightarrow{M_1M_3}$ 的向量积 $\overrightarrow{M_1M_2}\times\overrightarrow{M_1M_3}$ 为该平面的一个法向量 $\boldsymbol{n}$，即

$$\boldsymbol{n}=\overrightarrow{M_1M_2}\times\overrightarrow{M_1M_3}.$$

由于

$$\overrightarrow{M_1M_2}=(-3,4,-6),\overrightarrow{M_1M_3}=(-2,3,-1),$$

因此

$$\boldsymbol{n}=\overrightarrow{M_1M_2}\times\overrightarrow{M_1M_3}=\begin{vmatrix}\boldsymbol{i} & \boldsymbol{j} & \boldsymbol{k}\\ -3 & 4 & -6\\ -2 & 3 & -1\end{vmatrix}$$
$$=14\boldsymbol{i}+9\boldsymbol{j}-\boldsymbol{k}.$$

因此所求平面 π 的方程为

$$14(x-2)+9(y+1)-(z-4)=0,$$

化简得

$$14x+9y-z-15=0.$$

一般地，过三点 $M_k(x_k,y_k,z_k)(k=1,2,3)$ 的平面方程为

$$\begin{vmatrix}x-x_1 & y-y_1 & z-z_1\\ x_2-x_1 & y_2-y_1 & z_2-z_1\\ x_3-x_1 & y_3-y_1 & z_3-z_1\end{vmatrix}=0,$$

此方程称为平面的三点式方程.

特殊地，过三点 $A(a,0,0)$，$B(0,b,0)$，$C(0,0,c)(abc\neq0)$ 的平面 π 的方程为

$$\begin{vmatrix}x-a & y & z\\ -a & b & 0\\ -a & 0 & c\end{vmatrix}=0,$$

化简整理得

$$\frac{x}{a}+\frac{y}{b}+\frac{z}{c}=1,$$

A,B,C 三点为平面与三个坐标轴的交点，我们把这三个点中的坐标分量 a,b,c 分别叫作该平面在 x 轴、y 轴和 z 轴上的截距，上述方程称为平面 π 的截距式方程，如图 7-22 所示.

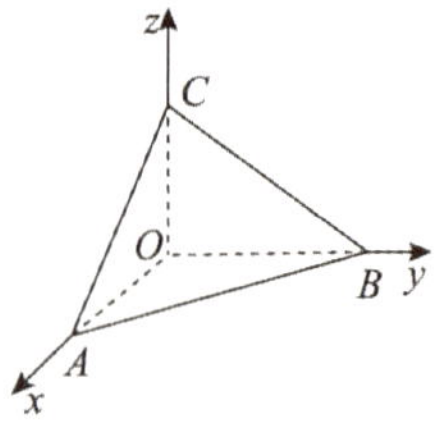

图 7-22

2. 平面的一般式方程

前面我们有了平面的点法式方程，展开平面的点法式方程，得

$$Ax+By+Cz-(Ax_0+By_0+Cz_0)=0,$$

设 $D=-(Ax_0+By_0+Cz_0)$，则

$$Ax+By+Cz+D=0(A,B,C\text{ 不全为零}). \quad ①$$

笔记

即任意一个平面的方程都是 x,y,z 的一次方程.

反过来,任意一个含有 x,y,z 的一次方程①都表示一个平面.

事实上,设 $M_0(x_0,y_0,z_0)$ 是满足方程①的一组解,则

$$Ax_0+By_0+Cz_0+D=0. \tag{②}$$

式①减去式②,得

$$A(x-x_0)+B(y-y_0)+C(z-z_0)=0. \tag{③}$$

由③决定一非零向量 $\boldsymbol{n}=(A,B,C)$,它与向量 $\overrightarrow{M_0M}=(x-x_0,y-y_0,z-z_0)$ 垂直,其中 $M_0(x_0,y_0,z_0)$,$M(x,y,z)$. 而 M_0 为一固定点,M 为任一点. 因此平面①上任一点 M 与 M_0 的连线均与 $\boldsymbol{n}$ 垂直,由平面的点法式方程可知,方程①表示一个平面.

我们称方程①为**平面的一般式方程**. 其中 $\boldsymbol{n}=(A,B,C)$ 为该平面的一个法向量. 现在来讨论①的几种特殊情况,也就是当它的某些系数或常数项为零时,平面对坐标系来说具有某种特殊位置的情况.

(1)$D=0$,上式变为 $Ax+By+Cz=0$,此时$(0,0,0)$为方程组的解,因此平面通过原点;反过来,如果平面通过原点,那么显然有 $D=0$.

(2)A,B,C 中有一个为 0,例如 $A=0$,上式就变为 $By+Cz+D=0$,当 $D\neq0$ 时,x 轴上任意一点都不满足方程,所以 x 轴与平面平行;当 $D=0$ 时,x 轴上每一点都满足方程,这时平面通过 x 轴. 反过来,当平面平行 x 轴时,我们有 $D\neq0,A=0$;平面通过 x 轴时,$D=0,A=0$;对于其他两种情况可以得出类似的结论.

(3)A,B,C 中有两个为 0 时,可得出下面的结论:

当且仅当 $D\neq0,B=C=0(A=C=0$ 或 $A=B=0)$,平面平行于 yOz 坐标面(xOz 面或 xOy 面);当且仅当 $D=0,B=C=0(A=C=0$ 或 $A=B=0)$,平面就是 yOz 坐标面(xOz 面或 xOy 面).

例 3　求过两点 $A(3,0,-2)$,$B(-1,2,4)$且与 x 轴平行的平面方程.

解　要求出平面的方程,关键要找出平面所过的一个点以及平面的一个法向量 $\boldsymbol{n}$. 由已知,所求平面的法向量同时与 $\overrightarrow{AB}$ 和 x 轴垂直,即法向量同时与 $\overrightarrow{AB}=(-4,2,6)$ 和 $\boldsymbol{i}=(1,0,0)$ 垂直. 因此,可取 $\overrightarrow{AB}\times\boldsymbol{i}$ 作为该平面的一个法向量.

$$\boldsymbol{n}=\overrightarrow{AB}\times\boldsymbol{i}=\begin{vmatrix}\boldsymbol{i} & \boldsymbol{j} & \boldsymbol{k}\\ -4 & 2 & 6\\ 1 & 0 & 0\end{vmatrix}=\begin{vmatrix}2 & 6\\ 0 & 0\end{vmatrix}\boldsymbol{i}-\begin{vmatrix}-4 & 6\\ 1 & 0\end{vmatrix}\boldsymbol{j}+\begin{vmatrix}-4 & 2\\ 1 & 0\end{vmatrix}\boldsymbol{k}$$

$$=0\boldsymbol{i}+6\boldsymbol{j}-2\boldsymbol{k}.$$

所以 $\boldsymbol{n}=(0,6,-2)$ 为所求平面的一个法向量.

再由平面的点法式方程得所求平面的方程为

$$0\cdot(x-3)+6(y-0)-2(z+2)=0,$$

整理得

$$3y-z-2=0.$$

3. 两平面间的关系

空间两个平面之间的位置关系有三种,即平行、重合和相交,下面根据两个平面的方程来讨论它们之间的位置关系.

设有两个平面 π_1 与 π_2,它们的方程为

笔记

$$\pi_1: A_1x+B_1y+C_1z+D_1=0(A_1,B_1,C_1\text{ 不同时为零}),$$
$$\pi_2: A_2x+B_2y+C_2z+D_2=0(A_2,B_2,C_2\text{ 不同时为零}),$$

则它们的法向量分别为 $\boldsymbol{n}_1=(A_1,B_1,C_1)$ 和 $\boldsymbol{n}_2=(A_2,B_2,C_2)$.

(1)两平面平行$\Leftrightarrow \boldsymbol{n}_1 /\!/ \boldsymbol{n}_2 \Leftrightarrow \dfrac{A_1}{A_2}=\dfrac{B_1}{B_2}=\dfrac{C_1}{C_2}\neq\dfrac{D_1}{D_2}$.

(2)两平面重合$\Leftrightarrow \dfrac{A_1}{A_2}=\dfrac{B_1}{B_2}=\dfrac{C_1}{C_2}=\dfrac{D_1}{D_2}$.

(3)两平面相交$\Leftrightarrow A_1,B_1,C_1$ 与 A_2,B_2,C_2 不成比例.

当两平面相交时,把它们的夹角 θ 定义为其法向量的夹角 $\langle\boldsymbol{n}_1,\boldsymbol{n}_2\rangle$,如图 7-23 所示,且规定 $0\leqslant\theta\leqslant\dfrac{\pi}{2}$,即

$$\cos\theta=|\cos\langle\boldsymbol{n}_1,\boldsymbol{n}_2\rangle|=\frac{|\boldsymbol{n}_1\cdot\boldsymbol{n}_2|}{|\boldsymbol{n}_1||\boldsymbol{n}_2|}=\frac{|A_1A_2+B_1B_2+C_1C_2|}{\sqrt{A_1^2+B_1^2+C_1^2}\cdot\sqrt{A_2^2+B_2^2+C_2^2}}.$$

特别地,当 $\pi_1\perp\pi_2$ 时,$\boldsymbol{n}_1\perp\boldsymbol{n}_2$,则 $\boldsymbol{n}_1\cdot\boldsymbol{n}_2=0$,即

$$A_1A_2+B_1B_2+C_1C_2=0.$$

反之亦然. 所以

$$\pi_1\perp\pi_2\Leftrightarrow A_1A_2+B_1B_2+C_1C_2=0.$$

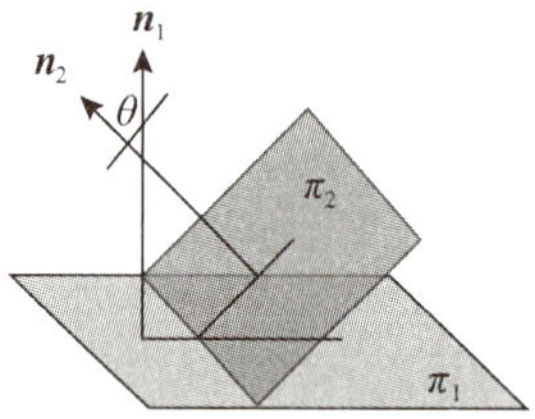

图 7-23

例 4 求两平面 $x-y+2z-5=0$ 和 $2x+y+z+3=0$ 的夹角.

解 由公式有

$$\cos\theta=\frac{|1\times2+(-1)\times1+2\times1|}{\sqrt{1^2+(-1)^2+2^2}\sqrt{2^2+1^2+1^2}}=\frac{1}{2}.$$

因此,所求夹角 $\theta=\dfrac{\pi}{3}$.

例 5 一平面通过两点 $M_1(8,-3,1)$ 和 $M_2(4,7,2)$ 且垂直于平面 $3x+5y-7z+21=0$,求它的方程.

解 设所求平面的一个法向量为 $\boldsymbol{n}=(A,B,C)$. 由已知,平面 $3x+5y-7z+21=0$ 的法向量$\boldsymbol{n}_1=(3,5,-7)$,$\overrightarrow{M_1M_2}=(-4,10,1)$. 根据题意,有 $\boldsymbol{n}\perp\boldsymbol{n}_1$ 且 $\boldsymbol{n}\perp\overrightarrow{M_1M_2}$,于是

$$\boldsymbol{n}=\boldsymbol{n}_1\times\overrightarrow{M_1M_2}=\begin{vmatrix}\boldsymbol{i}&\boldsymbol{j}&\boldsymbol{k}\\3&5&-7\\-4&10&1\end{vmatrix}=75\boldsymbol{i}+25\boldsymbol{j}+50\boldsymbol{k}.$$

由平面的点法式方程可知,所求平面方程为

$$75(x-8)+25(y+3)+50(z-1)=0,$$

整理得

笔记

$$3x+y+2z-23=0.$$

4. 点到平面的距离

在空间直角坐标系中，设点 $M(x_0,y_0,z_0)$，平面 $\pi: Ax+By+Cz+D=0$（A,B,C 不全为零），可以证明点 M 到平面 π 的距离为

$$d=|\mathrm{Prj}_{\boldsymbol{n}}\overrightarrow{P_1P_0}|=\frac{|\overrightarrow{P_1P_0}\cdot\boldsymbol{n}|}{|\boldsymbol{n}|}=\frac{|Ax_0+By_0+Cz_0+D|}{\sqrt{A^2+B^2+C^2}}.$$

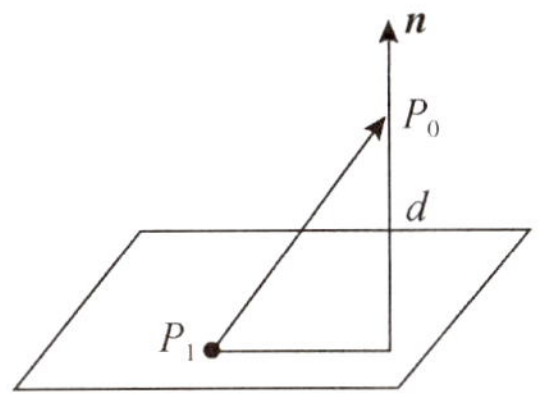

图 7-24

例 6　求点 $P\left(2,0,-\frac{1}{2}\right)$ 到平面 $\pi: 4x-4y+2z+17=0$ 的距离.

解　由点到平面的距离公式得

$$d=\frac{\left|2\times4+0\times(-4)+\left(-\frac{1}{2}\right)\times2+17\right|}{\sqrt{4^2+(-4)^2+2^2}}=\frac{24}{6}=4.$$

例 7　求两个平行平面 $x-y+3z+1=0$ 与 $x-y+3z-5=0$ 间的距离.

解　在一个平面 $x-y+3z+1=0$ 上任取一点，如取点 $P(-1,0,0)$，则 P 点到另一平面的距离即为两平行平面间的距离，所以

$$d=\frac{|-1\times1-5|}{\sqrt{1^2+(-1)^2+3^2}}=\frac{6}{\sqrt{11}}=\frac{6\sqrt{11}}{11}.$$

例 8　求过直线 $\begin{cases}3x-2y+2=0,\\x-2y-z+6=0\end{cases}$ 且与点 $(1,2,1)$ 的距离为 1 的平面方程.

解　设过此直线的平面束方程为

$$(3x-2y+2)+\lambda(x-2y-z+6)=0,$$
$$(3+\lambda)x-(2+2\lambda)y-\lambda z+(2+6\lambda)=0,$$

由点到平面的距离公式

$$d=\frac{|(3+\lambda)\cdot1-(2+2\lambda)\cdot2-\lambda\cdot1+(2+6\lambda)|}{\sqrt{(3+\lambda)^2+(2+2\lambda)^2+\lambda^2}}=1,$$

解得

$$\lambda=-2 \text{ 或 } \lambda=-3,$$

故所求平面的方程为

$$x+2y+2z-10=0 \text{ 或 } 4y+3z-16=0.$$

二、空间中的直线方程

1. 直线的点向式方程

我们知道，一个点和一个方向可以确定一条直线，而方向可以用一个非零向量来表示. 因此，一个点和一个非零向量确定一条直线.

如果一个非零向量 $\boldsymbol{s}$ 与直线平行，则称向量 $\boldsymbol{s}$ 是直线 l 的一个方向向量. 而向量 $\boldsymbol{s}$ 的方向余弦叫作该直线的**方向余弦**.

笔记

显然，若 $\boldsymbol{v}$ 是直线 l 的一个方向向量，则 $\lambda\boldsymbol{v}$（λ 为任意非零实数）都是 l 的方向向量.

在空间直角坐标系中，若 $M(x_0,y_0,z_0)$ 是直线 l 上的一个点，$\boldsymbol{s}=(m,n,p)$ 为 l 的一个方向向量，下面求直线的方程.

设 $M(x,y,z)$ 为直线上的任一点，如图 7-25 所示，则 $\overrightarrow{M_0M}/\!/\boldsymbol{s}$，所以两向量对应坐标成比例. 而 $\overrightarrow{M_0M}$ 的坐标为 $\{x-x_0,y-y_0,z-z_0\}$，因此有

$$\frac{x-x_0}{m}=\frac{y-y_0}{n}=\frac{z-z_0}{p}.$$

称上式为直线 l 的**点向式方程**（或**对称式方程**），其中 (x_0,y_0,z_0) 是直线 l 上一点的坐标，$\boldsymbol{s}=(m,n,p)$ 为直线 l 的一个方向向量.

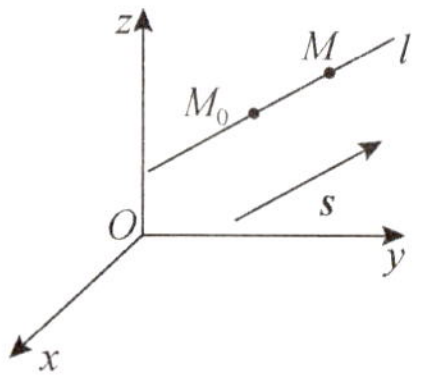

图 7-25

知识加油站

由于直线的方向向量 $\boldsymbol{s}\neq\boldsymbol{0}$，所以 m,n,p 不全为零，但当有一个为零时，如 $m=0$ 时，上式应理解为

$$\begin{cases}x-x_0=0,\\ \dfrac{y-y_0}{n}=\dfrac{z-z_0}{p},\end{cases}$$

该直线与 yOz 平面平行.

当有两个为零时，如 $m=n=0$ 时，上式应理解为

$$\begin{cases}x-x_0=0,\\ y-y_0=0,\end{cases}$$

该直线与 z 轴平行.

由直线的点向式方程很容易导出直线的参数方程. 如设

$$\frac{x-x_0}{m}=\frac{y-y_0}{n}=\frac{z-z_0}{p}=t,$$

那么

$$\begin{cases}x=x_0+mt,\\ y=y_0+nt,\\ z=z_0+pt,\end{cases}$$

方程组就是直线的参数方程.

例 9 设直线 l 过两点 $A(-1,2,3)$ 和 $B(2,0,-1)$，求直线 l 的方程.

解 直线 l 的一个方向向量为 $\overrightarrow{AB}$，则 $AB=\{3,-2,-4\}$，

由直线的点向式方程可得 l 的方程为

$$\frac{x+1}{3}=\frac{y-2}{-2}=\frac{z-3}{-4}.$$

例 10 求过点 $M(1,0,-2)$ 且与两平面 $\pi_1: x+z=5$ 和 $\pi_2: 2x-3y+z=18$ 都平行的直线方程.

笔记

解　所求的直线与 π_1 与 π_2 都平行，即与 π_1，π_2 的法向量 $\boldsymbol{n}_1$，$\boldsymbol{n}_2$ 都垂直，其中

$$\boldsymbol{n}_1=(1,0,1),\boldsymbol{n}_2=(2,-3,1),$$

因此可用 $\boldsymbol{n}_1\times\boldsymbol{n}_2$ 作为直线的一个方向向量 $\boldsymbol{s}$，

$$\boldsymbol{s}=\boldsymbol{n}_1\times\boldsymbol{n}_2=\begin{vmatrix}\boldsymbol{i} & \boldsymbol{j} & \boldsymbol{k}\\ 1 & 0 & 1\\ 2 & -3 & 1\end{vmatrix}=3\boldsymbol{i}+\boldsymbol{j}-3\boldsymbol{k},$$

即

$$\boldsymbol{s}=(3,1,-3).$$

于是所求直线的方程为

$$\frac{x-1}{3}=\frac{y-0}{1}=\frac{z+2}{-3}.$$

2. 直线的一般式方程

空间任意一条直线都可看成是通过该直线的两个平面的交线，同时空间两个相交平面确定一条直线，所以将两个平面方程联立起来就代表空间直线的方程，如图 7-26 所示.

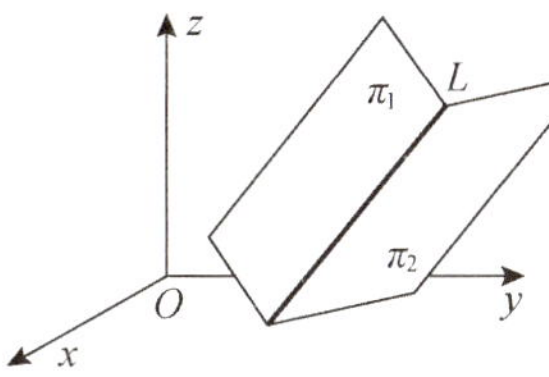

图 7-26

设两个平面的方程为

$$\pi_1: A_1x+B_1y+C_1z+D_1=0,$$
$$\pi_2: A_2x+B_2y+C_2z+D_2=0,$$

则

$$\begin{cases}A_1x+B_1y+C_1z+D_1=0,\\ A_2x+B_2y+C_2z+D_2=0\end{cases}$$

表示一条直线，其中 A_1,B_1,C_1 与 A_2,B_2,C_2 不成比例. 称上式为直线的**一般式方程**.

例 11　将直线的一般式方程

$$\begin{cases}2x-y+3z-1=0,\\ 3x+2y-z-12=0\end{cases}$$

化为点向式方程和参数方程.

解　先求直线上一点 M_0，不妨设 $z=0$，代入方程中得

$$\begin{cases}2x-y-1=0,\\ 3x+2y-12=0,\end{cases}$$

解之得

$$x=2,y=3,$$

所以 $M_0(2,3,0)$ 为直线上的一点.

再求直线的一个方向向量 $\boldsymbol{s}$. 由于直线与两个平面的法向量 $\boldsymbol{n}_1$，$\boldsymbol{n}_2$ 都垂直，其中 $\boldsymbol{n}_1=(2,-1,3)$，$\boldsymbol{n}_2=(3,2,-1)$，因此可用 $\boldsymbol{n}_1\times\boldsymbol{n}_2$ 作为直线的一个方向向量 $\boldsymbol{s}$.

笔记

$$s=n_1\times n_2=\begin{vmatrix} i & j & k \\ 2 & -1 & 3 \\ 3 & 2 & -1 \end{vmatrix}=-5i+11j+7k,$$

即

$$s=(-5,11,7).$$

于是,该直线的点向式方程为

$$\frac{x-2}{-5}=\frac{y-3}{11}=\frac{z}{7}.$$

令$\frac{x-2}{-5}=\frac{y-3}{11}=\frac{z}{7}=t$,得所给直线的参数方程为

$$\begin{cases} x=2-5t, \\ y=3+11t, \\ z=7t. \end{cases}$$

3. 两直线间的关系

空间中两条直线的位置关系可以用两条直线的方程构成的方程组的解来确定,设两条直线 l_1 与 l_2 的方程为

$$l_1:\frac{x-x_1}{m_1}=\frac{y-y_1}{n_1}=\frac{z-z_1}{p_1},\quad l_2=\frac{x-x_2}{m_2}=\frac{y-y_2}{n_2}=\frac{z-z_2}{p_2},$$

由它们的方程构成的方程组为

$$\begin{cases} \frac{x-x_1}{m_1}=\frac{y-y_1}{n_1}=\frac{z-z_1}{p_1}, \\ \frac{x-x_2}{m_2}=\frac{y-y_2}{n_2}=\frac{z-z_2}{p_2}. \end{cases}$$

(1)若方程组有无穷组解,则 l_1 与 l_2 重合.

(2)若方程组只有一组解,则 l_1 与 l_2 相交,且方程组的解即为 l_1 与 l_2 的交点坐标.

(3)若方程组无解,且 $s_1 /\!/ s_2$,即 $s_1\times s_2=\mathbf{0}$,则 l_1 与 l_2 平行.

(4)若方程组无解,且 $s_1\times s_2\neq\mathbf{0}$,则 l_1 与 l_2 为异面直线.

两相交直线 l_1 与 l_2 所形成的 4 个角中,把不大于$\frac{\pi}{2}$的那对对顶角 θ 叫作**两条直线的夹角**.若 l_1 与 l_2 的方向向量分别为 s_1,s_2,显然有

$$\cos\theta=|\cos<s_1,s_2>|=\frac{|s_1\cdot s_2|}{|s_1||s_2|}$$
$$=\frac{|m_1m_2+n_1n_2+p_1p_2|}{\sqrt{m_1^2+n_1^2+p_1^2}\sqrt{m_2^2+n_2^2+p_2^2}}.$$

知识加油站

(1)若 $l_1 /\!/ l_2$,相当于$\frac{m_1}{m_2}=\frac{n_1}{n_2}=\frac{p_1}{p_2}$,规定 l_1 与 l_2 的夹角为 0.

(2)对于异面直线,可把这两条直线平移至相交状态,此时,它们的夹角称为异面直线的夹角.

(3)若 $l_1\perp l_2\Leftrightarrow s_1\cdot s_2=0\Leftrightarrow m_1m_2+n_1n_2+p_1p_2=0$.

例 12 判断直线 $l_1:\frac{x-2}{5}=\frac{y+1}{1}=\frac{z-1}{-3}$与 $l_2:\begin{cases} x=2, \\ y=1 \end{cases}$的位置关系.

笔记

解 由 l_1, l_2 的方程联立得到的方程组无解，因此直线 l_1 与 l_2 不相交.

而 l_1 的一个方向向量为 $\boldsymbol{s}_1=\{5,1,-3\}$，$l_2$ 的一个方向向量为 $\boldsymbol{s}_2=\{0,0,1\}$，则 $\boldsymbol{s}_1$ 与 $\boldsymbol{s}_2$ 不平行. 因此 l_1 与 l_2 为异面直线.

例 13 求直线 $L_1:\dfrac{x-1}{1}=\dfrac{y}{-4}=\dfrac{z+3}{1}$ 和 $L_2:\begin{cases}x+y+2=0\\x+2z=0\end{cases}$ 的夹角.

解 直线 L_1 的方向向量为 $\boldsymbol{s}_1=(1,-4,1)$，

直线 L_2 的方向向量为 $\boldsymbol{s}_2=\begin{vmatrix}\boldsymbol{i}&\boldsymbol{j}&\boldsymbol{k}\\1&1&0\\1&0&2\end{vmatrix}=(2,-2,-1)$，

两直线的夹角余弦为

$$\cos\varphi=\frac{|1\times2+(-4)\times(-2)+1\times(-1)|}{\sqrt{1^2+(-4)^2+1^2}\cdot\sqrt{2^2+(-2)^2+(-1)^2}}=\frac{1}{\sqrt{2}},$$

即

$$\varphi=\frac{\pi}{4}.$$

例 14 求与平面 $x-4z=3$ 和 $2x-y-5z=1$ 的交线平行且过点 $(-3,2,5)$ 的直线方程.

解 直线方程的方向向量可取为

$$\boldsymbol{s}=\boldsymbol{n}_1\times\boldsymbol{n}_2=\begin{vmatrix}\boldsymbol{i}&\boldsymbol{j}&\boldsymbol{k}\\1&0&-4\\2&-1&-5\end{vmatrix}=-(4\boldsymbol{i}+3\boldsymbol{j}+\boldsymbol{k}),$$

则所求直线方程为

$$\frac{x+3}{4}=\frac{y-2}{3}=\frac{z-5}{1}.$$

例 15 求过点 $(2,1,3)$ 且与直线 $\dfrac{x+1}{3}=\dfrac{y-1}{2}=\dfrac{z}{-1}$ 垂直相交的直线方程.

解 （方法一）过点 $(2,1,3)$ 作平面垂直于已知直线，则此平面方程为

$$3(x-2)+2(y-1)-(z-3)=0.$$

求已知直线与该平面的交点，将直线的参数方程

$$x=-1+3t,\ y=1+2t,\ z=-t,$$

代入平面方程得 $t=\dfrac{3}{7}$，从而得交点 $\left(\dfrac{2}{7},\dfrac{13}{7},-\dfrac{3}{7}\right)$ 于是所求直线的方向向量为

$$\boldsymbol{s}=\left(\frac{2}{7}-2,\frac{13}{7}-1,-\frac{3}{7}-3\right)=-\frac{6}{7}(2,-1,4).$$

故所求直线的方程为

$$\frac{x-2}{2}=\frac{y-1}{-1}=\frac{z-3}{4}.$$

（方法二）设所求直线的参数方程为 $x=mt+2, y=nt+1, z=pt+3$，由于所求直线与已知直线垂直，从而有

$$3m+2n-p=0.$$

又由于所求直线与已知直线相交，故由两直线的参数方程得

$$x=3t-1=mt+2,\ y=2t+1=nt+1,\ z=-t=pt+3,$$
$$(m-3)t=-3,\ (n-2)t=0,\ (p+1)t=-3.$$

笔记

显然 $t\neq 0$，从而解得：$m=-4,n=2,p=-8,t=\frac{3}{7}$.

故所求直线的参数方程为 $\begin{cases}x=-4t+2,\\ y=2t+1,\\ z=-8t+3,\end{cases}$

或者所求直线的方程为

$$\frac{x-2}{2}=\frac{y-1}{-1}=\frac{z-3}{4}.$$

4. 直线与平面的位置关系

在空间中，直线与平面的位置关系有三种：直线在平面内，直线与平面平行，直线与平面相交. 它们的位置关系可以根据联立直线与平面的方程构成的方程组解的情况来判定.

设直线 l_1：$\frac{x-x_0}{m}=\frac{y-y_0}{n}=\frac{z-z_0}{p}$，平面 π：$Ax+By+Cz+D=0$，将其联立起来的方程组为

$$\begin{cases}\frac{x-x_0}{m}=\frac{y-y_0}{n}=\frac{z-z_0}{p},\\ Ax+By+Cz+D=0.\end{cases}$$

(1)若方程组有无穷组解，则 l 在 π 内，即 $Am+Bn+Cp=0$.

(2)若方程组无解，则 $l\parallel\pi$.

(3)若方程组只有一组解，则 l 与 π 相交，方程组的解即为 l 与 π 的交点坐标.

知识加油站

还可以根据直线的方向向量 $\boldsymbol{s}$ 与平面的法向量 $\boldsymbol{n}$ 的关系来判定直线与平面的位置关系.

若 $\boldsymbol{s}\cdot\boldsymbol{n}=0$，即 $\boldsymbol{s}\perp\boldsymbol{n}$ 时，l 在 π 内或 $l\parallel\pi$；

若 $\boldsymbol{s}\cdot\boldsymbol{n}\neq 0$，即 $\boldsymbol{s}$ 与 $\boldsymbol{n}$ 不垂直时，l 与 π 相交.

例 16 判断下列直线 l 与平面 π 的位置关系，若相交，求出交点坐标.

(1)π：$2x+y-z=0$，l：$\frac{x-1}{1}=\frac{y+1}{1}=\frac{z}{3}$；

(2)π：$x-y+2z=0$，l：$\begin{cases}x+y+z=1,\\ 2x+3z=1;\end{cases}$

(3)π：$x+2y-5z-11=0$，l：$\frac{x-5}{2}=\frac{y+3}{-2}=\frac{z-1}{3}$.

解 (1)设 $\frac{x-1}{1}=\frac{y+1}{1}=\frac{z}{3}=t$，则

$$\begin{cases}x=t+1,\\ y=t-1,\\ z=3t.\end{cases}$$

代入 $2x+y-z=0$，得

$$2(t+1)+(t-1)-3t=0,$$

即

笔记

$$1=0(无解).$$

因此 $l /\!/ \pi$.

(2)显然方程组 $\begin{cases}x-y+2z=0,\\x+y+z=1,\\2x+3z=1\end{cases}$ 有无穷组解，因此 l 在 π 内.

(3)解方程组 $\begin{cases}x+2y-5z-11=0,\\\dfrac{x-5}{2}=\dfrac{y+3}{-2}=\dfrac{z-1}{3},\end{cases}$ 得

$$x=3,y=-1,z=-2.$$

因此，l 与 π 相交，且交点坐标为 $(3,-1,-2)$.

直线与它在平面上的投影之间的夹角 $\theta\left(0\leqslant\theta\leqslant\dfrac{\pi}{2}\right)$，称为**直线与平面的夹角**.

若直线 $l:\dfrac{x-x_0}{m}=\dfrac{y-y_0}{n}=\dfrac{z-z_0}{p}$，平面 $\pi:Ax+By+Cz+D=0$，则直线 l 的方向向量为 $\boldsymbol{s}=(m,n,p)$，平面 π 的法向量为 $\boldsymbol{n}=(A,B,C)$.

设直线 l 与平面 π 的法线之间的夹角为 φ，则 $\theta=\dfrac{\pi}{2}-\varphi$(图 7-27). 所以

$$\sin\theta=|\cos\varphi|=\frac{|\boldsymbol{s}\cdot\boldsymbol{n}|}{|\boldsymbol{s}|\cdot|\boldsymbol{n}|}=\frac{|Am+Bn+Cp|}{\sqrt{m^2+n^2+p^2}\cdot\sqrt{A^2+B^2+C^2}}.$$

特别地，

$$l\perp\pi\Leftrightarrow\boldsymbol{s}/\!/\boldsymbol{n}\Leftrightarrow\boldsymbol{s}\times\boldsymbol{n}=\boldsymbol{0}\Leftrightarrow\frac{m}{A}=\frac{n}{B}=\frac{p}{C}.$$

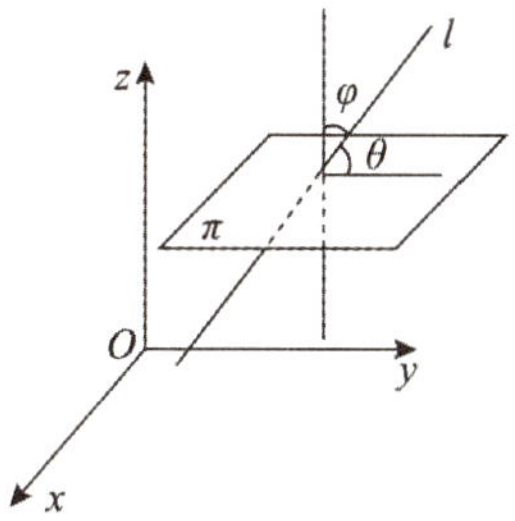

图 7-27

5. 平面束

定义　通过定直线的所有平面方程的全体称为**平面束**.

定理　设直线 L 为 $\begin{cases}A_1x+B_1y+C_1z+D_1=0,\\A_2x+B_2y+C_2z+D_2=0,\end{cases}$ 其中系数 A_1,B_1,C_1 和 A_2,B_2,C_2 不成比例，则过 L 的平面束方程为

$$\lambda_1(A_1x+B_1y+C_1z+D_1)+\lambda_2(A_2x+B_2y+C_2z+D_2)=0,\qquad(7\text{-}2\text{-}12)$$

其中 l,m 是不全为零的任意实数.

例 17　求直线 $\begin{cases}x-y-z-1=0,\\x-y+z+1=0\end{cases}$ 在平面 $x+y+z=0$ 上的投影直线方程.

解　设经过直线 $\begin{cases}x+y-z-1=0,\\x-y+z+1=0\end{cases}$ 的平面束方程为

$$\lambda_1(x+y-z-1)+\lambda_2(x-y+z+1)=0,$$

笔记

即

$$(\lambda_1+\lambda_2)x+(\lambda_1-\lambda_2)y+(-\lambda_1+\lambda_2)z+(-\lambda_1+\lambda_2)=0,$$

由于此平面与已知平面垂直,所以

$$(\lambda_1+\lambda_2)+(\lambda_1-\lambda_2)+(-\lambda_1+\lambda_2)=0,$$

即有 $\lambda_1=-\lambda_2$,代入平面束方程得投影平面的方程为

$$y-z-1=0.$$

从而得投影直线的方程:$\begin{cases} y-z-1=0, \\ x+y+z=0. \end{cases}$

习题 7.4

1. 求下列各平面的方程.

(1)平行于 y 轴且通过点$(1,-5,1)$和$(3,2,-2)$;

(2)平行于 xOz 平面且通过点$(5,2,-8)$;

(3)垂直于平面 $x-4y+5z=1$ 且通过点$(-2,7,3)$及$(0,0,0)$;

(4)垂直于 yOz 平面且通过点$(5,-4,3)$及$(-2,1,8)$.

2. 求通过点 $A(2,-1,4)$,$B(-1,3,-2)$及 $C(0,2,3)$的平面方程.

3. 已知两点 $A(2,-1,-2)$及 $B(8,7,5)$,求过 B 且与线段 AB 垂直的平面.

4. 求过点 $A(3,-2,9)$,$B(-6,0,-4)$且与平面 $2x-y+4z-8=0$ 垂直的平面方程.

5. 求过点$(1,1,1)$且与 $x-y+z-7=0$,$3x+2y-12z+5=0$ 垂直的平面方程.

6. 求过点$(3,2,4)$且与平面 $2x+y-5z+7=0$ 平行的平面方程.

7. 求通过直线 l_1:$\begin{cases} x+2z-4=0, \\ 3y-z+8=0 \end{cases}$ 且与直线 l_2:$\begin{cases} x-y-4=0, \\ y-z-6=0 \end{cases}$ 平行的平面方程.

8. 求过两点 $M_1(3,-2,1)$和 $M_2(-1,0,2)$的直线方程.

9. 求直线 l_1:$\dfrac{x+3}{3}=\dfrac{y+1}{2}=\dfrac{z-2}{4}$与直线 l_2:$\begin{cases} x=3t+8, \\ y=t+1, \\ z=2t+6 \end{cases}$ 的交点坐标,并求通过两直线的平面方程.

10. 求过点$(1,2,1)$且与两直线$\begin{cases} x+2y-z+1=0, \\ x-y+z-1=0 \end{cases}$和$\begin{cases} 2x-y+z=0, \\ x-y+z=0 \end{cases}$平行的平面方程.

11. 将下列直线方程化为对称式方程及参数方程.

(1)$\begin{cases} 2x+y-z+1=0, \\ 3x-y+2z-8=0; \end{cases}$　　(2)$\begin{cases} x-3z+5=0, \\ y-2z+8=0. \end{cases}$

12. 求通过点$(3,2,-5)$及 x 轴的平面与平面 $3x-y-7z+9=0$ 的交线方程.

13. 求直线$\begin{cases} x+y+3z=0, \\ x-y-z=0 \end{cases}$与平面 $x-y-z+1=0$ 的夹角.

14. 求通过直线 l_1:$\begin{cases} x-2z-4=0, \\ 3y-z+8=0 \end{cases}$ 并与直线 l_2:$\begin{cases} x-y-4=0, \\ z-y+6=0 \end{cases}$ 平行的平面方程.

笔记

15. 求点(1,2,3)到直线$\frac{x}{1}=\frac{y-4}{-3}=\frac{z-3}{-2}$的距离.

第五节　空间曲面及其方程

一、空间曲面

空间曲面方程的意义与平面解析几何中曲线与方程的意义相仿,那就是在建立了空间直角坐标系之后,任何曲面都看成点的几何轨迹,由此可以定义空间曲面的方程.

定义 1　如果曲面 Σ 与方程

$$F(x,y,z)=0,$$

满足

(1)曲面 Σ 上每一点的坐标都满足方程 $F(x,y,z)=0$;

(2)以满足方程 $F(x,y,z)=0$ 的解为坐标的点都在曲面 Σ 上.

则称方程 $F(x,y,z)=0$ 为曲面 Σ 的方程,而称曲面 Σ 为此方程的图形(图 7-28).

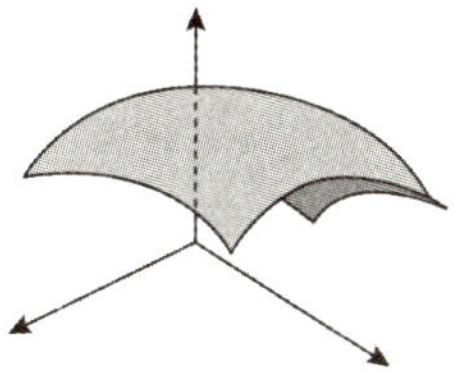

图 7-28

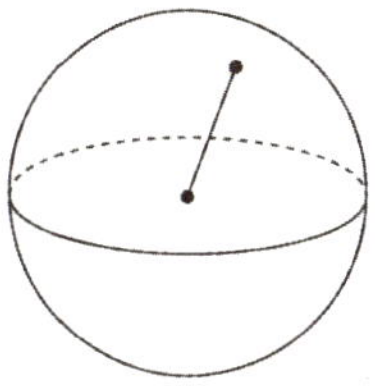

图 7-29

下面我们在直角坐标系下,举例说明怎样从曲面上的点的特征性质来导出曲面的方程.

例 1　求连接两点 $A(1,2,3)$ 和 $B(2,-1,4)$ 的线段的垂直平分面的方程.

解　垂直平分面可以看成到两定点 A 和 B 为等距离的动点 $M(x,y,z)$ 的轨迹. 设 $M(x,y,z)$ 为所求平面上的任意一点,根据点 M 的特性得

$$|AM|=|BM|,$$

而

$$|MA|=\sqrt{(x-1)^2+(y-2)^2+(z-3)^2},$$

$$|MB|=\sqrt{(x-2)^2+(y+1)^2+(z-4)^2}.$$

所以

$$\sqrt{(x-1)^2+(y-2)^2+(z-3)^2}=\sqrt{(x-2)^2+(y+1)^2+(z-4)^2},$$

化简得

$$2x-6y+2z-7=0.$$

这就是所求的垂直平分面的方程.

例 2　设球面的中心是点 $C(x_0,y_0,z_0)$,半径为 R 的球面方程(图 7-29).

解　定点为 $C(x_0,y_0,z_0)$,定长为 R,设 $M(x,y,z)$ 是球面上任意一点,则

$$|MC|=R,$$

即

$$\sqrt{(x-x_0)^2+(y-y_0)^2+(z-z_0)^2}=R,$$

两边平方，得

$$(x-x_0)^2+(y-y_0)^2+(z-z_0)^2=R^2. \tag{7-3-1}$$

反之，若 $M(x,y,z)$ 的坐标满足方程(7-3-1)，则总有 $|MC|=R$，所以方程(7-3-1)为是以 $C(x_0,y_0,z_0)$ 为球心，以 R 半径的球面方程.

特别地，以坐标原点为球心，以 R 半径的球面方程为

$$x^2+y^2+z^2=R^2.$$

将(7-3-1)式展开得

$$x^2+y^2+z^2-2x_0x-2y_0y-2z_0z+x_0^2+y_0^2+z_0^2-R^2=0.$$

所以，球面方程具有下列两个特点：

(1) 它是 x,y,z 之间的二次方程，且方程中缺 xy,yz,zx 项；

(2) x^2,y^2,z^2 的系数相同且不为零.

例 3 方程 $x^2+y^2+z^2-4x+y=0$ 表示怎样的曲面？

解 通过配方原方程可以改写为

$$(x-2)^2+\left(y+\frac{1}{2}\right)^2+z^2=\frac{17}{4},$$

所以原方程表示球心在 $\left(2,-\frac{1}{2},0\right)$、半径为 $\frac{\sqrt{17}}{2}$ 的球面.

上面几个例子表明在空间解析几何中关于曲面的研究，有下列两个问题：

(1) 已知曲面作为点的轨迹时，求曲面方程.

(2) 已知坐标间的关系式，研究这个关系式所表示的曲面形状.

下面我们继续介绍柱面、旋转曲面与常见的二次曲面. 在这些曲面中，有的具有较为突出的几何特征，有的在方程上表现出特殊的简单形式. 对于前者，我们从图形出发，去讨论曲面的方程；而对于后者，我们将从它的方程去研究它的图形.

二、柱面

用直线 L 沿空间一条曲线 Γ 平行移动所形成的曲面称为**柱面**. 动直线 L 称为柱面的**母线**，定曲线 Γ 称为柱面的准线，如图 7-30 所示.

常见的柱面有：圆柱面：$x^2+y^2=R^2$(图 7-31)，椭圆柱面：$\frac{x^2}{a^2}+\frac{y^2}{b^2}=1$(图 7-32)，双曲柱面：$\frac{y^2}{b^2}-\frac{x^2}{a^2}=1$(图 7-33)，抛物柱面：$x^2=2y$(图 7-34).

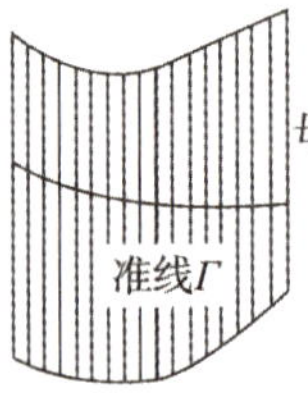

图 7-30

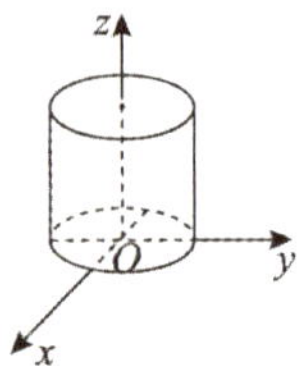

图 7-31

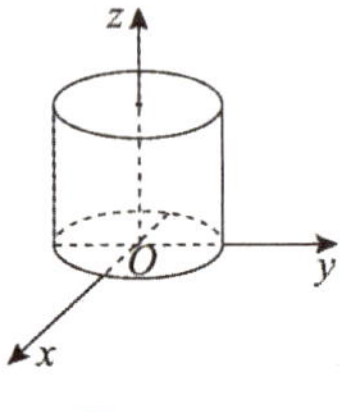

图 7-32

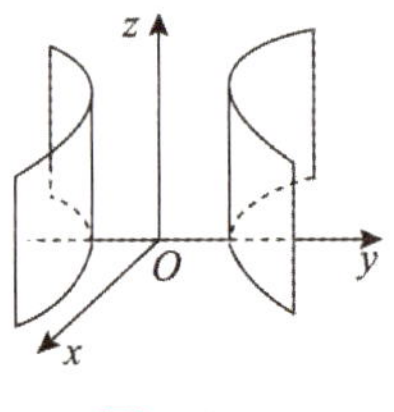

图 7-33

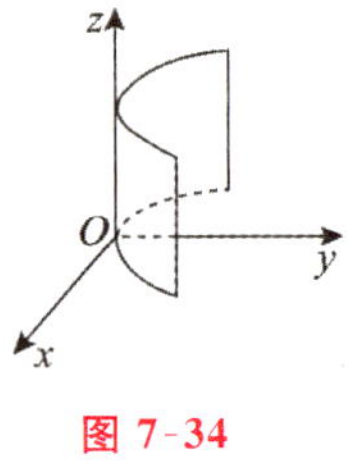

图 7-34

笔记

知识加油站

若曲面方程为 $F(x,y)=0$，则它一定是母线平行于 z 轴，准线为 xOy 平面的一条曲线 Γ[Γ 在平面直角坐标系中的方程为 $F(x,y)=0$] 的柱面. 类似地，只含 x,z 而缺 y 的方程和只含 y,z 而缺 x 的方程分别表示母线平行于 y 轴和 x 轴的柱面.

如，圆柱面 $x^2+y^2=R^2$，它就是以 xOy 平面上的圆作为准线，以平行于 z 轴的直线作为母线形成的柱面.

再如，平面 $x-z=0$ 表示母线平行于 y 轴，准线为 xOz 平面上的直线 $x-z=0$，如图 7-35 所示. 平面为特殊的柱面.

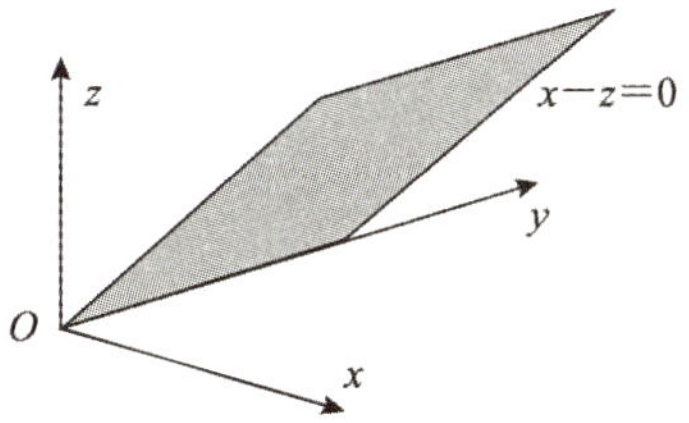

图 7-35

三、旋转曲面

一条平面曲线 Γ 绕同一平面内的一条定直线 L 旋转所形成的曲面称为**旋转曲面**，曲线称为旋转曲面的**母线**，定直线 L 称为旋转曲面的**旋转轴**，简称**轴**.
前面讲过的球面、圆柱面等都是旋转曲面.

例 4　设母线 Γ 在 yOz 平面上，它的平面直角坐标方程为 $F(y,z)=0$，证明：Γ 绕 z 轴旋转所成的旋转曲面 Σ 的方程为

$$F(\pm\sqrt{x^2+y^2},z)=0.$$

证明　设 $M(x,y,z)$ 为旋转曲面上的任意一点，并假定 M 点是由曲线 Γ 上的点 $M_0(0,y_0,z_0)$ 绕 z 轴旋转到一定角度而得到的. 因而 $z=z_0$，且点 M 到 z 轴的距离与 M_0 到 z 轴的距离相等，而 M 到 z 轴的距离为 $\sqrt{x^2+y^2}$，M_0 到 z 轴的距离为 $\sqrt{y_0{}^2}=|y_0|$，如图 7-36 所示，即

$$y=\pm\sqrt{x^2+y^2}.$$

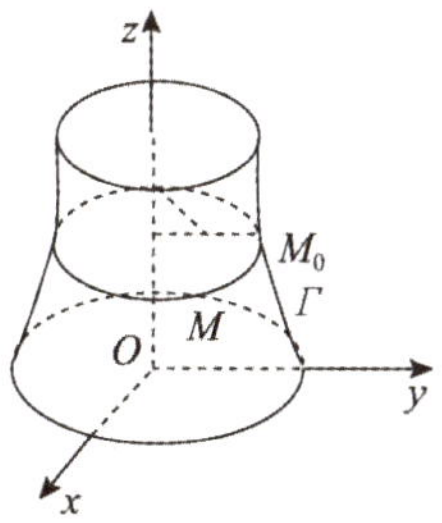

图 7-36

又因为 M_0 在 Γ 上，因而 $F(y_0,z_0)=0$，将上式代入得

$$F(\pm\sqrt{x^2+y^2},z)=0,$$

即旋转曲面上任意一点 $M(x,y,z)$ 的坐标满足方程

笔记

$$F(\pm\sqrt{x^2+y^2},z)=0.$$

知识加油站

此例说明，若旋转曲面的母线 Γ 在 yOz 平面上，它在平面直角坐标系中的方程为 $F(y,z)=0$，则要写出曲线 Γ 绕 z 轴旋转的旋转曲面的方程，只需将方程 $F(y,z)=0$ 中的 y 换成 $\pm\sqrt{x^2+y^2}$ 即可.

同理，曲线 Γ 绕 y 轴旋转的旋转曲面的方程为 $F(y,\pm\sqrt{x^2+z^2})=0$，即 $F(y,z)=0$ 中的 z 换成 $\pm\sqrt{x^2+z^2}$.

反之，一个方程是否表示旋转曲面，只需看方程中是否含有两个变量的平方和，如在 yOz 平面内的椭圆 $\frac{y^2}{b^2}+\frac{z^2}{c^2}=1$ 绕 z 轴旋转所得到的旋转曲面的方程为

$$\frac{x^2+y^2}{b^2}+\frac{z^2}{c^2}=1,$$

该曲面称为**旋转椭球面**.

例 5 将 xOz 坐标面上的双曲线 $\frac{x^2}{a^2}-\frac{z^2}{c^2}=1$ 分别绕 x 轴和 z 轴旋转一周，求所生成的旋转曲面的方程.

解 绕 x 轴旋转生成的旋转双叶双曲面：$\frac{x^2}{a^2}-\frac{y^2+z^2}{c^2}=1$（图 7-37）.

绕 z 轴旋转生成旋转单叶双曲面：$\frac{x^2+y^2}{a^2}-\frac{z^2}{c^2}=1$（图 7-38）.

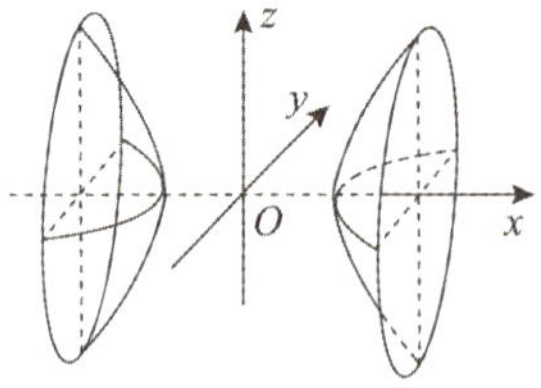

图 7-37

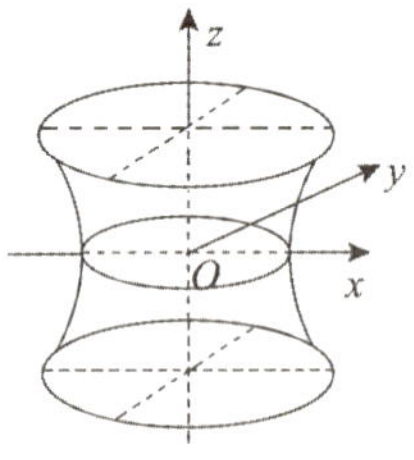

图 7-38

习题 7.5

1. 建立以点 $M(1,-3,-2)$ 为球心，且过原点的球面方程.

2. 方程 $x^2+y^2+z^2-2x-2y+4z-12=0$ 表示什么曲面？

3. 一动点与点 $M(1,0,0)$ 的距离为与平面 $x=4$ 的距离的一半，试求其所生成的轨迹，并确定它为何种二次曲面.

4. 将 xOy 面上的抛物线 $y^2=4x$ 绕 x 轴旋转，求出旋转后所得的曲面方程.

5. 说明下列二次曲面的名称，若它们是旋转曲面，说明是怎样生成的.

(1) $\frac{x^2}{4}+\frac{y^2}{9}+\frac{z^2}{16}=1$；　　(2) $x^2-\frac{y^2}{4}+z^2=1$；

(3) $x^2-y^2-z^2=1$；　　(4) $z^2=x^2+y^2$；

(5) $z=x^2+y^2$；　　(6) $z=6-x^2-y^2$.

笔记

第六节　空间曲线及其方程

一、空间曲线的一般方程

空间曲线可看作两曲面的交线，设

$$F(x,y,z)=0 \text{ 和 } G(x,y,z)=0$$

是两曲面的方程，它们的交线为 C（图 7-39），曲线上的任意一点的坐标 x,y,z 应同时满足这两个曲面方程，因此，应满足方程组

$$\begin{cases} F(x,y,z)=0, \\ G(x,y,z)=0. \end{cases}$$

反过来，如果点 M 不在曲线 C 上，那么它不可能同时两曲面上．所以，它的坐标不满足方程组．由上述两点可知，曲线 C 可由方程组表示．该方程组叫作**空间曲线的一般方程**．

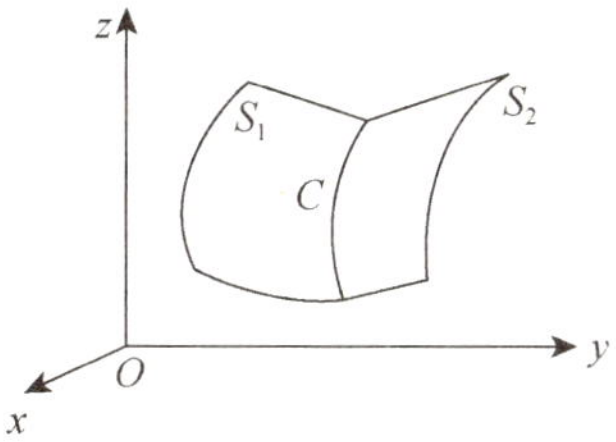

图 7-39

例 1　方程组 $\begin{cases} x^2+y^2=1, \\ 2x+3z=6 \end{cases}$ 表示怎样的曲线？

解　$x^2+y^2=1$ 表示圆柱面，$2x+3z=6$ 表示平面，所以方程组就表示圆柱面与平面的交线，即椭圆（图 7-40）．

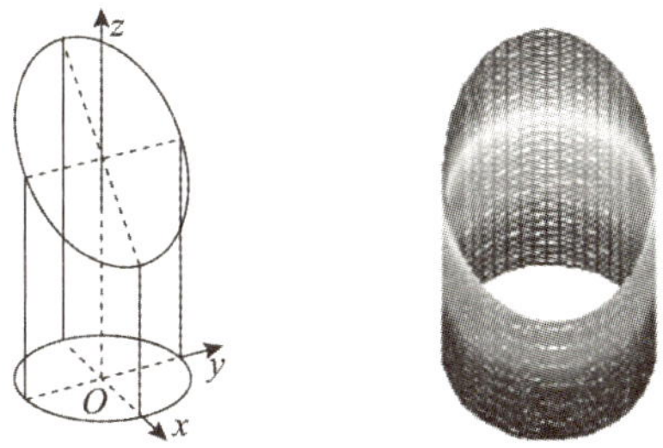

图 7-40

例 2　讨论方程组 $\begin{cases} z=\sqrt{a^2-x^2-y^2}, \\ \left(x-\dfrac{a}{2}\right)+y^2=\left(\dfrac{a}{2}\right)^2, \end{cases}$ $a>0$ 表示的曲线．

解　该方程组表示上半球面与圆柱面的交线 C，如图 7-41 所示．

笔记

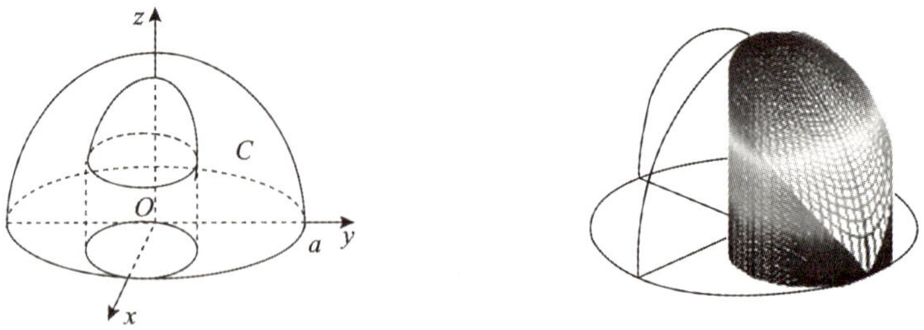

图 7-41

二、空间曲线的参数方程

对于空间曲线 C，若 C 上的动点的坐标 x,y,z 可表示成为参数 t 的函数

$$\begin{cases}x=x(t),\\y=y(t),\\z=z(t),\end{cases}$$

随着 t 的变动可得到曲线 C 上的全部点，该方程组叫作空间曲线参数方程.

例 3 将空间曲线 $C:\begin{cases}x^2+y^2+z^2=\dfrac{9}{2},\\x+z=1\end{cases}$ 表示成参数方程.

解 由方程组消去 z 得

$$x^2+y^2+(1-x)^2=\frac{9}{2},$$

化简整理得

$$\frac{\left(x-\frac{1}{2}\right)^2}{2}+\frac{y^2}{4}=1.$$

由于 C 在此椭圆柱面上，故 C 的方程可用如下形式来表示

$$\begin{cases}\dfrac{\left(x-\frac{1}{2}\right)^2}{2}+\dfrac{y^2}{4}=1,\\x+z=1.\end{cases}$$

(1) 如果我们以 x 作为参数，即令 $x=t$，则

$$y=\pm 2\sqrt{1-\frac{1}{2}\left(t-\frac{1}{2}\right)^2},z=1+t.$$

从而得到曲线的参数方程

$$\begin{cases}x=t,\\y=\pm 2\sqrt{1-\dfrac{1}{2}\left(t-\dfrac{1}{2}\right)^2}\left(\dfrac{1}{2}-\sqrt{2}\leqslant t\leqslant\dfrac{1}{2}+\sqrt{2}\right),\\z=1-t.\end{cases}$$

(2) 如果令 $\dfrac{x-\frac{1}{2}}{\sqrt{2}}=\cos\theta$，由椭球柱面方程得 $\dfrac{y}{2}=\sin\theta$，而

$$z=1-x=1-\left(\frac{1}{2}+\sqrt{2}\cos\theta\right)=\frac{1}{2}-\sqrt{2}\cos\theta,$$

笔记

则曲线又可表示成为

$$\begin{cases} x=\dfrac{1}{2}+2\cos\theta, \\ y=2\sin\theta(0\leqslant\theta\leqslant 2\pi), \\ z=\dfrac{1}{2}-\sqrt{2}\cos\theta. \end{cases}$$

三、空间曲线在坐标面上的投影

设空间曲线 C 的一般方程为

$$\begin{cases} F(x,y,z)=0, \\ G(x,y,z)=0. \end{cases} \qquad ①$$

下面,我们来研究由方程组(7-4-3)消去变量 z 之后所得到的方程

$$H(x,y)=0. \qquad ②$$

因②是由①消去 z 后所得,则当坐标 x,y,z 适合方程组①时,前两个坐标 x,y 必定适合方程②,即曲线 C 上的所有点都在由②表示的曲面上.

而方程②表示一个母线平行于 z 轴的柱面,因此,此柱面必定包含曲线 C. 以曲线 C 为准线,母线平行于 z 轴的柱面叫作关于 xOy 面的**投影柱面**.

投影柱面与 xOy 面的交线叫作空间曲线 C 在 xOy 面上的**投影曲线**,该曲线的方程可写成

$$\begin{cases} H(x,y)=0, \\ z=0. \end{cases}$$

同理,消去方程组①中的变量 x 或 y,再分别与 $x=0$ 或 $y=0$ 联立,我们便得到了空间曲线 C 在 yOz 或 xOz 面上的投影曲线方程.

$$\begin{cases} R(y,z)=0, \\ x=0 \end{cases} \text{或} \begin{cases} T(x,z)=0, \\ y=0. \end{cases}$$

例 4　已知

$$\begin{cases} 2x^2+z^2+4y=4z, \\ x^2+3z^2-8y=12z, \end{cases}$$

求它们的交线在 xOy 面上的投影曲线方程.

解　先求包含曲线 C 且母线平行于 z 轴的柱面,从方程组

$$\begin{cases} 2x^2+z^2+4y=4z, \\ x^2+3z^2-8y=12z \end{cases}$$

中消去 z,有

$$x^2+4y=0,$$

这便是所要求的柱面方程,即一个准线为 xOy 坐标面上的抛物线 $x^2=-4y$,母线平行于 z 轴的抛物柱面.

于是,曲线 C 在 xOy 面上的投影曲线方程为

$$\begin{cases} x^2+4y=0, \\ z=0. \end{cases}$$

笔记

习题 7.6

1. 画出空间曲线 $\begin{cases} z=\sqrt{4-x^2-y^2}, \\ x-y=0 \end{cases}$ 在第 I 卦限内的草图.

2. 求球面 $x^2+y^2+z^2=9$ 与平面 $x+z=1$ 的交线在 xOy 坐标面上的投影方程.

3. 求母线平行 x 轴，且通过曲线 $\begin{cases} 2x^2+y^2+z^2=16, \\ x^2-y^2+z^2=0 \end{cases}$ 的柱面方程.

4. 求螺旋线 $\begin{cases} x=a\cos\theta, \\ y=a\sin\theta, \\ z=b\theta \end{cases}$ 在三个坐标面内的投影曲线的直角坐标方程.

5. 将下列空间曲线方程化为参数方程.

(1) $\begin{cases} x^2+y^2+z^2=9, \\ y=x; \end{cases}$

(2) $\begin{cases} (x-1)^2+y^2+(z+1)^2=9, \\ z=0. \end{cases}$

本章小结

一、主要内容

1. 空间点集

(1) 空间直角坐标系的概念.

(2) 有序数组 (x,y,z) 与空间中点的一一对应.

(3) 两点 $M_1(x_1,y_1,z_1)$、$M_2(x_2,y_2,z_2)$ 间的距离公式：

$$|M_1M_2|=\sqrt{(x_2-x_1)^2+(y_2-y_1)^2+(z_2-z_1)^2}.$$

2. 向量及其运算

(1) 向量及向量的模的概念.

(2) 向量线性运算的平行四边形法则或三角形法则.

(3) 与非零向量同方向的单位向量 $\boldsymbol{a}^0=\frac{1}{|\boldsymbol{a}|}\boldsymbol{a}$.

(4) 向量、向量的模、方向余弦和向量线性运算的坐标表示；设 $\boldsymbol{a},\boldsymbol{b}$ 是两个向量，$\boldsymbol{a}=(a_x,a_y,a_z)$，$\boldsymbol{b}=(b_x,b_y,b_z)$，

向量的模：$|\boldsymbol{a}|=\sqrt{a_x^2+a_y^2+a_z^2}$；

方向余弦：$\cos\alpha=\frac{a_x}{|\boldsymbol{a}|}$，$\cos\beta=\frac{a_y}{|\boldsymbol{a}|}$，$\cos\gamma=\frac{a_z}{|\boldsymbol{a}|}$；

线性运算：$\boldsymbol{a}+\boldsymbol{b}=(a_x+b_x,a_y+b_y,a_z+b_z)$，

$$\lambda\boldsymbol{a}=(\lambda a_x,\lambda a_y,\lambda a_z)$$

(5) 设 $\boldsymbol{a},\boldsymbol{b}$ 是两个向量，那么它们的数量积为

笔记

$$\boldsymbol{a}\cdot\boldsymbol{b}=|\boldsymbol{a}||\boldsymbol{b}|\cos\langle a,b\rangle$$

坐标表达式为 $\boldsymbol{a}\cdot\boldsymbol{b}=a_xb_x+a_yb_y+a_zb_z$；

夹角的余弦为 $\cos\langle\boldsymbol{a},\boldsymbol{b}\rangle=\dfrac{a_xb_x+a_yb_y+a_zb_z}{\sqrt{a_x^2+a_y^2+a_z^2}\cdot\sqrt{b_x^2+b_y^2+b_z^2}}$.

(6) 向量的向量积

$$\boldsymbol{a}\times\boldsymbol{b}=\begin{vmatrix}\boldsymbol{i}&\boldsymbol{j}&\boldsymbol{k}\\a_x&a_y&a_z\\b_x&b_y&b_z\end{vmatrix}$$

(7) 两向量平行和垂直的充要条件：

两向量平行的充要条件：$\dfrac{a_x}{b_x}=\dfrac{a_y}{b_y}=\dfrac{a_z}{b_z}=\lambda$；

两向量垂直的充要条件：$a_xb_x+a_yb_y+a_zb_z=0$.

3. 空间平面

(1) 空间平面的方程：

平面的点法式方程：$A(x-x_0)+B(y-y_0)+C(z-z_0)=0$；平面的一般方程：$Ax+By+Cz+D=0$（$A$、$B$、$C$ 不同时为零）.

(2) 空间两平面的位置关系：

设有两平面

$$\pi_1: A_1x+B_1y+C_1z+D_1=0,$$
$$\pi_2: A_2x+B_2y+C_2z+D_2=0.$$

那么 π_1 和 π_2 垂直的充要条件是：$A_1A_2+B_1B_2+C_1C_2=0$；

平行的充要条件是：$\dfrac{A_1}{A_2}=\dfrac{B_1}{B_2}=\dfrac{C_1}{C_2}$；

平行且相离的充要条件是：

$$\frac{A_1}{A_2}=\frac{B_1}{B_2}=\frac{C_1}{C_2}\neq\frac{D_1}{D_2}.$$

(3) 两平面夹角 θ 的余弦为：

$$\cos\theta=\cos\langle\pi_1,\pi_2\rangle=\frac{A_1A_2+B_1B_2+C_1C_2}{\sqrt{A_1^2+B_1^2+C_1^2}\cdot\sqrt{A_2^2+B_2^2+C_2^2}}.$$

4. 空间直线的方程

直线的点向式方程：$\dfrac{x-x_0}{m}=\dfrac{y-y_0}{n}=\dfrac{z-z_0}{p}$；

直线的参数方程：$\begin{cases}x=x_0+mt,\\y=y_0+nt,\\z=z_0+pt;\end{cases}$

直线的一般方程：

$$\begin{cases}A_1x+B_1y+C_1z+D_1=0,\\A_2x+B_2y+C_2z+D_2=0.\end{cases}$$

其中 A_1,B_1,C_1 与 A_2,B_2,C_2 不成比例.

笔记

5. 常见的曲面方程

(1) 柱面方程:

母线分别垂直于 xOy, yOz, zOx 面的柱面方程为:

$$f(x,y)=0, g(y,z)=0, h(x,z)=0$$

(2) 旋转曲面方程:

平面曲线 $f(y,z)=0$ 分别绕 y 轴、z 轴旋转一周的旋转曲面的方程为:

$$f(y,\pm\sqrt{x^2+z^2})=0 \text{ 和 } f(\pm\sqrt{x^2+y^2},z)=0.$$

圆锥面方程为: $x^2+y^2=a^2z^2$ (a 为非零常数);

旋转抛物面方程为: $kz=x^2+y^2(k>0)$, 当 $k=1$ 时, $z=x^2+y^2$.

(3) 空间曲线:

空间曲线的一般方程如下:

设有两曲面

$$\Sigma_1: F_1(x,y,z)=0$$

$$\Sigma_2: F_2(x,y,z)=0,$$

那么 Σ_1 与 Σ_2 的交线 Γ 的一般方程为:

$$\Gamma:\begin{cases}F_1(x,y,z)=0,\\F_2(x,y,z)=0.\end{cases}$$

空间曲线的参数方程

$$\Gamma:\begin{cases}x=x(t),\\y=y(t),\\z=z(t).\end{cases}$$

空间曲线在坐标平面上的投影如下:

设空间曲线 $\Gamma:\begin{cases}F_1(x,y,z)=0,\\F_2(x,y,z)=0,\end{cases}$ 在 xOy 面上的投影曲线为

$$\begin{cases}G(x,y)=0,\\z=0;\end{cases}$$

在 zOx 面上的投影曲线为

$$\begin{cases}H(x,z)=0,\\y=0;\end{cases}$$

在 yOz 面上的投影曲线为

$$\begin{cases}Q(y,z)=0,\\x=0.\end{cases}$$

二、重点

向量及其线性运算;向量的坐标表示;数量积和向量积;平面及直线的方程.

数学实验七:用 MATLAB 进行向量运算与绘制三维图像

一、向量的运算

下面结合具体问题介绍向量间的加法、减法、点积、叉积等运算及向量的模、向量夹

角的求法. 注意点积的运算符是键盘上的小数点.

笔记

1. 向量的加减

在 MATLAB 中就是根据坐标分量来定义向量的. 例如在 MATLAB 中实现向量的线性运算,可以在命令窗口执行如下语句:

例 1　求解以向量为未知元的线性方程组 $\begin{cases} 5\boldsymbol{x}-3\boldsymbol{y}=\boldsymbol{a}, \\ 3\boldsymbol{x}-2\boldsymbol{y}=\boldsymbol{b}, \end{cases}$ 其中 $\boldsymbol{a}=(2,1,2)$, $\boldsymbol{b}=(-1,1,-2)$.

解　输入命令:

```
syms a b
x = [5, -3;3, -2]\[a;b]
```

输出结果:

```
x = 2 * a - 3 * b
    3 * a - 5 * b
```

输入命令:

```
x = subs(x,{a,b},{[2,1,2],[-1,1,-2]})
```

输出结果:

```
x = 7    -1   10
    11   -2   16
```

2. 向量的模与两点间的距离

MATLAB 中的函数 norm 可以用于求解向量的模或两点间的距离,但该函数不支持符号量的输入,我们可以编写如下函数文件,程序代码如下:

```
function D = Distance(A,B)
if nargin = 1
   B = zeros(size(A));
end
[m,n] = size(A);
if ~ isequal([m,n],size(B)) || m ~= 1
     error(点的坐标表示形式有误.)
end
C = A - B;
L = 0;
for k = 1 : n
   L = L + C(k)^2;
end
L = sqrt(L);
if   isnumeric([A,B])&&(n == 2 || n == 3)&&nargout == 0
     drawvec(C,B)
     title(['AB = ',num2str(L)])
elseif   nargout == 1
   D = L;
end
```

笔记

例 2 在 z 轴上求与两点 A(−4,1,7) 和 B(3,5,−2) 等距离的点.

解 输入命令:

```
syms z
A = [-4,1,7];B = [3,5,-2];C = [0,0,z];
L1 = Distance(A,C);
L2 = Distance(B,C);
z = solve(L1 - L2,z)
```

输出结果:

```
z = 14/9
```

3. 方向角与方向余弦

我们可以使用相应的函数求方向余弦,程序代码如下:

```
function  C = Direction_Cosine(r)
[m,n] = size(r);
if m ~= 1&&n ~= 1
    error('点的坐标表示形式有误.')
end
L = Distance(r);
Cosine = r/L;
if  nargin == 0
    if  isnumeric(Cosine)&&(n == 2n == 3)
        drawvec(r)
        hold on
        drawvec([(1),0,0])
        drawvec([0,r(2),0])
        drawvec([0,0,r(3)])
        title(['余弦:[',num2str(Cosine),']'])
else
    C = Cosine;
end
else
    C = Cosine;
end
```

输入命令:

```
Ml = [2,2,sqrt(2)];M2 = [1,3,0];
M1M2 = M2 - M1;
Cosine = Direction_Cosine(M1M2)
```

输出结果:

```
Cosine =-0.5000   0.5000   -0.7071
```

输入命令:

```
Angle = acos(Cosine)/pi * 180
```

输出结果:

笔记

Angle = 120.0000　60.0000　135.0000

4. 两向量的数量积

MATLAB 中提供了函数 dot 来求解两个向量的数量积，其调用格式为：C = dot(a, b).

例 3　已知三点 $M(1,1,1)$，$A(2,2,1)$，$B(2,1,2)$，求 $\angle AMB$.

解　输出命令：

```
M = [1,1,1];A = [2,2,1];B = [2,1,2];
MA = A - M;
MB = B - M;
L1 = Distance(MA);
L2 = Distance(MB);
Cosine = dot(MA,MB)/(L1 * L2)
```

输出结果：

```
Cosine = 0.5000
```

输入命令：

```
Angle = acos(Cosine)/pi * 180
```

输出结果：

```
Angle = 60.0000
```

5. 两向量的向量积

Matlab 中提供了函数 cross 来求取 **a** 和 **b** 的向量积，该函数调用格式类似于 *dot* 函数.

例 4　已知三角形 ABC 的顶点分别是 A(1,2,3)，B(3,4,5)，C(2,4,7)，试求三角形 ABC 的面积.

解　输入命令：

```
>> A = [1,2,3];B = [3,4,5];C = [2,4,7];
>> AB = B - A;
>> AC = C - A;
>> S = 1/2 * Distance(cross(sym(AB),AC))
```

输出结果：

```
S = 14^(1/2)
```

二、绘制空间曲线和曲面

1. 空间曲面的绘制

例 5　建立球心在点 $M_0(x_0,y_0,z_0)$，半径为 R 的球面方程.

输入命令：

```
syms  x  y  z  x0  y0  z0  R  real
M0 = [x0,y0,z0];M = [x,y,z];
L = Distance(M0,M)
```

输出结果：

```
L = ((x - x0)^2 + (y - y0)^2 + (z - z0)^2)^(1/2)
```

笔记

输入命令：

```
S = simple(sym([char(L),' = ',char(R)]))
```

输出结果：

```
S = ((x - x0)^2 + (y - y0)^2 + (z - z0)^2)^(1/2) = R
```

例 6 绘制绕 z 轴旋转所成的旋转曲面.

解 输入命令：

```
function varargout = Revsurf(x,fun,type)
if nargin = 2
    type = 'cylinder';
end
switch lower(type)
    case{1,'cylinder'}
            xL = min(x(:));xR = max(x(:));
            [xx,yy,zz] = cylinder(fun(x),40);
            zz = xL + (xR - xL) * zz;
    case{2,'revsurf'}
            [theta,rho] = meshgrid(linspace(0,2 * pi),x);
            [xx,yy] = pol2cart(theta,rho);
            R = sgrt(xx.^2 + yy.^2);
            zz = fun(R);
    otherwise
      error('Illegal options.')
end
if  nargout = 0
    surf(xx,yy,zz)
elseifnargout = 1
     varargout{1} = surf(xx,yy,zz);
elseif  nargout = 3
   varargout{1} = xx;varargout{2} = yy;varargout{3} = zz;
else
    error('The number of output arguments is Illegal.')
end
```

上述函数中，当曲线函数是关于 z 的函数时，直接调用 MATLAB 自带函数 cylinder 求解，根据前面对旋转体的相关介绍，编写了相应的求解语句. 在命令窗口中执行以下语句：

```
t = linspace(-20,20);
fun = @(t)sin(t)./t + 0.5;
subplot 121
Revsurf(t,fun)
subplot 122
Revsurf(t,fun,2)
```

笔记

```
shading interp
```

输出结果如图 7-42 所示.

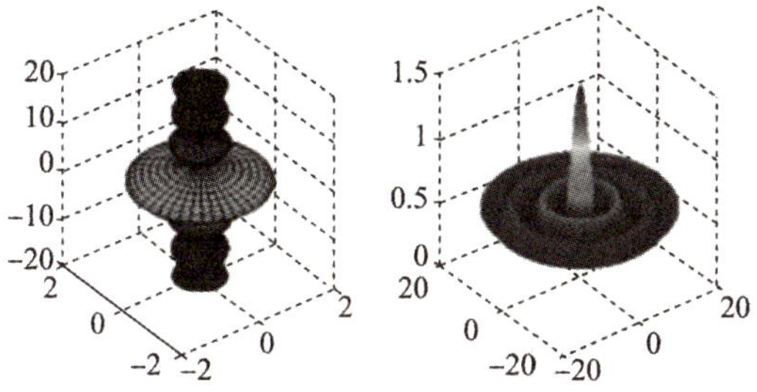

图 7-42

2. 空间曲线的绘制

例 7　绘制由方程组$\begin{cases} z = \sqrt{a^2 + x^2 - y^2}, \\ \left(x - \dfrac{a}{2}\right)^2 + y^2 = \left(\dfrac{a}{2}\right)^2 \end{cases}$所表示的曲线.

解　输入命令：

```
a = 5;
[X1,Y1,Z1] = sphere(50);
X1I(Z1 < 0) = nan;
X1(Z1 < 0) = nan;
Y1(Z1 < 0) = nan;
Z1(Z1 < 0) = nan;
surf(a * X1,a * Y1,a * Z1)
hold on
[X2,Y2,Z2] = cylinder(a/2 * ones(1,51),50);
X2 = X2 + a/2;
Z2 = a * Z2;
surf(X2,Y2,Z2)
axis equal
shading interp
alpha(0.9)
```

输出结果如图 7-43 所示.

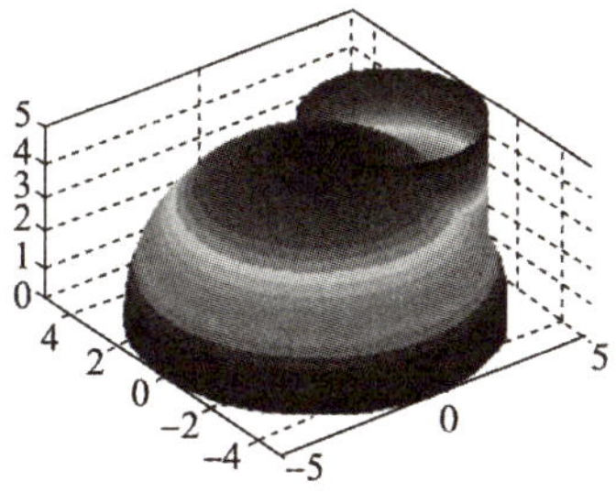

图 7-43

笔记

复习题 7

1. 判断正误.

(1) 若 $\boldsymbol{a}\cdot\boldsymbol{b}=\boldsymbol{b}\cdot\boldsymbol{c}$ 且 $\boldsymbol{b}\neq\boldsymbol{0}$,则 $\boldsymbol{a}=\boldsymbol{c}$. ( )

(2) 若 $\boldsymbol{a}\times\boldsymbol{b}=\boldsymbol{b}\times\boldsymbol{c}$ 且 $\boldsymbol{b}\neq\boldsymbol{0}$,则 $\boldsymbol{a}=\boldsymbol{c}$. ( )

(3) 若 $\boldsymbol{a}\cdot\boldsymbol{c}=0$,则 $\boldsymbol{a}=\boldsymbol{0}$ 或 $\boldsymbol{c}=\boldsymbol{0}$. ( )

(4) $\boldsymbol{a}\times\boldsymbol{b}=-\boldsymbol{b}\times\boldsymbol{a}$. ( )

2. 选择题.

(1) 当 $\boldsymbol{a}$ 与 $\boldsymbol{b}$ 满足(　　)时,有 $|\boldsymbol{a}+\boldsymbol{b}|=|\boldsymbol{a}|+|\boldsymbol{b}|$.

A. $\boldsymbol{a}\perp\boldsymbol{b}$　　B. $\boldsymbol{a}=\lambda\boldsymbol{b}$($\lambda$ 为常数)

C. $\boldsymbol{a}\parallel\boldsymbol{b}$　　D. $\boldsymbol{a}\cdot\boldsymbol{b}=|\boldsymbol{a}||\boldsymbol{b}|$

(2) 下列平面方程中,方程(　　)过 y 轴.

A. $x+y+z=1$　　B. $x+y+z=0$

C. $x+z=0$　　D. $x+z=1$

(3) 在空间直角坐标系中,方程 $z=1-x^2-2y^2$ 所表示的曲面是(　　).

A. 椭球面　　B. 椭圆抛物面

C. 椭圆柱面　　D. 单叶双曲面

(4) 空间曲线 $\begin{cases}z=x^2+y^2-2,\\ z=5\end{cases}$ 在 xOy 面上的投影方程为(　　).

A. $x^2+y^2=7$　　B. $\begin{cases}x^2+y^2=7,\\ z=5\end{cases}$

C. $\begin{cases}x^2+y^2=7,\\ z=0\end{cases}$　　D. $\begin{cases}z=x^2+y^2-2,\\ z=0\end{cases}$

(5) 直线 $\dfrac{x+3}{1}=\dfrac{y}{-1}=\dfrac{z+2}{2}$ 与平面 $x-y+z=1$ 的位置关系是(　　).

A. 垂直　　B. 平行

C. 夹角为 $\dfrac{\pi}{4}$　　D. 夹角为 $-\dfrac{\pi}{4}$

3. 填空题.

(1) 若 $|\boldsymbol{a}||\boldsymbol{b}|=\sqrt{2}$,$(\boldsymbol{a},\boldsymbol{b})=\dfrac{\pi}{2}$,则 $|\boldsymbol{a}\times\boldsymbol{b}|=$ ________,$\boldsymbol{a}\cdot\boldsymbol{b}=$ ________.

(2) 与平面 $x-y+2z-6=0$ 垂直的单位向量为________.

(3) 过点 $(-3,1,-2)$ 和 $(3,0,5)$ 且平行于 x 轴的平面方程为________.

(4) 过原点且垂直于平面 $2y-z+2=0$ 的直线为________.

(5) 曲线 $\begin{cases}z=2x^2+y^2,\\ z=1\end{cases}$ 在 xOy 平面上的投影曲线方程为________.

4. 解答题.

(1) 已知 $\boldsymbol{a}=(1,-2,1)$,$\boldsymbol{b}=(1,1,2)$,计算

① $\boldsymbol{a}\times\boldsymbol{b}$;

② $(2\boldsymbol{a}-\boldsymbol{b})\cdot(\boldsymbol{a}+\boldsymbol{b})$;

③ $|\boldsymbol{a}-\boldsymbol{b}|^2$.

(2) 已知向量$\overrightarrow{P_1P_2}$的始点为 $P_1(2,-2,5)$,终点为 $P_2(1,4,7)$,试求:

① 向量$\overrightarrow{P_1P_2}$的坐标表示;

② 向量$\overrightarrow{P_1P_2}$的模;

③ 向量$\overrightarrow{P_1P_2}$的方向余弦;(4) 与向量$\overrightarrow{P_1P_2}$方向一致的单位向量.

(3) 设向量 $\boldsymbol{a}=(1,-1,1)$,$\boldsymbol{b}=(1,1,-1)$,求与 $\boldsymbol{a}$ 和 $\boldsymbol{b}$ 都垂直的单位向量,及以 $\boldsymbol{a}$ 和 $\boldsymbol{b}$ 为边的平行四边形的面积.

(4) 向量 $\boldsymbol{d}$ 垂直于向量 $\boldsymbol{a}=(2,3,-1)$ 和 $\boldsymbol{b}=(1,-2,3)$,且与 $\boldsymbol{c}=(2,-1,1)$ 的数量积为 -6,求向量 $\boldsymbol{d}$.

(5) 求满足下列条件的平面方程.

① 过三点 $P_1(0,1,2)$,$P_2(1,2,1)$ 和 $P_3(3,0,4)$;

② 过 x 轴且与平面 $\sqrt{5}x+2y+z=0$ 的夹角为 $\frac{\pi}{3}$.

(6) 一平面过直线 $\begin{cases}x+5y+z=0,\\x-z+4=0\end{cases}$ 且与平面 $x-4y-8z+12=0$ 垂直,求该平面方程.

(7) 求既与两平面 $\pi_1:x-4z=3$ 和 $\pi_2:2x-y-5z=1$ 的交线平行,又过点$(-3,2,5)$的直线方程.

(8) 一直线通过点 $A(1,2,1)$,且垂直于直线 $L:\frac{x-1}{3}=\frac{y}{2}=\frac{z+1}{1}$,又和直线 $x=y=z$ 相交,求该直线方程.

(9) 指出下列方程表示的图形名称.

① $x^2+4y^2+z^2=1$;　　② $x^2+y^2=2z$;　　③ $=\sqrt{3(x^2+y^2)}$;

④ $x^2-y^2=0$;　　⑤ $x^2-y^2=1$;　　⑥ $z=\begin{cases}x^2+y^2,\\z=2.\end{cases}$

(10) 求曲面 $z=x^2+y^2$ 与 $z=2-(x^2+y^2)$ 所围立体在 xOy 平面上的投影并作其图形.

素养园地

数学家丘成桐自述“几何人生”

丘成桐,国际知名数学家,菲尔兹奖首位华人得主,丘成桐证明了卡拉比猜想、正质量猜想等,是几何分析学科的奠基人,以他的名字命名的卡拉比—丘流形,是物理学中弦理论的基本概念,对微分几何和数学物理的发展做出了重要贡献.是第一位获得这项被称为"数学界的诺贝尔奖"的华人,也是继陈省身后第二位获得沃尔夫数学奖的华人.

数学拥有神奇的力量

在《我的几何人生:丘成桐自传》一书中,丘成桐感谢父亲培养他对知识的热爱、母亲为子女做出的牺牲,正是父母的言传身教,让他文理相融、面对困境坚韧不拔;感谢陈省身等老一辈数学家的无私提携,引领他遨游于数学的国度;最幸运的是遇到斯蒂芬·萨拉夫,经他的指点,得以在众多师长的帮助下到了伯克利深造.他认为,数学拥有神奇的力量,对那些懂得驾驭它的人来说,数学能打破距离、语言、文化的隔膜,把他们立时

笔记

笔记

拉在一起，交流共通的知识.“对我来说，数学赋予我的，是一本让我在世界各处随意走动的护照，同时也是探索这世界强而有力的工具.”丘成桐说道.

像文学家一样凭爱好创作

丘成桐认为，数学家像文学家一样凭爱好创作，数学可以说是人文学科和自然学科的桥梁.他自小随父亲遍读中国古典文史典籍，一生受惠.少年最喜爱的《红楼梦》的结构影响了他对数学的看法.书中情节千丝万缕，角色层出不穷，要花时间和眼力，才能把情节和人物联系起来，形成整体.他看待数学，尤其是几何分析也是这样.数学有很多不同的分支，乍一看毫无关系，但当站得足够远再看，就会发现它们都是一棵大树的各部分.好的数学也应该同《红楼梦》一般，揭示普罗众生的问题，触及大自然中的芸芸现象，这样才能够深入，才能够传世.

有责任帮中国成为数学强国

在丘成桐看来，“数学家盼望的不是万两黄金，也不是千秋霸业”，数学家追求的是永恒的真理，热爱的是理论和方程.数学比诗章还要华美动人，可以富国强兵，可以安邦定国.他认为，21 世纪应当是中国人扬眉吐气的时代，他有责任为中国数学教育服务，帮助中国成为数学强国，成为领导世界的国家.

第八章 多元函数微分学及其应用

在自然科学、工程技术和社会生活中，微积分有着非常广泛的应用，而微积分的研究对象是函数，我们以前学习的函数只有一个自变量，这种函数我们称为一元函数. 一元函数的微积分解决了很多初等数学无法解决的问题. 但是，在实际问题中往往牵扯到多方面的因素，解决这类问题必须引进多元函数. 本章将在一元函数微分学的基础上，讨论多元函数的微分及其应用.

笔记

第一节 多元函数

一、多元函数的概念

在讨论一元函数时，我们用到一维空间中的邻域和区间的概念. 同样，在讨论多元函数时，需要用到邻域和区域的概念. 下面以二元函数为例，首先讨论二维空间中的邻域和区域.

1. 邻域

设 $P_0(x_0,y_0)$ 是 xOy 平面上的一定点，δ 是某一正数，与点 $P_0(x_0,y_0)$ 的距离小于 δ 的点 $P(x,y)$ 的全体，称为点 $P_0(x_0,y_0)$ 的 δ 邻域，记为 $U(P_0,\delta)$，即

$$U(P_0,\delta)=\{P\mid |P_0P|<\delta\},$$

亦即

$$U(P_0,\delta)=\{(x,y)\mid \sqrt{(x-x_0)^2+(y-y_0)^2}<\delta\}$$

$U(P_0,\delta)$ 在几何上表示以 $P_0(x_0,y_0)$ 为中心，δ 为半径的圆的内部(不含圆周).

上述邻域 $U(P_0,\delta)$ 去掉中心 $P_0(x_0,y_0)$ 后，称为 $P_0(x_0,y_0)$ 的去心邻域，记作 $\overset{0}{U}(P_0,\delta)$.

$$\overset{0}{U}(P_0,\delta)=\{(x,y)\mid 0<\sqrt{(x-x_0)^2+(y-y_0)^2}<\delta\}.$$

如果不需要强调邻域的半径 δ，则用 $U(P_0)$ 表示点 $P_0(x_0,y_0)$ 的邻域，用 $\overset{0}{U}(P_0)$ 表示 $P_0(x_0,y_0)$ 的去心邻域.

笔记

2. 区域

设 E 是 xOy 平面上的一个点集，P 是 xOy 平面上的一点，则 P 与 E 的关系有以下三种情形：

(1) **内点**：如果存在 P 的某个邻域 $U(P)$，使得 $U(P)\subset E$，则称点 P 为 E 的内点.

(2) **外点**：如果存在 P 的某个邻域 $U(P)$，使得 $U(P)\cap E=\varnothing$，则称 P 为 E 的外点.

(3) **边界点**：如果在点 P 的任何邻域内，既有属于 E 的点，又有不属于 E 的点，则称点 P 为 E 的边界点. E 的边界点的集合称为 E 的边界，记作 ∂E.

例如，点集 $E_1=\{(x,y)\mid 0<x^2+y^2<1\}$，除圆心与圆周上各点之外圆的内部的点都是 E_1 的内点，圆外部的点都是 E_1 的外点，圆心及圆周上的点为 E_1 的边界点；又如，平面点集 $E_2=\{(x,y)\mid x+y\geqslant 1\}$，直线上方的点都是 E_2 的内点，直线下方的点都是 E_2 的外点，直线上的点都是 E_2 的边界点(图 8-1).

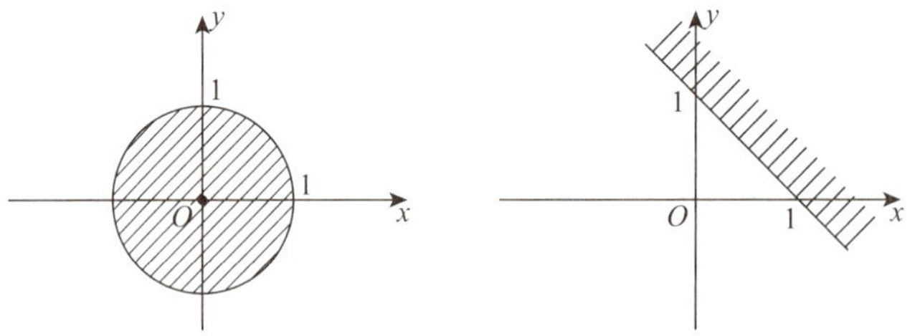

图 8-1

显然，点集 E 的内点一定属于 E；点集 E 的外点一定不属于 E；E 的边界点可能属于 E，也可能不属于 E.

如果点集 E 的每一点都是 E 的内点，则称 E 为**开集**，点集 $E_1=\{(x,y)\mid 0<x^2+y^2<1\}$ 是开集，$E_2=\{(x,y)\mid x+y\geqslant 1\}$ 不是开集.

设 E 是开集，如果对于 E 中的任何两点，都可用完全含于 E 的折线连接起来，则称开集 E 是**连通集**(图 8-2). 点集 E_1 和 E_2 都是连通的，点集 $E_3=\{(x,y)\mid xy>0\}$ 不是连通的(图 8-2).

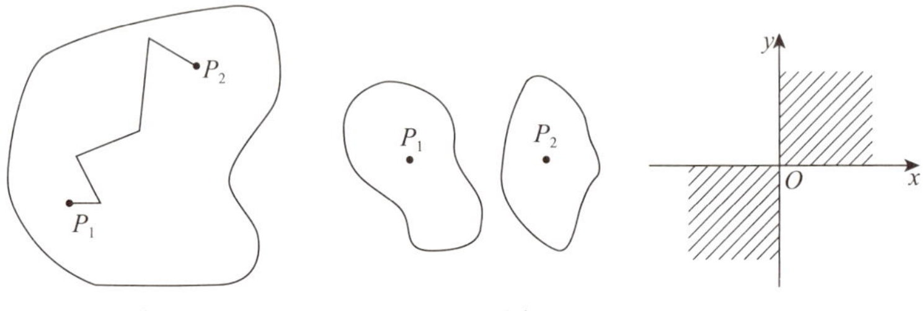

图 8-2

连通的开集称为**开区域**，也称区域.

从几何上看，开区域是连成一片的且不包括边界的平面点集. 如 E_1 是开区域. 开区域是数轴上的开区间这一概念在平面上的推广.

开区域 E 连同它的边界 ∂E 构成的点集，称为**闭区域(闭域)**，记作 $\overline{E}$(即 $\overline{E}=E+\partial E$).

闭区域是数轴上的闭区间这一概念在平面上的推广，如 E_2 及 $E_4=\{(x,y)\mid x^2+y^2\leqslant 1\}$ 都是闭区域，而 $E_5=\{(x,y)\mid 1\leqslant x^2+y^2<2\}$ 既非闭区域，又非开区域. 闭区域是连成一片的且包含边界的平面点集.

笔记

本书把开区域与闭区域统称为**区域**.

如果区域 E 可包含在以原点为中心的某个圆内,即存在正数 r,使 $E \subset U(O,r)$,则称 E 为**有界区域**,否则,称 E 为**无界区域**. 例如,E_1 是有界区域,E_2 是无界区域.

记 E 是平面上的一个点集,P 是平面上的一个点. 如果点 P 的任一邻域内总有无限多个点属于点集 E,则称 P 为 E 的**聚点**. 显然,E 的内点一定是 E 的聚点,此外,E 的边界点也可能是 E 的聚点. 例如,设 $E_6 = \{(x,y) \mid 0 < x^2 + y^2 \leqslant 1\}$,那么点 $(0,0)$ 既是 E_6 的边界点,又是 E_6 的聚点,但 E_6 的这个聚点不属于 E_6;又如,圆周 $x^2 + y^2 = 1$ 上的每个点既是 E_6 的边界点,又是 E_6 的聚点,而这些聚点都属于 E_6. 由此可见,点集 E 的聚点可以属于 E,也可以不属于 E. 再如点 $E_7 = \left\{(1,1),\left(\frac{1}{2},\frac{1}{2}\right),\left(\frac{1}{3},\frac{1}{3}\right),\cdots,\left(\frac{1}{n},\frac{1}{n}\right),\cdots\right\}$,原点 $(0,0)$ 是它的聚点,E_7 中的每一个点都不是聚点.

3. n 维空间

一般地,由 n 元有序实数组 $(x_1,x_2,\cdots,x_n)$ 的全体组成的集合称为 **n 维空间**,记作 $\mathbf{R}^n$. 即

$$\mathbf{R}^n = \{(x_1,x_2,\cdots,x_n) \mid x_i \in \mathbf{R}, i = 1,2,\cdots,n\}.$$

n 元有序数组 $(x_1,x_2,\cdots,x_n)$ 称为 n 维空间中的一个点,数 x_i 称为该点的第 i 个坐标.

类似地,规定 n 维空间中任意两点 $P(x_1,x_2,\cdots,x_n)$ 与 $Q(y_1,y_2,\cdots,y_n)$ 之间的距离为

$$|PQ| = \sqrt{(y_1 - x_1)^2 + (y_2 - x_2)^2 + \cdots + (y_n - x_n)^2}.$$

前面关于平面点集的一系列概念,均可推广到 n 维空间中去. 例如,$P \in \mathbf{R}^n$,δ 是某一正数,则点 P_0 的 δ 邻域为

$$U(P_0,\delta) = \{P \mid |PP_0| < \delta, P \in \mathbf{R}^n\}.$$

以邻域为基础,还可以定义 n 维空间中内点、边界点、区域等一系列概念.

4. 多元函数的概念

引例　长方形的面积 S 由它的长 x 和宽 y 确定:

$$S = xy.$$

由此可抽象出二元函数的概念.

定义 1　设 D 是 R^2 中的一个非空点集,如果存在一个对应法则 f,使得对于 D 中的每一个点 $P(x,y)$,都能由 f 唯一地确定一个实数 z,则称 f 为定义在 D 上的二元函数,记为

$$z = f(x,y),(x,y) \in D.$$

其中 x,y 叫作**自变量**,z 叫作**因变量**,点集 D 叫作函数的**定义域**.

取定 $(x,y) \in D$,对应的 $f(x,y)$ 叫作 (x,y) 所对应的函数值. 全体函数值的集合叫作函数 f 的**值域**,常记为 $f(D)$.

类似地,可以定义三元函数以及三元以上的函数. 如果将定义中的平面点集 D 换成 n 维空间的点集 D,可以类似地定义 n 元函数 $y = f(x_1,x_2,\cdots,x_n)$,$P(x_1,x_2,\cdots,x_n) \in D$.

当 $n = 1$ 时,多元函数就是一元函数;当 $n = 2$ 时,多元函数就是二元函数.

二元及二元以上的函数统称为**多元函数**. 多元函数的概念与一元函数一样,包含**对应法则**和**定义域**这两个要素.

笔记

多元函数的定义域的求法与一元函数类似.若函数的自变量具有某种实际意义，则根据它的实际意义来决定其取值范围，从而确定函数的定义域.对一般的用解析式表示的函数，使表达式有意义的自变量的取值范围就是函数的定义域.

例 1 求函数 $z=\ln(y-x)+\dfrac{\sqrt{x}}{\sqrt{1-x^2-y^2}}$ 的定义域 D，并画出 D 的图形.

解 要使函数的解析式有意义，必须满足

$$\begin{cases} y-x>0, \\ x\geqslant 0, \\ 1-x^2-y^2>0, \end{cases}$$

即 $D=\{(x,y)\mid x\geqslant 0, x<y, x^2+y^2<1\}$，如图 8-3 划斜线的部分.

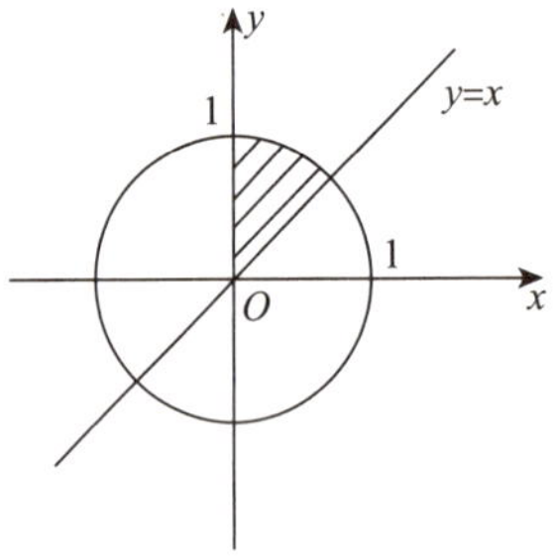

图 8-3

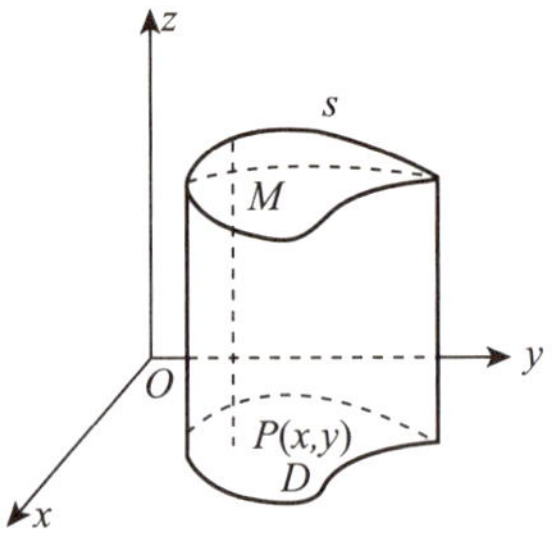

图 8-4

5. 二元函数的几何表示

设函数 $z=f(x,y)$ 的定义域为平面区域 D，对于 D 中的任意一点 $P(x,y)$，对应一确定的函数值 $z[z=f(x,y)]$.这样便得到一个三元有序数组 (x,y,z)，相应地，在空间可得到一点 $M(x,y,z)$.当点 P 在 D 内变动时，相应的点 M 就在空间中变动，当点 P 取遍整个定义域 D 时，点 M 就在空间描绘出一张曲面 S（图 8-4）.其中

$$S=\{(x,y,z)\mid z=f(x,y),(x,y)\in D\}.$$

而函数的定义域 D 就是曲面 S 在 xOy 面上的投影区域.

例如，$z=ax+by+c$ 表示一平面；$z=\sqrt{1-x^2-y^2}$ 表示球心在原点、半径为 1 的上半球面.

二、二元函数的极限

二元函数的极限概念是一元函数极限概念的推广.二元函数的极限可表述如下.

定义 2 设二元函数 $z=f(P)$ 的定义域是某平面区域 D，P_0 为 D 的一个聚点，当 D 中的点 P 以任何方式无限趋于 P_0 时，函数值 $f(P)$ 无限趋于某一常数 A，则称 A 是函数 $f(P)$ 当 P 趋于 P_0 时的（二重）极限.记为

$$\lim_{P\to P_0} f(P)=A \text{ 或 } f(P)\to A(P\to P_0),$$

此时也称当 $P\to P_0$ 时 $f(P)$ 的极限存在，否则称 $f(P)$ 的极限不存在.若 P_0 点的坐标为 (x_0,y_0)，P 点的坐标为 (x,y)，则上式又可写为

$$\lim_{(x,y)\to(x_0,y_0)} f(x,y)=A \text{ 或 } f(x,y)\to A(x\to x_0, y\to y_0).$$

类似于一元函数，$f(P)$ 无限趋于 A 可用 $|f(P)-A|<\varepsilon$ 来刻画，点 $P=P(x,y)$ 无限趋于 $P=P_0(x_0,y_0)$ 可用 $|P_0P|=\sqrt{(x-x_0)^2+(y-y_0)^2}<\delta$ 刻画.因此，二元

笔记

函数的极限也可如下定义.

定义 3　设二元函数 $z=f(P)=f(x,y)$ 的定义域为 D，$P_0(x_0,y_0)$ 是 D 的一个聚点，A 为常数. 若对任给的正数 ε，不论 ε 多小，总存在 $\delta>0$，当 $P(x,y)\in D$，且 $0<|P_0P|=\sqrt{(x-x_0)^2+(y-y_0)^2}<\delta$ 时，总有

$$|f(P)-A|<\varepsilon,$$

则称 A 为 $z=f(P)$ 当 $P\to P_0$ 时的(二重)极限.

知识加油站

(1) 定义中要求 P_0 是定义域 D 的聚点，是为了保证在 P_0 的任何邻域内都有 D 中的点.

(2) 注意到平面上的点 P 趋近于 P_0 的方式可以多种多样：P 可以从四面八方趋于 P_0，也可以沿曲线或点列趋于 P_0. 定义 2 指出：只有当 P 以任何方式趋近于 P_0，相应的 $f(P)$ 都趋近于同一常数 A 时，才称 A 为 $f(P)$ 当 $P\to P_0$ 时的极限. 如果 $P(x,y)$ 以某些特殊方式(如沿某几条直线或几条曲线)趋于 $P_0(x_0,y_0)$ 时，即使函数值 $f(P)$ 趋于同一常数 A，我们也不能由此断定函数的极限存在. 但是反过来，当 P 在 D 内沿不同的路径趋于 P_0 时，$f(P)$ 趋于不同的值，则可以断定函数的极限不存在.

(3) 二元函数极限有与一元函数极限相似的运算性质和法则，这里不再一一叙述.

例 2　设 $f(x,y)=\begin{cases}\dfrac{xy}{x^2+y^2}, x^2+y^2\neq 0,\\ 0, x^2+y^2=0,\end{cases}$ 判断极限 $\lim\limits_{(x,y)\to(0,0)} f(x,y)$ 是否存在.

解　当 $P(x,y)$ 沿 x 轴趋于 $(0,0)$ 时，有 $y=0$，于是

$$\lim_{\substack{(x,y)\to(0,0)\\ y=0}} f(x,y)=\lim_{x\to 0}\frac{0}{x^2+0^2}=0;$$

当 $P(x,y)$ 沿 y 轴趋于 $(0,0)$ 时，有 $x=0$，于是

$$\lim_{\substack{(x,y)\to(0,0)\\ x=0}} f(x,y)=\lim_{y\to 0}\frac{0}{0^2+y^2}=0.$$

但不能因为 $P(x,y)$ 以上述两种特殊方式趋于 $(0,0)$ 时的极限存在且相等，就断定所考查的二重极限存在.

因为当 $P(x,y)$ 沿直线 $y=kx(k\neq 0)$ 趋于 $(0,0)$ 时，有

$$\lim_{\substack{(x,y)\to(0,0)\\ y=kx}} f(x,y)=\lim_{x\to 0}\frac{kx^2}{(1+k^2)x^2}=\frac{k}{1+k^2},$$

这个极限值随 k 不同而变化，故 $\lim\limits_{(x,y)\to(0,0)} f(x,y)$ 不存在.

例 3　求下列函数的极限.

(1) $\lim\limits_{(x,y)\to(0,0)}\dfrac{2-\sqrt{xy+4}}{xy}$；(2) $\lim\limits_{(x,y)\to(0,0)}\dfrac{xy^2}{x^2+y^2}$；(3) $\lim\limits_{(x,y)\to(0,1)}\dfrac{\tan xy}{x}$.

解　(1) $\lim\limits_{(x,y)\to(0,0)}\dfrac{2-\sqrt{xy+4}}{xy}=\lim\limits_{(x,y)\to(0,0)}\dfrac{-xy}{xy(2+\sqrt{xy+4})}=-\lim\limits_{(x,y)\to(0,0)}\dfrac{1}{2+\sqrt{xy+4}}$

$=-\dfrac{1}{4}$.

(2) 当 $x\to 0, y\to 0$ 时，$x^2+y^2\neq 0$，有 $x^2+y^2\geqslant 2|xy|$.

笔记

这时，函数$\frac{xy}{x^2+y^2}$有界，而 y 是当 $x\to0$ 且 $y\to0$ 时的无穷小，根据无穷小量与有界函数的乘积仍为无穷小量，得

$$\lim_{(x,y)\to(0,0)}\frac{xy^2}{x^2+y^2}=0.$$

(3) $\lim\limits_{(x,y)\to(0,1)}\frac{\tan xy}{x}=\lim\limits_{(x,y)\to(0,1)}\frac{\tan xy}{xy}\cdot y=\lim\limits_{(x,y)\to(0,1)}\frac{\tan xy}{xy}\cdot\lim\limits_{(x,y)\to(0,1)}y=1.$

从例 3 可看到，求二元函数极限的很多方法与一元函数相同.

三、二元函数的连续性

类似于一元函数的连续性定义，我们用二元函数的极限概念来定义二元函数的连续性.

定义 4　设二元函数 $z=f(x,y)$ 在点 $P_0(x_0,y_0)$ 的某邻域内有定义，如果

$$\lim_{(x,y)\to(x_0,y_0)}f(x,y)=f(x_0,y_0),$$

则称函数 $f(x,y)$ 在点 $P_0(x_0,y_0)$ 处连续，$P_0(x_0,y_0)$ 称为 $f(x,y)$ 的连续点；否则称 $f(x,y)$ 在 $P_0(x_0,y_0)$ 处**间断**（不连续），$P(x_0,y_0)$ 称为 $f(x,y)$ 的**间断点**.

与一元函数相仿，二元函数 $z=f(x,y)$ 在点 $P_0(x_0,y_0)$ 处连续，必须满足三个条件：① 函数在点 $P_0(x_0,y_0)$ 有定义；② 函数在点 $P_0(x_0,y_0)$ 处的极限存在；③ 函数在点 $P_0(x_0,y_0)$ 处的极限与点 $P_0(x_0,y_0)$ 处的函数值相等. 只要三条中有一条不满足，函数在点 $P_0(x_0,y_0)$ 处就不连续.

由例 2 可知，$f(x,y)=\begin{cases}\frac{xy}{x^2+y^2}, x^2+y^2\neq0,\\ 0, x^2+y^2=0\end{cases}$ 在 $(0,0)$ 处间断；函数 $z=\frac{1}{x+y}$ 在直线 $x+y=0$ 上每一点处间断.

如果 $f(x,y)$ 在平面区域 D 内每一点处都连续，则称 $f(x,y)$ 在区域 D 内连续，也称 $f(x,y)$ 是 D 内的连续函数，记为 $f(x,y)\in C(D)$. 在区域 D 上连续函数的图形是一张既没有“洞”又没有“裂缝”的曲面.

一元函数中关于极限的运算法则对于多元函数仍适用，故二元连续函数经过四则运算后仍为二元连续函数（在商的情形要求分母不为零）；二元连续函数的复合函数也是连续函数.

与一元初等函数类似，二元初等函数是可用含 x,y 的一个解析式表示的函数，而这个式子是由常数、x 的基本初等函数、y 的基本初等函数经过有限次四则运算及复合构成的. 例如，$\sin(x+y)$，$\frac{xy}{x^2+y^2}$，$\arcsin\frac{x}{y}$ 等都是二元初等函数. 二元初等函数在其定义域的区域内处处连续.

与闭区间上一元连续函数的性质类似，有界闭区域上的连续函数有如下性质.

性质 1（最值定理）　若 $f(x,y)$ 在有界闭区域 D 上连续，则 $f(x,y)$ 在 D 上必取得最大值与最小值.

推论　若 $f(x,y)$ 在有界闭区域 D 上连续，则 $f(x,y)$ 在 D 上有界.

性质 2（介值定理）　若 $f(x,y)$ 在有界闭区域 D 上连续，M 和 m 分别是 $f(x,y)$ 在 D 上的最大值与最小值，则对于介于 M 与 m 之间的任意一个数 C，必存在一点 $(x_0,y_0)\in D$，使得 $f(x_0,y_0)=C$.

以上关于二元函数的极限与连续性的概念及有界闭区域上连续函数的性质，可类推到三元以上的函数中去.

笔记

习题 8.1

1. 判断下列平面点集哪些是开集、闭集、区域，并分别指出它们的聚点组成的点集和边界.

(1) $\{(x,y) \mid 1 \leqslant x^2+y^2 \leqslant 4\}$；　　(2) $\{(x,y) \mid y > x^2\}$.

2. 求下列函数的定义域.

(1) $z=\sqrt{x^2+y^2-1}+\dfrac{1}{\sqrt{4-x^2-y^2}}$；　　(2) $z=\dfrac{1}{\ln(x-y)}$；

(3) $z=\sqrt{x-\sqrt{y}}$；　　(4) $u=\arccos\dfrac{z}{\sqrt{x^2+y^2}}$.

3. 设函数 $f(x,y)=x^3-2xy+3y^2$，求

(1) $f(-2,3)$；　　(2) $f\left(\dfrac{1}{x},\dfrac{2}{y}\right)$；　　(3) $f(x+y,x-y)$.

4. 讨论下列函数在点 $(0,0)$ 处的极限是否存在.

(1) $z=\dfrac{xy}{x^2+y^4}$；　　(2) $z=\dfrac{x+y}{x-y}$.

5. 求下列极限.

(1) $\lim\limits_{(x,y)\to(0,0)}\dfrac{\sin xy}{x}$.　　(2) $\lim\limits_{(x,y)\to(0,1)}\dfrac{1-xy}{x^2+y^2}$.

6. 证明：二元函数 $f(x,y)=\begin{cases}\dfrac{xy}{\sqrt{x^2+y^2}}, & x^2+y^2\neq 0,\\ 0, & x^2+y^2=0\end{cases}$ 在 $(0,0)$ 处连续.

第二节　偏导数

一、偏导数的概念

在研究一元函数时，我们从研究函数的变化率引入了导数概念. 由于二元函数的自变量有 2 个，关于某点处函数的变化率问题相当复杂，因此我们不能笼统地讲二元函数在某点的变化率，在这一节，我们考虑二元函数关于某一个自变量的变化率，这就是偏导数的概念.

设函数 $z=f(x,y)$ 在点 (x_0,y_0) 的某邻域内有定义，x 在 x_0 有改变量 $\Delta x(\Delta x\neq 0)$，而 $y=y_0$ 保持不变，这时函数的改变量为

$$\Delta_x z=f(x_0+\Delta x,y_0)-f(x_0,y_0),$$

$\Delta_x z$ 称为函数 $f(x,y)$ 在 (x_0,y_0) 处关于 x 的偏改变量(或偏增量). 类似地，可定义 $f(x,y)$ 关于 y 的偏增量为

$$\Delta_y z=f(x_0,y_0+\Delta y)-f(x_0,y_0).$$

笔记

有了偏增量的概念，下面给出偏导数的定义.

定义 设函数 $z=f(x,y)$ 在点 (x_0,y_0) 的某邻域内有定义，如果

$$\lim_{\Delta x\to 0}\frac{\Delta_x z}{\Delta x}=\lim_{\Delta x\to 0}\frac{f(x_0+\Delta x,y_0)-f(x_0,y_0)}{\Delta x}$$

存在，则称此极限值为函数 $z=f(x,y)$ 在点 (x_0,y_0) 处关于 x 的**偏导数**，并称函数 $z=f(x,y)$ 在点 (x_0,y_0) 处关于 x **可偏导**. 记作

$$\left.\frac{\partial z}{\partial x}\right|_{\substack{x=x_0\\y=y_0}},\left.\frac{\partial f}{\partial x}\right|_{\substack{x=x_0\\y=y_0}},\left.z'_x\right|_{\substack{x=x_0\\y=y_0}},f'_x(x_0,y_0).$$

类似地，可定义函数 $z=f(x,y)$ 在点 (x_0,y_0) 处关于自变量 y 的**偏导数**为

$$\lim_{\Delta y\to 0}\frac{\Delta_y z}{\Delta y}=\lim_{\Delta y\to 0}\frac{f(x_0,y_0+\Delta y)-f(x_0,y_0)}{\Delta y},$$

记作

$$\left.\frac{\partial z}{\partial y}\right|_{\substack{x=x_0\\y=y_0}},\left.\frac{\partial f}{\partial y}\right|_{\substack{x=x_0\\y=y_0}},\left.z'_y\right|_{\substack{x=x_0\\y=y_0}},f'_y(x_0,y_0).$$

如果函数 $z=f(x,y)$ 在区域 D 内每一点 (x,y) 处的偏导数都存在，即

$$f'_x(x,y)=\lim_{\Delta x\to 0}\frac{f(x+\Delta x,y)-f(x,y)}{\Delta x}$$

$$f'_y(x,y)=\lim_{\Delta y\to 0}\frac{f(x,y+\Delta y)-f(x,y)}{\Delta y}$$

存在，则上述两个偏导数还是关于 x,y 的二元函数，分别称为 z 对 x,y 的偏导函数(简称为偏导数). 并记作

$$\frac{\partial z}{\partial x},\frac{\partial z}{\partial y}\text{ 或}\frac{\partial f}{\partial x},\frac{\partial f}{\partial y}\text{ 或 }z'_x,z'_y\text{或 }f'_x(x,y),f'_y(x,y).$$

不难看出，$z=f(x,y)$ 在 (x_0,y_0) 关于 x 的偏导数 $f'_x(x_0,y_0)$ 就是偏导函数 $f'_x(x,y)$ 在 (x_0,y_0) 处的函数值，而 $f'_y(x_0,y_0)$ 就是偏导函数 $f'_y(x,y)$ 在 (x_0,y_0) 处的函数值.

偏导数是将二元函数中的一个自变量固定不变，只让另一个自变量变化，相应的偏增量与另一个自变量的增量的比值的极限. 因此，求偏导数问题仍然是求一元函数的导数问题. 求 $\frac{\partial f}{\partial x}$ 时，把 y 看作常量，将 $z=f(x,y)$ 看作 x 的一元函数对 x 求导；求 $\frac{\partial f}{\partial y}$ 时，把 x 看作常量，将 $z=f(x,y)$ 看作 y 的一元函数对 y 求导.

偏导数的概念可以推广到三元及三元以上的函数，这里就不讨论了.

例 1 求函数 $z=\sin(x+y)e^{xy}$ 在点 $(1,-1)$ 处的偏导数.

解 将 y 看成常量，对 x 求导得

$$\frac{\partial z}{\partial x}=e^{xy}[\cos(x+y)+y\sin(x+y)];$$

将 x 看成常量，对 y 求导得

$$\frac{\partial z}{\partial y}=e^{xy}[\cos(x+y)+x\sin(x+y)];$$

再将 $x=1,y=-1$ 代入上式得

$$\left.\frac{\partial z}{\partial x}\right|_{\substack{x=1\\y=-1}}=e^{-1},\left.\frac{\partial z}{\partial y}\right|_{\substack{x=1\\y=-1}}=e^{-1}.$$

例 2 求函数 $z=x^2y+y^2\ln x+4$ 的偏导数.

解 $\frac{\partial z}{\partial x}=2xy+\frac{y^2}{x},\frac{\partial z}{\partial y}=x^2+2y\ln x.$

笔记

例 3　设 $z=x^y(x>0,x\neq 1)$，证明：

$$\frac{x}{y}\cdot\frac{\partial z}{\partial x}+\frac{1}{\ln x}\cdot\frac{\partial z}{\partial y}=2z.$$

证明　因为

$$\frac{\partial z}{\partial x}=yx^{y-1},\frac{\partial z}{\partial y}=x^y\ln x,$$

所以

$$\frac{x}{y}\cdot\frac{\partial z}{\partial x}+\frac{1}{\ln x}\cdot\frac{\partial z}{\partial y}=\frac{x}{y}\cdot yx^{y-1}+\frac{1}{\ln x}\cdot x^y\ln x=x^y+x^y=2z.$$

例 4　求函数 $u=\sin(x+y^2-e^z)$ 的偏导数.

解　将 y 和 z 看作常量，对 x 求导得

$$\frac{\partial u}{\partial x}=\cos(x+y^2-e^z),$$

同样可得

$$\frac{\partial u}{\partial y}=2y\cos(x+y^2-e^z),\frac{\partial u}{\partial z}=-e^z\cos(x+y^2-e^z).$$

二、偏导数的几何意义

由于偏导数实质上就是一元函数的导数，而一元函数的导数在几何上表示曲线的切线的斜率，因此，二元函数的偏导数也有类似的几何意义.

设 $z=f(x,y)$ 在点 (x_0,y_0) 处的偏导数存在，$z=f(x,y)$ 在几何上表示一曲面，点 $M_0(x_0,y_0,f(x_0,y_0))$ 为曲面上一点，过点 M_0 作平面 $y=y_0$，该平面与曲面 $z=f(x,y)$ 相交得一曲线，曲线方程为

$$\Gamma_1:\begin{cases}z=f(x,y),\\ y=y_0.\end{cases}$$

若将 $y=y_0$ 代入第一个方程，得 $z=f(x,y_0)$. 可见截线 Γ_1 是平面 $y=y_0$ 上的一条平面曲线，Γ_1：在 $y=y_0$ 上的方程就是 $z=f(x,y_0)$. 从而 $f_x(x_0,y_0)=\left[\frac{d}{dx}f(x,y_0)\right]_{x=x_0}$ 表示 Γ_1 在点 $M_0=(x_0,y_0,f(x_0,y_0))\in\Gamma_1$ 处的切线对 x 轴的斜率（图 8-5）.

同理，$f_y(x_0,y_0)=\left[\frac{d}{dy}f(x_0,y)\right]_{y=y_0}$ 表示平面 $x=x_0$ 与 $z=f(x,y)$ 的截线

$$\Gamma_2:\begin{cases}z=f(x,y),\\ x=x_0\end{cases}$$

表示在 $M_0=(x_0,y_0,f(x_0,y_0))\in\Gamma_2$ 处的切线对 y 轴的斜率（图 8-5）.

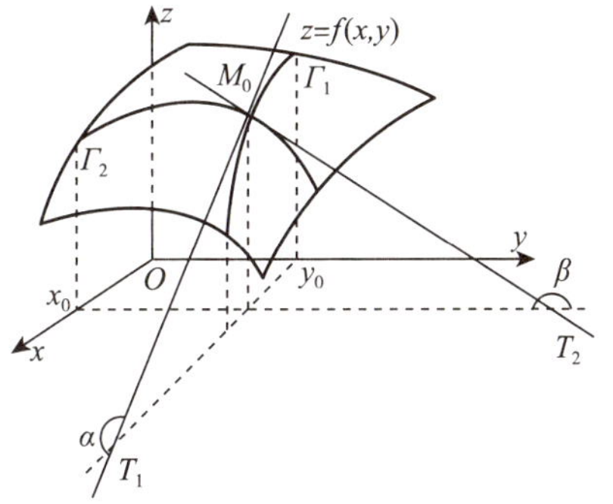

图 8-5

笔记

例 5 讨论函数

$$f(x,y)=\begin{cases}\dfrac{xy}{x^2+y^2}, x^2+y^2\neq 0,\\ 0, x^2+y^2=0\end{cases}$$

在点(0,0)处的两个偏导数是否存在.

解 $f'_x(0,0)=\lim\limits_{\Delta x\to 0}\dfrac{f(0+\Delta x,0)-f(0,0)}{\Delta x}=\lim\limits_{\Delta x\to 0}\dfrac{\dfrac{(0+\Delta x)\cdot 0}{(0+\Delta x)^2+0^2}-0}{\Delta x}=0.$

同样有 $f'_y(0,0)=0$. 这表明 $f(x,y)$ 在(0,0)处对 x 和对 y 的偏导数存在,即在(0,0)处两个偏导数都存在.

由上节例 3 可知,该函数在(0,0)处不连续;本例指出,对于二元函数而言,函数在某点的偏导数存在,不能保证函数在该点连续,但在一元函数中,我们有结论:可导必连续.这并不奇怪,因为偏导数只刻画函数沿 x 轴与 y 轴方向的变化率,$f'_x(x_0,y_0)$ 存在,只能保证一元函数 $f(x,y_0)$ 在 x_0 处连续,即 $y=y_0$ 与 $z=f(x,y)$ 的截线 Γ_1 在 $M_0(x_0,y_0,z_0)$ 处连续.同时,$f'_y(x_0,y_0)$ 只能保证 Γ_2 在 $M_0(x_0,y_0,z_0)$ 处连续,但两曲线 Γ_1,Γ_2 在 $M_0(x_0,y_0,z_0)$ 处连续并不能保证曲面 $z=f(x,y)$ 在 $M_0(x_0,y_0,z_0)$ 处连续.

三、高阶偏导数

设函数 $z=f(x,y)$ 在区域 D 内具有偏导数 $\dfrac{\partial z}{\partial x}=f'_x(x,y)$,$\dfrac{\partial z}{\partial y}=f'_y(x,y)$,那么在 D 内 $f'_x(x,y)$ 及 $f'_y(x,y)$ 都是 x,y 的二元函数.如果这两个函数的偏导数还存在,则称它们是函数 $z=f(x,y)$ 的二阶偏导数.按照对变量求导次序的不同有下列四个二阶偏导数:

$$\frac{\partial}{\partial x}\left(\frac{\partial z}{\partial x}\right)=\frac{\partial^2 z}{\partial x^2}=f''_{xx}(x,y),\quad\frac{\partial}{\partial y}\left(\frac{\partial z}{\partial x}\right)=\frac{\partial^2 z}{\partial x\partial y}=f''_{xy}(x,y),$$

$$\frac{\partial}{\partial x}\left(\frac{\partial z}{\partial y}\right)=\frac{\partial^2 z}{\partial y\partial x}=f''_{yx}(x,y),\quad\frac{\partial}{\partial y}\left(\frac{\partial z}{\partial y}\right)=\frac{\partial^2 z}{\partial y^2}=f''_{yy}(x,y),$$

其中,f''_{xy}(或 f''_{12})与 f''_{yx}(或 f''_{21})称为 $f(x,y)$ 的二阶混合偏导数,f''_{xx}(或 f''_{11})与 f''_{yy}(或 f''_{22})称为 $f(x,y)$ 的二阶纯偏导数.同样可定义三阶,四阶,…,n 阶偏导数.二阶及二阶以上的偏导数统称为高阶偏导数.

例 6 求函数 $z=xy+x^2\sin y$ 的所有二阶偏导数和 $\dfrac{\partial^3 z}{\partial y\partial x^2}$.

解 因为 $\dfrac{\partial z}{\partial x}=y+2x\sin y$,$\dfrac{\partial z}{\partial y}=x+x^2\cos y$,

所以

$$\frac{\partial^2 z}{\partial x^2}=2\sin y,\quad\frac{\partial^2 z}{\partial x\partial y}=1+2x\cos y,$$

$$\frac{\partial^2 z}{\partial y\partial x}=1+2x\cos y,\ \frac{\partial^2 z}{\partial y^2}=-x^2\sin y,\ \frac{\partial^3 z}{\partial y\partial x^2}=2\cos y.$$

从本例我们看到 $\dfrac{\partial^2 z}{\partial x\partial y}=\dfrac{\partial^2 z}{\partial y\partial x}$,即两个二阶混合偏导数相等.这并非偶然,事实上,有如下定理.

定理 如果函数 $z=f(x,y)$ 的两个二阶混合偏导数 $\dfrac{\partial^2 z}{\partial x\partial y}$ 和 $\dfrac{\partial^2 z}{\partial y\partial x}$ 在区域 D 内连续,则在该区域内有

笔记

$$\frac{\partial^2 z}{\partial x \partial y} = \frac{\partial^2 z}{\partial y \partial x}.$$

定理 1 表明，二阶混合偏导数在连续的条件下与求导的次序无关. 对于二元以上的函数，也可以类似地定义高阶偏导数，而且高阶混合偏导数在连续的条件下也与求导的次序无关.

例 7　验证函数 $z = \ln \sqrt{x^2 + y^2}$ 满足方程 $\frac{\partial^2 z}{\partial x^2} + \frac{\partial^2 z}{\partial y^2} = 0$.

解
$$z = \ln \sqrt{x^2 + y^2} = \frac{1}{2}\ln(x^2 + y^2),$$

所以

$$\frac{\partial z}{\partial x} = \frac{x}{x^2 + y^2}, \frac{\partial z}{\partial y} = \frac{y}{x^2 + y^2},$$

$$\frac{\partial^2 z}{\partial x^2} = \frac{(x^2 + y^2) - x \cdot 2x}{(x^2 + y^2)^2} = \frac{y^2 - x^2}{(x^2 + y^2)^2},$$

$$\frac{\partial^2 z}{\partial y^2} = \frac{(x^2 + y^2) - y \cdot 2y}{(x^2 + y^2)^2} = \frac{x^2 - y^2}{(x^2 + y^2)^2},$$

故

$$\frac{\partial^2 z}{\partial x^2} + \frac{\partial^2 z}{\partial y^2} = \frac{y^2 - x^2}{(x^2 + y^2)^2} + \frac{x^2 - y^2}{(x^2 + y^2)^2} = 0.$$

习题 8.2

1. 求下列各函数的一阶偏导数.

(1) $z = 2x^2 + y^2 - 3xy$;

(2) $z = \arctan \frac{y}{x}$;

(3) $z = \frac{x}{\sqrt{x^2 + y^2}}$;

(4) $z = y^x (y > 0)$;

(5) $z = x^2 \cos 2y$;

(6) $z = \frac{x + y}{x - y}$.

2. 求 $z = x^2 + y^2 - xy$ 在点 (1,3) 处的偏导数.

3. 求下列各函数的二阶偏导数.

(1) $z = x^3 y - 3x^2 y^3$;

(2) $z = \sin^2(ax + by)$（a, b 均为常数）;

(3) $z = x^4 + y^4 - 4x^2 y^2$;

(4) $z = \frac{x + y}{x - y}$.

4. 在直流电路中，电流 I、电压 U 和电阻 R 的关系为：$I = \frac{U}{R}$. 求 $\frac{\partial I}{\partial U}, \frac{\partial I}{\partial R}$.

笔记

第三节　全微分

一、全微分的概念

如果一元函数 $y=f(x)$ 可微，则函数的增量可表示为 $\Delta y=f'(x)\Delta x+o(x)$，其微分为 $\mathrm{d}y=f'(x)\mathrm{d}x$. 在实际问题中，我们会遇到求二元函数 $z=f(x,y)$ 的全增量的问题，一般说来，计算二元函数的全增量 Δz 更为复杂，为了能像一元函数一样，用自变量的增量 Δx 与 Δy 的线性函数近似代替全增量，我们引入二元函数的全微分的概念.

定义　若函数 $z=f(x,y)$ 在定义域 D 的内点 (x,y) 处，全增量

$$\Delta z=f(x+\Delta x,y+\Delta y)-f(x,y)$$

可表示成

$$\Delta z=A\Delta x+B\Delta y+o(\rho),$$

其中 A,B 不依赖于 $\Delta x,\Delta y$，仅与 x,y 有关，$\rho=\sqrt{(\Delta x)^2+(\Delta y)^2}$，$o(\rho)$ 表示当 $\Delta x\to 0$，$\Delta y\to 0$ 时关于 ρ 的高阶无穷小量，则称函数 $z=f(x,y)$ 在 (x,y) 处**可微**，而称 $A\Delta x+B\Delta y$ 为 $f(x,y)$ 在点 (x,y) 处的**全微分**，记作 $\mathrm{d}z$ 或 $\mathrm{d}f$，即

$$\mathrm{d}z=A\Delta x+B\Delta y.$$

若 $z=f(x,y)$ 在区域 D 内处处可微，则称 $f(x,y)$ 在 D 内可微，也称 $f(x,y)$ 是 D 内的可微函数.

二元函数 $z=f(x,y)$ 在点 $P(x,y)$ 的全微分具有以下两个性质：

(1) $\mathrm{d}z$ 是 $\Delta x,\Delta y$ 的线性函数，即 $\mathrm{d}z=A\Delta x+B\Delta y$.

(2) $\Delta z\approx\mathrm{d}z$，$\Delta z-\mathrm{d}z=o(\rho)(\rho\to 0)$，因此，当 $\Delta x,\Delta y$ 都很小时，可将 $\mathrm{d}z$ 作为计算 Δz 的近似公式.

二、二元函数可微、可导、连续的关系

定理 1　如果函数 $z=f(x,y)$ 在点 (x,y) 处可微，则函数在该点必连续.

这是因为由可微的定义，得

$$\Delta z=f(x+\Delta x,y+\Delta y)-f(x,y)=A\Delta x+B\Delta y+o(\rho)$$

$$\lim_{(\Delta x,\Delta y)\to(0,0)}\Delta z=0,$$

即

$$\lim_{(\Delta x,\Delta y)\to(0,0)}f(x+\Delta x,y+\Delta y)=f(x,y).$$

即函数 $z=f(x,y)$ 在点 (x,y) 处连续.

一元函数可微与可导是等价的，那么二元函数可微与可偏导之间有何关系呢？

定理 2　如果函数 $z=f(x,y)$ 在点 (x,y) 处可微，则 $z=f(x,y)$ 在该点的两个偏导数 $\dfrac{\partial z}{\partial x},\dfrac{\partial z}{\partial y}$ 都存在，且有

$$\mathrm{d}z=\frac{\partial z}{\partial x}\Delta x+\frac{\partial z}{\partial y}\Delta y.$$

定理 2 的证明

定理 2 的逆命题不一定成立，即二元函数在某点的两个偏导数存在不能保证函数在该点可微. 如函数

笔记

$$f(x,y)=\begin{cases}\dfrac{xy}{x^2+y^2}, x^2+y^2\neq 0,\\ 0, x^2+y^2=0\end{cases}$$

在(0,0)处两个偏导数都存在，但 $f(x,y)$ 在(0,0)处不连续，由定理1知，该函数在(0,0)处不可微. 但两个偏导数既存在且连续时，函数就是可微的. 我们不加证明地给出如下定理.

定理3　如果函数 $z=f(x,y)$ 在 (x,y) 处的偏导数存在且连续，即 $\dfrac{\partial z}{\partial x},\dfrac{\partial z}{\partial y}$ 存在且连续，则函数 $z=f(x,y)$ 在该点可微.

类似于一元函数微分的情形，规定自变量的微分等于自变量的改变量，即 $\mathrm{d}x=\Delta x$，$\mathrm{d}y=\Delta y$，于是由定理2有

$$\mathrm{d}z=\frac{\partial z}{\partial x}\mathrm{d}x+\frac{\partial z}{\partial y}\mathrm{d}y.$$

以上关于二元函数的全微分的概念及结论，可以类推到三元以上的函数中去，比如若三元函数 $u=f(x,y,z)$ 在点 $P(x,y,z)$ 处可微，则它的全微分为

$$\mathrm{d}u=\frac{\partial u}{\partial x}\mathrm{d}x+\frac{\partial u}{\partial y}\mathrm{d}y+\frac{\partial u}{\partial z}\mathrm{d}z.$$

例1　求下列函数的全微分.

(1) $z=x^2\sin 2y$；　　　　(2) $u=x^{yz}$.

解　(1) 因为 $\dfrac{\partial z}{\partial x}=2x\sin 2y,\dfrac{\partial z}{\partial y}=2x^2\cos 2y$，所以 $\mathrm{d}z=2x\sin 2y\mathrm{d}x+2x^2\cos 2y\mathrm{d}y$.

(2) 因为 $\dfrac{\partial u}{\partial x}=yzx^{yz-1},\dfrac{\partial u}{\partial y}=zx^{yz}\ln x,\dfrac{\partial u}{\partial z}=yx^{yz}\ln x$，

所以 $\mathrm{d}u=yzx^{yz-1}\mathrm{d}x+zx^{yz}\ln x\mathrm{d}y+yx^{yz}\ln x\mathrm{d}z$.

例2　求 $z=xy+\mathrm{e}^{xy}$ 在点(1,2)处的全微分.

解　因 $\dfrac{\partial z}{\partial x}=y+y\mathrm{e}^{xy},\dfrac{\partial z}{\partial y}=x+x\mathrm{e}^{xy}$ 得

$$\left.\frac{\partial z}{\partial x}\right|_{\substack{x=1\\y=2}}=2+2\mathrm{e}^2,\quad \left.\frac{\partial z}{\partial y}\right|_{\substack{x=1\\y=2}}=1+\mathrm{e}^2,$$

于是

$$\left.\mathrm{d}z\right|_{\substack{x=1\\y=2}}=(2+2\mathrm{e}^2)\mathrm{d}x+(1+\mathrm{e}^2)\mathrm{d}y.$$

三、全微分的运算法则

类似于一元函数微分的运算法则，有

定理4(全微分四则运算法则)　设 $f(x,y),g(x,y)$ 在 $P(x,y)$ 处可微，则

(1) $f(x,y)\pm g(x,y)$ 在 (x,y) 处可微，且

$$\mathrm{d}[f(x,y)\pm g(x,y)]=\mathrm{d}[f(x,y)]\pm\mathrm{d}[g(x,y)];$$

(2) 若 k 为常数，$kf(x,y)$ 在点 (x,y) 处可微，且

$$\mathrm{d}[kf(x,y)]=k\mathrm{d}[f(x,y)];$$

(3) $f(x,y)\cdot g(x,y)$ 在点 (x,y) 处可微，且

$$\mathrm{d}[f(x,y)\cdot g(x,y)]=g(x,y)\mathrm{d}[f(x,y)]+f(x,y)\mathrm{d}[g(x,y)];$$

笔记

(4) 当 $g(x,y)\neq 0$ 时，$\dfrac{f(x,y)}{g(x,y)}$ 在点 (x,y) 处可微，则

$$d\left[\frac{f(x,y)}{g(x,y)}\right]=\frac{g(x,y)df(x,y)-f(x,y)dg(x,y)}{g^2(x,y)}.$$

例 3 求 $z=x\sin(x^2+y^2)$ 的全微分.

解 方法一：

$$\frac{\partial z}{\partial x}=\sin(x^2+y^2)+2x^2\cos(x^2+y^2),\frac{\partial z}{\partial y}=2xy\cos(x^2+y^2),$$

$$dz=[\sin(x^2+y^2)+2x^2\cos(x^2+y^2)]dx+2xy\cos(x^2+y^2)dy.$$

方法二：

$$\begin{aligned}dz&=d[x\sin(x^2+y^2)]=xd[\sin(x^2+y^2)]+\sin(x^2+y^2)dx\\&=x\cos(x^2+y^2)d(x^2+y^2)+\sin(x^2+y^2)dx\\&=[\sin(x^2+y^2)+2x\cos(x^2+y^2)]dx+2xy\cos(x^2+y^2)dy.\end{aligned}$$

四、全微分在近似计算中的应用

设函数 $z=f(x,y)$ 在点 (x,y) 处可微，则函数的全增量与全微分之差是一个比 ρ 高阶的无穷小，因此当 $|\Delta x|$ 与 $|\Delta y|$ 都较小时，全增量可以近似地用全微分代替，即

$$\Delta z\approx dz=f'_x(x,y)\Delta x+f'_y(x,y)\Delta y.$$

又因为 $\Delta z=f(x+\Delta x,y+\Delta y)-f(x,y)$，所以有

$$f(x+\Delta x,y+\Delta y)\approx f(x,y)+f'_x(x,y)\Delta x+f'_y(x,y)\Delta y.$$

例 4 利用全微分近似计算 $(0.98)^{2.03}$ 的值.

解 设函数 $z=f(x,y)=x^y$，则要计算的数值就是函数在 $x+\Delta x=0.98$ 和 $y+\Delta y=2.03$ 的函数值 $f(0.98,2.03)$，取 $x=1,y=2,\Delta x=-0.02,\Delta y=0.03$，由公式 $f(x+\Delta x,y+\Delta y)\approx f(x,y)+f_x(x,y)\Delta x+f_y(x,y)\Delta y$，得

$f(0.98,2.03)=f(1-0.02,2+0.03)\approx f(1,2)+f_x(1,2)(-0.02)+f_y(1,2)(0.03)$，

因为 $f(1,2)=1,f_x(x,y)=yx^{y-1},f_x(1,2)=2,f_y(x,y)=x^y\ln x,f_y(1,2)=0$，

所以 $(0.98)^{2.03}\approx 1+2\times(-0.02)+0\times 0.03=0.96$.

习题 8.3

1. 试求当 $x=2,y=1,\Delta x=0.01,\Delta y=0.03$ 时，函数 $z=\dfrac{xy}{x^2-y^2}$ 的全增量和全微分.

2. 计算 $z=\ln\sqrt{1+x^2+y^2}$ 在点 $(1,1)$ 处的全微分.

3. 求下列各函数的全微分.

(1) $z=\sqrt{x^2+y^2}$；

(2) $z=y^x$；

(3) $u=\arcsin\dfrac{x}{t}$；

(4) $z=\sin xy$；

(5) $z = e^{xy}\cos xy$;

(6) $z = \arctan \dfrac{y}{x}$.

笔记

第四节　多元复合函数的求导法则

在一元函数中,已经学过了一元复合函数的求导法则,如果函数 $y = f(u)$ 对 u 可导,$u = \varphi(x)$ 对 x 可导,则由 $y = f(u), u = \varphi(x)$ 复合而成的复合函数 $y = f(\varphi(x))$ 对 x 可导,且

$$\frac{dy}{dx} = \frac{dy}{du} \cdot \frac{du}{dx} = f'(u) \cdot \varphi'(x).$$

对于多元函数也是如此,不过多元复合函数的求导问题比较复杂,下面就从二元函数着手对此问题展开讨论.

对于二元函数 $z = f(u,v)$,通过中间变量 $u = \varphi(x,y), v = \psi(x,y)$ 可以构成复合函数 $z = f(\varphi(x,y),\psi(x,y))$,这个复合函数的变量间的关系可以借用图 8-6 来表示,每条线段所连接的两个变量是具有直接关系的两个变量,图形表示了变量 z 为变量 u,v 的函数,而变量 u,v 又都是变量 x,y 的函数,那么通过中间变量 u,v,变量 z 最终也是变量 x,y 的函数. 从图 8-6 中很容易看出,从变量 z 到变量 x 有两个分支,即 $z \to u \to x$ 和 $z \to v \to x$;由变量 z 到变量 y 也有两个分支,即 $z \to u \to y$ 和 $z \to v \to y$.

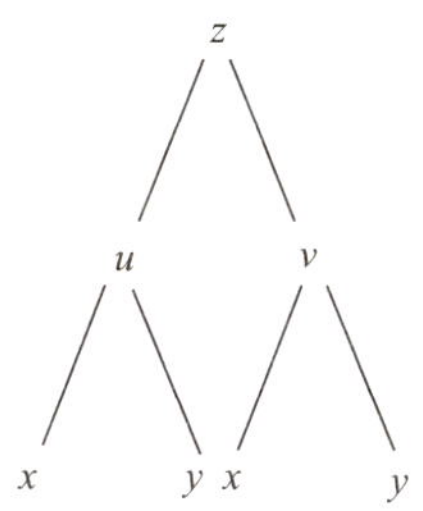

图 8-6

要求复合函数 $z = f(\varphi(x,y),\psi(x,y))$ 对 x 的偏导数 $\dfrac{\partial z}{\partial x}$,可以把 x 看作变量,y 看作常数,因为 x 变化会同时引起 u,v 两个变量变化,因此导致 z 的变化就会有两部分,一部分变化是由 u 变化引起的,另一部分变化是由 v 变化引起的(同理可以考虑对 y 的偏导数的求法). 可以证明有如下定理,此定理给出了 $\dfrac{\partial z}{\partial x}, \dfrac{\partial z}{\partial y}$ 的求法.

定理 1　如果函数 $z = f(u,v)$ 有连续的偏导数,而函数 $u = \varphi(x,y), v = \psi(x,y)$ 存在偏导数,则复合函数 $z = f(\varphi(x,y),\psi(x,y))$ 存在偏导数,且

$$\frac{\partial z}{\partial x} = \frac{\partial z}{\partial u} \cdot \frac{\partial u}{\partial x} + \frac{\partial z}{\partial v} \cdot \frac{\partial v}{\partial x},$$

$$\frac{\partial z}{\partial y} = \frac{\partial z}{\partial u} \cdot \frac{\partial u}{\partial y} + \frac{\partial z}{\partial v} \cdot \frac{\partial v}{\partial y}.$$

笔记

此法称为二元复合函数的链式求导法则.

例 1 设 $z=\mathrm{e}^u\sin v, u=xy, v=x+y$, 求 $\frac{\partial z}{\partial x},\frac{\partial z}{\partial y}$.

解 由链式法则得

$$\frac{\partial z}{\partial x}=\frac{\partial z}{\partial u}\cdot\frac{\partial u}{\partial x}+\frac{\partial z}{\partial v}\cdot\frac{\partial v}{\partial x}=\mathrm{e}^u\sin v\cdot y+\mathrm{e}^u\cos v\cdot 1$$

$$=\mathrm{e}^{xy}[y\sin(x+y)+\cos(x+y)],$$

$$\frac{\partial z}{\partial y}=\frac{\partial z}{\partial u}\cdot\frac{\partial u}{\partial y}+\frac{\partial z}{\partial v}\cdot\frac{\partial v}{\partial y}=\mathrm{e}^u\sin v\cdot x+\mathrm{e}^u\cos v\cdot 1$$

$$=\mathrm{e}^{xy}[x\sin(x+y)+\cos(x+y)].$$

例 2 设 $z=f(x^2-y^2,xy)$，且 $f(u,v)$ 有连续的偏导数，求 $\frac{\partial z}{\partial x},\frac{\partial z}{\partial y}$.

解 令 $u=x^2-y^2, v=xy$，于是 $z=f(u,v)$，由链式法则得

$$\frac{\partial z}{\partial x}=\frac{\partial z}{\partial u}\cdot\frac{\partial u}{\partial x}+\frac{\partial z}{\partial v}\cdot\frac{\partial v}{\partial x}=2x\cdot\frac{\partial z}{\partial u}+y\cdot\frac{\partial z}{\partial v}=2xf'_u+yf'_v.$$

$$\frac{\partial z}{\partial y}=\frac{\partial z}{\partial u}\cdot\frac{\partial u}{\partial y}+\frac{\partial z}{\partial v}\cdot\frac{\partial v}{\partial y}=-2y\cdot\frac{\partial z}{\partial u}+x\cdot\frac{\partial z}{\partial v}=-2yf'_u+xf'_v.$$

当外层函数不是具体函数而是抽象函数 $f(u,v)$ 时,常用下列符号表示:

$$\frac{\partial z}{\partial u}=\frac{\partial f}{\partial u}=f'_u,\frac{\partial z}{\partial v}=\frac{\partial f}{\partial v}=f'_v$$

多元复合函数的复合关系是多种多样的,不可能把所有求偏导数的公式都写出来,但是,只要能准确地把握函数间的各层复合关系,能准确地画出各个变量间的关系分支图,就可以对复合函数关于某个变量轻松求偏导,该复合函数对某个变量的偏导数就等于各个分支上的函数对下一级中间变量的导数乘上这个中间变量对再下一级中间变量的导数,一直乘到倒数第一级中间变量对这个变量的导数乘积之和. 下面给出几种常见的复合函数求偏导数的方法.

(1) 设函数 $z=f(u)$ 在 u 处可导,而函数 $u=\varphi(x,y)$ 的偏导数存在,则复合函数 $z=f(\varphi(x,y))$ 存在偏导数，且

$$\frac{\partial z}{\partial x}=\frac{\mathrm{d}z}{\mathrm{d}u}\cdot\frac{\partial u}{\partial x}.$$

$$\frac{\partial z}{\partial y}=\frac{\mathrm{d}z}{\mathrm{d}u}\cdot\frac{\partial u}{\partial y}.$$

(2) 设函数 $z=f(u,v)$ 有连续的偏导数，而函数 $u=\varphi(t), v=\psi(t)$ 均在 t 处可导，则复合函数 $z=f(\varphi(t),\psi(t))$ 存在导数，且

$$\frac{\mathrm{d}z}{\mathrm{d}t}=\frac{\partial z}{\partial u}\cdot\frac{\mathrm{d}u}{\mathrm{d}t}+\frac{\partial z}{\partial v}\cdot\frac{\mathrm{d}v}{\mathrm{d}t},$$

称 $\frac{\mathrm{d}z}{\mathrm{d}t}$ 为复合函数 $z=f(\varphi(t),\psi(t))$ 的全导数.

(3) 设函数 $z=f(u,v,w)$ 有连续的偏导数，而函数 $u=u(x,y), v=v(x,y), w=w(x,y)$ 有偏导数，则复合函数 $z=f(u(x,y),v(x,y),w(x,y))$ 有偏导数，且

$$\frac{\partial z}{\partial x}=\frac{\partial z}{\partial u}\cdot\frac{\partial u}{\partial x}+\frac{\partial z}{\partial v}\cdot\frac{\partial v}{\partial x}+\frac{\partial z}{\partial w}\cdot\frac{\partial w}{\partial x}.$$

$$\frac{\partial z}{\partial y}=\frac{\partial z}{\partial u}\cdot\frac{\partial u}{\partial y}+\frac{\partial z}{\partial v}\cdot\frac{\partial v}{\partial y}+\frac{\partial z}{\partial w}\cdot\frac{\partial w}{\partial y}.$$

笔记

例 3　设 $z=f\left(\dfrac{y}{x},x+2y,y\sin x\right)$，且 $f(u,v,w)$ 有连续的偏导数，求 $\dfrac{\partial z}{\partial x},\dfrac{\partial z}{\partial y}$.

解　令 $u=\dfrac{y}{x},v=x+2y,w=y\sin x$，于是 $z=f(u,v,w)$，且

$$\frac{\partial z}{\partial x}=\frac{\partial z}{\partial u}\cdot\frac{\partial u}{\partial x}+\frac{\partial z}{\partial v}\cdot\frac{\partial v}{\partial x}+\frac{\partial z}{\partial w}\cdot\frac{\partial w}{\partial x}=-\frac{y}{x^2}f'_u+f'_v+y\cos x\cdot f'_w,$$

$$\frac{\partial z}{\partial y}=\frac{\partial z}{\partial u}\cdot\frac{\partial u}{\partial y}+\frac{\partial z}{\partial v}\cdot\frac{\partial v}{\partial y}+\frac{\partial z}{\partial w}\cdot\frac{\partial w}{\partial y}=\frac{1}{x}f'_u+2f'_v+\sin x\cdot f'_w.$$

例 4　设 $z=uv+\sin t$，其中 $u=e^t,v=\cos t$，求全导数 $\dfrac{dz}{dt}$.

解　$$\frac{dz}{dt}=\frac{\partial z}{\partial u}\cdot\frac{du}{dt}+\frac{\partial z}{\partial v}\cdot\frac{dv}{dt}+\frac{\partial z}{\partial t}=ve^t-u\sin t+\cos t$$

$$=e^t(\cos t-\sin t)+\cos t.$$

习题 8.4

1. 设 $z=u^2\ln v,u=xy,v=x-2y$，求 $\dfrac{\partial z}{\partial x},\dfrac{\partial z}{\partial y}$.

2. 设 $z=f(2x+3y,e^{xy})$，且 $f(u,v)$ 有连续的偏导数，求 $\dfrac{\partial z}{\partial x},\dfrac{\partial z}{\partial y}$.

3. 设 $z=f(x\cos y,y\cos x,x^y)$，且 $f(u,v,w)$ 有连续的偏导数，求 $\dfrac{\partial z}{\partial x},\dfrac{\partial z}{\partial y}$.

4. 设 $z=e^{uv}+\ln t$，其中 $u=\sin t,v=\cos t$，求全导数 $\dfrac{dz}{dt}$.

5. 设 $f(u)$ 可导，$z=x^nf\left(\dfrac{y}{x^2}\right)$，证明：$x\cdot\dfrac{\partial z}{\partial x}+2y\cdot\dfrac{\partial z}{\partial y}=nz$.

第五节　隐函数求导公式

一、由方程 $F(x,y)=0$ 所确定的隐函数的求导公式

如果函数 $F(x,y)$ 在点 (x,y) 处的偏导数 $F'_y(x,y)\neq0$,则方程 $F(x,y)=0$ 在点 (x,y) 的某个邻域内确定了 y 是 x 的函数,即确定了一个隐函数 $y=f(x)$（证明略），此时它的左端 $F(x,y)$ 就可以看成是一个复合函数 $F(x,f(x))$，那么方程 $F(x,y)=0$ 两端对 x 求导,由复合函数求导法则就有

$$\frac{\partial F}{\partial x}+\frac{\partial F}{\partial y}\cdot\frac{dy}{dx}=0.$$

如果 $\dfrac{\partial F}{\partial y}\neq0$，则有

$$\frac{dy}{dx}=-\frac{\dfrac{\partial F}{\partial x}}{\dfrac{\partial F}{\partial y}}\text{ 或 }\frac{dy}{dx}=-\frac{F'_x}{F'_y},$$

笔记

这就是由方程 $F(x,y)=0$ 所确定的隐函数 $y=f(x)$ 的求导公式.

例 1 求由方程 $xy+x+y=6$ 所确定的隐函数 $y=f(x)$ 的导数.

解 令 $F(x,y)=xy+x+y-6$，则 $F'_x=y+1, F'_y=x+1$，于是

$$\frac{dy}{dx}=-\frac{F'_x}{F'_y}=-\frac{y+1}{x+1}.$$

二、由方程 $F(x,y,z)=0$ 所确定的隐函数的求导公式

如果函数 $F(x,y,z)$ 在点 (x,y,z) 处的偏导数 $F'_z(x,y,z)\neq 0$，则方程 $F(x,y,z)=0$ 在点 (x,y,z) 的某个邻域内确定了 z 是 x,y 的二元函数，即确定了一个隐函数 $z=f(x,y)$（证明略），此时它的左端 $F(x,y,z)$ 就可以看成是一个复合函数 $F[x,y,f(x,y)]$，那么方程 $F(x,y,z)=0$ 两端分别对 x 和 y 求偏导数，有

$$\frac{\partial F}{\partial x}+\frac{\partial F}{\partial z}\cdot\frac{\partial z}{\partial x}=0,\frac{\partial F}{\partial y}+\frac{\partial F}{\partial z}\cdot\frac{\partial z}{\partial y}=0.$$

如果 $\frac{\partial F}{\partial z}\neq 0$，则有

$$\frac{\partial z}{\partial x}=-\frac{\frac{\partial F}{\partial x}}{\frac{\partial F}{\partial z}},\frac{\partial z}{\partial y}=-\frac{\frac{\partial F}{\partial y}}{\frac{\partial F}{\partial z}}$$

或

$$\frac{\partial z}{\partial x}=-\frac{F'_x}{F'_z},\frac{\partial z}{\partial y}=-\frac{F'_y}{F'_z},$$

这就是由方程 $F(x,y,z)=0$ 所确定的二元隐函数 $z=f(x,y)$ 的求导公式.

例 2 求由方程 $e^{x+y+z}=xyz$ 所确定的隐函数 $z=f(x,y)$ 的偏导数 $\frac{\partial z}{\partial x},\frac{\partial z}{\partial y}$.

解 令 $F(x,y,z)=e^{x+y+z}-xyz$，则

$$F'_x=e^{x+y+z}-yz,F'_y=e^{x+y+z}-xz,F'_z=e^{x+y+z}-xy.$$

于是

$$\frac{\partial z}{\partial x}=-\frac{F'_x}{F'_z}=-\frac{e^{x+y+z}-yz}{e^{x+y+z}-xy}=\frac{yz-e^{x+y+z}}{e^{x+y+z}-xy},$$

$$\frac{\partial z}{\partial y}=-\frac{F'_y}{F'_z}=-\frac{e^{x+y+z}-xz}{e^{x+y+z}-xy}=\frac{xz-e^{x+y+z}}{e^{x+y+z}-xy}.$$

习题 8.5

1. 求下列方程所确定的隐函数 $y=f(x)$ 的导数.

(1) $\sin y+e^x-x^3y=0$;

(2) $x^2+y^2=xe^y$.

2. 求下列方程所确定的隐函数 $z=f(x,y)$ 的偏导数.

(1) $e^z=x^2y^2z^2$;

(2) $x^2+y^2+z^2=xyz^2$.

笔记

3. 求由下列方程所确定的隐函数的偏导数.

(1) $\ln(x^2+y^3)=\arctan xy^2$;

(2) $\dfrac{x}{z}=\ln\dfrac{z}{y}$.

4. 设 $2\sin(x+2y-3z)=x+2y-3z$，证明：$\dfrac{\partial z}{\partial x}+\dfrac{\partial z}{\partial y}=1$.

5. 求下列复合函数的偏导数或导数.

(1) $z=u^2v+uv^2, u=\ln x, v=e^x$，求 $\dfrac{dz}{dx}$;

(2) $u=\sin x, v=1+e^x, z=\dfrac{u}{v}$，求 $\dfrac{dz}{dx}$;

(3) $z=u^2\ln v, u=3x-2y, v=3x+2y$，求 $\dfrac{\partial z}{\partial x},\dfrac{\partial z}{\partial y}$;

(4) $z=\ln(2v+3u), u=3x^2, v=\sin x$，求 $\dfrac{\partial z}{\partial x},\dfrac{\partial z}{\partial y}$.

6. 求下列函数的一阶偏导数，其中 f 为可微函数.

(1) $z=f(x^2-y^2, e^{xy})$;

(2) $z=f\left(3x,\dfrac{y}{x}\right)$;

(3) $z=f(x+y, x^2-y^2)$.

7. 求下列方程所确定的隐函数的导数 $\dfrac{dy}{dx}$.

(1) $x^3-x^2y^2+y^3=2$;

(2) $xe^y+ye^x-e^{xy}=0$.

8. 求下列方程所确定的隐函数的偏导数 $\dfrac{\partial z}{\partial x},\dfrac{\partial z}{\partial y}$.

(1) $3xyz+z^3=14$;

(2) $x+2y+z-2\sqrt{xyz}=0$.

9. 求下列复合函数的偏导数.

(1) $z=e^{uv}, u=\ln\sqrt{x^2+y^2}, v=\arctan\dfrac{y}{x}$，求 $\dfrac{\partial z}{\partial x},\dfrac{\partial z}{\partial y}$;

(2) $z=(2x+y)^{2x+y}$，求 $\dfrac{\partial z}{\partial x},\dfrac{\partial z}{\partial y}$.

10. 设 $z=\dfrac{y^2}{3x}+f(xy)$，其中 f 为可微函数，证明：$x^2\dfrac{\partial z}{\partial x}-xy\dfrac{\partial z}{\partial y}+y^2=0$.

11. 求由方程 $\cos^2x+\cos^2y+\cos^2z=1$ 确定的函数 $z=f(x,y)$ 的全微分.

第六节　多元函数微分学的应用

类似于一元函数的微分法可以求平面曲线的切线方程和法线方程，多元函数的微分法同样可以求出空间曲线的切线和法平面方程以及空间曲面的切平面和法线方程.

笔记

一、多元函数微分学的几何应用

1. 空间曲线的切线与法平面

设空间曲线 Γ 的参数方程为

$$\Gamma:\begin{cases}x=\varphi(t),\\ y=\psi(t), \quad t\in[\alpha,\beta].\\ z=\omega(t),\end{cases}$$

这里假定 $\varphi(t),\psi(t),\omega(t)$ 在 $t\in[\alpha,\beta]$ 上可导.

空间曲线在其上点 M_0 处的**切线**定义为割线的极限位置(若极限存在),过 M_0 而与切线垂直的平面称为曲线在点 M_0 处的**法平面**.

现在要求曲线 Γ 上一点 $M_0(x_0,y_0,z_0)$ 处的切线和法平面. 这里 $x_0=\varphi(t_0),y_0=\psi(t_0),z_0=\omega(t_0),t_0\in[\alpha,\beta],[\varphi'(t_0)]^2+[\psi'(t_0)]^2+[\omega'(t_0)]^2\neq 0$. 在曲线 Γ 上点 $M_0(x_0,y_0,z_0)$ 的附近取一点 $M(x_0+\Delta x,y_0+\Delta y,z_0+\Delta z)$,其对应的参数为 $t_0+\Delta t$. 作曲线的割线 MM_0,其方程为

$$\frac{x-x_0}{\Delta x}=\frac{y-y_0}{\Delta y}=\frac{z-z_0}{\Delta z}.$$

其中 $\Delta x=\varphi(t_0+\Delta t)-\varphi(t_0),\Delta y=\psi(t_0+\Delta t)-\psi(t_0),\Delta z=\omega(t_0+\Delta t)-\omega(t_0)$. 以 Δt 除上式各分母,得

$$\frac{x-x_0}{\frac{\Delta x}{\Delta t}}=\frac{y-y_0}{\frac{\Delta y}{\Delta t}}=\frac{z-z_0}{\frac{\Delta z}{\Delta t}},$$

当点 M 沿着 Γ 趋于点 M_0 时,割线 MM_0 的极限就是曲线在点 M_0 处的切线.

所以当 $\Delta t\to 0$,即 $M\to M_0$ 时,得曲线在点 M_0 处的切线方程为

$$\frac{x-x_0}{\varphi'(t_0)}=\frac{y-y_0}{\psi'(t_0)}=\frac{z-z_0}{\omega'(t_0)}.$$

切线的方向向量称为**曲线的切向量**,向量 $\boldsymbol{T}=(\varphi'(t_0),\psi'(t_0),\omega'(t_0))$ 就是曲线 Γ 在点 M 处的一个切向量.

由法平面的定义知,曲线在点 M_0 处的法平面方程为

$$\varphi'(t_0)(x-x_0)+\psi'(t_0)(y-y_0)+\omega'(t_0)(z-z_0)=0.$$

例 1 求曲线 $\begin{cases}x=2\sin t,\\ y=2\cos t,\\ z=3t\end{cases}$ 在 $t=\frac{\pi}{3}$ 处的切线和法平面的方程.

解 当 $t=\frac{\pi}{3}$ 时,$x_0=2\sin\frac{\pi}{3}=\sqrt{3},y_0=2\cos\frac{\pi}{3}=1,z_0=\pi$.

由于 $x'=2\cos t,y'=-2\sin t,z'=3$,所以切线在 $t=\frac{\pi}{3}$ 处的方向向量为 $x'(t_0)=2\cos t\big|_{t=\frac{\pi}{3}}=2\times\frac{1}{2}=1,y'(t_0)=-2\sin t\big|_{t=\frac{\pi}{3}}=-2\times\frac{\sqrt{3}}{2}=-\sqrt{3},z'(t_0)=3$,因此,曲线在 $t=\frac{\pi}{3}$ 处的切线方程为

$$\frac{x-\sqrt{3}}{1}=\frac{y-1}{-\sqrt{3}}=\frac{z-\pi}{3}.$$

笔记

曲线在 $t=\frac{\pi}{3}$ 处的法平面方程为

$$x-\sqrt{3}-\sqrt{3}(y-1)+3(z-\pi)=0.$$

即

$$x-\sqrt{3}y+3z-3\pi=0.$$

例 2　求曲线 $x^2+y^2+z^2=6, x+y+z=0$ 在点 $(1,-2,1)$ 处的切线及法平面方程.

解　设

$$\begin{cases}F(x,y,z)=x^2+y^2+z^2-6,\\ G(x,y,z)=x+y+z.\end{cases}$$

它们在点 $(1,-2,1)$ 处的偏导数和雅可比行列式分别为

$$\frac{\partial F}{\partial x}=2, \frac{\partial F}{\partial y}=-4, \frac{\partial F}{\partial z}=2,$$

$$\frac{\partial G}{\partial x}=1, \frac{\partial G}{\partial y}=1, \frac{\partial G}{\partial z}=1,$$

$$\frac{\partial(F,G)}{\partial(y,z)}=-6, \frac{\partial(F,G)}{\partial(z,x)}=0, \frac{\partial(F,G)}{\partial(x,y)}=6.$$

所求切线方程为

$$\frac{x-1}{-6}=\frac{y+2}{0}=\frac{z-1}{6},$$

即

$$\begin{cases}x+z-2=0,\\ y=-2.\end{cases}$$

2. 空间曲面的切平面与法线

设曲面 Σ 的方程为

$$F(x,y,z)=0,$$

$M_0(x_0,y_0,z_0)$ 是曲面 Σ 上的一点，并设函数 $F(x,y,z)$ 的偏导数在该点连续且不同时为零. 在曲面 Σ 上，过点 M_0 任意引一条曲线 Γ，假定曲线 Γ 的参数方程式为

$$x=\varphi(t), y=\psi(t), z=\omega(t), t\in[\alpha,\beta],$$

$t=t_0$ 对应于点 $M_0(x_0,y_0,z_0)$ 且 $\varphi'(t_0), \psi'(t_0), \omega'(t_0)$ 不全为零.

曲线在点 $M_0(x_0,y_0,z_0)$ 的切向量为

$$\boldsymbol{T}=(\varphi'(t_0), \psi'(t_0), \omega'(t_0)).$$

曲面方程 $F(x,y,z)=0$ 两端在 $t=t_0$ 的全导数为

$$F'_x(x_0,y_0,z_0)\varphi'(t_0)+F'_y(x_0,y_0,z_0)\psi'(t_0)+F'_z(x_0,y_0,z_0)\omega'(t_0)=0.$$

引入向量

$$\boldsymbol{n}=(F'_x(x_0,y_0,z_0), F'_y(x_0,y_0,z_0), F'_z(x_0,y_0,z_0))$$

易见，$\boldsymbol{T}$ 与 $\boldsymbol{n}$ 是垂直的. 因为曲线 Γ 是曲面 Σ 上通过点 M_0 的任意一条曲线，它们在点 M_0 的切线都与同一向量 $\boldsymbol{n}$ 垂直，所以曲面上通过点 M_0 的一切曲线在点 M_0 的切线都在同一个平面上. 这个平面称为曲面 Σ 在点 M_0 的**切平面**.

切平面的方程式是

$$F'_x(x_0,y_0,z_0)(x-x_0)+F'_y(x_0,y_0,z_0)(y-y_0)+F'_z(x_0,y_0,z_0)(z-z_0)=0.$$

通过点 $M_0(x_0,y_0,z_0)$ 且垂直于切平面的直线称为**曲面的法线**.

笔记

法线方程为

$$\frac{x-x_0}{F'_x(x_0,y_0,z_0)}=\frac{y-y_0}{F'_y(x_0,y_0,z_0)}=\frac{z-z_0}{F'_z(x_0,y_0,z_0)}.$$

垂直于曲面上切平面的向量称为**曲面的法向量**.

向量

$$\boldsymbol{n}=(F'_x(x_0,y_0,z_0),F'_y(x_0,y_0,z_0),F'_z(x_0,y_0,z_0))$$

就是曲面 Σ 在点 M_0 处的一个法向量.

例 3 求球面 $x^2+2y^2+3z^2=6$ 在点(1,1,1)处的切平面及法线方程式.

解 令 $F(x,y,z)=x^2+2y^2+3z^2-6$,则

$$F'_x=2x,F'_y=4y,F'_z=6z,$$

$$F'_x(1,1,1)=2,F'_y(1,1,1)=4,F'_z(1,1,1)=6.$$

法向量为

$$\boldsymbol{n}=(2,4,6)\text{ 或 }\boldsymbol{n}=(1,2,3).$$

所求切平面方程为

$$2(x-1)+4(y-1)+6(z-1)=0,$$

即

$$x+2y+3z-14=0.$$

法线方程为

$$\frac{x-1}{1}=\frac{y-1}{2}=\frac{z-1}{3}.$$

讨论 若曲面方程为 $z=f(x,y)$,曲面的切平面及法线方程式是什么形式?

提示:此时 $F(x,y,z)=f(x,y)-z\cdot\boldsymbol{n}=(f'_x(x_0,y_0),f'_y(x_0,y_0),-1)$.

例 4 求旋转抛物面 $z=x^2+y^2-1$ 在点(2,1,4)处的切平面及法线方程.

解 令 $z=f(x,y)=x^2+y^2-1$,则

$$\boldsymbol{n}=(f'_x,f'_y,-1)=(2x,2y,-1)$$

$$\boldsymbol{n}\big|_{2,1,4}=(4,2,-1).$$

所以在点(2,1,4)处的切平面方程为

$$4(x-2)+2(y-1)-(z-4)=0,$$

即

$$4x+2y-z-6=0.$$

法线方程为

$$\frac{x-2}{4}=\frac{y-1}{2}=\frac{z-4}{-1}.$$

二、二元函数的极值

在工程技术和社会生活等方面存在诸多"最优化"问题,即最值(最大值和最小值)问题,影响这些问题的变量往往不止一个,这些问题在高等数学中统称为多元函数的最值问题.与一元函数类似,多元函数的最值与极值有着密切的联系.

1. 极值

类似一元函数的极值概念,我们有二元函数的极值概念.

定义 1 设函数 $z=f(x,y)$ 的定义域为 $D\subset R^2$,$P_0(x,y)$ 为 D 的内点.若存在

笔记

$P_0(x_0,y_0)$ 的某个邻域 $U(P_0)\subset D$，对于该邻域内异于 $P_0(x_0,y_0)$ 的任意点 (x,y)，都有

$$f(x,y)<f(x_0,y_0),$$

则称函数 $f(x,y)$ 在点 $P_0(x_0,y_0)$ 有**极大值** $f(x_0,y_0)$，点 $P_0(x_0,y_0)$ 称为函数 $f(x,y)$ 的极大值点；若对于该邻域内异于 $P_0(x_0,y_0)$ 的任意点 (x,y)，都有

$$f(x,y)>f(x_0,y_0),$$

则称函数 $f(x,y)$ 在点 $P_0(x_0,y_0)$ 有**极小值** $f(x_0,y_0)$，点 $P_0(x_0,y_0)$ 称为函数 $f(x,y)$ 的极小值点. 极大值与极小值统称为函数的**极值**，使函数取得极值的点称为函数的**极值点**.

例如，函数 $z=f(x,y)=x^2+2y^2$ 在点 $(0,0)$ 处取得极小值；函数 $z=\sqrt{1-x^2-y^2}$ 在点 $(0,0)$ 处取得极大值；而函数 $z=xy$ 在点 $(0,0)$ 处既不取得极大值，又不取得极小值. 这是因为 $f(0,0)=0$，而在点 $(0,0)$ 的任何邻域内，$z=xy$ 既可取正值（Ⅰ，Ⅲ 象限），又可取负值（Ⅱ，Ⅳ 象限）.

以上关于二元函数的极值的概念，可推广到 n 元函数. 设 n 元函数 $u=f(P)$ 的定义域为 $D\subset R^n$，P_0 为 D 的内点. 若存在 P_0 的某个邻域 $U(P_0)\subset D$，对于该邻域内异于 P_0 的任意点 P，都有

$$f(P)<f(P_0)\,[\text{或 } f(P)>f(P_0)],$$

则称函数 $f(P)$ 在点 P_0 有**极大值**（或**极小值**）$f(P_0)$.

由一元函数取极值的必要条件，我们可以得到类似的二元函数取极值的必要条件.

定理 1（极值存在的必要条件）　设函数 $z=f(x,y)$ 在点 (x_0,y_0) 处的两个一阶偏导数都存在，若 (x_0,y_0) 是 $f(x,y)$ 的极值点，则有

$$f'_x(x_0,y_0)=0,\ f'_y(x_0,y_0)=0.$$

证明　若 (x_0,y_0) 是 $f(x,y)$ 的极值点，则固定变量 $y=y_0$，所得的一元函数 $f(x,y_0)$ 在 (x_0,y_0) 处取得相同的极值. 由一元函数极值存在的必要条件可得 $\left.\dfrac{\mathrm{d}f(x,y_0)}{\mathrm{d}x}\right|_{x=x_0}=0$，即

$$f'_x(x_0,y_0)=0.$$

同样可证

$$f'_y(x_0,y_0)=0.$$

使得两个一阶偏导数都等于零的点 (x_0,y_0) 称为函数 $f(x,y)$ 的**驻点**.

定理 1 表明，偏导数存在的函数的极值点一定是驻点，但驻点未必是极值点. 如 $z=xy$，$(0,0)$ 是它的驻点，但不是它的极值点.

函数 $f(x,y)$ 也有可能在偏导数不存在的点取得极值. 如 $z=-\sqrt{x^2+y^2}$ 在 $(0,0)$ 处取得极大值，但该点的偏导数不存在.

怎样判断一个驻点究竟是否为极值点？下面给出极值存在的充分条件.

定理 2（极值存在的充分条件）　设点 (x_0,y_0) 是函数 $z=f(x,y)$ 的驻点，且函数 $z=f(x,y)$ 在点 (x_0,y_0) 处的某邻域内具有连续的二阶偏导数，记

$$A=f''_{xx}(x_0,y_0),\ B=f''_{xy}(x_0,y_0),\ C=f''_{yy}(x_0,y_0),$$

则有

(1) 如果 $B^2-AC<0$，则 (x_0,y_0) 为 $f(x,y)$ 的极值点；且当 $A>0$ 时，$f(x_0,y_0)$ 为极小值；当 $A<0$ 时，$f(x_0,y_0)$ 为极大值.

笔记

(2) 如果 $B^2-AC>0$，则 (x_0,y_0) 不是 $f(x,y)$ 的极值点.

(3) 如果 $B^2-AC=0$，则不能确定点 (x_0,y_0) 是否为 $f(x,y)$ 的极值点.

结合极值存在的充分条件，可总结出求函数极值的步骤：

(1) 令一阶偏导数等于零，求出驻点.

(2) 在每一个驻点处，计算所有二阶偏导数，记

$$A=f''_{xx}(x,y),B=f''_{xy}(x,y),C=f''_{yy}(x,y),$$

利用极值存在的充分条件判断其是否为极值点.

(3) 计算函数的极值.

例 5 求 $f(x,y)=x^3-y^3+3x^2+3y^2-9x$ 的极值.

解 由方程组

$$\begin{cases} f'_x(x,y)=3x^2+6x-9=0, \\ f'_y(x,y)=-3y^2+6y=0, \end{cases}$$

得驻点 $(1,0)$，$(1,2)$，$(-3,0)$，$(-3,2)$.

又

$$f''_{xx}=6x+6,f''_{xy}=0,f''_{yy}=-6y+6.$$

在点 $(1,0)$ 处，$B^2-AC=-72<0$，又 $A=12>0$，所以函数取得极小值 $f(1,0)=-5$；

在点 $(1,2)$ 处，$B^2-AC=72>0$，该点不是极值点；

在点 $(-3,0)$ 处，$B^2-AC=72>0$，该点不是极值点；

在点 $(-3,2)$ 处，$B^2-AC=-72<0$，又 $A=-12<0$，所以函数取得极大值 $f(-3,2)=31$.

2. 二元函数的最值

与一元函数类似，我们也可提出如何求二元函数的最大值和最小值问题.

如果 $f(x,y)$ 在有界闭区域 D 上连续，则函数 $f(x,y)$ 在 D 上必有最大(小)值，最大(小)值点可以在 D 的内部，也可以在 D 的边界上. 如果 $f(x,y)$ 在 D 的内部取得最大(小)值，那么这最大(小)值也是函数的极大(小)值，在这种情况下，最大(小)值点一定是极大(小)值点之一. 因此，要求函数 $f(x,y)$ 在有界闭区域 D 上的最大(小)值时，需将函数的所有极大(小)值与边界上的最大(小)值比较，其中最大的就是最大值，最小的就是最小值. 这种处理方法在求区域边界上的最大(小)值时往往相当复杂.

归纳起来，可得连续函数在有界闭区域上最值的求解步骤：

(1) 求出区域内部偏导数不存在的点和驻点，即所有可能的极值点.

(2) 求出区域边界上所有可能的最值点.

(3) 分别计算上述各点处的函数值，最大者为最大值，最小者为最小值.

例 6 求二元函数 $z=f(x,y)=x^2y(4-x-y)$ 在由直线 $x+y=6$，x 轴和 y 轴所围成的闭区域 D 上的最大值与最小值.

解 由

$$\begin{cases} f'_x(x,y)=2xy(4-x-y)-x^2y=xy(8-3x-2y)=0, \\ f'_y(x,y)=x^2(4-x-y)-x^2y=x^2(4-x-2y)=0, \end{cases}$$

得 $x=0(0\leqslant y\leqslant 6)$，$(4,0)$ 和 $(2,1)$，其中点 $(2,1)$ 在区域 D 的内部.

笔记

又

$$f''_{xx}=8y-6xy-2y^2, f''_{xy}=8x-3x^2-4xy, f''_{yy}=-2x^2.$$

利用定理2：$B^2-AC=-32<0, A=-6<0$，因此点$(2,1)$是$f(x,y)$的极大值点，$f(2,1)=4$为极大值.

再考虑区域D的边界上的函数值：

在边界$x=0(0\leqslant y\leqslant 6)$及$y=0(0\leqslant x\leqslant 6)$上，$f(x,y)=0$.

在边界$x+y=6$上，将$y=6-x$代入$f(x,y)$中，得

$$f(x,6-x)=2x^3-12x^2(0<x<6).$$

记$g(x)=2x^3-12x^2$，令$g'(x)=6x^2-24x=0$得$x=0$或$x=4$. $x=0$已考虑，$x=4$时，$y=2$，这时$f(4,2)=-64$.

比较以上各函数值：$f(x,y)=0, f(2,1)=4, f(4,2)=-64$，可知$z=f(x,y)$在闭域$D$上的最大值为$f(2,1)=4$，最小值为$f(4,2)=-64$.

在实际问题中，如果能根据实际情况断定最大(小)值一定在D的内部取得，并且函数在D的内部只有一个驻点的话，那么肯定这个驻点处的函数值就是$f(x,y)$在D上的最大(小)值.

例7　某厂要用钢板制造一个容积为2 m^3的有盖长方体水箱，长、宽、高各为多少时能使用料最省？

解　要使得用料最省，即要使得长方体的表面积最小，设水箱的长为x，宽为y，则高为$\frac{2}{xy}$，表面积

$$S=2\left(xy+y\cdot\frac{2}{xy}+x\cdot\frac{2}{xy}\right)=2\left(xy+\frac{2}{x}+\frac{2}{y}\right)(x>0,y>0).$$

由$\begin{cases}S'_x=2\left(y-\dfrac{2}{x^2}\right)=0,\\ S'_y=2\left(x-\dfrac{2}{y^2},\right)=0\end{cases}$得驻点$(\sqrt[3]{2},\sqrt[3]{2})$.

由题意知，表面积的最小值一定存在，且在开区域$x>0,y>0$的内部取得，故可断定当长为$\sqrt[3]{2}$，宽为$\sqrt[3]{2}$，高为$\frac{2}{\sqrt[3]{2}\cdot\sqrt[3]{2}}=\sqrt[3]{2}$时，表面积最小，即用料最省的水箱是正方形水箱.

3. 条件极值

以上讨论的极值问题，除了函数的自变量限制在函数的定义域内以外，没有其他约束条件，这种极值称为**无条件极值**. 但在实际问题中，往往会遇到对函数的自变量还有附加条件限制的极值问题，这类极值问题称为**条件极值**问题.

例8　欲临街沿马路边修建60平方米的长方形场地，临街一面墙所用材料每米造价10元，另外三面墙每米造价5元. 求场地长宽各为多少时总造价最低？

解　设场地长为x米，宽为y米，则总造价为

$$z=f(x,y)=10x+5(x+2y).$$

又知$xy=60$，则$y=\frac{60}{x}$，代入上式得

$$z=10x+5\left(x+\frac{120}{x}\right)=15x+\frac{600}{x}.$$

笔记

则 $z'_x = 15 - \frac{600}{x^2}$，当 $z'_x = 0$，即 $15 - \frac{600}{x^2} = 0$ 时，$x = \pm\sqrt{40}$（舍去负值），取 $x = \sqrt{40} = 2\sqrt{10}$，由 $y = \frac{60}{x}$，得 $y = 3\sqrt{10}$，只有一个驻点. 由实际问题可知，一定存在最小值，因此当长为 $2\sqrt{10}$ 米，宽为 $3\sqrt{10}$ 米时总造价最低.

习题 8.6

1. 求曲线 $x = \cos t, y = \sin t, z = 2t$，在 $t = \frac{\pi}{4}$ 处的切线和法平面方程.

2. 求球面 $x^2 + y^2 + z^2 = 14$ 在点 $M(1,2,3)$ 处的切平面和法线方程.

3. 求下列函数的极值.

(1) $f(x,y) = e^{2x}(x + y^2 + 2y)$；

(2) $z = x^3 - 4x^2 + 2xy - y^2$.

4. 求函数 $z = (x^2 + y^2 - 2x)^2$ 在圆域 $x^2 + y^2 \leqslant 2x$ 上的最大值和最小值.

5. 在直角边分别为 a, b 的直角三角形中内接一个矩形，求最大矩形的面积.

6. 求曲面 $x^2 + 2y^2 + z^2 = 1$ 上平行于平面 $x - y + 2z = 0$ 的切平面方程.

本章小结

本章的基本内容是二元函数的定义、定义域、极限、连续、偏导数、全微分、极值等.

一、二元函数的定义、定义域

二元函数的定义与一元函数相似，只是由两个变量推广到三个变量. 二元函数的定义域一般是一个平面区域，这个区域可以是有界区域，例如 $x^2 + y^2 = 1$，也可以是无界区域，例如 $y \geqslant \sqrt{x}$. 二元函数的定义域若是一个平面区域，一般用不等式 $\varphi(x,y) > 0$ 或 $\varphi(x,y) < 0$ 表示，$\varphi(x,y) = 0$ 叫作区域边界曲线. 一般地 $\varphi(x,y) = 0$ 把平面分为两部分，那么哪一部分平面适合 $\varphi(x,y) > 0$（或 < 0）呢？可以在两部分平面中任取一点，代人 $\varphi(x,y)$，若满足 $\varphi(x,y) > 0$（或 < 0），则该点所在的区域为所求区域.

二、二元函数的极限与连续

一元函数与二元函数的极限定义中都是点 P 无限逼近点 P_0，但逼近的方式不同，在一元函数中点 P 无限逼近点 P_0 的方式只有两种：从左边或右边；而在二元函数中，点 P 无限逼近点 P_0 的方式却有无数种：可以从任何方向逼近，也可以沿任何路径逼近. 比如：可以沿直线逼近，也可以沿曲线逼近，还可以无规则逼近. 二元函数的连续其实质还是在该点的极限值等于函数值. 其他性质与一元函数的连续也相似.

三、偏导数的求法

(1) 由偏导数的定义可以看出，在两个自变量 x 和 y 中，固定 y，将 $f(x,y)$ 看作 x

笔记

的一元函数而求导数，就是 $f'_x(x,y)$ 即 $\frac{\partial z}{\partial x}$；同样，固定 x，将 $f(x,y)$ 看作 y 的一元函数而求导，就是 $f'_y(x,y)$ 即 $\frac{\partial z}{\partial y}$.

（2）关于复合函数偏导数的公式中两两相乘的项与中间变量的个数是一致的，即只有一个中间变量，两两相乘的项是一项，有两个中间变量，两两相乘的项是二项.

（3）隐函数的偏导数有多种求法，本书介绍的方法是设方程 $F(x,y,z)=0$ 确定了函数 $z=f(x,y)$，方程两边对 x 求导时，要注意 z 是关于 x,y 的二元函数，且 y 应看作常数. 此外，还有公式法，利用微分形式的不变性和微分的运算法则求出全微分的同时，求出偏导数.

四、二元函数的极值

二元函数的极值与一元函数的极值求法类似，首先由极值点的必要条件，求出所有的驻点，然后由极值点的充分条件，判别这个驻点是否为极值点. 注意：驻点不一定是极值点；另外，有时函数的极值点也不一定是驻点，因为函数在某些偏导数不存在的点处也可能取得极值.

数学实验八：MATLAB 在多元函数微分学中的应用

一、多元函数的 MATLAB 作图

例 1　绘出函数 $z=x^2+y^3$ 的图形.

解　程序为

```
x = linspace(-10,10,40);y = x;[X,Y] = meshgrid(x,y);
Z = fun7(X,Y);surf(X,Y,Z),shading interp
```

结果如图 8-7 所示.

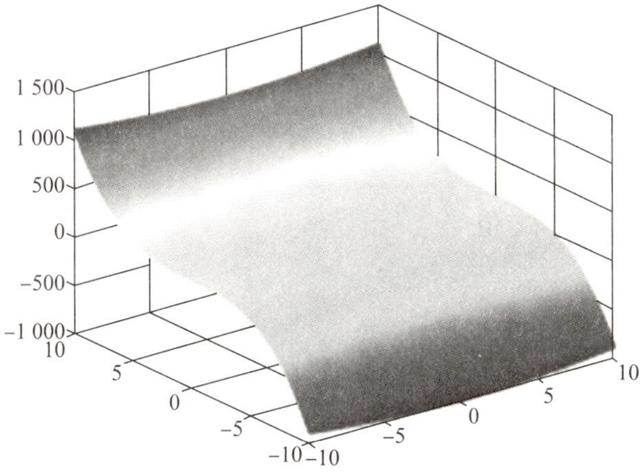

图 8-7

二、多元函数的偏导数和全微分

在 MATLAB 中，求多元函数偏导数由函数 diff 实现，常用格式如下.

笔记

(1)diff(f,x):求函数 f 对变量 x 的一阶偏导数.

(2)diff(f,x,n):求函数 f 对变量 x 的 n 阶偏导数.

例 2 设 $u = x^2 + 2y^2 + 2$,求$\frac{\partial u}{\partial y}$.

解 输入命令:

syms x y z;diff(x^2 + 2 * y^2 + y * z,y),

得 ans = 4 * y + z.

利用 jacobian 命令:

jacobian(x^2 + 2 * y^2 + y * z,[xy]),

得 ans = [2 * x,4 * y + z],

即矩阵$\left(\frac{\partial u}{\partial x},\frac{\partial u}{\partial y}\right)$.

例 3 设 $z = x^6 - 3y^4 + 2x^2y^2$,求$\frac{\partial^2 z}{\partial x^2},\frac{\partial^2 z}{\partial y^2},\frac{\partial^2 z}{\partial x\partial y}$.

解 求$\frac{\partial^2 z}{\partial x^2}$的程序为:

syms x y;diff(x^6 - 3 * y^4 + 2 * x^2 * y^2,x,2)

结果为:

ans = 30 * x^4 + 4 * y^2

求$\frac{\partial^2 z}{\partial x^2}$的程序为:

syms x y;diff(x^6 - 3 * y^4 + 2 * x^2 * y^2,y,2)

结果为:

ans =- 36 * y^2 + 4 * x^2

求$\frac{\partial^2 z}{\partial x\partial y}$的程序为

syms x y;diff(diff(x^6 - 3 * y^4 + 2 * x^2 * y^2,x),y)

结果为:

ans = 8 * x * y.

注 diff(x^6 - 3 * y^4 + 2 * x^2 * y^2,x,y) 是求$\frac{\partial z}{\partial y}$,而不是求$\frac{\partial^2 z}{\partial x\partial y}$.

三、多元函数的极值

例 4 求

(1)$f(x) = (x_1^2 - 3x_2)^2 + 12(1 - 2x_2)^2$ 在点(−2,2)临近的极小值;

(2)$f(x) = (y - x^2)^2 + (1 - x)^2$ 在 $-5 \leqslant x \leqslant 5$ 内的极值.

解 求多元函数 $z = f(x,y)$ 的极值点 X 和极小值 minf,可用如下方法

方法一 X = fiminsearch(f,x0),用的是 Nelder-Mead 单纯形搜索法求解;

方法二 X = fminunc(f,x0),用的是 BFGS 拟牛顿迭代法求解.

其中 $X = [x(1),x(2),x(3),\cdots,x(n)]$,x0 是初始点.若求极大值点,用(−1)乘函数,再求极小值点.

(1) 程序如下:

笔记

```
f = '(x(1)^2 - 3 * x(2))^2 + 12 * (1 - 2 * x(2))^2';
x = fminsearch(f,[-2,2]),minf = eval(f)
```

结果为：x =－1.2247　0.5000，minf = 2.1879e－009

结果说明在 $x_1=-1.2247$，$x_2=0.5$ 时，函数的极小值为 0.

(2) 先作函数的图形，程序如下：

```
[x,y] = meshgrid(-5:0.5:5);
f = (y - x.^2).^2 + (1 - x).^2;
surf(x,y,f);
```

结果如图 8-8 所示.

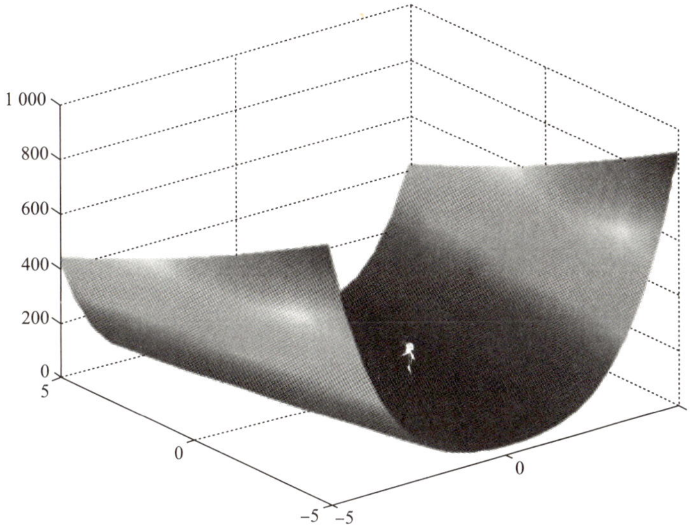

图 8-8

以下程序为求函数的极小值：

```
f = '(x(2) - x(1).2).^2 + (1 - x(1).^2';
x = fminsearch(f,[0.2,0.3]),minf = eval(f),shading interp
```

结果为：x = [1.0000,1.0000]，minf = 4.1546e－010

说明在 $x=1, y=1$ 时，函数的极小值为 0.

复习题 8

1. 选择题.

(1) 极限 $\lim\limits_{\substack{x\to 0\\ y\to 0}}\dfrac{x^2y}{x^4+y^2}=$（　　）.

A. 等于 0　　　　B. 不存在

C. 等于 $\dfrac{1}{2}$　　　　D. 存在且不等于 0 或 $\dfrac{1}{2}$

(2) 函数 $f(x,y)=\begin{cases}\dfrac{xy}{\sqrt{x^2+y^2}}, x^2+y^2\neq 0,\\ 0, x^2+y^2=0\end{cases}$（　　）.

笔记

A. 处处连续　　B. 处处有极限，但不连续

C. 仅在(0,0)点连续　　D. 除(0,0)点外处处连续

(3) 函数 $z=f(x,y)$ 在点 (x_0,y_0) 处具有偏导数是它在该点存在全微分的(　　).

A. 必要而非充分条件　　B. 充分而非必要条件

C. 充分必要条件　　D. 既非充分又非必要条件

(4) 设 $u=\arctan\frac{y}{x}$，则 $\frac{\partial u}{\partial x}=$ (　　).

A. $\frac{x}{x^2+y^2}$　　B. $-\frac{y}{x^2+y^2}$

C. $\frac{y}{x^2+y^2}$　　D. $\frac{-x}{x^2+y^2}$

(5) 设 $f(x,y)=\arcsin\sqrt{\frac{y}{x}}$，则 $f'_x(2,1)=$ (　　).

A. $-\frac{1}{4}$　　B. $\frac{1}{4}$

C. $-\frac{1}{2}$　　D. $\frac{1}{2}$

2. 填空题.

(1) 极限 $\lim\limits_{\substack{x\to 0\\ y\to\pi}}\frac{\sin(xy)}{x}=$ ________.

(2) 函数 $z=\sqrt{\ln(x+y)}$ 的定义域为________.

(3) 设 $z=\sin(3x-y)+y$，则 $\left.\frac{\partial z}{\partial x}\right|_{\substack{x=2\\ y=1}}$ ________.

(4) 设 $u=xy+\frac{y}{x}$，则 $\frac{\partial^2 u}{\partial x^2}=$ ________.

(5) 函数 $z=2x^2-3y^2-4x-6y-1$ 的驻点是________.

3. 解答题.

(1) 求极限 $\lim\limits_{\substack{x\to 0\\ y\to 0}}\frac{y\sin 2x}{\sqrt{xy+1}-1}$.

(2) 设 $u=\sin y+y\cos x$，求 u'_x，u'_y.

(3) 函数 $z=z(x,y)$ 由方程 $x+y+z=e^{-(x+y+z)}$ 所确定，求 $\frac{\partial^2 z}{\partial x^2}$，$\frac{\partial^2 z}{\partial x\partial y}$.

(4) 求函数 $z=2x^2-3xy+2y^2+4x-3y+1$ 的极值.

(5) 求函数 $f(x,y)=(6x-x^2)(4y-y^2)$ 的极值.

(6) 求函数 $z=\ln(x^2+y^2+e^{xy})$ 的全微分.

素养园地

南京大学数学系创始人——熊庆来

熊庆来，字迪之，中国近代数学的开拓者和奠基人，国立东南大学(南京大学前身)数学系创始人，首任系主任.

1893年9月11日，熊庆来先生出生于云南省弥勒县，1907年考入云南高等师范学堂，随后旅欧留学.这段时间里，他辗转多地，战乱、动荡和疾病，更加坚定了熊庆来的求学志向.他先后就读于格勒诺布洛大学、巴黎大学、蒙柏里耶大学等，取得高等普通数

学、高等数学分析、力学、天文学、普通物理学证书，并获得蒙柏里耶大学理科硕士学位．留学八载，除了取得专业学习上的优异成绩之外，在巴斯德科学救国的精神及其实践的熏陶下，熊庆来认定"没有科学，谁也不可能把中国建成现代国家"，更加坚定了"科学救国"的思想与信念．

1921 年初，熊庆来离欧归国，受何鲁先生（字奎垣）推荐，被郭秉文先生聘为刚刚成立的国立东南大学数学系（时称算学系）教授、系主任．这是中国近代史上第一个高等数学系，以往中国大学数学系的水平相当于当时欧美国家中学数学的程度．1925 年秋，熊庆来到西北大学任教一学期，次年春季学期仍回东南大学．1926 年秋应邀北上，任清华大学教授，后任清华大学数学系系主任．

国立东南大学初办，师资甚缺，数学系更缺师资，所有艰难的数学课程都压到了时年 28 岁的熊庆来身上．没有现成的讲义和教材可用，一切都需要亲手编写，他全身心地、夜以继日地投入这项艰苦而光荣的工作中．既没有教材，更没有办学经验，熊庆来要同时教授好几门高深课程，又要多方规划建系工作，还要自编多门课的讲义和教程，其困难和繁忙的程度是可想而知的．白天他的时间几乎都是在教室里和学生一起度过的，要讲课、要改学生习题，还要辅导助教详细解答他们的各种疑难问题．夜深了，在人们都已入梦之后，他还要抓紧时间继续完成讲义、教程的编写．

近代数学在当时的中国还是一门新兴的科学．为了使近代数学在中国的大地扎根、发芽、开花、结果，熊庆来决心独自跋涉，借鉴在法国留学时学过的西方教材，编写出适合目前需要的中国自己的数学讲义．他上课以外的时间几乎全部用到了编写讲义上．在东南大学的五年间，熊庆来先后编写了《平面三角》《球面三角》《方程式论》《解析函数》《微分几何》《微分方程》《动学》《偏微分方程》等十多种讲义，为当时的数学系学生提供了学习教材，从这里把他们领进了世界数学殿堂的大门．其中，《高等数学分析》被列为高等教育丛书，后被商务印书馆整合出版．他在数学系教授的这些学生中，有相当一些优秀者日后多有造诣成为中国数学界与物理界的栋梁，如严济慈、胡坤陞、蒋士彰、余介石、赵忠尧、周雪欧、唐培经、周绍廉、陈传璋等．

1932 年 7 月 9 日，熊庆来赴瑞士苏黎世参加国际数学家大会，这是中国代表第一次出席国际数学家大会，第一次步入世界数学的最高殿堂，也象征着世界数学界的先进行列中从此有了中国人的身影．会后，熊庆来前往巴黎专攻函数论，于 1933 年凭借论文《关于无穷级整数和亚纯函数》获得法国国家理科博士学位．他定义的无穷级被国际上称为"熊氏无穷级"，载入世界数学的史册．如此被国际上以中国科学家个人的姓氏来命名的重要学术成果，在 20 世纪 30 年代实属凤毛麟角．熊庆来用自己的聪明才智和刻苦努力为中国人在世界科学史册上争得了光荣的一席之地．

笔记

第九章

重积分及其应用

笔记

一元函数积分学中,我们曾经用和式的极限来定义一元函数 $f(x)$ 在区间$[a,b]$上的定积分,并已经建立了定积分理论,本章将把这一方法推广到多元函数的情形,便得到重积分的概念. 本章主要讨论重积分的概念、性质、计算方法以及应用.

第一节　二重积分的概念与性质

一、二重积分的概念

引例 1　曲顶柱体的体积

设有一立体,它的底是 xOy 平面上的一个有界闭区域 D,其侧面是以 D 的边界为准线的母线平行于 z 轴的柱面,其顶部是在区域 D 上的连续函数 $z=f(x,y)$,且 $f(x,y)\geqslant 0$(图 9-1),这种立体称为曲顶柱体.

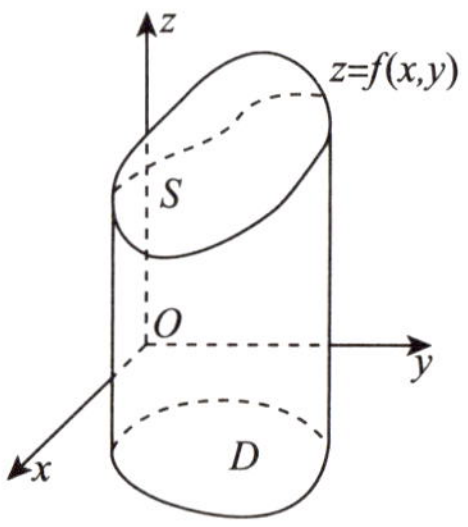

图 9-1

现在讨论如何求曲顶柱体的体积.

分析这个问题时,我们看到它与求曲边梯形的面积问题类似. 可以用与定积分类似的方法(即分割、近似代替、求和、取极限的方法)来解决(图 9-2).

笔记

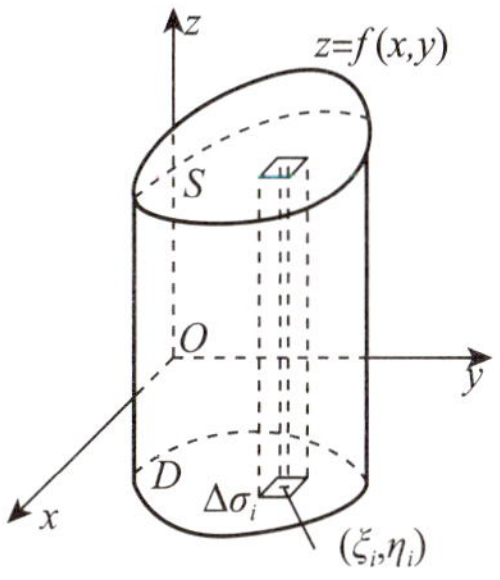

图 9-2

(1) 分割. 用任意曲线网把闭区域 D 任意分割为 n 个小闭区域

$$\Delta\sigma_1,\Delta\sigma_2,\cdots,\Delta\sigma_n,$$

分别以每个小闭区域的边界曲线为准线作母线平行于 z 轴的柱面,相应地,此曲顶柱体被分为 n 个小曲顶柱体.

(2) 近似. 用 $\Delta\sigma_i$ 既表示第 i 个小闭区域,又表示该小闭区域的面积,当 $\Delta\sigma_i$ 很小时,因 $f(x,y)$ 在 D 上连续,从而 $f(x,y)$ 在 $\Delta\sigma_i$ 上变化不大,在 $\Delta\sigma_i$ 上任取一点 (ξ_i,η_i),则可用以 $\Delta\sigma_i$ 为底、以 $f(\xi_i,\eta_i)$ 为高的平顶柱体体积 $f(\xi_i,\eta_i)\Delta\sigma_i$,近似代替相应的小曲顶柱体体积. 即

$$\Delta V_i \approx f(\xi_i,\eta_i)\Delta\sigma_i (i=1,2,\cdots,n).$$

(3) 求和. 曲顶柱体体积 V 的近似值为

$$V=\sum_{i=1}^{n}\Delta V_i \approx \sum_{i=1}^{n} f(\xi_i,\eta_i)\Delta\sigma_i.$$

(4) 取极限. 显然,区域 D 划分得越细,和式就越接近所求的体积. 所谓分得越细,不仅要求每一块面积 $\Delta\sigma_i$ 越来越小,而且还要小区域 $\Delta\sigma_i$ 的直径 $d(\Delta\sigma_i)$(一个闭区域的直径是指闭区域上任意两点间距离的最大值)越小,用 λ 表示 n 个小闭区域 $\Delta\sigma_i$ 的直径的最大值,当 $\lambda\to 0$(可理解为 $\Delta\sigma_i$ 收缩为一点)时,上述和式的极限就是曲顶柱体的体积:

$$V=\lim_{\lambda\to 0}\sum_{i=1}^{n} f(\xi_i,\eta_i)\Delta\sigma_i.$$

引例 2　平面薄片的质量

设薄片在 xOy 平面占有平面闭区域 D,它在点 (x,y) 处的面密度是 $\rho=\rho(x,y)$. 设 $\rho(x,y)>0$ 且在 D 上连续,求薄片的质量(图 9-3).

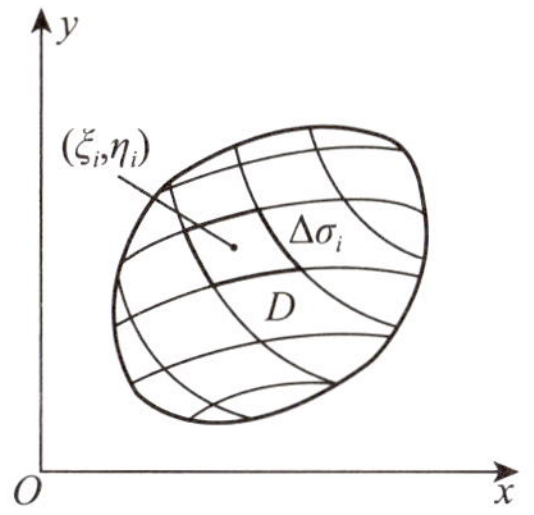

图 9-3

先分割闭区域 D 为 n 个小闭区域

$$\Delta\sigma_1,\Delta\sigma_2,\cdots,\Delta\sigma_n$$

在每个小闭区域上任取一点

$$(\xi_1,\eta_1),(\xi_2,\eta_2),\cdots,(\xi_n,\eta_n).$$

笔记

近似地，以点(ξ_i,η_i)处的面密度$\rho(\xi_i,\eta_i)$代替小闭区域$\Delta\sigma_i$上各点处的面密度，则得到第i块小薄片的质量的近似值为系$\rho(\xi_i,\eta_i)\Delta\sigma_i$，于是整个薄片质量的近似值是

$$\sum_{i=1}^{n}\rho(\xi_i,\eta_i)\Delta\sigma_i.$$

用$\lambda=\max\limits_{1\leqslant i\leqslant n}d(\Delta\sigma_i)$表示$n$个小闭区域$\Delta\sigma_i$的直径的最大值，当$D$无限细分，即当$\lambda\to 0$时，上述和式的极限就是薄片的质量$M$，即

$$M=\lim_{\lambda\to 0}\rho(\xi_i,\eta_i)\Delta\sigma_i.$$

以上两个引例的实际意义虽然不同，但解决问题的方法却是一样的，所求量都归结为同一形式的和式的极限. 若不考虑问题的具体背景，可抽象出下述二重积分的定义.

定义 1 设D是xOy平面上的有界闭区域，二元函数$z=f(x,y)$在D上有界. 将D任意划分为n个小区域

$$\Delta\sigma_1,\Delta\sigma_2,\cdots,\Delta\sigma_n,$$

其中$\Delta\sigma_i$既表示该小区域，又表示它的面积，在每个$\Delta\sigma_i$上任取一点(ξ_i,η_i)，$(i=1,2,\cdots,n)$，作乘积$f(\xi_i,\eta_i)\Delta\sigma_i$，并作和式$\sum\limits_{i=1}^{n}f(\xi_i,\eta_i)\Delta\sigma_i$. 记$\Delta\sigma_i$的直径为$d(\Delta\sigma_i)$，并令上$\lambda=\max\limits_{1\leqslant i\leqslant n}d(\Delta\sigma_i)$. 若极限

$$\lim_{\lambda\to 0}\sum_{i=1}^{n}f(\xi_i,\eta_i)\Delta\sigma_i$$

存在，则称函数$f(x,y)$在闭区域D上可积，此极限值[它不依赖于D的分法及点(ξ_i,η_i)的取法]为函数$z=f(x,y)$**在D上的二重积分**，记作$\iint\limits_D f(x,y)\mathrm{d}\sigma$，即

$$\iint\limits_D f(x,y)\mathrm{d}\sigma=\lim_{\lambda\to 0}\sum_{i=1}^{n}f(\xi_i,\eta_i)\Delta\sigma_i, \tag{9-1-1}$$

其中D叫作**积分区域**，$f(x,y)$叫作**被积函数**，$\mathrm{d}\sigma$叫作**面积元素**，$f(x,y)\mathrm{d}\sigma$叫作**被积表达式**，x与y叫作**积分变量**，$\sum\limits_{i=1}^{n}f(\xi_i,\eta_i)\Delta\sigma_i$叫作**积分和**.

有了二重积分的定义，前面的体积和质量都可以用二重积分来表示. 曲顶柱体的体积V是函数$z=f(x,y)$在区域D上的二重积分

$$V=\iint\limits_D f(x,y)\mathrm{d}\sigma;$$

薄片的质量M是面密度上$\rho=\rho(x,y)$在区域D上的二重积分

$$M=\iint\limits_D \rho(x,y)\mathrm{d}\sigma.$$

因为总可以把被积函数$z=f(x,y)$看作空间的一曲面，所以当$f(x,y)$为正时，二重积分的几何意义就是曲顶柱体的体积；当$f(x,y)$为负时，柱体就在xOy平面下方，二重积分就是曲顶柱体体积的负值. 如果$f(x,y)$在某部分区域上是正的，而在其余的部分区域上是负的，那么$f(x,y)$在D上的二重积分就等于xOy平面上方的体积减去下方的体积.

如果$f(x,y)$在区域D上的二重积分存在[即和式的极限(9-1-1)存在]，则称$f(x,y)$在D上可积. 什么样的函数是可积的呢？与一元函数定积分的情形一样，我们只叙述有关结论，而不做证明.

笔记

如果 $f(x,y)$ 是闭区域 D 上连续，或分块连续的函数，则 $f(x,y)$ 在 D 上可积.

我们总假定 $z=f(x,y)$ 在闭区域 D 上连续，所以 $f(x,y)$ 在 D 上的二重积分都是存在的，以后就不再一一加以说明.

二、二重积分的性质

设二元函数 $f(x,y)$，$g(x,y)$ 在闭区域 D 上连续，于是这些函数的二重积分存在. 利用二重积分的定义，可以得到下面的性质.

性质 1　常数因子可提到积分号外面. 设 k 是常数，则

$$\iint_D kf(x,y)\mathrm{d}\sigma = k\iint_D f(x,y)\mathrm{d}\sigma.$$

性质 2　函数的代数和(差)的积分等于各函数的积分的代数和(差)，即

$$\iint_D [f(x,y)\pm g(x,y)]\mathrm{d}\sigma = \iint_D f(x,y)\mathrm{d}\sigma \pm \iint_D g(x,y)\mathrm{d}\sigma.$$

性质 3　设闭区域 D 被有限条曲线分为有限个部分闭区域，则 D 上的二重积分等于各部分闭区域上的二重积分的和.

例如，D 分为区域 D_1 和 D_2(图 9-4)，则

$$\iint_D f(x,y)\mathrm{d}\sigma = \iint_{D_1} f(x,y)\mathrm{d}\sigma + \iint_{D_2} f(x,y)\mathrm{d}\sigma. \qquad (9\text{-}1\text{-}2)$$

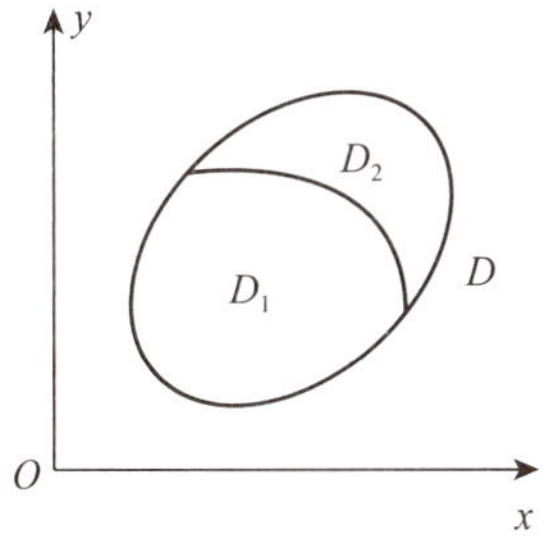

图 9-4

性质 3 表示二重积分对积分区域具有**可加性**.

性质 4　设在闭区域 D 上 $f(x,y)=1$，σ 为 D 的面积，则

$$\iint_D 1\mathrm{d}\sigma = \iint_D \mathrm{d}\sigma = \sigma.$$

从几何意义上来看这是很明显的. 因为高为 1 的平顶柱体的体积在数值上就等于柱体的底面积.

性质 5　设在闭区域 D 上有 $f(x,y)\leqslant g(x,y)$，则

$$\iint_D f(x,y)\mathrm{d}\sigma \leqslant \iint_D g(x,y)\mathrm{d}\sigma.$$

由于

$$-|f(x,y)|\leqslant f(x,y)\leqslant |f(x,y)|,$$

$f(x,y)$ 在闭区域 D 上可积，易知 $|f(x,y)|$ 在闭区域 D 上可积，所以

$$\left|\iint_D f(x,y)\mathrm{d}\sigma\right| \leqslant \iint_D |f(x,y)|\mathrm{d}\sigma.$$

这就是说，函数二重积分的绝对值必小于或等于该函数绝对值的二重积分.

笔记

性质 6 设 M,m 分别为 $f(x,y)$ 在闭区域 D 上的最大值和最小值，σ 为 D 的面积，则有

$$m\sigma \leqslant \iint_D f(x,y)\mathrm{d}\sigma \leqslant M\sigma.$$

上述不等式是二重积分估值的不等式. 因为 $m \leqslant f(x,y) \leqslant M$，所以由性质 5 有

$$\iint_D m\,\mathrm{d}\sigma \leqslant \iint_D f(x,y)\mathrm{d}\sigma \leqslant \iint_D M\,\mathrm{d}\sigma,$$

即

$$m\sigma = \iint_D m\,\mathrm{d}\sigma \leqslant \iint_D f(x,y)\mathrm{d}\sigma \leqslant \iint_D M\,\mathrm{d}\sigma = M\sigma.$$

性质 7 设函数 $f(x,y)$ 在闭区域 D 上连续，σ 是 D 的面积，则在 D 上至少存在一点 (ξ,η) 使得

$$\iint_D f(x,y)\mathrm{d}\sigma = f(\xi,\eta)\cdot\sigma.$$

性质 7 的证明

这一性质称为二重积分的中值定理.

二重积分中值定理的几何意义可叙述如下：

当 $S: z=f(x,y)$ 为空间一连续曲面时，对以 S 为顶的曲顶柱体，必定存在一个以 D 为底，以 D 内某点 (ξ,η) 的函数值 $f(\xi,\eta)$ 为高的平顶柱体，它的体积 $f(\xi,\eta)\cdot\sigma$ 就等于这个曲顶柱体的体积.

性质 8 设闭区域 D 关于 x 轴对称，并被 x 轴分割为区域 D_1 和 D_2.

(1) 若被积函数 $f(x,y)$ 关于变量 y 为奇函数，即 $f(x,-y)=-f(x,y)$，则

$$\iint_D f(x,y)\mathrm{d}\sigma = 0.$$

(2) 若被积函数 $f(x,y)$ 关于变量 y 为偶函数，即 $f(x,-y)=f(x,y)$，则

$$\iint_D f(x,y)\mathrm{d}\sigma = 2\iint_{D_1} f(x,y)\mathrm{d}\sigma.$$

习题 9.1

1. 根据二重积分性质，比较 $\iint_D \ln(x+y)\mathrm{d}\sigma$ 与 $\iint_D [\ln(x+y)]^2\mathrm{d}\sigma$ 的大小，其中

(1) D 表示以 $(0,1)$，$(1,0)$，$(1,1)$ 为顶点的三角形；

(2) D 表示矩形区域 $\{(x,y)\mid 3\leqslant x\leqslant 5, 0\leqslant y\leqslant 2\}$.

2. 根据二重积分的几何意义，确定下列积分的值.

(1) $\iint_D (a-\sqrt{x^2+y^2})\mathrm{d}\sigma$，$D=\{(x,y)\mid x^2+y^2\leqslant a^2\}$；

(2) $\iint_D \sqrt{1-x^2-y^2}\,\mathrm{d}\sigma$，$D=\{(x,y)\mid x^2+y^2\leqslant 1\}$.

3. 设 $f(x,y)$ 为连续函数，求 $\lim\limits_{r\to 0}\dfrac{1}{\pi r^2}\iint_D f(x,y)\mathrm{d}\sigma$，$D=\{(x,y)\mid (x-x_0)^2+(y-y_0)^2\leqslant r^2\}$.

4. 根据二重积分性质，估计下列积分的值.

(1) $I=\iint\limits_D \sqrt{4+xy}\,\mathrm{d}\sigma, D=\{(x,y)\mid 0\leqslant x\leqslant 2, 0\leqslant y\leqslant 2\}$;

(2) $I=\iint\limits_D \sin^2 x\sin^2 y\,\mathrm{d}\sigma, D=\{(x,y)\mid 0\leqslant x\leqslant \pi, 0\leqslant y\leqslant \pi\}$.

笔记

第二节　二重积分在直角坐标系下的计算

除少数二重积分(被积函数和积分区域特别简单)可用定义计算外,一般情况下用定义计算二重积分相当困难.下面我们讨论二重积分的计算方法,其基本思想是将二重积分化为两次定积分来计算,转化后的这种两次定积分称为二次积分或累次积分.本节先介绍二重积分在直角坐标系下的计算方法.

一、直角坐标系下面积元素的表示

根据二重积分的定义,当二重积分$\iint\limits_D f(x,y)\mathrm{d}\sigma$存在时,它的值与积分区域 D 的划分方式无关.因此,在直角坐标系中,常用平行于坐标轴的直线网来划分 D,此时除了边界上一些小的区域外,其余小区域都是矩形,如图 9-5 所示.设矩形小区域 $\Delta\sigma_i$ 的边长为 Δx_i 与 Δy_i,由于 $\Delta\sigma_i=\Delta x_i\Delta y_i$,因此在直角坐标系下,有 $\mathrm{d}\sigma=\mathrm{d}x\mathrm{d}y$,从而

$$\iint\limits_D f(x,y)\mathrm{d}\sigma=\iint\limits_D f(x,y)\mathrm{d}x\mathrm{d}y,$$

即在直角坐标系中,将面积元素 $\mathrm{d}\sigma$ 表示成 $\mathrm{d}x\mathrm{d}y$.

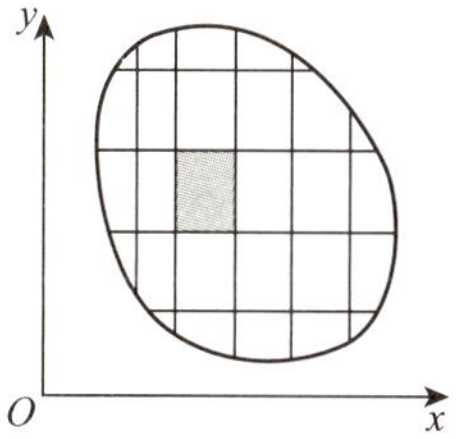

图 9-5

二、积分区域的分类

为了更直观地理解二重积分在直角坐标系下的计算方法,需要先对积分区域进行分类,一般地,平面积分区域可以分为两类:X 型积分区域、Y 型积分区域.设积分区域 D 是 xOy 平面上的有界闭区域.

1. X 型积分区域

如果积分区域 D 的边界曲线为两条曲线 $y=\varphi_1(x), y=\varphi_2(x)[\varphi_1(x)<\varphi_2(x)]$ 及两条直线 $x=a, x=b(a<b)$,则 D 可用不等式

$$a\leqslant x\leqslant b, \varphi_1(x)\leqslant y\leqslant \varphi_2(x)$$

来表示,这种区域称为 X 型区域,如图 9-6 所示.

笔记

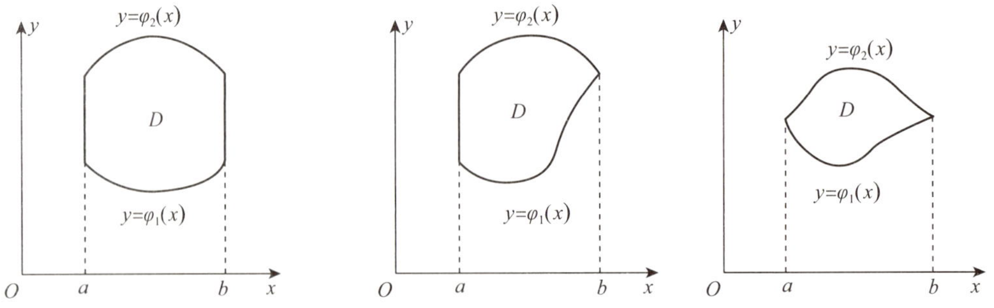

图 9-6

X 型积分区域的特点：在 D 内，任一条平行于 y 轴的直线与 D 的边界至多有两个交点，且上下边界曲线的方程是 x 的函数.

2. Y 型积分区域

如果积分区域 D 的边界曲线为两条曲线 $x=\varphi_1(y)$，$x=\varphi_2(y)$ $[\varphi_1(y)<\varphi_2(y)]$ 及两条直线 $y=c$，$y=d(c<d)$，则 D 可用不等式

$$c\leqslant y\leqslant d,\varphi_1(y)\leqslant x\leqslant\varphi_2(y)$$

来表示，这种区域称为 **Y 型区域**，如图 9-7 所示.

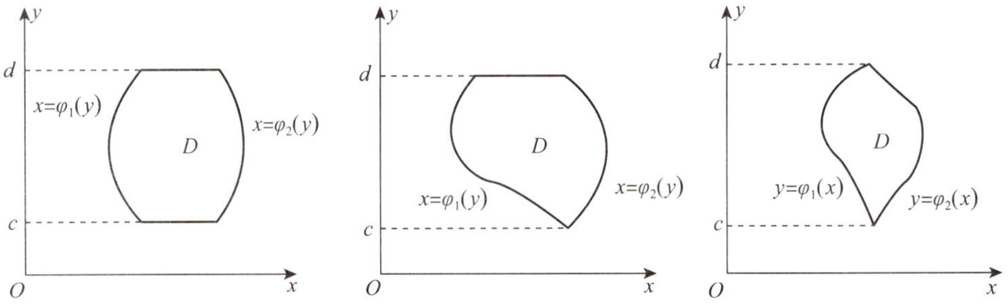

图 9-7

Y 型积分区域的特点：在 D 内，任一条平行于 x 轴的直线与 D 的边界至多有两个交点，且左右边界曲线的方程是 y 的函数.

3. 混合型区域

若有界闭区域既不是 X 型积分区域也不是 Y 型积分区域，则称为**混合型区域**.

混合型区域的特点：在区域 D 内存在平行于 x 轴和 y 轴的直线与 D 的边界交点多于两个.

对于混合型区域，可把 D 分为几个部分，使每一部分是 X 型区域或 Y 型区域. 例如，图 9-8 所示的区域分成了 3 部分，它们都是 X 型区域.

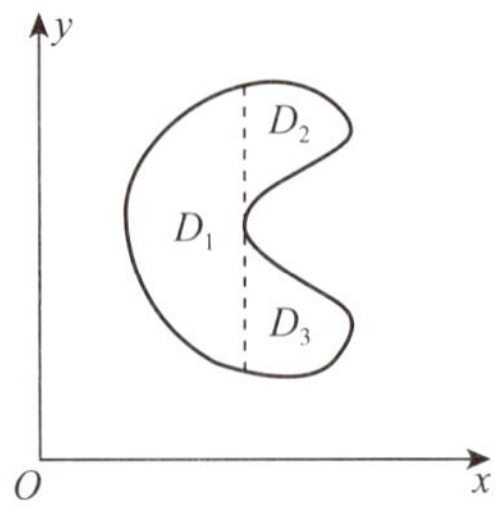

图 9-8

笔记

三、化二重积分为二次积分

在几何上，当被积函数 $f(x,y)\geqslant 0$ 时，二重积分 $\iint\limits_D f(x,y)\mathrm{d}\sigma$ 的值等于以 D 为底，以曲面 $z=f(x,y)$ 为顶的曲顶柱体的体积. 下面我们用“切片法”来求曲顶柱体的体积 V.

设积分区域 D 由两条平行直线 $x=a$，$x=b$ 及两条连续曲线 $y=\varphi_1(x)$，$y=\varphi_2(x)$（图 9-6）所围成，其中 $a<b$，$\varphi_1(x)<\varphi_2(x)$，则 D 可表示为

$$D=\{(x,y)\mid a\leqslant x\leqslant b,\varphi_1(x)\leqslant y\leqslant\varphi_2(x)\}.$$

用平行于 yOz 坐标面的平面 $x=x_0(a\leqslant x_0\leqslant b)$ 去截曲顶柱体，得一截面，它是一个以区间 $[\varphi_1(x_0),\varphi_2(x_0)]$ 为底，以 $z=f(x_0,y)$ 为曲边的曲边梯形（图 9-9），所以这截面的面积为

$$A(x_0)=\int_{\varphi_1(x_0)}^{\varphi_2(x_0)}f(x_0,y)\mathrm{d}y.$$

由此，我们可以看到这个截面面积是 x_0 的函数. 一般地，过区间 $[a,b]$ 上任一点且平行于 yOz 坐标面的平面，与曲顶柱体相交所得截面的面积为

$$A(x)=\int_{\varphi_1(x)}^{\varphi_2(x)}f(x,y)\mathrm{d}y,$$

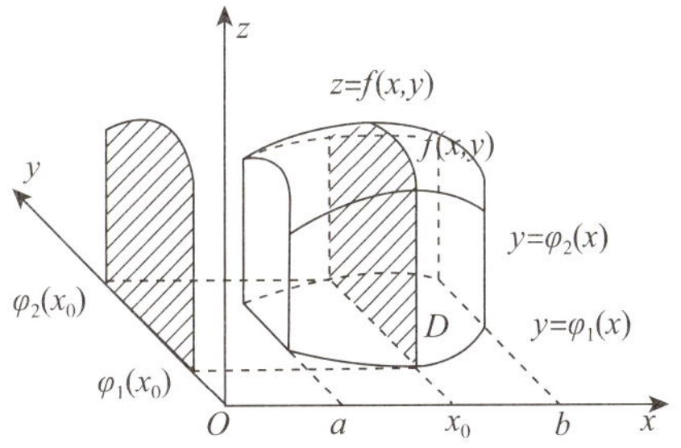

图 9-9

其中，y 是积分变量，x 在积分时保持不变. 因此在区间 $[a,b]$ 上，$A(x)$ 是 x 的函数，应用计算平行截面面积为已知的立体体积的方法，得曲顶柱体的体积为

$$V=\int_a^b A(x)\mathrm{d}x=\int_a^b\left[\int_{\varphi_1(x)}^{\varphi_2(x)}f(x,y)\mathrm{d}y\right]\mathrm{d}x,$$

即得

$$\iint\limits_D f(x,y)\mathrm{d}\sigma=\int_a^b\left[\int_{\varphi_1(x)}^{\varphi_2(x)}f(x,y)\mathrm{d}y\right]\mathrm{d}x,$$

或记作

$$\iint\limits_D f(x,y)\mathrm{d}\sigma=\int_a^b\mathrm{d}x\int_{\varphi_1(x)}^{\varphi_2(x)}f(x,y)\mathrm{d}y.$$

上式右端是一个先对 y，后对 x 积分的**二次积分或累次积分**.

注　进行第一次积分时，因为是在求 x 处的截面积 $A(x)$，所以 x 是 a，b 之间任何一个固定的值，y 是积分变量；做第二次积分时，是沿着 x 轴累加这些薄片的体积 $A(x)\cdot\mathrm{d}x$，所以 x 是积分变量.

在上面的讨论中，开始假定了 $f(x,y)\geqslant 0$，而事实上，没有这个条件，上面的公式仍

笔记

然正确.这里把此结论叙述如下:

若 $z=f(x,y)$ 在闭区域 D 上连续,$D:a\leqslant x\leqslant b,\varphi_1(x)<y\leqslant\varphi_2(x)$,则

$$\iint_D f(x,y)\mathrm{d}x\mathrm{d}y=\int_a^b\mathrm{d}x\int_{\varphi_1(x)}^{\varphi_2(x)}f(x,y)\mathrm{d}y. \tag{9-2-1}$$

类似地,若 $z=f(x,y)$ 在闭区域 D 上连续,积分区域 D 由两条平行直线 $y=c,y=d$ 及两条连续曲线 $x=\varphi_1(y),x=\varphi_2(y)$(见图 9-8)所围成,其中 $c<d,\varphi_1(y)<\varphi_2(y)$,则 D 可表示为

$$D=\{(x,y)\mid c\leqslant y\leqslant d,\varphi_1(y)\leqslant x\leqslant\varphi_2(y)\}.$$

则有

$$\iint_D f(x,y)\mathrm{d}x\mathrm{d}y=\int_c^d\mathrm{d}y\int_{\varphi_1(y)}^{\varphi_2(y)}f(x,y)\mathrm{d}x. \tag{9-2-2}$$

从上述计算公式可以看出,将二重积分化为两次定积分,关键是确定积分限,而确定积分限又依赖于区域 D 的几何形状.因此,首先必须正确地画出 D 的图形,将 D 表示为 X 型区域或 Y 型区域.如果 D 不能直接表示成 X 型区域或 Y 型区域,则应将 D 划分成若干个无公共内点的小区域,并使每个小区域能表示成 X 型区域或 Y 型区域,再利用二重积分对区域具有可加性相加,区域 D 上的二重积分就是这些小区域上的二重积分之和(图 9-8).

例 1 计算二重积分 $\iint_D xy\mathrm{d}\sigma$,其中 D 为直线 $y=x$ 与抛物线 $y=x^2$ 所包围的闭区域.

解 画出区域 D 的图形,求出 $y=x$ 与 $y=x^2$ 两条曲线的交点,它们是(0,0)及(1,1).区域 D(图 9-10)可表示为:

$$0\leqslant x\leqslant 1,x^2\leqslant y\leqslant x.$$

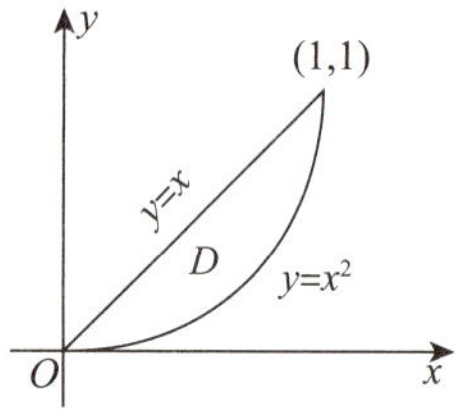

图 9-10

因此由公式(9-2-1)得

$$\iint_D xy\mathrm{d}\sigma=\int_0^1 x\mathrm{d}x\int_{x^2}^{x}y\mathrm{d}y=\int_0^1\left(\frac{x}{2}y^2\right)\Big|_{x^2}^{x}\mathrm{d}x$$

$$=\frac{1}{2}\int_0^1(x^3-x^5)\mathrm{d}x=\frac{1}{24}.$$

本题也可以化为先对 x,后对 y 的积分,这时区域 D 可表为:$0\leqslant y\leqslant 1,y\leqslant x\leqslant\sqrt{y}$.由公式(9-2-2)得

$$\iint_D xy\mathrm{d}\sigma=\int_0^1 y\mathrm{d}y\int_y^{\sqrt{y}}x\mathrm{d}x.$$

积分后与上面结果相同.

例 2 计算二重积分 $\iint_D y\sqrt{1+x^2-y^2}\mathrm{d}\sigma$,其中 D 是由直线 $y=x,x=-1$ 和 $y=1$

所围成的闭区域.

解 画出积分区域 D，易知 D：$-1\leqslant x\leqslant 1, x\leqslant y\leqslant 1$（图 9-11），若利用公式(9-2-1)，得

$$\iint_D y\sqrt{1+x^2-y^2}\,d\sigma=\int_{-1}^{1}\left(\int_x^1 y\sqrt{1+x^2-y^2}\,dy\right)dx$$
$$=-\frac{1}{3}\int_{-1}^{1}\left[(1+x^2-y^2)^{\frac{3}{2}}\right]_x^1 dx$$
$$=-\frac{1}{3}\int_{-1}^{1}(|x|^3-1)dx$$
$$=-\frac{2}{3}\int_0^1(x^3-1)dx=\frac{1}{2}.$$

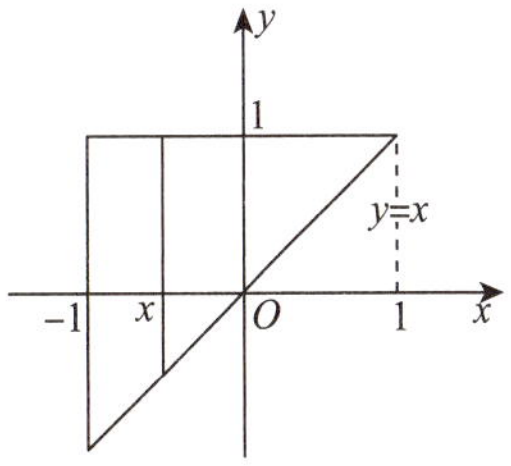

图 9-11

若利用公式(9-2-2)，就有

$$\iint_D y\sqrt{1+x^2-y^2}\,d\sigma=\int_{-1}^{1}y\left(\int_{-1}^{y}\sqrt{1+x^2-y^2}\,dx\right)dy,$$

也可得同样的结果.

例 3 计算二重积分 $\iint_D \frac{x^2}{y^2}d\sigma$，其中 D 是直线 $y=2, y=x$ 和双曲线 $xy=1$ 所围之闭区域.

解 求得三线的三个交点分别是 $\left(\frac{1}{2},2\right)$，$(1,1)$ 及 $(2,2)$. 如果先对 y 积分，那么当 $\frac{1}{2}\leqslant x\leqslant 1$ 时，y 的下限是双曲线 $y=\frac{1}{x}$，而当 $1\leqslant x\leqslant 2$ 时，y 的下限是直线 $y=x$，因此需要用直线 $x=1$ 把区域 D 分为 D_1 和 D_2 两部分（图 9-12）.

$$D_1:\frac{1}{2}\leqslant x\leqslant 2, \frac{1}{x}\leqslant y\leqslant 2.$$

$$D_2:1\leqslant x\leqslant 2, x\leqslant y\leqslant 2.$$

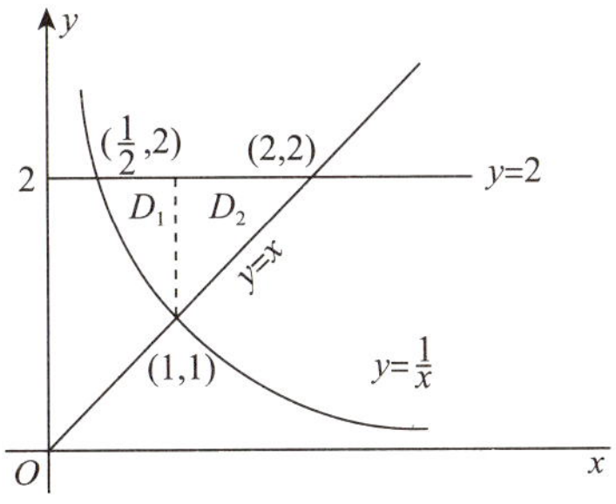

图 9-12

于是

$$\iint_D\frac{x^2}{y^2}d\sigma=\iint_{D_1}\frac{x^2}{y^2}d\sigma+\iint_{D_2}\frac{x^2}{y^2}d\sigma=\int_{\frac{1}{2}}^{1}dx\int_{\frac{1}{x}}^{1}\frac{x^2}{y^2}dy+\int_1^2 dx\int_x^2\frac{x^2}{y^2}dy$$
$$=\int_{\frac{1}{2}}^{1}\left[-\frac{x^2}{y}\right]_{\frac{1}{x}}^{2}dx+\int_1^2\left[-\frac{x^2}{y}\right]_x^2dx$$
$$=\int_{\frac{1}{2}}^{1}\left(x^3-\frac{x^2}{2}\right)dx+\int_1^2\left(x-\frac{x^2}{2}\right)dx$$

笔记

笔记

$$=\left[\frac{x^4}{4}-\frac{x^3}{6}\right]_{\frac{1}{2}}^{1}+\left[\frac{x^2}{2}-\frac{x^3}{6}\right]_{1}^{2}=\frac{81}{192}=\frac{27}{64}.$$

如果先对 x 积分，那么 $D:1\leqslant y\leqslant 2,\frac{1}{y}\leqslant x\leqslant y$，于是

$$\iint_D\frac{x^2}{y^2}\mathrm{d}\sigma=\int_1^2\mathrm{d}y\int_{\frac{1}{y}}^{y}\frac{x^2}{y^2}\mathrm{d}x=\int_1^2\left[\frac{x^3}{3y^2}\right]_{\frac{1}{y}}^{y}\mathrm{d}y$$

$$=\int_1^2\left[\frac{y}{3}-\frac{1}{3y^5}\right]\mathrm{d}y=\left[\frac{y^2}{6}+\frac{1}{12y^4}\right]_1^2=\frac{27}{64}.$$

由此可见，对于这种区域 D，如果先对 y 积分，就需要把区域 D 分成几个区域来计算. 这比先对 x 积分繁琐多了. 所以，把重积分化为累次积分时，需要根据区域 D 和被积函数的特点选择适当的次序进行积分.

四、交换二次积分次序

计算二重积分时，对于给定的二次积分，常需要交换两个变量的积分次序，我们以例题来说明求解步骤.

例 4 交换二次积分 $I=\int_0^2\mathrm{d}x\int_0^{\frac{x^2}{2}}f(x,y)\mathrm{d}y+\int_2^{2\sqrt{2}}\mathrm{d}x\int_0^{\sqrt{8-x^2}}f(x,y)\mathrm{d}y$ 的积分次序.

解 区域 D 为 X 型区域，由两部分组成：

$$D_1=\left\{(x,y)\mid 0\leqslant x\leqslant 2,0\leqslant y\leqslant\frac{x^2}{2}\right\},$$

$$D_2=\{(x,y)\mid 2\leqslant x\leqslant 2\sqrt{2},0\leqslant y\leqslant\sqrt{8-x^2}\}.$$

将 $D=D_1+D_2$ 视为 Y 型区域（图 9-13），

$$D=\{(x,y)\mid 0\leqslant y\leqslant 2,\sqrt{2y}\leqslant x\leqslant\sqrt{8-y^2}\},$$

则有

$$I=\int_0^2\mathrm{d}x\int_0^{\frac{x^2}{2}}f(x,y)\mathrm{d}y+\int_2^{2\sqrt{2}}\mathrm{d}x\int_0^{\sqrt{8-x^2}}f(x,y)\mathrm{d}y$$

$$=\int_0^2\mathrm{d}y\int_{\sqrt{2y}}^{\sqrt{8-y^2}}f(x,y)\mathrm{d}x.$$

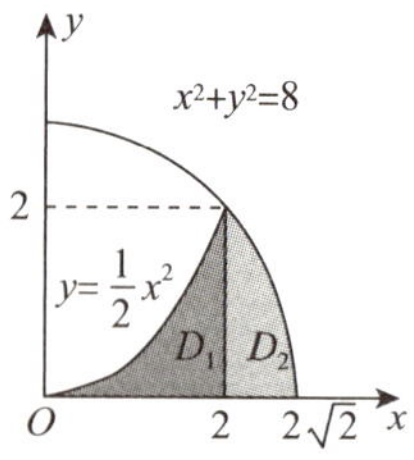

图 9-13

习题 9.2

1. 画出积分区域，把 $\iint_D f(x,y)\mathrm{d}\sigma$ 化为二次积分.

(1) $D=\{(x,y)\mid x+y\leqslant 1,y-x\leqslant 1,y\geqslant 0\}$；

(2) $D=\{(x,y)\mid y\geqslant x-2,x\geqslant y^2\}$.

2. 改变二次积分的积分次序.

(1) $\int_0^2\mathrm{d}y\int_{y^2}^{2y}f(x,y)\mathrm{d}x$；

(2) $\int_0^1\mathrm{d}x\int_0^{x^2}f(x,y)\mathrm{d}y+\int_1^2\mathrm{d}x\int_0^{2-x}f(x,y)\mathrm{d}y$.

笔记

3. 设 $f(x,y)$ 连续，且 $f(x,y)=xy+\iint\limits_D f(x,y)\mathrm{d}\sigma$，其中 D 是由直线 $y=0$，$x=1$ 及曲线 $y=x^2$ 所围成的区域，求 $f(x,y)$.

4. 计算下列二重积分.

(1) $\iint\limits_D (x^2+y^2)\mathrm{d}\sigma$，$D=\{(x,y)\mid |x|\leqslant 1,|y|<1\}$；

(2) $\iint\limits_D \dfrac{\sin x}{x}\mathrm{d}\sigma$，其中 D 是直线 $y=x$ 与抛物线 $y=\pi x$ 所围成的区域.

5. 化二重积分 $I=\iint\limits_D f(x,y)\mathrm{d}\sigma$ 为二次积分.

(1) D：$1\leqslant x^2+y^2\leqslant 4$，化为直角坐标系下的二次积分；

(2) D 是由直线 $y=x$ 与抛物线 $y^2=4x$ 所围成的闭区域.

第三节　二重积分在极坐标系下的计算

有些二重积分的积分区域 D 的边界曲线用极坐标方程来表示比较方便，且被积函数用极坐标变量 r,θ 表达比较简单，这时就可以考虑利用极坐标来计算二重积分.

一、二重积分在极坐标系下的表示

把极点放在直角坐标系的原点，极轴与 x 轴重合，那么点 P 的极坐标 $P(r,\theta)$ 与该点的直角坐标 $P(x,y)$ 有如下互换公式：

$$x=r\cos\theta, y=r\sin\theta, 0\leqslant r<+\infty, 0\leqslant\theta\leqslant 2\pi;$$

$$r=\sqrt{x^2+y^2}, \theta=\arctan\frac{y}{x}; -\infty<x,y<+\infty.$$

假设二重积分 $\iint\limits_D f(x,y)\mathrm{d}\sigma$ 存在，由二重积分的定义可知，二重积分值与积分区域 D 的划分无关. 在极坐标系中，与此类似，我们用“$r=$ 常数”的一族同心圆，以及“$\theta=$ 常数”的一族过极点的射线，将区域 D 分成 n 个小区域 $\Delta\sigma_{ij}\,(i,j=1,2,\cdots,n)$，如图 9-14 所示.

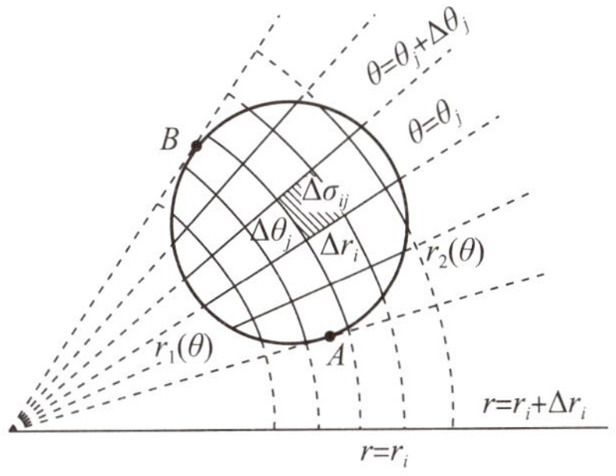

图 9-14

小区域面积

$$\Delta\sigma_{ij}=\frac{1}{2}[(r_i+\Delta r_i)^2\Delta\theta_j-r_i^2\Delta\theta_j]$$

$$=r_i\Delta r_i\Delta\theta_j+\frac{1}{2}\Delta r_i^2\Delta\theta_j.$$

笔记

记

$$\Delta\rho_{ij}=\sqrt{(\Delta r_i)^2+(\Delta\theta_j)^2}\,(i,j=1,2,\cdots,n),$$

则有

$$\Delta\sigma_{ij}=r_i\Delta r_i\Delta\theta_j+o\Delta\rho_{ij}),$$

故有

$$\mathrm{d}\sigma=r\mathrm{d}r\mathrm{d}\theta.$$

则

$$\iint_D f(x,y)\mathrm{d}\sigma=\iint_D f(r\cos\theta,r\sin\theta)r\mathrm{d}r\mathrm{d}\theta.$$

这就是直角坐标二重积分变换到极坐标二重积分的公式.在作极坐标变换时,只要将被积函数中的 x,y 分别换成 $r\cos\theta,r\sin\theta$,并把直角坐标的面积元素 $d\sigma=\mathrm{d}x\mathrm{d}y$ 换成极坐标的面积元素 $r\mathrm{d}r\mathrm{d}\theta$ 即可.

二、极坐标系下二重积分的计算

在极坐标系下,二重积分的计算也必须化为二次积分来计算.下面分三种情况讨论:

(1)极点 O 在区域 D 外部,如图 9-15 所示.

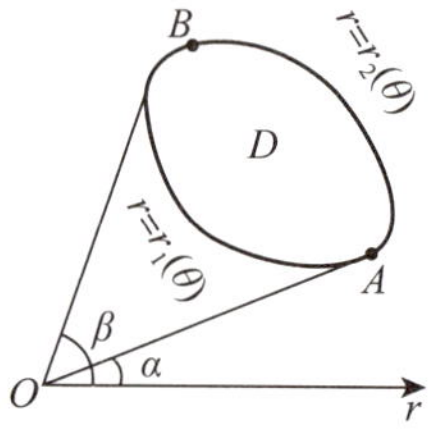

图 9-15

设区域 D 在两条射线 $\theta=\alpha,\theta=\beta$ 之间,两射线和区域边界的交点分别为 A,B,将区域 D 的边界分为两部分,其方程分别为 $r=r_1(\theta),r=r_2(\theta)$ 且均为 $[\alpha,\beta]$ 上的连续函数.此时

$$D=\{(r,\theta)\mid r_1(\theta)\leqslant r\leqslant r_2(\theta),\alpha\leqslant\theta\leqslant\beta\}.$$

于是

$$\iint_D f(r\cos\theta,r\sin\theta)r\mathrm{d}r\mathrm{d}\theta=\int_\alpha^\beta\mathrm{d}\theta\int_{r_1(\theta)}^{r_2(\theta)}f(r\cos\theta,r\sin\theta)r\mathrm{d}r.$$

(2)极点 O 在区域 D 内部,如图 9-16 所示.若区域 D 的边界曲线方程为 $r=r(\theta)$,这时积分区域 D 为

$$D=\{(r,\theta)\mid 0\leqslant r\leqslant r(\theta),0\leqslant\theta\leqslant 2\pi\},$$

且 $r(\theta)$ 在 $[0,2\pi]$ 上连续.

于是

$$\iint_D f(r\cos\theta,r\sin\theta)r\mathrm{d}r\mathrm{d}\theta=\int_0^{2\pi}\mathrm{d}\theta\int_0^{r(\theta)}f(r\cos\theta,r\sin\theta)r\mathrm{d}r$$

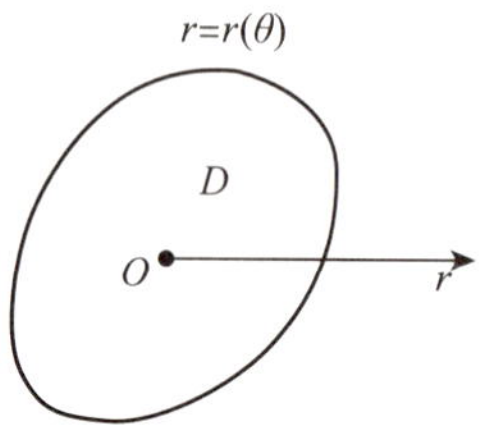

图 9-16

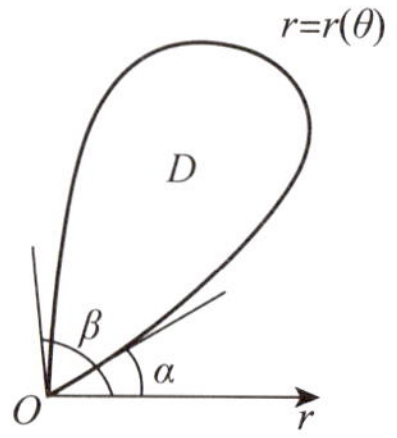

图 9-17

(3) 极点 O 在区域 D 的边界上，此时，积分区域 D 如图 9-17 所示.

$$D=\{(r,\theta)\mid \alpha\leqslant\theta\leqslant\beta,0\leqslant r\leqslant r(\theta)\}$$

且 $r(\theta)$ 在 $[0,2\pi]$ 上连续，则有

$$\iint_D f(r\cos\theta,r\sin\theta)r\mathrm{d}r\mathrm{d}\theta=\int_\alpha^\beta\mathrm{d}\theta\int_0^{r(\theta)}f(r\cos\theta,r\sin\theta)r\mathrm{d}r.$$

在计算二重积分时，是否采用极坐标变换，应根据积分区域 D 与被积函数的形式来决定. 一般来说，当积分区域为圆、圆环、扇形等区域，及被积函数可表示为 $f(x^2+y^2)$ 或 $f\left(\frac{y}{x}\right)$ 等形式时，常采用极坐标变换，简化二重积分的计算.

例 1　计算二重积分

$$I=\iint_D\sqrt{\frac{1-x^2-y^2}{1+x^2+y^2}}\mathrm{d}x\mathrm{d}y,$$

其中 $D=\{(x,y)\mid x^2+y^2\leqslant a^2(0<a<1)\}$.

解　在极坐标系中积分区域 D 为

$$D=\{(r,\theta)\mid 0\leqslant r\leqslant a,0\leqslant\theta\leqslant 2\pi\},$$

则有

$$\begin{aligned}I&=\iint_D\sqrt{\frac{1-x^2-y^2}{1+x^2+y^2}}\mathrm{d}x\mathrm{d}y=\int_0^{2\pi}\mathrm{d}\theta\int_0^a\sqrt{\frac{1-r^2}{1+r^2}}r\mathrm{d}r\\&=\pi\int_0^a\sqrt{\frac{1-r^2}{1+r^2}}r\mathrm{d}r\xlongequal{\text{令 }t=r^2\pi}\int_0^{a^2}\frac{1-t}{\sqrt{1-t^2}}\mathrm{d}t\\&=\pi\left(\arcsin t+\sqrt{1-t^2}\right)\Big|_0^{a^2}=\pi(\arcsin a^2+\sqrt{1-a^4}-1).\end{aligned}$$

例 2　计算二重积分 $\iint_D xy^2\mathrm{d}\sigma$，其中 D 是单位圆在第 Ⅰ 象限的部分.

解　采用极坐标系. D 可表示为 $0\leqslant\theta\leqslant\frac{\pi}{2},0\leqslant r\leqslant 1$（图 9-18），

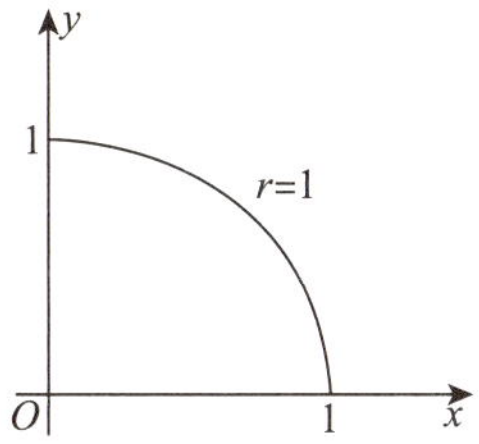

图 9-18

于是有

$$\iint_D xy^2\mathrm{d}\sigma=\int_0^{\frac{\pi}{2}}\mathrm{d}\theta\int_0^1 r\cos\theta\cdot r^2\sin^2\theta\cdot r\mathrm{d}r=\int_0^{\frac{\pi}{2}}\cos\theta\sin^2\theta\mathrm{d}\theta\int_0^1 r^4\mathrm{d}r=\frac{1}{15}.$$

例 3　计算二重积分 $\iint_D x^2\mathrm{d}\sigma$，其中 D 是二圆 $x^2+y^2=1$ 和 $x^2+y^2=4$ 之间的环形闭区域.

解　区域 D：$0\leqslant\theta\leqslant 2\pi,1\leqslant r\leqslant 2$，如图 9-19 所示.

笔记

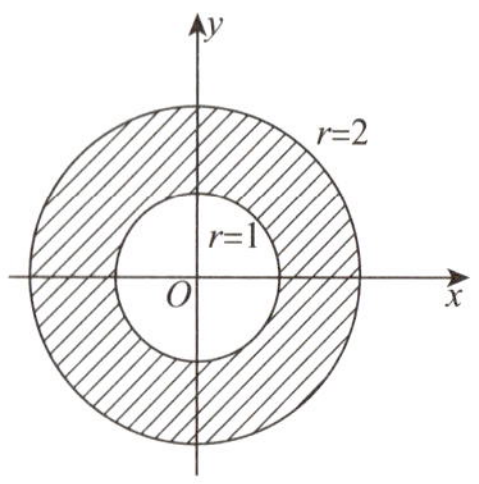

图 9-19

于是

$$\iint_D x^2 \mathrm{d}\sigma = \int_0^{2\pi} \mathrm{d}\theta \int_1^2 r^2 \cos^2\theta \cdot r \mathrm{d}r = \int_0^{2\pi} \frac{1+\cos 2\theta}{2} \mathrm{d}\theta \int_1^2 r^3 \mathrm{d}r = \frac{15}{4}\pi.$$

三、二重积分的换元法

与定积分一样，二重积分也可用换元法求其值，但比定积分复杂得多. 我们知道，对定积分 $\int_a^b f(x)\mathrm{d}x$ 做变量替换 $x=\varphi(t)$ 时，要把 $f(x)$ 变成 $f(\varphi(t))$，$\mathrm{d}x$ 变成 $\varphi'(t)\mathrm{d}t$，积分限 a,b 也要变成对应 t 的值. 同样，对二重积分 $\iint_D f(x,y)\mathrm{d}\sigma$ 做变量替换

$$\begin{cases} x = x(u,v), \\ y = y(u,v) \end{cases}$$

时，既要把 $f(x,y)$ 变成 $f(x(u,v),y(u,v))$，又要把 xOy 面上的积分区域 D 变成 uOv 面上的区域 D_{uv}，并把 D 中的面积元素 $\mathrm{d}\sigma$ 变成 D_{uv} 中的面积元素 $\mathrm{d}\sigma^*$.

定理 若 $f(x,y)$ 在 xOy 平面上的闭区域 D 上连续，变换 $T: x=x(u,v), y=y(u,v)$，将 uOv 平面上的闭区域 D' 变成 xOy 平面上的 D，且满足

(1) $x(u,v), y(u,v)$ 在 D' 上具有一阶连续偏导数；

(2) 在 D' 上雅可比式

$$J = \frac{\partial(x,y)}{\partial(u,v)} \neq 0;$$

(3) 变换 $T: D' \to D$ 是一对一的，则有

$$\iint_D f(x,y)\mathrm{d}x\mathrm{d}y = \iint_{D_{uv}} f(x(u,v),y(u,v)) \, |J| \, \mathrm{d}u\mathrm{d}v.$$

例 4 计算二重积分 $\iint_D e^{\frac{y-x}{y+x}}\mathrm{d}x\mathrm{d}y$，其中 D 是由 x 轴、y 轴和直线 $x+y=2$ 所围成的闭区域.

解 令 $u=y-x, V=y+x$，则

$$x = \frac{v-u}{2}, y = \frac{v+u}{2}.$$

在此变换下，xOy 面上闭区域 D 变为 uOv 面上的对应区域 D'(图 9-20).

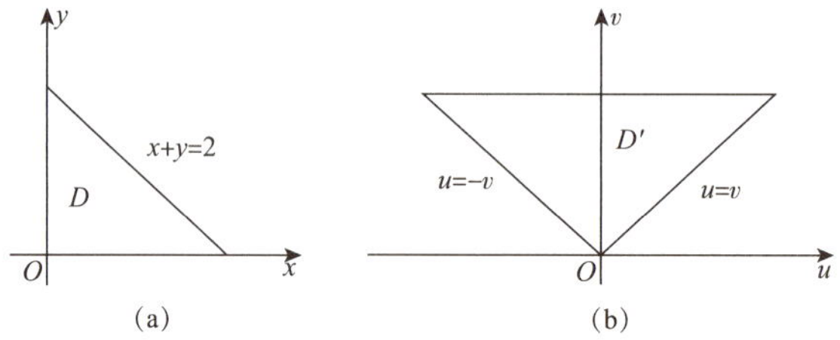

图 9-20

笔记

雅可比式为

$$J=\frac{\partial(x,y)}{\partial(u,v)}=\begin{vmatrix}-\frac{1}{2} & \frac{1}{2}\\ \frac{1}{2} & \frac{1}{2}\end{vmatrix}=-\frac{1}{2},$$

则得

$$\iint_D e^{\frac{y-x}{y+x}}dxdy=\iint_D e^{\frac{u}{v}}\left|-\frac{1}{2}\right|dudv$$

$$=\frac{1}{2}\int_0^2 dv\int_{-v}^{v}e^{\frac{u}{v}}du=\frac{1}{2}\int_0^2(e-e^{-1})vdv$$

$$=e-e^{-1}.$$

习题 9.3

1. 在极坐标系下计算二重积分.

(1) $\iint_D \sin\sqrt{x^2+y^2}\,dxdy, D=\{(x,y)\mid \pi^2\leqslant x^2+y^2\leqslant 4\pi^2\}$;

(2) $\iint_D (x+y)dxdy, D=\{(x,y)\mid x^2+y^2\leqslant x+y\}$.

2. 将下列积分化为极坐标形式.

(1) $\int_0^{2a}dx\int_0^{\sqrt{2ax-x^2}}(x^2+y^2)dy$;　　(2) $\int_0^a dx\int_0^x\sqrt{x^2+y^2}\,dy$.

3. 求球体 $x^2+y^2+z^2\leqslant R^2$ 被圆柱面 $x^2+y^2=Rx$ 所割下部分的体积.

4. 作适当坐标变换，计算下列二重积分.

(1) $\iint_D \sqrt{x^2+y^2}\,dxdy$，其中 D 是圆环形闭区域 $a^2\leqslant x^2+y^2\leqslant b^2$;

(2) $\iint_D x(y+1)dxdy$，其中 D: $x^2+y^2\geqslant 1, x^2+y^2\leqslant 2x$.

5. 求由曲面 $z=x^2+y^2$ 及 $z=8-x^2-y^2$ 所围成立体的体积.

本章小结

一、本章提要

1. 基本概念

二重积分、微元法.

2. 基本方法

将二重积分化为二次积分，关键是确定积分的上下限；有直角坐标系下的计算方法和极坐标系下的计算方法.

笔记

二、要点解析

问题 1　二重积分与定积分有哪些相同和不同之处?

解析　二重积分是定积分概念的推广，因此两者有许多相同之处. 从定义上看，二重积分也表示为和式的极限

$$\iint_D f(x,y)\mathrm{d}\sigma=\lim_{\lambda\to\infty}\sum_{i=1}^{n}f(\xi_i,\eta_i)\Delta\sigma_i$$

该极限也是通过“分割、近似代替、求和、取极限”而得到的. 因此，其结果是一个数，这个数只与被积函数 $f(x,y)$ 及积分区域 D 有关，而与 D 的分法和点 (ξ_i,η_i) 的取法无关. 二重积分还与定积分有相似的几何意义和性质.

二重积分与定积分的不同之处是：定积分的被积函数是一元函数，积分域是区间；二重积分的被积函数是二元函数，积分域是平面区域.

问题 2　二重积分的计算方法是什么? 有哪些步骤?如何确定累次积分的上下限?

解析　二重积分的计算方法是化二重积分为累次积分，通过两次定积分的计算得到二重积分的值. 这一方法是根据二重积分的几何意义导出的.

二重积分的计算步骤为：

(1) 画出积分区域 D 的图形；

(2) 根据被积函数的结构和积分区域的形状选择适当的坐标系；

(3) 选择适当的积分次序(有时需要将 D 分成几个部分区域)；

(4) 写出 D 的不等式表示，从而确定累次积分的上下限；

(5) 从内到外计算两次定积分.

以先对 y 积分为例. 将积分区域 D 向 x 轴投影，得到投影区域 $a\leqslant x\leqslant b$，a,b 就是“外层”(对 x 积分)的上下限；任取 $x\in(a,b)$，过 x 作平行与 y 轴的直线，自上而下穿过 D，穿人和穿出点的纵坐标 $\varphi_1(x)$ 和 $\varphi_2(x)$ 满足 $\varphi_1(x)\leqslant y\leqslant\varphi_2(x)$，$\varphi_1(x)$，$\varphi_2(x)$ 就是“内层”(对 y)积分的上下限. 这样就将积分区域 D 表示为

$$D:\begin{cases}\varphi_1(x)\leqslant y\leqslant\varphi_2(x),\\ a\leqslant x\leqslant b.\end{cases}$$

于是二重积分化为累次积分 $\iint_D f(x,y)\mathrm{d}x\mathrm{d}y=\int_a^b\mathrm{d}x\int_{\varphi_1(x)}^{\varphi_2(x)}f(x,y)\mathrm{d}y.$

数学实验九：用 MATLAB 计算二重积分

MATLAB 软件没有提供命令来直接计算二元函数的积分，因此需要把二重积分转化为二次积分来计算.

例 1　计算积分 $\int_0^1\int_0^1 x\mathrm{e}^{xy}\mathrm{d}x.$

解　输入命令：

```
syms x y;
f = x * exp(x * y);          % 定义被积函数
f_x = int exp(f,x,0,1);      % 先对 x 进行积分
```

```
val = int exp(f_x,y,0,1);   % 再对 y 进行积分
```

输出结果：

```
val = exp(1) - 2
```

例 2　计算二重积分 $\iint\limits_D (1+x^2)y\mathrm{d}x\mathrm{d}y$，其中积分区域 D 是圆 $x^2+y^2=1$ 在第一象限中的区域.

解　输入命令：

```
syms x y;
f = (1 + x^2) * y;
xmin = 0;
xmax = 1;                % 确定 x 的积分上下限
ymin = 0;
ymax = sgrt(1 - x^2);    % 确定 y 的积分上下限
f_y = int(f,y,ymin,ymax)
val = int exp(f_y,xmin,xmax)
```

输出结果：

```
val = 2/5
```

复习题 9

1. 填空题.

(1) 交换下列二次积分的积分次序.

① $\int_0^1 \mathrm{d}y \int_{\sqrt{y}}^{\sqrt{2-y}} f(x,y)\mathrm{d}x =$ ______________；

② $\int_0^2 \mathrm{d}y \int_{y^2}^{2y} f(x,y)\mathrm{d}x =$ ______________；

③ $\int_0^1 \mathrm{d}y \int_0^y f(x,y)\mathrm{d}x =$ ______________；

④ $\int_0^1 \mathrm{d}y \int_{-\sqrt{1-y^2}}^{\sqrt{1-y^2}} f(x,y)\mathrm{d}x =$ ______________.

(2) 积分 $\int_0^2 \mathrm{d}x \int_x^2 \mathrm{e}^{-y^2}\mathrm{d}y$ 的值等于______________.

(3) 设 $D=\{(x,y)\mid 0\leqslant x\leqslant 1, 0\leqslant y\leqslant 1\}$，试利用二重积分的性质估计 $I=\iint\limits_D xy(x+y)\mathrm{d}\sigma$ 的值为______________.

(4) 设区域 D 是由 x 轴、y 轴与直线 $x+y=1$ 所围成，根据二重积分的性质，试比较积分 $I=\iint\limits_D (x+y)^2\mathrm{d}\sigma$ 与 $I=\iint\limits_D (x+y)^3\mathrm{d}\sigma$ 的大小______________.

2. 解答题.

(1) 利用极坐标计算下列各题.

① $\iint\limits_D \mathrm{e}^{x^2+y^2}\mathrm{d}\sigma$，其中 D 是由圆周 $x^2+y^2=1$ 及坐标轴所围成的在第一象限内的闭

笔记

区域；

② $\iint\limits_{D} \arctan \frac{y}{x} \mathrm{d}\sigma$，其中 D 是由圆周 $x^2+y^2=4$，$x^2+y^2=1$ 及直线 $y=0$，$y=x$ 所围成的在第一象限的闭区域.

(2) 计算下列二重积分.

① $\iint\limits_{D} (1+x)\sin y \mathrm{d}\sigma$，其中 D 是顶点分别为 $(0,0)$，$(1,0)$，$(1,2)$ 和 $(0,1)$ 的梯形闭区域；

② $\iint\limits_{D} \sqrt{R^2-x^2-y^2} \mathrm{d}\sigma$，其中 D 是圆周 $x^2+y^2=Rx$ 所围成的闭区域.

素养园地

数学王子——高斯

高斯是德国著名的数学家、物理学家、天文学家. 他是 19 世纪最伟大的数学家，有着“数学王子”“数学家之王”的美誉，和牛顿、阿基米德一起并称为历史上最伟大的三大数学家.

高斯出生在德国布伦兹维克的一个贫苦家庭. 父亲迪德里是一个普通劳动者，他并不赞成自己唯一的儿子搞数学研究，因为在他生活的时代，搞数学研究似乎不能养家糊口. 他对高斯要求很严格，高斯也很尊重自己的父亲. 高斯的母亲罗捷雅是一个聪明、善良的女人，是迪德里的第二个妻子. 她对高斯的不懈支持在高斯成长时期起着非常重要的作用. 这位伟大的母亲以 97 岁的高寿仙逝.

高斯在 3 岁时就能看出父亲账本上的错误. 10 岁时就独立总结出了等差数列的求和方法，也就是大家熟知的“从 1 加到 100”的故事. 1783 年，11 岁的高斯不顾父亲的反对走进了高等学校，当数学老师看了高斯的第一次数学作业后就告诉他，以后不需要上数学课了. 1791 年，14 岁的高斯得到了布伦斯维克公爵费迪南的资助，15 岁时他进入了卡罗琳学院学习，在短短的 4 年里，高斯在数学领域取得了别人一生都难以达到的成就，如二项式定理的一般形式、二次互逆定理、质数分部定理、算术几何平均等. 1795 年，高斯进入哥丁根大学. 1796 年，19 岁的高斯得到了一个在数学史极其重要的结果，也就是正十七边形尺规作图理论和方法. 1799 年，22 岁的高斯提交了他的博士论文，也就是今天的代数学基本定理(任一多项式都有（复）根). 1801 年，年仅 24 岁的高斯出版了《算术研究》一书，开创了现代数论的新纪元. 次年，高斯被俄国彼得堡科学院选为通讯院士、略山大学教授. 1807 年，高斯以有特权的数学与天文学教授、哥丁根天文台台长的身份赴哥丁根大学就职. 在这里，高斯把更多的时间放在了天文学领域，所以，他在天文学领域的成就也非常卓越. 1802 年，他准确预测了小行星二号的位置，1809 年他出版了《天体运动理论》. 除此之外，在 1833 年，高斯还发明了世界上第一台电报机.

高斯是孤独的. 因为在他生活的时代，几乎找不到什么人能够分享他的想法或向他提供新的观念. 每当他发现新的理论时，没有人可以讨论. 这是一种智慧的孤独，历史上只有很少的几个伟人才感受过这种孤独. 高斯从不参加公开的争论，也不热衷于发现和培养接班人，但这不代表他没有出类拔萃的学生，伟大的数学家黎曼、狄里克雷都是高斯的学生.

高斯是孤傲的. 和高斯同时代还有一位大数学家雅可比，他也是狄里克雷的岳父.

雅可比几次都想找机会和高斯建立友谊，而高斯总是不理不睬．雅可比在给朋友一封信中写道："你要知道，在这 20 年里，他（高斯）从未提及我和狄里克雷……"

高斯是幸福的．在他成长的时期，有母亲和舅舅的大力支持；在他困窘的时期，得到了布伦斯维克公爵费迪南的慷慨资助，高斯一生结过两次婚，他的第一个妻子死于难产，不到一年，高斯又娶了他的第二个妻子，这两次婚姻都很幸福．

高斯是执着的．他的成功一方面来自天赋；另一方面来自执着．由于父亲的不支持，高斯自制了小油灯，每天读书到深夜．在 15 岁时，高斯已经研读了很多数学名家如牛顿、欧拉、拉格朗日等的著作．妻子病危时，高斯正在研究一个数学问题，仆人叫他去见最后一面，高斯却说："叫她等一下，等到我过去．"直到手头的研究告一段落，才匆匆跑去妻子身边．

高斯将自己的数学天赋——有创造力的直觉，卓越的计算能力，严密的逻辑推理，十全十美的实验和谐地组合在一起．人们称高斯是人类的骄傲，天才、早熟、高产、创造力不衰……人类智力领域几乎所有的褒奖之词，对于高斯都不过分．

笔记

第十章

无穷级数

笔记

无穷级数是高等数学课程的重要内容，它以极限理论为基础，是研究函数的性质及进行数值计算方面的重要工具. 本章首先讨论常数项级数，介绍无穷级数的一些基本概念和基本内容，然后讨论函数项级数，着重讨论如何将函数展开成幂级数和三角级数的问题.

第一节　常数项级数的概念与性质

一、常数项级数的基本概念

一般的，给定一个数列

$$u_1, u_2, u_3, \cdots, u_n, \cdots,$$

则由这个数列构成的表达式

$$u_1 + u_2 + u_3 + \cdots + u_n + \cdots$$

叫作（常数项）无穷级数，简称（常数项）级数，记为 $\sum_{n=1}^{\infty} u_n$，即

$$\sum_{n=1}^{\infty} u_n = u_1 + u_2 + u_3 + \cdots + u_n + \cdots,$$

其中第 n 项 u_n 叫作级数的一般项.

作级数 $\sum_{n=1}^{\infty} u_n$ 的前 n 项和

$$s_n = \sum_{i=1}^{n} u_i = u_1 + u_2 + u_3 + \cdots + u_n$$

称为级数 $\sum_{n=1}^{\infty} u_n$ 的部分和. 当 n 依次取 1,2,3,… 时，它们构成一个新的数列

$$s_1 = u_1, s_2 = u_1 + u_2, s_3 = u_1 + u_2 + u_3, \cdots,$$

$$s_n = u_1 + u_2 + \cdots + u_n, \cdots.$$

根据这个数列有没有极限，我们引进无穷级数的收敛与发散的概念.

笔记

定义　如果级数 $\sum\limits_{n=1}^{\infty} u_n$ 的部分和数列 $\{s_n\}$ 有极限 s，即 $\lim\limits_{n\to\infty} s_n = s$，则称无穷级数 $\sum\limits_{n=1}^{\infty} u_n$ 收敛，这时极限 s 叫作这个**级数的和**，并写成

$$s = \sum_{n=1}^{\infty} u_n = u_1 + u_2 + u_3 + \cdots + u_n + \cdots;$$

如果 $\{s_n\}$ 没有极限，则称无穷级数 $\sum\limits_{n=1}^{\infty} u_n$ **发散**.

当级数 $\sum\limits_{n=1}^{\infty} u_n$ 收敛时，其部分和 s_n 是级数 $\sum\limits_{n=1}^{\infty} u_n$ 的和 s 的近似值，它们之间的差值

$$r_n = s - s_n = u_{n+1} + u_{n+2} + \cdots$$

叫作级数 $\sum\limits_{n=1}^{\infty} u_n$ 的**余项**.

例 1　讨论等比级数（几何级数）$\sum\limits_{n=0}^{\infty} aq^n (a \neq 0)$ 的敛散性.

解　如果 $q \neq 1$，则部分和

$$s_n = a + aq + aq^2 + \cdots + aq^{n-1} = \frac{a - aq^n}{1-q} = \frac{a}{1-q} - \frac{aq^n}{1-q}.$$

当 $|q| < 1$ 时，因为 $\lim\limits_{n\to\infty} s_n = \dfrac{a}{1-q}$，所以此时级数 $\sum\limits_{n=0}^{\infty} aq^n$ 收敛，其和为 $\dfrac{a}{1-q}$.

当 $|q| > 1$ 时，因为 $\lim\limits_{n\to\infty} s_n = \infty$，所以此时级数 $\sum\limits_{n=0}^{\infty} aq^n$ 发散.

如果 $|q| = 1$，则当 $q = 1$ 时，$s_n = na \to \infty$，因此级数 $\sum\limits_{n=0}^{\infty} aq^n$ 发散；

当 $q = -1$ 时，级数 $\sum\limits_{n=0}^{\infty} aq^n$ 成为

$$a - a + a - a + \cdots,$$

因为 s_n 随着 n 为奇数或偶数而等于 a 或零，所以 s_n 的极限不存在，从而此时级数 $\sum\limits_{n=0}^{\infty} aq^n$ 发散.

综上所述，如果 $|q| < 1$，则级数 $\sum\limits_{n=0}^{\infty} aq^n$ 收敛，其和为 $\dfrac{a}{1-q}$；如果 $|q| \geq 1$，则级数 $\sum\limits_{n=0}^{\infty} aq^n$ 发散.

例 2　判别无穷级数 $\sum\limits_{n=1}^{\infty} \ln\left(1 + \dfrac{1}{n}\right)$ 的收敛性.

解　由于

$$u_n = \ln\left(1 + \frac{1}{n}\right) = \ln(n+1) - \ln n,$$

因此

$$s_n = (\ln 2 - \ln 1) + (\ln 3 - \ln 2) + (\ln 4 - \ln 3) + \cdots + [\ln(n+1) - \ln n] = \ln(n+1),$$

而 $\lim\limits_{n\to\infty} s_n = \infty$，故该级数发散.

笔记

例 3 判别无穷级数 $\sum_{n=1}^{\infty}\frac{1}{n(n+1)}$ 的收敛性.

解 因为

$$u_n=\frac{1}{n(n+1)}=\frac{1}{n}-\frac{1}{n+1},$$

所以

$$\begin{aligned}s_n&=\frac{1}{1\times 2}+\frac{1}{2\times 3}+\frac{1}{3\times 4}+\cdots+\frac{1}{n(n+1)}\\&=\left(1-\frac{1}{2}\right)+\left(\frac{1}{2}-\frac{1}{3}\right)+\cdots+\left(\frac{1}{n}-\frac{1}{n+1}\right)=1-\frac{1}{n+1}.\end{aligned}$$

从而

$$\lim_{n\to\infty}s_n=\lim_{n\to\infty}\left(1-\frac{1}{n+1}\right)=1.$$

所以该级数收敛,它的和是 1.

二、收敛级数的基本性质

根据无穷级数收敛、发散的概念,可以得到收敛级数的基本性质.

性质 1 如果级数 $\sum_{n=1}^{\infty}u_n$ 收敛于和 s,则它的各项同乘以一个常数 k 所得的级数 $\sum_{n=1}^{\infty}ku_n$ 也收敛,且其和为 ks.

证明 设 $\sum_{n=1}^{\infty}u_n$ 与 $\sum_{n=1}^{\infty}ku_n$ 的部分和分别为 s_n 与 σ_n,则

$$\lim_{n\to\infty}\sigma_n=\lim_{n\to\infty}(ku_1+ku_2+\cdots+ku_n)=k\lim_{n\to\infty}(u_1+u_2+\cdots+u_n)=k\lim_{n\to\infty}s_n=ks,$$

这表明级数 $\sum_{n=1}^{\infty}ku_n$ 收敛,且和为 ks.

性质 2 如果级数 $\sum_{n=1}^{\infty}u_n$,$\sum_{n=1}^{\infty}v_n$ 分别收敛于和 s,σ,则级数 $\sum_{n=1}^{\infty}(u_n\pm v_n)$ 也收敛,且其和为 $s\pm\sigma$.

证明 如果 $\sum_{n=1}^{\infty}u_n$,$\sum_{n=1}^{\infty}v_n$,$\sum_{n=1}^{\infty}(u_n\pm v_n)$ 的部分和分别为 s_n,σ_n,τ_n,则

$$\begin{aligned}\lim_{n\to\infty}\tau_n&=\lim_{n\to\infty}[(u_1\pm v_1)+(u_2\pm v_2)+\cdots+(u_n\pm v_n)]\\&=\lim_{n\to\infty}[(u_1+u_2+\cdots+u_n)\pm(v_1+v_2+\cdots+v_n)]\\&=\lim_{n\to\infty}(s_n\pm\sigma_n)=s\pm\sigma.\end{aligned}$$

这表明了级数 $\sum_{n=1}^{\infty}(u_n\pm v_n)$ 也收敛,且其和为 $s\pm\sigma$.

性质 3 在级数中去掉、加上或改变有限项,不会改变级数的收敛性.

比如,级数 $\frac{1}{1\times 2}+\frac{1}{2\times 3}+\frac{1}{3\times 4}+\cdots+\frac{1}{n(n+1)}+\cdots$ 是收敛的;

级数 $10\ 000+\frac{1}{1\times 2}+\frac{1}{2\times 3}+\frac{1}{3\times 4}+\cdots+\frac{1}{n(n+1)}+\cdots$ 也是收敛的;

级数 $\frac{1}{3\times 4}+\frac{1}{4\times 5}+\cdots+\frac{1}{n(n+1)}+\cdots$ 也是收敛的.

笔记

性质 4　如果级数 $\sum_{n=1}^{\infty} u_n$ 收敛，则对这级数的项任意加括号后所成的级数仍收敛，且其和不变.

知识加油站

如果加括号后所成的级数收敛，则不能断定去括号后原来的级数也收敛. 例如，级数 $(1-1)+(1-1)+\cdots$ 收敛于零，但级数 $1-1+1-1+\cdots$ 却是发散的.

推论　如果加括号后所成的级数发散，则原来级数也发散.

性质 5　如果 $\sum_{n=1}^{\infty} u_n$ 收敛，则它的一般项 u_n 趋于零，即 $\lim\limits_{n\to\infty} u_n = 0$.

证明　设级数 $\sum_{n=1}^{\infty} u_n$ 的部分和为 s_n，且 $\lim\limits_{n\to\infty} s_n = s$，则

$$\lim_{n\to\infty} u_n = \lim_{n\to\infty}(s_n - s_{n-1}) = \lim_{n\to\infty} s_n - \lim_{n\to\infty} s_{n-1} = s - s = 0.$$

注　级数的一般项趋于零并不是级数收敛的充分条件.

例 6　证明调和级数

$$\sum_{n=1}^{\infty} \frac{1}{n} = 1 + \frac{1}{2} + \frac{1}{3} + \cdots + \frac{1}{n} + \cdots$$

是发散的.

证明　假若级数 $\sum_{n=1}^{\infty} \frac{1}{n}$ 收敛且其和为 s，s_n 是它的部分和.

显然有 $\lim\limits_{n\to\infty} s_n = s$ 及 $\lim\limits_{n\to\infty} s_{2n} = s$. 于是 $\lim\limits_{n\to\infty}(s_{2n} - s_n) = 0$.

但另一方面，

$$s_{2n} - s_n = \frac{1}{n+1} + \frac{1}{n+2} + \cdots + \frac{1}{2n} > \frac{1}{2n} + \frac{1}{2n} + \cdots + \frac{1}{2n} = \frac{1}{2},$$

故 $\lim\limits_{n\to\infty}(s_{2n} - s_n) \neq 0$，矛盾. 这矛盾说明级数 $\sum_{n=1}^{\infty} \frac{1}{n}$ 必定发散.

习题 10.1

1. 写出下列级数的前四项.

(1) $\sum_{n=1}^{\infty} \frac{n!}{n^n}$；　　(2) $\sum_{n=1}^{\infty} (-1)^n \left[1 - \frac{(n-1)^2}{n+1}\right]$.

2. 写出下列级数的一般项(通项).

(1) $-1 + \frac{1}{2} - \frac{1}{4} + \frac{1}{8} - \cdots$；　　(2) $\frac{a^2}{3} - \frac{a^3}{5} + \frac{a^4}{7} - \frac{a^5}{9} + \cdots$.

3. 根据级数收敛与发散的定义，判断下列级数的敛散性.

(1) $\sum_{n=1}^{\infty} (\sqrt{n+1} - \sqrt{n})$；　　(2) $\sin\frac{\pi}{6} + \sin\frac{2\pi}{6} + \cdots + \sin\frac{n\pi}{6} + \cdots$.

4. 判断下列级数的敛散性.

(1) $\sum_{n=1}^{\infty} \frac{1}{n+3}$；　　(2) $\frac{1}{3} + \frac{1}{6} + \frac{1}{9} + \cdots + \frac{1}{3n} + \cdots$.

笔记

第二节　正项级数及其审敛法

一般的常数项级数，它的各项可以是正数、负数或零. 现在我们讨论各项都是正数或零的级数，这种级数称为正项级数.

设级数

$$u_1+u_2+u_3+\cdots+u_n+\cdots \tag{10-2-1}$$

是一个正项级数，它的部分和为 s_n. 显然，数列 $\{s_n\}$ 是一个单调增加数列，即

$$s_1\leqslant s_2\leqslant\cdots\leqslant s_n\leqslant\cdots.$$

如果数列 $\{s_n\}$ 有界，即 s_n 总不大于某一常数 M，根据单调有界的数列必有极限的准则，级数(10-2-1) 必收敛于和 s，且 $s_n\leqslant s\leqslant M$；反之，如果正项级数(10-2-1) 收敛于和 s，根据有极限的数列是有界数列的性质可知，数列 $\{s_n\}$ 有界. 因此，有如下重要结论：

定理 1　正项级数 $\sum\limits_{n=1}^{\infty}u_n$ 收敛的充分必要条件是它的部分和数列 $\{s_n\}$ 有界.

定理 2　(比较审敛法) 设 $\sum\limits_{n=1}^{\infty}u_n$ 和 $\sum\limits_{n=1}^{\infty}v_n$ 都是正项级数，且 $u_n\leqslant v_n\ (n=1,2,\cdots)$. 若级数 $\sum\limits_{n=1}^{\infty}v_n$ 收敛，则级数 $\sum\limits_{n=1}^{\infty}u_n$ 收敛；反之，若级数 $\sum\limits_{n=1}^{\infty}u_n$ 发散，则级数 $\sum\limits_{n=1}^{\infty}v_n$ 发散.

证明　设级数 $\sum\limits_{n=1}^{\infty}v_n$ 收敛于和 σ，则级数 $\sum\limits_{n=1}^{\infty}u_n$ 的部分和

$$s_n=u_1+u_2+u_3+\cdots+u_n\leqslant v_1+v_2+\cdots+v_n\leqslant\sigma\ (n=1,2,\cdots),$$

即部分和数列 $\{s_n\}$ 有界，由定理 1 知级数 $\sum\limits_{n=1}^{\infty}u_n$ 收敛.

反之，设级数 $\sum\limits_{n=1}^{\infty}u_n$ 发散，则级数 $\sum\limits_{n=1}^{\infty}v_n$ 必发散. 因为若级数 $\sum\limits_{n=1}^{\infty}v_n$ 收敛，由上已证明的结论可知，级数 $\sum\limits_{n=1}^{\infty}u_n$ 也收敛，与假设矛盾.

推论　设 $\sum\limits_{n=1}^{\infty}u_n$ 和 $\sum\limits_{n=1}^{\infty}v_n$ 都是正项级数，如果级数 $\sum\limits_{n=1}^{\infty}v_n$ 收敛，且存在自然数 N，使当 $n\geqslant N$ 时有 $u_n\leqslant kv_n\ (k>0)$ 成立，则级数 $\sum\limits_{n=1}^{\infty}u_n$ 收敛；如果级数 $\sum\limits_{n=1}^{\infty}v_n$ 发散，且当 $n\geqslant N$ 时有 $u_n\geqslant kv_n\ (k>0)$ 成立，则级数 $\sum\limits_{n=1}^{\infty}u_n$ 发散.

例 1　讨论 p— 级数

$$\sum_{n=1}^{\infty}\frac{1}{n^p}=1+\frac{1}{2^p}+\frac{1}{3^p}+\frac{1}{4^p}+\cdots+\frac{1}{n^p}+\cdots$$

的收敛性，其中常数 $p>0$.

解　设 $p\leqslant1$. 这时 $\frac{1}{n^p}\geqslant\frac{1}{n}$，而调和级数 $\sum\limits_{n=1}^{\infty}\frac{1}{n}$ 发散，由比较审敛法可知，当 $p\leqslant1$ 时级数 $\sum\limits_{n=1}^{\infty}\frac{1}{n^p}$ 发散.

笔记

设 $p>1$,此时有

$$\frac{1}{n^p}=\int_{n-1}^{n}\frac{1}{n^p}dx\leqslant\int_{n-1}^{n}\frac{1}{x^p}dx=\frac{1}{p-1}\left[\frac{1}{(n-1)^{p-1}}-\frac{1}{n^{p-1}}\right](n=2,3,\cdots).$$

对于级数 $\sum\limits_{n=2}^{\infty}\left[\frac{1}{(n-1)^{p-1}}-\frac{1}{n^{p-1}}\right]$,其部分和

$$s_n=\left(1-\frac{1}{2^{p-1}}\right)+\left(\frac{1}{2^{p-1}}-\frac{1}{3^{p-1}}\right)+\cdots+\left[\frac{1}{n^{p-1}}-\frac{1}{(n+1)^{p-1}}\right]=1-\frac{1}{(n+1)^{p-1}}.$$

因为 $\lim\limits_{n\to\infty}s_n=\lim\limits_{n\to\infty}\left[1-\frac{1}{(n+1)^{p-1}}\right]=1$. 所以级数 $\sum\limits_{n=2}^{\infty}\left[\frac{1}{(n-1)^{p-1}}-\frac{1}{n^{p-1}}\right]$收敛. 从而根据比较审敛法的推论可知,级数 $\sum\limits_{n=1}^{\infty}\frac{1}{n^p}$ 当 $p>1$ 时收敛.

综上所述,p— 级数 $\sum\limits_{n=1}^{\infty}\frac{1}{n^p}$ 当 $p>1$ 时收敛,当 $p\leqslant1$ 时发散.

例 2　证明级数 $\sum\limits_{n=1}^{\infty}\frac{1}{\sqrt{n(n+1)}}$ 是发散的.

证明　因为 $\frac{1}{\sqrt{n(n+1)}}>\frac{1}{\sqrt{(n+1)^2}}=\frac{1}{n+1}$,而级数 $\sum\limits_{n=1}^{\infty}\frac{1}{n+1}=\frac{1}{2}+\frac{1}{3}+\cdots+\frac{1}{n+1}+\cdots$ 是发散的,根据比较审敛法可知所给级数也是发散的.

定理 3　(比较审敛法的极限形式)

设 $\sum\limits_{n=1}^{\infty}u_n$ 和 $\sum\limits_{n=1}^{\infty}v_n$ 都是正项级数,如果 $\lim\limits_{n\to\infty}\frac{u_n}{v_n}=l(0<l<+\infty)$,则级数 $\sum\limits_{n=1}^{\infty}u_n$ 和级数 $\sum\limits_{n=1}^{\infty}v_n$ 同时收敛或同时发散.

证明　由极限的定义可知,对 $\varepsilon=\frac{1}{2}l$,存在自然数 N,当 $n>N$ 时,有不等式

$$l-\frac{1}{2}l<\frac{u_n}{v_n}<l+\frac{1}{2}l,$$

即 $\frac{1}{2}lv_n<u_n<\frac{3}{2}lv_n$.

再根据比较审敛法的推论,即得所要证的结论.

例 3　判别级数 $\sum\limits_{n=1}^{\infty}\sin\frac{1}{n}$ 的收敛性.

解　因为 $\lim\limits_{n\to\infty}\frac{\sin\frac{1}{n}}{\frac{1}{n}}=1$,而级数 $\sum\limits_{n=1}^{\infty}\frac{1}{n}$ 发散,根据比较审敛法的极限形式,级数 $\sum\limits_{n=1}^{\infty}\sin\frac{1}{n}$ 发散,根据定理 3 可知此级数发散.

用比较审敛法审敛时,需要适当地选取一个已知其收敛性的级数 $\sum\limits_{n=1}^{\infty}v_n$ 作为比较的基准. 最常选用做基准级数的是等比级数和 p— 级数.

定理 4　(比值审敛法,达朗贝尔判别法)若正项级数 $\sum\limits_{n=1}^{\infty}u_n$ 的后项与前项之比值的

笔记

极限等于 ρ，即

$$\lim_{n\to\infty}\frac{u_{n+1}}{u_n}=\rho,$$

则当 $\rho<1$ 时级数收敛；当 $\rho>1$（或 $\lim\limits_{n\to\infty}\frac{u_{n+1}}{u_n}=\infty$）时级数发散；当 $\rho=1$ 时级数可能收敛也可能发散.

例 4 判别级数 $\sum\limits_{n=1}^{\infty}\frac{1}{n!}$ 的收敛性.

解 因为

$$\lim_{n\to\infty}\frac{u_{n+1}}{u_n}=\lim_{n\to\infty}\frac{\frac{1}{(n+1)!}}{\frac{1}{n!}}=\lim_{n\to\infty}\frac{1}{n+1}=0<1,$$

根据比值审敛法可知，所给级数收敛.

例 5 判别级数 $\sum\limits_{n=1}^{\infty}\frac{n!}{3^n}$ 的收敛性.

解 因为

$$\lim_{n\to\infty}\frac{u_{n+1}}{u_n}=\lim_{n\to\infty}\frac{\frac{(n+1)!}{3^{n+1}}}{\frac{n!}{3^n}}=\lim_{n\to\infty}\frac{n+1}{3}=+\infty,$$

根据比值审敛法可知，所给级数发散.

定理 5 （根值审敛法，柯西判别法）

设 $\sum\limits_{n=1}^{\infty}u_n$ 是正项级数，如果它的一般项 u_n 的 n 次根的极限等于 ρ，即

$$\lim_{n\to\infty}\sqrt[n]{u_n}=\rho,$$

则当 $\rho<1$ 时，级数收敛；当 $\rho>1$（或 $\lim\limits_{n\to\infty}\sqrt[n]{u_n}=+\infty$）时，级数发散；当 $\rho=1$ 时，级数可能收敛也可能发散.

定理 6 （极限审敛法）设 $\sum\limits_{n=1}^{\infty}u_n$ 为正项级数，

(1) 如果 $\lim\limits_{n\to\infty}nu_n=l>0$（或 $\lim\limits_{n\to\infty}nu_n=+\infty$），则级数 $\sum\limits_{n=1}^{\infty}u_n$ 发散；

(2) 如果 $p>1$，而 $\lim\limits_{n\to\infty}n^pu_n=l(0\leqslant l<+\infty)$，则级数 $\sum\limits_{n=1}^{\infty}u_n$ 收敛.

证明 (1) 在极限形式的比较审敛法中，取 $v_n=\frac{1}{n}$，由调和级数 $\sum\limits_{n=1}^{\infty}\frac{1}{n}$ 发散，知结论成立.

(2) 在极限形式的比较审敛法中，取 $v_n=\frac{1}{n^p}$，当 $p>1$ 时，$p-$级数 $\sum\limits_{n=1}^{\infty}\frac{1}{n^p}$ 收敛，故结论成立.

例 6 判定级数 $\sum\limits_{n=1}^{\infty}\ln\left(1+\frac{1}{n^2}\right)$ 的收敛性.

解 因为 $\ln\left(1+\frac{1}{n^2}\right)\sim\frac{1}{n^2}(n\to+\infty)$，故

笔记

$$\lim_{n\to\infty} n^2 u_n = \lim_{n\to\infty} n^2 \ln\left(1+\frac{1}{n^2}\right) = \lim_{n\to\infty} n^2 \cdot \frac{1}{n^2} = 1,$$

根据极限审敛法可知，所给级数收敛.

习题 10.2

1. 已知级数 $\sum\limits_{n=1}^{\infty} \frac{1}{(2n-1)(2n+1)}$.

(1) 写出此级数的前四项 u_1、u_2、u_3、u_4；

(2) 计算部分和 s_1、s_2、s_3、s_4；

(3) 计算前 n 项部分和 s_n；

(4) 用级数收敛性定义验证这个级数是收敛的，并求其和.

2. 设级数 $\sum\limits_{n=1}^{\infty} a_n^2$ 和 $\sum\limits_{n=1}^{\infty} b_n^2$ 都收敛，证明下列级数收敛：

(1) $\sum\limits_{n=1}^{\infty} |a_n b_n|$；

(2) $\sum\limits_{n=1}^{\infty} (a_n + b_n)^2$；

(3) $\sum\limits_{n=1}^{\infty} \frac{|a_n|}{n}$.

第三节　一般常数项的级数

一、交错级数及其审敛法

下列形式的级数

$$u_1 - u_2 + u_3 - u_4 + \cdots$$

称为**交错级数**. 交错级数的一般形式为 $\sum\limits_{n=1}^{\infty} (-1)^{n-1} u_n$，其中 $u_n > 0$.

定理 1 （莱布尼茨定理）如果交错级数 $\sum\limits_{n=1}^{\infty} (-1)^{n-1} u_n$ 满足条件：

(1) $u_n \geqslant u_{n+1} (n = 1,2,3,\cdots)$；

(2) $\lim\limits_{n\to\infty} u_n = 0$.

则级数收敛，且其和 $s \leqslant u_1$，其余项 r_n 的绝对值 $|r_n| \leqslant u_{n+1}$.

证明　设前 n 项部分和为 s_n，由

$$s_{2n} = (u_1 - u_2) + (u_3 - u_4) + \cdots + (u_{2n-1} - u_{2n}),$$

即

$$s_{2n} = u_1 - (u_2 - u_3) - (u_4 - u_5) - \cdots - (u_{2n-2} - u_{2n-1}) - u_{2n},$$

看出数列 $\{s_{2n}\}$ 单调增加且有界($s_{2n} \leqslant u_1$)，所以收敛.

设 $s_{2n} \to s(n \to \infty)$，则也有 $s_{2n+1} = s_{2n} + u_{2n+1} \to s(n\to\infty)$，所以 $s_n \to s(n\to\infty)$，从

笔记

而级数是收敛的，且 $s < u_1$.

因为 $|r_n| \leqslant u_{n+1} - u_{n+2} + \cdots$ 也是收敛的交错级数，所以 $|r_n| \leqslant u_{n+1}$.

二、绝对收敛和条件收敛

对于一般的级数

$$u_1 + u_2 + \cdots + u_n + \cdots,$$

若级数 $\sum_{n=1}^{\infty} |u_n|$ 收敛，则称级数 $\sum_{n=1}^{\infty} u_n$ **绝对收敛**；若级数 $\sum_{n=1}^{\infty} u_n$ 收敛，而级数 $\sum_{n=1}^{\infty} |u_n|$ 发散，则称级数 $\sum_{n=1}^{\infty} u_n$ **条件收敛**.

级数绝对收敛与级数收敛有如下关系：

定理 2 如果级数 $\sum_{n=1}^{\infty} u_n$ 绝对收敛，则级数 $\sum_{n=1}^{\infty} u_n$ 必定收敛.

证明 令

$$v_n = \frac{1}{2}(u_n + |u_n|)(n = 1,2,\cdots).$$

显然 $v_n \geqslant 0$ 且 $v_n \leqslant |u_n|$ $(n = 1,2,\cdots)$. 因级数 $\sum_{n=1}^{\infty} |u_n|$ 收敛，故由比较审敛法可知，级数 $\sum_{n=1}^{\infty} v_n$ 收敛，从而级数 $\sum_{n=1}^{\infty} 2v_n$ 也收敛. 而 $u_n = 2v_n - |u_n|$，由收敛级数的基本性质可知：

$$\sum_{n=1}^{\infty} u_n = \sum_{n=1}^{\infty} 2v_n - \sum_{n=1}^{\infty} |u_n|,$$

所以级数 $\sum_{n=1}^{\infty} u_n$ 收敛.

定理 2 表明，对于一般的级数 $\sum_{n=1}^{\infty} u_n$，如果我们用正项级数的审敛法判定级数 $\sum_{n=1}^{\infty} |u_n|$ 收敛，则此级数收敛. 这就使得一大类级数的收敛性判定问题，转化成为正项级数的收敛性判定问题.

一般来说，如果级数 $\sum_{n=1}^{\infty} |u_n|$ 发散，我们不能断定级数 $\sum_{n=1}^{\infty} u_n$ 也发散. 但是，如果我们用比值法或根值法判定级数 $\sum_{n=1}^{\infty} |u_n|$ 发散，则我们可以断定级数 $\sum_{n=1}^{\infty} u_n$ 必定发散. 这是因为此时 $|u_n|$ 不趋向于零，从而 $\sum_{n=1}^{\infty} u_n$ 也不趋向于零，因此级数 $\sum_{n=1}^{\infty} u_n$ 也是发散的.

例 1 判别级数 $\sum_{n=1}^{\infty} \frac{\sin na}{n^2}$ 的收敛性.

解 因为 $\left|\frac{\sin na}{n^2}\right| \leqslant \frac{1}{n^2}$，而级数 $\sum_{n=1}^{\infty} \frac{1}{n^2}$ 是收敛的，所以级数 $\sum_{n=1}^{\infty} \left|\frac{\sin na}{n^2}\right|$ 也收敛，从而级数 $\sum_{n=1}^{\infty} \frac{\sin na}{n^2}$ 绝对收敛.

笔记

例 2　判别级数 $\sum_{n=1}^{\infty}\frac{a^n}{n^3}$（$a$ 为常数）的收敛性.

解　因为

$$\frac{|u_{n+1}|}{|u_n|}=\frac{|a|^{n+1}n^3}{|a|^n(n+1)^3}=\left(\frac{n}{n+1}\right)^3|a|\to|a|\ (n\to\infty),$$

所以当 $a=\pm1$ 时，级数 $\sum_{n=1}^{\infty}\frac{(\pm1)^n}{n^3}$ 均收敛；当 $|a|\leqslant1$ 时，级数 $\sum_{n=1}^{\infty}\frac{a^n}{n^3}$ 绝对收敛；当 $|a|>1$ 时，级数 $\sum_{n=1}^{\infty}\frac{a^n}{n^3}$ 发散.

习题 10.3

1. 用比较审敛法判定下列级数的收敛性.

(1) $\sum_{n=1}^{\infty}\frac{1}{2n^2+1}$；　　(2) $\sum_{n=1}^{\infty}\frac{1}{(n+1)(n+2)}$.

2. 讨论函数 $\sum_{n=1}^{\infty}(-1)^{(n-1)}\frac{1}{\sqrt{n}}$ 的收敛性.

第四节　幂级数

一、函数项级数的概念

给定一个定义在区间 I 上的函数列 $\{u_n(x)\}$，由此函数列构成的表达式

$$u_1(x)+u_2(x)+u_3(x)+\cdots+u_n(x)+\cdots$$

称为定义在区间 I 上的(函数项)级数，记为 $\sum_{n=1}^{\infty}u_n(x)$.

对于区间 I 内的一定点 x_0，若常数项级数 $\sum_{n=1}^{\infty}u_n(x_0)$ 收敛，则称点 x_0 是级数 $\sum_{n=1}^{\infty}u_n(x)$ 的收敛点. 若常数项级数 $\sum_{n=1}^{\infty}u_n(x_0)$ 发散，则称点 x_0 是级数 $\sum_{n=1}^{\infty}u_n(x)$ 的发散点.

函数项级数 $\sum_{n=1}^{\infty}u_n(x)$ 的所有收敛点称为它的收敛域，所有发散点称为它的发散域.

在收敛域上，函数项级数 $\sum_{n=1}^{\infty}u_n(x)$ 的和是 x 的函数 $s(x)$，$s(x)$ 称为函数项级数 $\sum_{n=1}^{\infty}u_n(x)$ 的和函数，并写成 $s(x)=\sum_{n=1}^{\infty}u_n(x)$. 函数项级数 $\sum_{n=1}^{\infty}u_n(x)$ 的前 n 项的部分和记作 $s_n(x)$，即

$$s_n(x)=u_1(x)+u_2(x)+u_3(x)+\cdots+u_n(x),$$

笔记

在收敛域上有$\lim\limits_{n\to\infty}s_n(x)=s(x)$.

函数项级数$\sum\limits_{n=1}^{\infty}u_n(x)$的和函数$s(x)$与部分和$s_n(x)$的差

$$r_n(x)=s(x)-s_n(x)$$

叫作函数项级数$\sum\limits_{n=1}^{\infty}u_n(x)$的**余项**.并有$\lim\limits_{n\to\infty}r_n(x)=0$.

二、幂级数及其收敛性

函数项级数中简单而常见的一类级数就是各项都是常数乘幂函数的函数项级数,这种形式的级数称为**幂级数**,它的形式是

$$\sum_{n=0}^{\infty}a_nx^n=a_0+a_1x+a_2x^2+\cdots+a_nx^n+\cdots,$$

其中常数$a_0,a_1,a_2,\cdots,a_n,\cdots$叫作**幂级数的系数**.

定理1 (阿贝尔定理)对于级数$\sum\limits_{n=0}^{\infty}a_nx^n$,当$x=x_0(x_0\neq0)$时收敛,则适合不等式$|x|<|x_0|$的一切$x$使此幂级数绝对收敛;反之,如果级数$\sum\limits_{n=0}^{\infty}a_nx_0{}^n$当$x=x_0$时发散,则适合不等式$|x|>|x_0|$的一切$x$使此幂级数发散.

证明 先设x_0是幂级数$\sum\limits_{n=0}^{\infty}a_nx^n$的收敛点,即级数$\sum\limits_{n=0}^{\infty}a_nx_0{}^n$收敛.根据级数收敛的必要条件,有$\lim\limits_{n\to\infty}a_nx_0^n=0$,于是存在一个常数$M$,使

$$|a_nx_0^n|\leqslant M(n=1,2,\cdots).$$

这样级数$\sum\limits_{n=0}^{\infty}a_nx^n$的一般项的绝对值

$$|a_nx^n|=\left|a_nx_0^n\cdot\frac{x^n}{x_0^n}\right|=|a_nx_0^n|\cdot\left|\frac{x}{x_0}\right|^n\leqslant M\cdot\left|\frac{x}{x_0}\right|^n.$$

因为当$|x|<|x_0|$时,等比级数$\sum\limits_{n=0}^{\infty}M\cdot\left|\frac{x}{x_0}\right|^n$收敛,所以级数$\sum\limits_{n=0}^{\infty}|a_nx^n|$收敛,也就是级数$\sum\limits_{n=0}^{\infty}a_nx^n$绝对收敛.

定理1的第二部分可用反证法证明.

倘若幂级数当$x=x_0$时发散,而有一点x_1适合$|x_1|>|x_0|$使级数收敛,则根据本定理的第一部分,级数当$x=x_0$时应收敛,这与所设矛盾.

定理得证.

推论 如果级数$\sum\limits_{n=0}^{\infty}a_nx^n$不是仅在点$x=0$一点收敛,也不是在整个数轴上都收敛,则必有一个完全确定的正数R存在,使得

当$|x|<R$时,幂级数绝对收敛;

当$|x|>R$时,幂级数发散;

当$x=\pm R$时,幂级数可能收敛也可能发散.

正数R通常叫作幂级数$\sum\limits_{n=0}^{\infty}a_nx^n$的**收敛半径**.开区间$(-R,R)$叫作幂级数$\sum\limits_{n=0}^{\infty}a_nx^n$

笔记

的收敛区间. 再由幂级数在 $x=\pm R$ 处的收敛性就可以决定它的收敛域. 幂级数 $\sum_{n=0}^{\infty}a_nx^n$ 的收敛域是 $(-R,R)$ 或 $[-R,R)$, $(-R,R]$, $[-R,R]$ 之一.

若幂级数 $\sum_{n=0}^{\infty}a_nx^n$ 只在 $x=0$ 处收敛, 则规定收敛半径 $R=0$; 若幂级数 $\sum_{n=0}^{\infty}a_nx^n$ 对一切 x 都收敛, 则规定收敛半径 $R=+\infty$, 这时收敛域为 $(-\infty,+\infty)$.

定理 2　如果 $\lim\limits_{n\to\infty}\left|\frac{a_{n+1}}{a_n}\right|=\rho$ 其中 a_n, a_{n+1} 是幂级数 $\sum_{n=0}^{\infty}a_nx^n$ 的相邻两项的系数, 则此幂级数的收敛半径

$$R=\begin{cases}+\infty, \rho=0,\\ \frac{1}{\rho}, \rho\neq 0,\\ 0, \rho=+\infty.\end{cases}$$

证明

$$\lim_{n\to\infty}\left|\frac{a_{n+1}x^{n+1}}{a_nx^n}\right|=\lim_{n\to\infty}\left|\frac{a_{n+1}}{a_n}\right|\cdot|x|=\rho|x|.$$

(1) 如果 $0<\rho<+\infty$, 则只当 $\rho|x|<1$ 时幂级数收敛, 故 $R=\frac{1}{\rho}$.

(2) 如果 $\rho=0$, 则幂级数总是收敛的, 故 $R=+\infty$.

(3) 如果 $\rho=+\infty$, 则只当 $x=0$ 时幂级数收敛, 故 $R=0$.

例 1　求幂级数 $\sum_{n=1}^{\infty}\frac{x^n}{n^2}$ 的收敛半径与收敛域.

解　因为

$$\rho=\lim_{n\to\infty}\left|\frac{a_{n+1}}{a_n}\right|=\lim_{n\to\infty}\frac{n^2}{(n+1)^2}=1,$$

所以收敛半径 $R=\frac{1}{\rho}=1$, 即收敛区间为 $(-1,1)$.

当 $x=\pm 1$ 时, 有 $\left|\frac{(\pm 1)^n}{n^2}\right|=\frac{1}{n^2}$, 由于级数 $\sum_{n=1}^{\infty}\frac{1}{n^2}$ 收敛, 所以级数 $\sum_{n=1}^{\infty}\frac{x^n}{n^2}$ 在 $x=\pm 1$ 处也收敛. 因此收敛域为 $[-1,1]$.

例 2　求幂级数

$$\sum_{n=0}^{\infty}\frac{1}{n!}x^n=1+x+\frac{1}{2!}x^2+\frac{1}{3!}x^3+\cdots+\frac{1}{n!}x^n+\cdots$$

的收敛域.

解　因为

$$\rho=\lim_{n\to\infty}\left|\frac{a_{n+1}}{a_n}\right|=\lim_{n\to\infty}\frac{\frac{1}{(n+1)!}}{\frac{1}{n!}}=\lim_{n\to\infty}\frac{n}{(n+1)}=0,$$

所以收敛半径 $R=+\infty$, 从而收敛域为 $(-\infty,+\infty)$.

例 3　求幂级数的 $\sum_{n=0}^{\infty}n!x^n$ 的收敛半径.

解　因为

笔记

$$\rho=\lim_{n\to\infty}\left|\frac{a_{n+1}}{a_n}\right|=\lim_{n\to\infty}\frac{(n+1)!}{n!}=+\infty,$$

所以收敛半径 $R=0$，即级数仅在 $x=0$ 处收敛.

例 4 求幂级数 $\sum\limits_{n=0}^{\infty}\frac{(2n)!}{(n!)^2}x^{2n}$ 的收敛半径.

解 级数缺少奇次幂的项，定理 2 不能直接应用，可根据比值审敛法来求收敛半径：

幂级数的一般项记为 $u_n(x)=\frac{(2n)!}{(n!)^2}x^{2n}$. 因为

$$\lim_{n\to\infty}\left|\frac{u_{n+1}(x)}{u_n(x)}\right|=4|x|^2,$$

当 $4|x^2|<1$，即 $|x|<\frac{1}{2}$ 时，级数收敛；当 $4|x^2|>1$，即 $|x|>\frac{1}{2}$ 时，级数发散，所以收敛半径 $R=\frac{1}{2}$.

三、幂级数的运算

设幂级数 $\sum\limits_{n=0}^{\infty}a_nx^n$ 及 $\sum\limits_{n=0}^{\infty}b_nx^n$ 分别在区间 $(-R,R)$ 及 $(-R',R')$ 内收敛，则在 $(-R,R)$ 与 $(-R',R')$ 中较小的区间内有

加法 $\sum\limits_{n=0}^{\infty}a_nx^n+\sum\limits_{n=0}^{\infty}b_nx^n=\sum\limits_{n=0}^{\infty}(a_n+b_n)x^n$.

减法 $\sum\limits_{n=0}^{\infty}a_nx^n-\sum\limits_{n=0}^{\infty}b_nx^n=\sum\limits_{n=0}^{\infty}(a_n-b_n)x^n$.

乘法 $\left(\sum\limits_{n=0}^{\infty}a_nx^n\right)\cdot\left(\sum\limits_{n=0}^{\infty}b_nx^n\right)=a_0b_0+(a_0b_1+a_1b_0)x+(a_0b_2+a_1b_1+a_2b_0)x^2+\cdots$

$$+(a_0b_n+a_1b_{n-1}+\cdots+a_nb_0)x^n+\cdots.$$

除法 $\frac{a_0+a_1x+a_2x^2+\cdots+a_nx^n+\cdots}{b_0+b_1x+b_2x^2+\cdots+b_nx^n+\cdots}=c_0+c_1x+c_2x^2+\cdots+c_nx^n+\cdots$.

关于幂级数的和函数有下列重要性质：

性质 1 幂级数 $\sum\limits_{n=0}^{\infty}a_nx^n$ 的和函数 $s(x)$ 在其收敛域 I 上连续.

性质 2 幂级数 $\sum\limits_{n=0}^{\infty}a_nx^n$ 的和函数 $s(x)$ 在其收敛域 I 上可积，并且有逐项积分公式

$$\int_0^x s(x)\mathrm{d}x=\int_0^x\left(\sum_{n=0}^{\infty}a_nx^n\right)\mathrm{d}x=\sum_{n=0}^{\infty}\int_0^x a_nx^n\mathrm{d}x=\sum_{n=0}^{\infty}\frac{a_n}{n+1}x^{n+1}\ (x\in I),$$

逐项积分后所得到的幂级数和原级数有相同的收敛半径.

性质 3 幂级数 $\sum\limits_{n=0}^{\infty}a_nx^n$ 的和函数 $s(x)$ 在其收敛区间 $(-R,R)$ 内可导，并且有逐项求导公式

$$s'(x)=\left(\sum_{n=0}^{\infty}a_nx^n\right)'=\sum_{n=0}^{\infty}(a_nx^n)'=\sum_{n=1}^{\infty}na_nx^{n-1}\ (|x|<R),$$

逐项求导后，所得到的幂级数和原级数有相同的收敛半径.

例 6 求幂级数 $\sum\limits_{n=0}^{\infty}\frac{1}{n+1}x^n$ 的和函数.

笔记

解　求得幂级数的收敛域为$[-1,1)$. 设和函数为 $s(x)$，即

$$s(x)=\sum_{n=0}^{\infty}\frac{1}{n+1}x^n, x\in[-1,1).$$

显然 $s(0)=1$. 在 $xs(x)=\sum_{n=0}^{\infty}\frac{1}{n+1}x^{n+1}$ 的两边求导得：

$$(xs(x))'=\sum_{n=0}^{\infty}\left(\frac{1}{n+1}x^{n+1}\right)'=\sum_{n=0}^{\infty}x^n=\frac{1}{1-x}.$$

对上式从 0 到 x 积分，得

$$xs(x)=\int_0^x\frac{1}{1-x}dx=-\ln(1-x).$$

于是，当 $x\neq 0$ 时，有 $s(x)=-\frac{1}{x}\ln(1-x)$. 从而

$$s(x)=\begin{cases}-\frac{1}{x}\ln(1-x), & x\in[-1,0)\cup(0,1),\\ 1, & x=0.\end{cases}$$

提示　应用公式$\int_0^x F'(x)dx=F(x)-F(0)$，即 $F(x)=F(0)+\int_0^x F'(x)dx$.

$$\frac{1}{1-x}=1+x+x^2+x^3+\cdots+x^n+\cdots.$$

习题 10.4

1. 求下列幂级数的收敛域.

(1) $\sum_{n=1}^{\infty}nx^n$；　　(2) $\sum_{n=1}^{\infty}\frac{(-1)^n}{n}x^n$.

2. 利用逐项求导法或逐项积分法，求下列级数的和函数.

(1) $\sum_{n=1}^{\infty}2nx^{2n-1}$ $|x|<1$；　　(2) $\sum_{n=1}^{\infty}\frac{x^{2n-1}}{2n-1}$.

第五节　函数展开成幂级数

一、泰勒级数

给定函数 $f(x)$，要考虑它是否能在某个区间内“展开成幂级数”，就是说，是否能找到这样一个幂级数，它在某区间内收敛，且其和恰好就是给定的函数 $f(x)$. 如果能找到这样的幂级数，我们就说，函数 $f(x)$ 能展开成幂级数，而该级数在收敛区间内就表达了函数 $f(x)$.

如果 $f(x)$ 在点 x_0 的某邻域内具有各阶导数

$$f'(x),f''(x),\cdots f^{(n)}(x),\cdots,$$

则当 $n\to\infty$ 时，$f(x)$ 在点 x_0 的泰勒多项式

笔记

$$p_n(x)=f(x_0)+f'(x_0)(x-x_0)+\frac{f''(x_0)}{2!}(x-x_0)^2+\cdots+\frac{f^{(n)}(x_0)}{n!}(x-x_0)^n+\cdots$$

成为幂级数.

$$f(x_0)+f'(x_0)(x-x_0)+\frac{f''(x_0)}{2!}(x-x_0)^2+\cdots+\frac{f^{(n)}(x_0)}{n!}(x-x_0)^n+\cdots$$

称为函数 $f(x)$ 的**泰勒级数**.

显然,当 $x=x_0$ 时,$f(x)$ 的泰勒级数收敛于 $f(x_0)$.

需要解决的问题:除了 $x=x_0$ 外,$f(x)$ 的泰勒级数是否收敛?如果收敛,它是否一定收敛于 $f(x)$?

定理 设函数 $f(x)$ 在点 x_0 的某一邻域 $U(x_0)$ 内具有各阶导数,则 $f(x)$ 在该邻域内能展开成泰勒级数的充分必要条件是 $f(x)$ 的泰勒公式中的余项 $R_n(x)$ 当 $n\to\infty$ 时的极限为零,即

$$\lim_{n\to\infty}R_n(x)=0, x\in U(x_0).$$

证明 先证必要性. 设 $f(x)$ 在 $U(x_0)$ 内能展开为泰勒级数,即

$$f(x)=f(x_0)+f'(x_0)(x-x_0)+\frac{f''(x_0)}{2!}(x-x_0)^2+\cdots+\frac{f^{(n)}(x_0)}{n!}(x-x_0)^n+\cdots.$$

又设 $s_{n+1}(x)$ 是 $f(x)$ 的泰勒级数的前 $n+1$ 项的和,则在 $U(x_0)$ 内

$$s_{n+1}(x)\to f(x)(n\to\infty).$$

而 $f(x)$ 的 n 阶泰勒公式可写成 $f(x)=s_{n+1}(x)+R_n(x)$,于是

$$R_n(x)=f(x)-s_{n+1}(x)\to 0(n\to\infty).$$

再证充分性. 设 $R_n(x)\to 0(n\to\infty)$ 对一切 $x\in U(x_0)$ 成立.

因为 $f(x)$ 的 n 阶泰勒公式可写成 $f(x)=s_{n+1}(x)+R_n(x)$,于是

$$s_{n+1}(x)=f(x)-R_n(x)\to f(x),$$

即 $f(x)$ 的泰勒级数在 $U(x_0)$ 内收敛,并且收敛于 $f(x)$.

在泰勒级数中取 $x_0=0$,得

$$f(0)+f'(0)x+\frac{f''(0)}{2!}x^2+\cdots+\frac{f^{(n)}(0)}{n!}x^n+\cdots,$$

此级数称为 $f(x)$ 的**麦克劳林级数**.

要把函数 $f(x)$ 展开成 x 的幂级数,可以按照下列步骤进行:

第一步,求出 $f(x)$ 的各阶导数:$f'(x),f''(x),f'''(x),\cdots,f^{(n)}(x),\cdots$.

知识加油站

若某阶导数不存在,则停止进行. 例如 $f(x)=x^{\frac{3}{2}}$,在 $x=x_0$ 处的二阶导数不存在,所以 $x^{\frac{3}{2}}$ 不能展开成 x 的幂级数.

第二步,求函数及其各阶导数在 $x_0=0$ 处的值:

$$f'(0),f''(0),f'''(0),\cdots,f^{(n)}(0),\cdots.$$

第三步,写出幂级数:

$$f(0)+f'(0)x+\frac{f''(0)}{2!}x^2+\cdots+\frac{f^{(n)}(0)}{n!}x^n+\cdots,$$

并求出收敛半径 R.

笔记

第四步，考查在区间 $(-R,R)$ 内时是否有 $R_n(x)\to 0(n\to\infty)$，即

$$\lim_{n\to\infty}R_n(x)=\lim_{n\to\infty}\frac{f^{(n+1)}(\xi)}{(n+1)!}x^{n+1}$$

是否为零. 如果 $R_n(x)\to 0(n\to\infty)$，则 $f(x)$ 在 $(-R,R)$ 内有展开式

$$f(x)=f(0)+f'(0)x+\frac{f''(0)}{2!}x^2+\cdots+\frac{f^{(n)}(0)}{n!}x^n+\cdots(-R<x<R).$$

例 1　试将函数 $f(x)=e^x$ 展开成 x 的幂级数.

解　所给函数的各阶导数为 $f^{(n)}(x)=e^x(n=1,2,\cdots)$，因此 $f^{(n)}(0)=1(n=1,2,\cdots)$. 得到幂级数

$$1+x+\frac{1}{2!}x^2+\cdots+\frac{1}{n!}x^n+\cdots,$$

该幂级数的收敛半径 $R=+\infty$.

由于对于任意有限的数 x,ξ(ξ 介于 0 与 x 之间)，有

$$|R_n(x)|=\left|\frac{e^{\xi}}{(n+1)!}x^{n+1}\right|<e^{|x|}\cdot\frac{|x|^{n+1}}{(n+1)!},$$

而 $\lim\limits_{n\to\infty}\frac{|x|^{n+1}}{(n+1)!}=0$，所以 $\lim\limits_{n\to\infty}|R_n(x)|=0$，从而有展开式

$$e^x=1+x+\frac{1}{2!}x^2+\cdots+\frac{1}{n!}x^n+\cdots(-\infty<x<+\infty).$$

例 2　将函数 $f(x)=\sin x$ 展开成 x 的幂级数.

解　因为 $f^{(n)}(x)=\sin\left(x+n\cdot\frac{\pi}{2}\right)\ (n=1,2,\cdots)$，

所以 $f^{(n)}(0)$ 顺序循环地取 $0,1,0,-1,\cdots(n=0,1,2,3,\cdots)$，于是得级数

$$x-\frac{x^3}{3!}+\frac{x^5}{5!}+\cdots+(-1)^{n+1}\frac{x^{2n-1}}{(2n-1)!}+\cdots,$$

它的收敛半径 $R=+\infty$.

对于任意有限的数 x,ξ(ξ 介于 0 与 x 之间)，有

$$|R_n(x)|=\left|\frac{\sin\left(\xi+\frac{(n+1)\pi}{2}\right)}{(n+1)!}x^{n+1}\right|\leqslant\frac{|x|^{n+1}}{(n+1)!}\to 0,n\to\infty.$$

因此得展开式

$$\sin x=x-\frac{x^3}{3!}+\frac{x^5}{5!}-\cdots+(-1)^{n-1}\frac{x^{2n+1}}{(2n-1)!}+\cdots(-\infty<x<+\infty).$$

例 3　将函数 $f(x)=(1+x)^m$ 展开成 x 的幂级数，其中 m 为任意常数.

解　$f(x)$ 的各阶导数为

$$f'(x)=m(1+x)^{m-1},$$
$$f''(x)=m(m-1)(1+x)^{m-2},$$
$$\cdots$$
$$f^{(n)}(x)=m(m-1)(m-2)\cdots(m-n+1)(1+x)^{m-n},$$
$$\cdots$$

所以

$f(0)=1,f'(0)=m,f''(0)=m(m-1),\cdots,f^{(n)}(0)=m(m-1)(m-2)\cdots(m-n+1),\cdots$
且 $R_n(x)\to 0$.

笔记

于是得幂级数

$$1+mx+\frac{m(m-1)}{2!}x^2+\cdots+\frac{m(m-1)\cdots(m-n+1)}{n!}x^n+\cdots.$$

以上例题是直接按照公式计算幂级数的系数，最后考察余项是否趋于零. 这种直接展开的方法计算量较大，而且研究余项即使在初等函数中也不是一件容易的事. 下面介绍间接展开的方法，也就是利用一些已知的函数展开式，通过幂级数的运算以及变量代换等，将所给函数展开成幂级数. 这样做不但计算简单，而且可以避免研究余项.

例 4 将函数 $f(x)=\cos x$ 展开成 x 的幂级数.

解 已知

$$\sin x=x-\frac{x^3}{3!}+\frac{x^5}{5!}-\cdots+(-1)^{n-1}\frac{x^{2n-1}}{(2n-1)!}+\cdots(-\infty<x<+\infty).$$

对上式两边求导得

$$\cos x=1-\frac{x^2}{2!}+\frac{x^4}{4!}-\cdots+(-1)^n\frac{x^{2n}}{(2n)!}+\cdots(-\infty<x<+\infty).$$

例 5 将函数 $f(x)=\ln(1+x)$ 展开成 x 的幂级数.

解 因为 $f'(x)=\frac{1}{1+x}$，而 $\frac{1}{1+x}$ 是收敛的等比级数 $\sum\limits_{n=0}^{\infty}(-1)^nx^n(-1<x<1)$ 的和函数：

$$\frac{1}{1+x}=1-x+x^2-x^3+\cdots+(-1)^nx^n+\cdots.$$

将上式从 0 到 x 逐项积分，得

$$f(x)=\ln(1+x)=\int_0^x[\ln(1+x)]'dx=\int_0^x\frac{1}{1+x}dx$$

$$=\int_0^x\left[\sum_{n=0}^{\infty}(-1)^nx^n\right]dx=\sum_{n=0}^{\infty}(-1)^n\frac{x^{n+1}}{n+1}(-1<x\leqslant 1).$$

上述展开式对 $x=1$ 也成立，这是因为上式右端的幂级数当 $x=1$ 时收敛，而 $\ln(1+x)$ 在 $x=1$ 处有定义且连续.

常用展开式小结：

$$\frac{1}{1-x}=1+x+x^2+\cdots+x^n+\cdots(-1<x<1),$$

$$e^x=1+x+\frac{1}{2!}x^2+\cdots+\frac{1}{n!}x^n+\cdots(-\infty<x<+\infty),$$

$$\sin x=x-\frac{x^3}{3!}+\frac{x^5}{5!}-\cdots+(-1)^{n-1}\frac{x^{2n-1}}{(2n-1)!}+\cdots(-\infty<x<+\infty),$$

$$\cos x=1-\frac{x^2}{2!}+\frac{x^4}{4!}-\cdots+(-1)^n\frac{x^{2n}}{(2n)!}+\cdots(-\infty<x<+\infty),$$

$$\ln(1+x)=x-\frac{x^2}{2}+\frac{x^3}{3}-\frac{x^4}{4}+\cdots+(-1)^n\frac{x^{n+1}}{n+1}+\cdots(-1<x\leqslant 1),$$

$$(1+x)^m=1+mx+\frac{m(m-1)}{2!}x^2+\cdots+\frac{m(m-1)\cdots(m-n+1)}{n!}x^n+\cdots(-1<x<1).$$

笔记

二、幂级数的展开式的应用

1. 近似计算

有了函数的幂级数展开式，就可以用它进行近似计算，在展开式有意义的区间内，函数值可以利用这个级数近似地按要求计算出来.

例 6　计算 $\sqrt[5]{245}$ 的近似值（误差不超过 10^{-4}）.

解　因为 $\sqrt[5]{245}=\sqrt[5]{3^5+2}=3\left(1+\dfrac{2}{3^5}\right)^{\frac{1}{5}}$，所以在二项展开式中取 $m=\dfrac{1}{5}$，$x=\dfrac{2}{3^5}$，即

$$\sqrt[5]{245}=3\left[1+\frac{1}{5}\times\frac{2}{3^5}-\frac{1}{2!}\times\frac{1}{5}\left(\frac{1}{5}-1\right)\left(\frac{2}{3^5}\right)^2+\cdots\right].$$

此级数从第二项起是交错级数，如果取前 n 项和作为 $\sqrt[5]{245}$ 的近似值，则其误差（也叫作截断误差）$|r_n|\leqslant u_{n+1}$，可算得

$$|u_2|=3\times\frac{4\times 2^2}{2\times 5^2\times 3^{10}}=\frac{8}{25\times 3^9}<10^{-4},$$

为了使误差不超过 10^{-4}，只要取其前两项作为其近似值即可. 于是有

$$\sqrt[5]{245}\approx 3\left(1+\frac{1}{5}\cdot\frac{2}{243}\right)\approx 3.004\ 9.$$

例 7　利用 $\sin x\approx x-\dfrac{1}{3!}x^3$ 求 $\sin 9^\circ$ 的近似值，并估计误差.

解　首先，把角度化成弧度，

$9^\circ=\dfrac{\pi}{180}\times 9$（弧度）$=\dfrac{\pi}{20}$（弧度），

从而

$$\sin\frac{\pi}{20}\approx\frac{\pi}{20}-\frac{1}{3!}\left(\frac{\pi}{20}\right)^3.$$

其次，估计这个近似值的精确度. 在 $\sin x$ 的幂级数展开式中令 $x=\dfrac{\pi}{20}$，得

$$\sin\frac{\pi}{20}=\frac{\pi}{20}-\frac{1}{3!}\left(\frac{\pi}{20}\right)^3+\frac{1}{5!}\left(\frac{\pi}{20}\right)^5-\frac{1}{7!}\left(\frac{\pi}{20}\right)^7+\cdots.$$

等式右端是一个收敛的交错级数，且各项的绝对值单调减少，取它的前两项之和作为 $\sin\dfrac{\pi}{20}$ 的近似值，其误差为

$$|r_2|\leqslant\frac{1}{5!}\left(\frac{\pi}{20}\right)^5<\frac{1}{120}\times(0.2)^5<\frac{1}{300\ 000}.$$

因此取

$$\frac{\pi}{20}\approx 0.157\ 080,\ \left(\frac{\pi}{20}\right)^3\approx 0.003\ 876.$$

于是得 $\sin 9^\circ\approx 0.156\ 43$，这时误差不超过 10^{-5}.

例 8　计算定积分 $\dfrac{2}{\sqrt{\pi}}\displaystyle\int_0^{\frac{1}{2}}\mathrm{e}^{-x^2}\,\mathrm{d}x$ 的近似值，要求误差不超过 10^{-4}（取 $\dfrac{1}{\sqrt{\pi}}\approx 0.564\ 19$）.

解　将 e^x 的幂级数展开式中的 x 换成 $-x^2$，得到被积函数的幂级数展开式

笔记

$$e^{-x^2}=1+\frac{(-x^2)}{1!}+\frac{(-x^2)^2}{2!}+\frac{(-x^2)^3}{3!}+\cdots=\sum_{n=0}^{\infty}(-1)^n\frac{x^{2n}}{n!}(-\infty<x<+\infty).$$

根据幂级数在收敛区间内逐项可积，得

$$\frac{2}{\sqrt{\pi}}\int_0^{\frac{1}{2}}e^{-x^2}dx=\frac{2}{\sqrt{\pi}}\int_0^{\frac{1}{2}}\left[\sum_{n=0}^{\infty}(-1)^n\frac{x^{2n}}{n!}\right]dx=\frac{2}{\sqrt{\pi}}\sum_{n=0}^{\infty}\frac{(-1)^n}{n!}\int_0^{\frac{1}{2}}x^{2n}dx$$

$$=\frac{1}{\sqrt{\pi}}\left(1-\frac{1}{2^2\times 3}+\frac{1}{2^4\times 5\times 2!}-\frac{1}{2^6\times 7\times 3!}+\cdots\right).$$

前四项的和作为近似值，其误差为

$$|r_4|\leqslant\frac{1}{\sqrt{\pi}}\frac{1}{2^8\times 9\times 4!}<\frac{1}{90\ 000},$$

所以

$$\frac{2}{\sqrt{\pi}}\int_0^{\frac{1}{2}}e^{-x^2}dx\approx\frac{1}{\sqrt{\pi}}\left(1-\frac{1}{2^2\times 3}+\frac{1}{2^4\times 5\times 2!}-\frac{1}{2^6\times 7\times 3!}\right)\approx 0.520\ 5.$$

例 9 计算积分$\int_0^{0.5}\frac{1}{1+x^4}dx$的近似值，要求误差不超过$10^{-4}$.

解 因为

$$\frac{1}{1+x}=1-x+x^2-x^3+\cdots(-1)^nx^n+\cdots,$$

所以

$$\frac{1}{1+x^4}=1-x^4+x^8-x^{12}+\cdots+(-1)^nx^{4n}+\cdots.$$

对上式逐项积分得

$$\int_0^{0.5}\frac{1}{1+x^4}dx=\int_0^{0.5}[1-x^4+x^8-x^{12}+\cdots+(-1)^nx^{4n}+\cdots]dx$$

$$=\left[x-\frac{1}{5}x^5+\frac{1}{9}x^9-\frac{1}{13}x^{13}+\cdots+\frac{(-1)^n}{4n+1}x^{4n+1}+\cdots\right]_0^{0.5}$$

$$=0.5-\frac{1}{5}(0.5)^5+\frac{1}{9}(0.5)^9-\frac{1}{13}(0.5)^{13}+\cdots+\frac{(-1)^n}{4n+1}(0.5)^{4n+1}+\cdots.$$

上面级数为交错级数，所以误差$|r_n|<\frac{1}{4n+1}(0.5)^{4n+1}$，经试算

$$\frac{1}{5}(0.5)^5\approx 0.006\ 25,\frac{1}{9}(0.5)^9\approx 0.000\ 22,\frac{1}{13}(0.5)^{13}\approx 0.000\ 009.$$

取前三项计算，即

$$\int_0^{0.5}\frac{1}{1+x^4}dx\approx 0.500\ 00-0.006\ 25+0.000\ 22=0.493\ 97\approx 0.494\ 0.$$

2. 欧拉公式

设有复数项级数为

$$(u_1+iv_1)+(u_2+iv_2)+\cdots+(u_n+iv_n)+\cdots,\qquad(10\text{-}5\text{-}1)$$

其中$u_n,v_n(n=1,2,3,\cdots)$为实常数或实函数. 如果实部所成的级数

$$u_1+u_2+\cdots+u_n+\cdots\qquad(10\text{-}5\text{-}2)$$

收敛于和u，并且虚部所成的级数

$$v_1+v_2+\cdots+v_n+\cdots\qquad(10\text{-}5\text{-}3)$$

收敛于和v，就说级数(10-5-1)收敛且其和为$u+iv$.

笔记

如果级数(10-5-1)各项的模所构成的级数

$$\sqrt{u_1^2+v_1^2}+\sqrt{u_2^2+v_2^2}+\cdots+\sqrt{u_n^2+v_n^2}+\cdots$$

收敛，则称级数(10-5-1)绝对收敛．如果级数(10-5-1)绝对收敛，由于

$$|u_n|\leqslant\sqrt{u_n^2+v_n^2},\ |v_n|\leqslant\sqrt{u_n^2+v_n^2}\ (n=1,2,\cdots),$$

那么级数(10-5-2)，(10-5-3)绝对收敛，从而级数(10-5-1)收敛．

考察复数项级数

$$1+z+\frac{1}{2!}z^2+\cdots+\frac{1}{n!}z^n+\cdots(z=x+\mathrm{i}y).\tag{10-5-4}$$

可以证明级数(10-5-4)在整个复平面上是绝对收敛的．在 x 轴上($z=x$)，它表示指数函数 e^x；在整个复平面上，我们用它来定义复变量指数函数，记作 e^z，于是 e^z 定义为

$$\mathrm{e}^z=1+z+\frac{1}{2!}z^2+\cdots+\frac{1}{n!}z^n+\cdots(|z|<\infty).\tag{10-5-5}$$

当 $x=0$ 且 $y\neq0$ 时，z 为纯虚数 $\mathrm{i}y$，(10-4-5)式成为

$$\begin{aligned}\mathrm{e}^{\mathrm{i}y}&=1+\mathrm{i}y+\frac{1}{2!}(\mathrm{i}y)^2+\frac{1}{3!}(\mathrm{i}y)^3+\cdots+\frac{1}{n!}(\mathrm{i}y)^n+\cdots\\&=1+\mathrm{i}y-\frac{1}{2!}y^2-\mathrm{i}\frac{1}{3!}y^3+\frac{1}{4!}y^4+\mathrm{i}\frac{1}{5!}y^5-\cdots\\&=\left(1-\frac{1}{2!}y^2+\frac{1}{4!}y^4-\cdots\right)+\mathrm{i}\left(y-\frac{1}{3!}y^3+\frac{1}{5!}y^5-\cdots\right)=\cos y+\mathrm{i}\sin y.\end{aligned}$$

把 y 换写为 x，上式变为

$$\mathrm{e}^{\mathrm{i}x}=\cos x+\mathrm{i}\sin x,\tag{10-5-6}$$

这就是欧拉公式．

应用公式(10-5-6)，复数 z 可以表示为指数形式：

$$z=\rho(\cos\theta+\mathrm{i}\sin\theta)=\rho\mathrm{e}^{\mathrm{i}\theta},\tag{10-5-7}$$

其中 $\rho=|z|$ 是 z 的模，$\theta=\arg z$ 是 z 的辐角．

在(10-5-6)式中把 x 换成 $-x$，又有

$$\mathrm{e}^{-\mathrm{i}x}=\cos x-\mathrm{i}\sin x,$$

与(10-5-6)相加、相减，得

$$\begin{cases}\cos x=\dfrac{\mathrm{e}^{\mathrm{i}x}+\mathrm{e}^{-\mathrm{i}x}}{2},\\[2mm]\sin x=\dfrac{\mathrm{e}^{\mathrm{i}x}-\mathrm{e}^{-\mathrm{i}x}}{2\mathrm{i}}.\end{cases}\tag{10-5-8}$$

(10-5-8)也叫作**欧拉公式**．公式(10-5-6)或(10-5-8)揭示了三角函数与复变量指数函数之间的一种联系．

最后，根据定义式(10-5-5)，并利用幂级数的乘法，我们不难验证

$$\mathrm{e}^{z_1+z_2}=\mathrm{e}^{z_1}\mathrm{e}^{z_2}.$$

特殊地，取 z_1 为实数 x，z_2 为纯虚数 $\mathrm{i}y$，则有

$$\mathrm{e}^{x+\mathrm{i}y}=\mathrm{e}^x\mathrm{e}^{\mathrm{i}y}=\mathrm{e}^x(\cos y+\mathrm{i}\sin y).$$

这就是说，复变量指数函数 e^z 在 $z=x+\mathrm{i}y$ 处的值是模为 e^x、辐角为 y 的复数．

笔记

习题 10.5

1. 将下列函数展开成 x 的幂级数，并求展开式成立的区间.

(1) $y=a^x(a>0,a\neq 1)$；　　(2) $y=\dfrac{1}{(1+x)^2}$.

2. 将函数 $f(x)=\ln x$ 展开成 $(x-1)$ 的幂级数.

3. 将函数 $f(x)=\dfrac{1}{x}$ 展开成 $(x-3)$ 的幂级数.

4. 利用函数的幂级数展开式求 $\ln 3$ 的近似值(误差不超过 0.000 1).

5. 利用欧拉公式将函数 $f(x)=e^x\cos x$ 展开成 x 的幂级数.

本章小结

一、主要内容

(1) 常数项级数收敛、发散及收敛级数和的概念；常数项级数的基本性质，级数收敛的必要条件，几何级数与 p- 级数的收敛性；正项级数敛散的比较判别法原理，根值判别法，达朗贝尔判别法（比值判别法）；交错级数的莱布尼茨判别法；任意项级数绝对收敛与条件收敛的概念.

(2) 幂级数的概念；幂级数的收敛半径及收敛域的求法；幂级数在其收敛域内的加法、减法、乘法、除法的运算；幂级数的和函数的逐项求导、逐项积分公式；函数的泰勒级数，函数展开成幂级数的方法（直接展开法、间接展开法）；几个常用的幂级数展开式.

$$e^x=1+x+\frac{1}{2!}x^2+\cdots+\frac{1}{n!}x^n+\cdots(-\infty<x<+\infty);$$

$$\frac{1}{1-x}=1+x+x^2+\cdots+x^n+\cdots(-1<x<1);$$

$$\ln(1+x)=x-\frac{1}{2}x^2+\frac{1}{3}x^3-\cdots+\frac{(-1)^{n-1}}{n}x^n+\cdots(-1<x\leqslant 1);$$

$$\sin x=x-\frac{1}{3!}x^3+\frac{1}{5!}x^5+\cdots+\frac{(-1)^{n-1}}{2n-1!}x^{2n-1}+\cdots(-\infty<x<+\infty);$$

$$\cos x=1-\frac{1}{2!}x^2+\frac{1}{4!}x^4-\cdots+\frac{(-1)^n}{(2n)!}x^{2n}+\cdots(-\infty<x<+\infty);$$

$$(1+x)^m=1+mx+\frac{m(m-1)}{2!}x^2+\cdots+\frac{m(m-1)\cdots(m-n+1)}{n!}x^n+\cdots(-1<x<1).$$

二、重点

级数的收敛、发散与收敛级数的和等概念，级数收敛的必要条件，正项级数的比较判别法原理及达朗贝尔判别法，交错级数的莱布尼茨判别法，级数的绝对收敛与条件收敛的概念，幂级数的收敛半径与收敛域的求法，把函数展开成幂级数.

笔记

数学实验十:用 MATLAB 求解级数问题

一、无穷级数之和

在 MATLAB 中使用命令 symsum 来对无穷级数 $\sum_{n=1}^{\infty} s_n = s_1 + s_2 + \cdots + s_n + \cdots$ 进行求和. 该命令的常用格式下表所示,其中 s 为级数的一般项.

命令格式	功能
r = symsum(s,a,b)	返回默认变量 k 从 a 开始到 b 为止 s 的和
r = symsum(s,a,inf)	返回默认变量 k 从 a 开始到 ∞ 为止 s 的和

例 1 求 $\sum_{k=1}^{n} k^2$ 的一般表达式.

解 输入命令:

```
syms k n;
symsum(k^2,1,n)
```

输出结果为:

```
ans = 1/3 * (n+1)^3 - 1/2 * (n+1)^2 + 1/6 * n + 1/6
```

输出结果比较复杂,可以简化一下,输入命令:

```
simplify(ans)
```

输出结果为:

```
ans = 1/3 * n^3 + 1/2 * n^2 + 1/6 * n
```

可以再对该结果进行因式分解,输入命令:

```
factor(ans)
```

输出结果为:

```
ans = 1/6 * n * (n+1) * (2 * n+1)
```

例 2 求 $\sum_{k=1}^{10} k^3$.

解 输入命令:

```
syms k;
symsum(k^3,1,10)
```

输出结果为:

```
ans = 3025
```

例 3 求 $\sum_{k=0}^{\infty} \frac{1}{k!}$.

解 输入命令:

```
syms k;
r = symsum(1/sym('k!'),0,inf)
```

输出结果为:

笔记

```
r = exp(1)
```

二、幂级数之和

设幂级数为 $s(x)=\sum_{n=0}^{\infty}a_nx^n$，可以使用命令

symsum(s,n,0,inf)

来求出 $s(x)$，即 symsum 命令不仅可以求数项级数的和，还可以求幂级数的和.

例 4 求幂级数 $\sum_{k=0}^{\infty}\frac{x^k}{k!}$.

解 输入命令：

```
syms x k;
r = symsum(x^k/sym('k!'),k,0,inf)
```

输出结果为：

```
r = exp(x)
```

例 5 求幂级数 $\sum_{k=0}^{\infty}x^k$.

解 输入命令：

```
syms x k;
r = symsum(x^k,k,0,inf)
```

输出结果为：

```
r =- 1/(x- 1)
```

复习题 10

1. 判定下列级数的敛散性.

(1) $\sum_{n=2}^{\infty}\frac{1}{\ln^{10}n}$；　　(2) $\sum_{n=1}^{\infty}\frac{a^n}{n^s}(a>0,s>0)$.

2. 设正项级数 $\sum_{n=1}^{\infty}u_n$ 和 $\sum_{n=1}^{\infty}v_n$ 都收敛，证明级数 $\sum_{n=1}^{\infty}u_nv_n$ 也收敛.

3. 判断下列级数是绝对收敛还是条件收敛.

(1) $\sum_{n=1}^{\infty}(-1)^n\ln\left(1+\frac{1}{\sqrt{n}}\right)$；　　(2) $\sum_{n=1}^{\infty}(-1)^n\frac{1}{n^p}$.

4. 求下列级数的收敛区间.

(1) $\sum_{n=1}^{\infty}\frac{x^n}{2^n\cdot n^2}$；　　(2) $\sum_{n=1}^{\infty}n(x+1)^n$.

5. 求下列函数的和函数.

(1) $\sum_{n=1}^{\infty}\frac{n^2}{n!}x^n$；　　(2) $\sum_{n=1}^{\infty}n(x-1)^n$.

6. 求下列幂级数的收敛半径和收敛区间.

(1) $\sum_{n=1}^{\infty}\frac{nx^n}{2^n}$；

笔记

(2) $\sum_{n=1}^{\infty}\frac{3x^n}{4^n}$；

(3) $\sum_{n=1}^{\infty}\frac{3x^n}{n4^n}$；

(4) $\sum_{n=1}^{\infty}\frac{(x+1)^n}{n}$.

7. 把下列函数在 $x=0$ 处展开为麦克劳林级数，并写出收敛区间.

(1) $y=\ln(2+x)$；

(2) $y=3^x$；

(3) $y=\sin 2x$；

(4) $y=e^{x^2}$.

8. 利用逐项求导或逐项积分，求下列幂级数的和函数.

(1) $\sum_{n=1}^{\infty}\frac{x^{2n+1}}{2n+1}$，$|x|<1$；

(2) $\sum_{n=1}^{\infty}(n+1)x^n$，$|x|<1$.

9. 求下列级数在指定点处的泰勒级数.

(1) $y=\frac{1}{4-x}$ 在 $x_0=1$ 处；

(2) $y=\frac{1}{x-3}$ 在 $x_0=2$ 处.

10. 求 π 的近似值，精确到 10^{-3}（提示：在 $\arctan x$ 的幂级数展开式中令 $x=\frac{1}{\sqrt{3}}$）.

素养园地

学者傅里叶

傅里叶（Fourier，Jean Baptiste Joseph，1768—1830），法国数学家、物理学家.

傅里叶出身平民. 9 岁时双亲亡故，之后由教会送人镇上的军校就读，表现出对数学的特殊爱好. 早在 13 岁，傅里叶就显现出他在文学与数学方面的兴趣，14 岁他已读完《Bezout 数学教程》全六册. 1789 年傅里叶回到家乡奥塞尔的母校执教. 1816 年，傅里叶被提名为法国科学院的成员. 1817 年他就职科学院，其声誉又随之迅速上升. 1827 年，他又被选为法兰西学院院士，还被英国皇家学会选为外国会员.

傅里叶的科学成就主要在于他对热传导问题的研究，以及他为推进这一方面的研究所引人的数学方法. 其他贡献有：最早使用定积分符号，改进了代数方程符号法则的证法和实根个数的判别法等.

1807 年，傅里叶向科学院呈交了一篇很长的论文，题为“热的传播”（Mémoire sur la propagation de la chaleur），内容是关于不连接的物质和特殊形状的连续体（矩形的、环状的、球状的、柱状的、棱柱形的）中的热扩散问题. 在论文的审阅人中，拉普拉斯、蒙日和 S. F. 拉克鲁瓦（Lacroix）都是赞成接收这篇论文的，但是遭到了拉格朗日的强烈反对，因为文中所用的三角级数（后来被称为傅里叶级数）表示某些物体的初温分布与拉格朗日在 18 世纪 50 年代处理弦振动问题时对三角级数的否定相矛盾. 于是，这篇文章未能发表. 不过，在审查委员会给傅里叶的回信中，还是鼓励他继续钻研，并将

笔记

研究结果严密化.

为了推动对热扩散问题的研究,科学院于 1810 年悬赏征求论文. 傅里叶呈交了一篇对其 1807 年的文章加以修改的论文,题目是"热在固体中的运动理论",文中增加了在无穷大物体中热扩散的新分析. 但是在这一情形中,傅里叶原来所用的三角级数因具有周期性而不能应用. 于是,傅里叶代之以积分形式(后来被称为傅里叶积分).

傅里叶的三角级数展开的惊人之处在于,他指明一种似乎是矛盾的性质:在一有限区间内,完全不同的代数式之间的相等性. 对于很广泛的一类函数中的任何一个函数,都可以相应地造出一个三角级数,它在指定的区间内具有与这函数相同的值.

傅里叶的机智在于分析力学方面. 在他之前,分析力学中出现的主要方程常是非线性的,所用解法都是专设的近似法. 当时,微分方程领域也像是一个尚无通路的丛林. 傅里叶为解偏微分方程创造和说明了一种连贯的方法,即可以把一个方程及其级数解按照不同的物理情况清楚地分离为不同的分部来加以分析. 我国数学家、微分方程方面的著名学者申又枨教授(1901—1978)曾经说:傅里叶的创造,是给各种类型的偏微分方程(波动方程、扩散方程、拉普拉斯方程等)提供了一种统一的求解方法,就好比从前解"四则问题"时,各种难题有各种解法,而运用代数方程以后,就有了统一的简便的解法. 这个比喻很好地形容了傅里叶的方法在微分方程领域的重要意义和广泛的实用价值. 事实上,傅里叶的方法是如此之强有力,以至于过了整整一个世纪,非线性微分方程才重新在数学物理学中突起.

参考文献

[1] 尹光. 新编高等数学[M]. 北京:北京邮电大学出版社,2022.
[2] 同济大学数学系. 高等数学(上、下册)(第 7 版)[M]. 上海:同济大学出版社,2014.
[3] 郑兆顺,常瑞玲. 高等数学(第 2 版)[M]. 郑州:河南科学技术出版社,2020.
[4] 张天德,王玮. 高等数学(上、下册)[M]. 北京:人民邮电出版社,2020.
[5] 陶金瑞,安雪梅. 高等数学(上、下册)[M]. 北京:机械工业出版社,2021.
[6] 王帅. 高等数学(上、下册)[M]. 上海:同济大学出版社,2015.
[7] 梁海明,李娜,宫雪艳. 高等数学(上、下册)[M]. 青岛:中国石油大学出版社,2022.
[8] 华玉爱. 高等数学——微积分入门[M]. 北京:清华大学出版社,2020.
[9] 黄立宏. 高等数学(上、下册)[M]. 北京:北京大学出版社,2018.
[10] 华东师范大学数学科学学院. 数学分析(上、下册)(第 5 版)[M]. 北京:高等教育出版社,2019.
[11] 章俊成. 高等数学[M]. 青岛:中国石油大学出版社,2017.
[12] 常庚哲,史济怀. 数学分析(上、下册)(第 3 版) [M]. 安徽:中国科学技术大学出版社,2019.
[13] 凌巍炜,谢良金. 高等数学(基础模块)[M]. 长春:东北师范大学出版社,2017.
[14] 占海明. 基于 MATLAB 的高等数学问题求解[M]. 北京:清华大学出版社,2013.